丹汉江流域水-沙-养分输移过程及其调控机理

徐国策　张铁钢　李　鹏
李占斌　成玉婷　龙菲菲　著

科学出版社
北　京

内 容 简 介

本书从坡面、流域两个尺度研究土石山区不同植被覆盖和土地利用对径流，侵蚀产沙，氮、磷空间分布以及氮、磷输出的影响机制。首先，通过定位监测和模拟降雨试验，阐明不同植被覆盖及耕作措施下的坡面径流-泥沙-氮、磷输移过程，揭示坡面水沙调控对土壤养分空间分布和氮、磷输出过程的作用机制。其次，根据降雨-径流-泥沙的实测资料，分析流域降雨径流过程中的水-沙-养分输移规律，计算流域尺度的土壤侵蚀量及次降雨条件下的产沙量，结合流域尺度氮、磷的空间分布特征，揭示流域氮、磷的输移机制。最后，明确植被恢复、坡改梯、生态沟等水土保持措施对土壤性质和水-沙-养分过程的调控作用。

本书主要适用于科研院所和高等学校中土壤侵蚀、非点源污染、水土保持、生态水文及环境保护等研究方向的广大科研人员。

图书在版编目(CIP)数据

丹汉江流域水-沙-养分输移过程及其调控机理 / 徐国策等著. —北京：科学出版社，2018.2

ISBN 978-7-03-056515-0

Ⅰ. ①丹… Ⅱ. ①徐… Ⅲ. ①水土流失-流域污染-非点污染源-污染控制-研究-陕西 Ⅳ. ①X522

中国版本图书馆 CIP 数据核字（2018）第 024980 号

责任编辑：祝 洁 杨 丹 乔丽维 / 责任校对：郭瑞芝
责任印制：张 伟 / 封面设计：陈 敬

科学出版社 出版
北京东黄城根北街 16 号
邮政编码：100717
http://www.sciencep.com

北京中石油彩色印刷有限责任公司 印刷
科学出版社发行 各地新华书店经销
*
2018 年 2 月第 一 版 开本：720×1000 B5
2018 年 2 月第一次印刷 印张：19 1/4
字数：390 000

定价：120.00 元

（如有印装质量问题，我社负责调换）

前　　言

随着社会和经济的迅速发展，水资源日益匮乏，水环境污染已成为全球性问题。水土流失与非点源污染问题是目前国际上的研究热点。在点源污染控制达到一定程度后，非点源污染的严重性逐渐表现出来，对其控制的迫切性也日益增强，非点源污染逐渐得到各国政府环境保护部门的高度重视，水资源保护已进入各国环境保护战略的核心计划。进入21世纪后，我国点源污染不断得到控制，但非点源污染随肥料用量的增加而日益突出，土壤侵蚀与农田径流作为一种重要的非点源污染形式，对水体富营养化的贡献率相对增大。湖泊、水库、海湾等水体的富营养化现象日益突出，重要的湖泊水质持续下降。针对我国水环境安全形势，2011年中央一号文件强调将继续搞好水土保持和水生态保护。实施国家水土保持重点工程，采取小流域综合治理、坡耕地整治、造林绿化、生态修复等措施，有效防治水土流失。2015年国务院批复同意《全国水土保持规划（2015－2030年）》。这是我国首部获得批复的国家级水土保持规划，确定到2030年，建成与我国经济社会发展相适应的水土流失综合防治体系，其中江河源头区和水源地是重要水土保持预防项目。国家水资源管理制度“三条红线”确立了水功能区限制纳污红线，特别强调要加强水源地保护和监测，切实保障饮用水安全。2016年12月，中共中央办公厅、国务院办公厅印发了《关于全面推行河长制的意见》，旨在保证河流在较长的时期内保持河清水洁、岸绿鱼游的良好生态环境。

土石山区是我国主要河流的源头和重要水源区。例如，秦岭南坡土石山区是嘉陵江、汉江和丹江的源头区，是南水北调中线工程的重要水源涵养区，秦岭北坡土石山区是渭河的主要补给源。同时，土石山区又是我国水土流失的一个重要类型区，因区内土层薄、壤中流发育活跃、水土流失危害大而受到长期关注。自1999年以来，我国先后实施了天然林资源保护、退耕还林、坡改梯、自然保护区建设、湿地保护与恢复等一系列生态建设工程，区域生态环境发生了深刻变化。大规模的生态建设显著改变了土石山区的下垫面特征，深刻影响了流域土壤水分-养分时空分布和水循环过程，也使径流驱动的土壤养分迁移过程发生了变化。丹江及汉江流域的土石山区作为我国南水北调中线工程的重要水源涵养区，如何有效保护和提高土石山区水源地的水环境质量是当今亟需解决的问题。鉴于此，2009年初，陕西省水土保持局启动了“陕西省丹汉江水源区水土流失非点源污染过程与调控研究”课题，以期摸清陕南非点源污染情况及其与水土流失的关系，为保障南水北调中线工程的顺利实施和陕南区域经济社会的可持续发展提供科技支撑。

本书共 16 章，从坡面和流域尺度，系统开展水土保持措施下土壤养分空间分布特征及其与土壤颗粒和分形之间的关系、不同植被覆盖与耕作措施下坡面径流-泥沙-氮、磷输移过程、流域水土流失与非点源污染关系、坡改梯和生态沟等水土保持措施对土壤性质及水质调控作用等方面的研究，旨在阐明土石山区流域水-沙-养分输移过程及其调控机理，发展“清洁型”水土保持措施，从源头和根本上解决土石山区水源地水质污染问题。本书研究成果由国家自然科学基金项目（41401316、41330858）、陕西省青年科技新星计划项目（2016KJXX-68）、陕西省自然科学基础研究计划项目（2014JQ5175）和陕西省教育厅科研计划项目（09JS094）共同资助完成，在此特向国家自然科学基金委员会、陕西省科学技术厅和陕西省水土保持局致以衷心的感谢。

本书主要由徐国策、张铁钢、李鹏、李占斌、成玉婷和龙菲菲撰写，张秦岭、宋晓强、唐润芒、同新奇、魏芳、黄萍萍、刘晓君、唐辉、王杰、张军、刘刚、王添、王飞超、李林、刘泉、许婷、王星、杨媛媛、马田田、彭圆圆、李婧、张雁、李雄飞、寇龙等参与了不同章节的撰写工作。在成书过程中，沈冰、鲁克新、程圣东、高海东、任宗萍、时鹏、肖列、于坤霞、庞国伟、王兵、王凯博等提出了很多宝贵意见。还有一大批水土保持工作管理人员、现场监测工作人员和室内测试分析人员等，都对本书成稿做出了贡献，在此一并表示感谢。

由于作者水平有限，书中难免存在不足之处，敬请同行专家与读者批评指正。

目　　录

第二篇 坡面水土保持措施对水土-养分流失过程的调控机理

第1章 绪　论

20 世纪 60 年代以来，水资源短缺与水环境污染逐渐成为全球性问题。很多国家开始重视并积极采取应对策略，水资源保护已进入各国环境保护战略的核心计划。据世界卫生组织统计，世界上许多国家仍然面临水污染和资源危机，每年有 300 万～400 万人死于和水污染有关的疾病。《2015 年全球风险报告》指出，人们对洪水、干旱、水污染和供水不足的担忧超过了核武器或全球性疾病，水危机在 2015 年被认为是全球第一大风险因素。21 世纪以来，我国的点源污染逐渐得到控制，但由于人口增长、禽畜养殖和化肥施用量增加、水坝兴建增加河流水停留时间、气候变化与土地利用变化等，许多大河流域观测到氮、磷等营养盐浓度升高（Jickells，1998；颜秀利等，2012）。我国五大湖泊中太湖、巢湖已进入富营养化状态，洪泽湖、洞庭湖、鄱阳湖和一些主要的河流水域如淮河、汉江、珠江、葛洲坝库区、三峡库区也同样面临富营养化的威胁（张维理等，2004）。国家为了缓解北方水资源严重短缺局面实施了南水北调工程，同时诸多省会城市（如太原、长春、广州）均由于原有水源地供水不足或遭受污染而被迫废弃，纷纷开辟新的水源地。巢湖水体污染严重，合肥市不得不基本废弃了这一水源地，2004 年转向大房郢水库。历来依赖渭河水的西安市，也因为渭河重度污染，不能饮用，转向李家河水库取水，并且实施了黑河饮水工程及引汉济渭工程。北京市 2007 年实施了引温入潮跨流域调水工程。上海市由于上游太湖和本地污染、需水量过大、咸潮入侵等现实因素，正在开辟新的青草沙水源地。广州市实施了西江引水工程。长春、呼和浩特、太原等城市则实施了“引松入长”“引黄入呼”“引黄入晋”等调水工程。针对我国水环境安全形势，国家“十二五”规划提出控制污染物排放、改善环境质量、防范污染风险的水环境保护思路，重点加强水源地的保护工作。中华人民共和国水利部对全国 700 余条河流约 10 万公里河长开展的水资源质量评价显示，46.5%河长受到污染；10.6%河长受到严重污染，水体丧失使用价值；90%以上的城市水域受到严重污染（汤爱中，2013）。可见，水源地水质保护问题已成为关系国计民生的重大问题。

丹汉江流域是南水北调中线工程的重要水源涵养区，其水资源量占丹江口水库的一半以上，连同陕南巴山土石山区的水量，占丹江口水库水量的 70%左右；秦岭北坡是渭河的主要补给源（亢文选，2006）。然而，丹汉江流域山高坡陡、土薄石厚、降雨量大且集中，根据全国第三次水土流失遥感调查资料统计，丹江口水库及上游流域水土流失面积占土地总面积的 53.1%，年均土壤侵蚀模数为

2900t/km^2；目前需治理的水土流失面积达 29878km^2，约占流域总面积的 45%。此外，尽管汉江上游秦巴山区面积仅占长江流域的 4%，但年输入长江的泥沙达 1.2 亿 t，占长江总输沙量的 12%。秦岭地区土壤脊薄、耕作粗放，农药、化肥施用量近年来呈现增加趋势，水土流失导致土地肥力不断降低，迫使农民不断增加化肥使用量，造成恶性循环，大量的氮、磷、农药等进入河流造成非点源污染；随着当地生活水平的提高，畜禽养殖发展迅速，畜禽的粪便中含有的氮、磷、有机质等营养物质，若不经过妥善处理随意排放进入河流，将对水环境质量形成潜在的威胁。丹汉江流域水质的好坏，直接关系我国南水北调工程的成败，更与受水地区国民经济和人民群众生活密切相关。目前，丹汉江流域水质总体良好，能满足调水的要求，但水土流失现状堪忧。如何有效保护和提高水源地的水环境质量是当今亟需解决的问题。因此，从坡面和流域两个不同空间尺度开展研究可以更加全面、系统地理解非点源污染的形成过程和迁移转化机制。在坡面尺度，通过分析土石山区坡耕地的水土流失过程，揭示不同植被覆盖与耕作措施对坡面非点源污染物形成过程的影响及调控作用，从而为坡面水土保持措施的布设提供技术支撑。在流域尺度，从流域降雨-径流-侵蚀-氮、磷流失的过程中揭示非点源污染的迁移转化过程与输出机制，阐明流域水-沙-养、分输移过程及其调控机理，可以为水土流失治理与非点源污染控制提供科学依据，同时对降低农业非点源污染、清洁小流域建设和生态环境保护具有一定理论价值与现实意义。

1.1 非点源污染现状

随着人类经济活动的深入发展，水环境污染问题已成为全球性问题。非点源污染（non-point source pollution）亦称面源污染，指溶解态或者固态的污染物从非特定地点，在降水或融雪等的冲刷作用下，通过径流过程汇入受纳水体（包括河流、湖泊、水库和海湾等），并引起水体的富营养化或者其他形式的污染。与点源污染相比，非点源污染有分散，时空差异性，随机性强，成因复杂，潜伏周期长，监测、控制、管理难度大等特点。美国《清洁水法修正案》将非点源污染物定义为：污染物以广域的、分散的形式进入地表及地下水体。其主要来源为农业生产中的化肥及农药流失、农村畜禽养殖排污、农村生活污水、生活垃圾、城市建筑工地产生的污染及城市地面、公路交通、矿山等固体废物堆存区污染等。农村非点源污染是指在农业生产、农村生活等过程中产生或导致环境变化的非点源污染，主要有农用化学品施用的不合理及施肥技术落后产生的农田径流、分散的畜禽养殖污染和农村生活产生的非点源污染废弃物等。非点源污染直接影响人类生存的环境质量，污染饮用水源，引起水体的富营养化，破坏水生生物的生存环境，造成土壤生产潜力和水质下降。水土流失造成大量沉积物堆积引起环境污染，同时地表径流迁移化学物质造成水源污染，因此水土流失本身就是一种非点源污染（王璞玉等，2006）。

在点源污染控制达到一定程度后，非点源污染的严重性逐渐表现出来，对其控制的迫切性也日益增强。在发达国家，由于涉及点源污染的法规已非常严格，非点源污染在总体水污染中所占的比例很大。据美国、日本等国家报道，即使点源污染得到全面控制，江河的水质达标率仅为 64%，湖泊的水质达标率为 42%，海域的水质达标率为 78%。研究指出，美国的非点源污染占总污染量的 2/3，其中农业非点源贡献率占 75%左右。欧洲的情况与美国相似，欧洲因农业活动输入北海河口的总氮、总磷量分别占入海总量的 60%和 25%。自 21 世纪以来，我国点源污染不断得到控制，但非点源污染随肥料用量的增加而日益突出，土壤侵蚀与农田径流作为一种重要的非点源污染形式，对水体富营养化的贡献率相对增大。湖泊、水库、海湾等水体的富营养化现象日益突出，如云南滇池、天津于桥水库、太湖等氮、磷非点源污染负荷量就占很大比例。1986～1990 年我国调查的 20 个湖泊中，处于富营养化状态的共 13 个，占 65%；处于中营养化转向富营养化状态的共 4 个，占 20%；处于贫营养化状态的只有 3 个，仅占 15%。密云水库年总污染负荷中，总氮的 66%、总磷的 86%来自于非点源污染（付仕伦，2008）；每年进入云南洱海的总氮约 989.1t，总磷约 108.1t，其中非点源污染分别占 97.1%和 92.5%，点源污染仅占 2.9%和 7.5%；非点源污染在巢湖总体污染负荷中也占有很大比例，其中总氮占 74%，总磷占 68%（程红等，2009）；滇池和太湖富营养化严重，其中非点源的总氮、总磷所占污染负荷的比例分别为 52.7%、77%和 64%、33.4%（熊丽君，2004），这与美国 20 世纪 70 年代中期湖泊水质富营养化状态颇为接近。目前，我国大中型城市的饮用水源日益依赖于地表水源。富营养化已经或将对很多城市的地表饮用水源（如天津引滦入津工程的于桥水库、北京的密云水库、昆明的滇池、西安的黑河水库等）构成威胁。农业中施用氮肥对提高作物产量、改善作物品质具有重要的作用。但是，农业生产中过量施用氮肥的现象极为突出，氮肥利用率普遍较低，造成了肥料资源的巨大损失。同时，由于氮、磷随降雨径流从农田向河流、湖泊、水库等水体的输移所引起的农业非点源污染问题日益凸显，危及到了地表水体的安全（张秀玮等，2012）。

氮素是农田生产力的主要限制因素之一，在大多数情况下施用氮肥可以获得明显的增产效果，然而，农田氮素流失引起的水体富营养化、地表水环境恶化、地下水硝酸盐含量超标等环境问题日益严重。由农田氮素造成的非点源污染对当今世界水质恶化构成了最大的威胁（谢红梅等，2003）。20 世纪 70 年代以来，对于氮素污染问题的研究，已在国际上引起广泛重视。氮素是作物的主要营养元素之一，是人类提高粮食产量的主要土壤肥力要素，由于世界绝大部分土壤都缺氮，各地施用氮肥都有明显的增产效果，氮肥已经成为世界上生产和施用量最大的化肥。自20世纪60年代“绿色革命”以来，大量的化肥进入农田，加上不合理的农业管理措施，导致作物氮素利用率下降，污染加剧。据统计，在美国，59%的受污染河流的污染物来自于农业活动；在奥地利北部地区，据估算进入水环境的非点源氮量远比点源氮量大；在丹麦270条河流中94%的氮负荷来自于非点源污染；荷兰来自于农业非点源污染的总氮占水环境污染总量的60%。在英国，水体70%以上的硝酸盐来自农业（邱卫国，2007）。中国是个农业大国，肥料特别是氮肥施用量很大，对水质造成的负面影响日趋严重。在发展中国家，粮食增产的55%以上依赖于化肥。然而，我国目前农田约有70%的氮素损失掉了，大部分进入水环境，约有20%返回大气中，少部分残留在土壤中供下茬作物吸收利用。我国每年所施用的化肥中，损失900万t以上，如果尿素按含氮46%计算，其价格按每吨1500元计算，则每年仅氮损失就近300亿元（侯彦林等，2008）。这不仅造成巨大的资源浪费，还给已脆弱的生态环境增加了压力，危及人类的身心健康。因此，氮素已日益成为主要的环境污染物之一，农田氮肥非点源污染正成为世界发达国家和发展中国家共同关心的一个重大问题。

20世纪60年代，我国水体污染问题尚不突出，70年代以后各大湖泊、重要水域的水体污染，特别是水体的氮、磷富营养化问题日益严重。重要的湖泊水质持续下降，五大湖泊中太湖、巢湖已进入富营养化状态，水质氮、磷指标等级已达劣五类。在进入太湖的污染物中，总氮排放量最多的是农业非点源污染，占入湖总氮量的77%；滇池来自农田地表径流的氮占总氮量的53%，另有研究也表明，滇池分别在丰水年、平水年、枯水年总氮的50.4%、37.7%和31.2%都来自于农业非点源污染。另外在对地下水的影响方面，苏、浙、沪的16个县内76个饮用井水的硝态氮、亚硝态氮超标率分别达38.2%和57.9%；据北京市环境保护局对205眼水源井的抽样检测结果，地下水硝酸盐超标率为23.4%，硝酸盐超标面积为146.8 km^2，硝酸盐已经成为北京地区地下水的主要污染物之一（张维理等，2004；李虎等，2008）。我国对农田降雨径流养分流失的研究始于20世纪70年代，早期的研究集中在农田径流养分的流失量及其对水体的影响，80年代以来主要是从减少污染输出的角度研究养分从农田径流流失的机理和规律。近20年来，我国在农田养分向水体迁移对主要河、湖水体富营养化的影响方面也积累了一些数据，对田间条件下土壤-作物系统中养分的损失途径进行了许多定量的评价和研究。但是，整体而言，对于农用化合物随地表径流流失的研究还不深入。目前，国内关于氮、磷养分的污染研究主要集中在迁移转化过程模拟、空间分异特征和不同尺度流失量估算三个方面（杨胜天等，2006）。

1.2 土壤养分流失的影响因素

土壤养分流失的影响因素包括自然因素和人为因素。自然因素是影响养分流失发生的先决条件和主要因素，包括地形、降雨、土壤和植被；而人为因素是间接因素，通过人类活动干预或者改变自然因素，加剧土壤养分流失，主要包括土地利用类型和耕作管理两个方面。

1.2.1 地形

地形因素是影响土壤养分流失的重要因素，主要包括坡度和坡长。坡度是影响土壤养分流失最突出的地形因素。由于重力的作用，水在坡面上既有流动性又有渗透性，在其他条件相近的情况下，这两种性质随坡度大小而相互转化。当坡度较大时，水的流动性占主导地位，易发生土壤养分随径流及泥沙流失；当坡度较小时，水向下渗透占主导地位，不易发生径流流失。

土壤侵蚀与坡度成正比。例如，Zingg 在 1940 年通过实测建立了土壤侵蚀量与坡度之间的经验关系式：$y=ax^b$（a、b 分别为正系数和指数，取值为 0.065 和 1.48；x 为坡度；y 为土壤侵蚀量），表明土壤侵蚀量随坡度的增大而增大（Zingg, 1940）。汤立群等（1997）在小流域产流产沙模型中建立的坡面土壤侵蚀量关系式也表明，土壤侵蚀量与坡面坡度成正比。但更多模拟降雨试验和野外观测资料表明，在一定范围和条件下，土壤侵蚀量与坡面坡度呈正比关系，但坡度超过一定限度后，土壤侵蚀量与坡度呈反比关系，说明土壤侵蚀存在临界坡度（胡世雄等，1999）。例如，Yair 等（1973）发现，在一定坡度的坡面上泥沙输移量与坡度出现反比关系。国内外很多学者通过室内外观测试验以及理论研究也都证实了临界坡度的存在，但土壤侵蚀的临界坡度存在很大的差异（刘青泉等，2001；杨丽霞等，2007）。刘青泉等（2001）研究认为，坡度界限是一个变量，随颗粒粒径、容重、坡面糙率、径流长度、降雨入渗差值（净雨量）和土壤摩擦系数等因素的不同而改变，在一般情况下土壤侵蚀的坡度界限值应在 41.5°～50°。

坡长是影响坡面径流与水流侵蚀产沙过程的重要地貌因素，国内外相关研究已较深入，但是结论各异。一些学者认为单位面积土壤流失量随着坡长增加而增加（Smith et al., 1957；Morgan, 2005）；另一些学者指出，随着坡长增加，水流挟沙量增加，坡面径流的侵蚀量很快达到最大值，超过这个峰值点后，随着坡长继续增加，径流的侵蚀强度逐渐减弱（Anderson, 1984）；还有一种观点认为，随着坡长增加，坡面径流逐渐增加，同时径流中含沙量也逐渐递增，两者相互消长，侵蚀强度随坡长变化不大（King, 1957）。由于影响坡面径流与侵蚀的因素错综复杂，上述结论都是在特定降雨和下垫面条件下得到的，因此地貌因素尤其是坡长因素对侵蚀的影响往往因地因时而异。但有一点是比较确定的，就是在降雨初期，坡面的侵蚀强度是随着坡长的增加而增加的（杨丽霞等，2007）。

1.2.2 降雨

降雨是坡地土壤侵蚀和养分流失的主要驱动力，也是土壤溶质的溶剂和载体，对土壤养分流失具有重要的影响。降雨侵蚀导致的坡地水土流失一方面使土壤表土流失、土壤质量退化、土地生产力水平降低；另一方面随径流流失的养分加速了地表水体的富营养化（张秀玮等，2012）。

1947 年 Ellison 对降雨的侵蚀机制进行了分析，极大地改变了人们对土壤侵蚀的认识，并促进了许多学者对雨滴直径、雨滴分布、雨滴下落的终点速度及降雨能量的研究（Ellison，1947）。在一次降雨过程中，以下 3 个途径会导致产沙量随着降雨量的增加而增加：①破坏土壤结构，分散土体，土壤表层空隙减少或阻塞，形成板结，导致土壤渗透性下降，利于地表径流形成和流动；②直接打击地表，产生土粒飞溅或沿坡面迁移；③雨滴打击增强地表薄层径流的紊动强度，导致侵蚀和输沙能力增大（Ben-David et al., 1994）。产沙量与降雨量呈正相关，即降雨量增大，产生的径流量增加，其携带的泥沙量也将增加（刘旦旦等, 2011）。例如，吴发启等（2001）对黄土高原南部缓坡耕地降雨量与土壤侵蚀量的回归分析结果表明，次降雨量与土壤侵蚀量呈冥函数关系。万廷朝（1996）对黄丘Ⅴ副区的研究结果表明，降雨量与土壤侵蚀量的关系遵守线性变化规律。姚治君等（1991）在云南玉龙山东南坡的研究结果也表明了同样的规律。林昌虎等（2002）在贵州砂页岩山地上研究降雨量与土壤侵蚀量的关系时发现，在地面覆盖度较低的情况下，降雨量与土壤侵蚀量也呈线性函数关系。

降雨（包括降雨量、降雨强度等）是土壤养分流失的动力，主要是通过直接打击土壤，分散土壤颗粒结构，当降雨强度大于土壤下渗速度时，就产生地表径流，从而引起土壤养分径流流失。降雨量直接影响径流量的大小，一般在其他各类因素相同的前提下，氮、磷的径流输出量与降雨量呈较好的线性关系。Kumar 等（1997）、吕唤春等（1999）、陈欣等（1999）认为，随着降雨量的增大，雨水和径流对坡地的冲刷作用明显加强，氮、磷等营养元素的流失量也相应显著增加。土壤养分径流流失量不仅与降雨量有关，还与降雨强度有密切关系。Pruski 等（2002）研究表明，降雨强度不增加，即使降雨总量增加 1%，土壤侵蚀量仅会增加 0.85%；但当降雨强度发生变化时，降雨总量增加 1%，土壤侵蚀量就会增加 1.7%。可见，降雨强度也是影响土壤养分损失的重要因子。

降雨条件下，土壤养分随径流的迁移主要有两种方式：一是土壤内部的可溶性物质随入渗的水分沿垂直方向迁移；二是土壤入渗量小于降雨量时，产生地表径流，可溶性物质随地表径流迁移（刘旦旦等，2011）。硝态氮是氮素淋溶的主要形式，向土壤深层和地下水中的淋溶不但导致土壤肥力的下降，而且污染地下水（范菲菲等，2012）。硝态氮本身对人体虽无直接危害，但被还原为亚硝态氮后可诱发高铁血红蛋白症、消化系统癌症等疾病而威胁人体健康（刘宏斌等，2006）。从理论上讲，土壤中发生氮素淋溶要满足两个条件：一是土壤中有大量的可溶性氮素存在；二是有迁移的水分。国际上有关土壤氮素的淋溶研究认为，根据作物、施肥量、土壤质地、降水和灌溉方式的不同，由淋溶引起的氮素损失可占施氮量的5%～15%（邱卫国，2007）。

1.2.3 土壤

由于土壤母质和土壤类型的复杂性与多样性，不同土壤类型的土壤可蚀性差异很大，即使同类土壤，土壤母质不同也会使土壤的可蚀性有所不同，从而导致在同一个地区不同类型土壤的侵蚀量和养分流失量不同（朱晓梅等，2009；刘旦旦等，2011）。土壤养分径流流失与土壤理化性质密切相关。许多研究表明，土壤内部水分、养分含量和细颗粒物分布等理化因子与土壤养分流失密切相关。一般来说，土壤有机质含量越高，土壤结构就越佳，抗蚀性就越强，土壤养分越不容易流失；土壤黏粒含量降低促进土壤养分流失。Chow 等（1995）通过模拟降雨试验研究了不同粗粒含量和粒径对径流、入渗和土壤流失量的影响，发现径流量和土壤流失量随粗粒含量增加和粒径增大而减少。Caravaca 等（1999）对 14 个耕地土壤以及 6 个林地表层土壤样品的比较研究表明，细颗粒物质含量较大的土壤区域，氮素流失形态中存在一部分有机氮随水流进入水体的威胁（Caravaca et al., 1999）。土壤中硝态氮淋溶与其浓度有密切关系，其下移通常大于其他方向的迁移。Yadav（1997）的研究表明，每年有 15%的氮肥、土壤非根层中 68%的残留硝态氮及根层中 20%的残留硝态氮可淋溶到地下水中。

坡耕地土壤质量退化以及生产力下降是限制坡耕地植被生长的主要因素，其很大程度上取决于土壤养分的状况。坡面土壤氮素迁移主要有坡面地表径流、壤中流和侵蚀泥沙三种主要输出途径。土壤类型不同，氮素的向下迁移过程也不同，土壤类型还决定着硝态氮最终能够向下运移的距离。不同雨强条件下，黄土性土壤径流与泥沙的养分流失规律不尽相同。径流中养分浓度主要取决于挟沙量；泥沙养分含量取决于土壤肥力（康玲玲等，1999）。并且不同坡面位置的水土流失和养分流失会造成土壤性质变异（Ovalles et al., 1986；Miller et al., 1988）。土壤团聚体是土壤结构最基本的单元，是土壤的重要组成部分，对土壤的理化性质有重大影响（卢金伟等，2002）。国内外学者对土壤有机、无机复合与土壤团聚体的形成关系进行了大量研究。有学者认为土壤抗蚀性主要取决于土粒和水之间的亲和力，其亲和力越大，土壤颗粒越易分散，土壤团粒结构受到的破坏和解体程度越大，并且导致土壤透水能力下降，因而在这种情况下，即使径流很小也易发生侵蚀；反之呈现相反的变化。在土壤团聚体稳定性因子的研究中，不少学者发现，土壤有机质、微生物、土地利用类型等因子均是影响土壤团粒稳定性的主要因素。

1.2.4 植被

植被覆盖可有效地减少土壤侵蚀，植被减蚀作用归因于植被茎叶对降雨的截留作用、植被根系对土壤的固结作用和植被对径流传递的阻碍作用。但土壤养分主要和土壤颗粒结合，因此植被在防止土壤颗粒流失的同时，相应地减少了土壤养分的流失，其减少作用随覆盖度的增大而增加。Castillo 等（1997）认为，植被覆盖度越高，水土流失越少。Morgan 等（1997）通过模拟降雨发现土壤侵蚀随植被覆盖度的增加呈指数衰减。张兴昌等（2000）研究表明，随植被覆盖度增加，全氮流失减少，但矿质氮素流失并未减少，植被通过调节径流流速来间接影响泥沙全氮富集，土壤侵蚀模数越大，泥沙全氮富集率越小。黄满湘等（2003）认为，植被覆盖是影响农田地表径流养分损失的重要因素，作物覆盖能有效地减少地表水土和颗粒态氮素流失。

1.2.5 土地利用类型

土地利用方式可以影响植被凋落物和残余量，影响土壤微生物的活动，这些都会引起土壤养分的变化。合理的土地利用类型可以改善土壤结构，增强土壤对外界环境变化的抵抗力；不合理的土地利用类型则会导致土壤质量下降，加速侵蚀，导致土壤退化（马云等，2009）。水土流失在不同土地利用类型中的发生机制不同，因此通过调整土地利用类型，可以达到减少径流和保持土壤的目的。土地利用类型是影响养分流失的关键因素，其综合反映了人类活动对自然环境的作用，土地利用类型对土壤、植被、径流及化学物质输入、输出等具有影响，因而导致不同土地利用类型所产生的养分流失量差异巨大。农业中不同土地利用类型对水体氮、磷负荷的贡献率不同。有研究表明，不同的坡地结构及土地利用类型——森林、草地、农田、河边植被明显地影响着径流流量及其养分含量变化，农用地与林地面积比例明显地影响着径流中氮素的含量（杨金玲等，2003）。

不同土地利用类型的养分循环机制不同，对水体氮、磷负荷的贡献率也不同。Schilling 等（2000）研究发现，地表水氮素含量与流域耕地面积百分比呈线性关系。氮的输出以硝态氮为主。在单一土地利用结构中，不同地表径流中的溶解态氮浓度差别较大。村庄最高，其次是坡耕地、林果地、荒草坡（王晓燕等，2003）。国外已有研究表明，径流中氮含量的94%与农地、林地的面积有关，径流中氮素含量与林地面积比例呈显著负相关，随林地面积的增加，氨氮、硝氮、总氮的平均含量都成比例地减少。在不同土地利用结构中，如林地-耕地、草地-耕地，随着林地/草地所占比例的增加，径流中氨氮的含量降低（王超，1997）。由此表明，林地和草地对氮素污染物有一定的截留作用。

1.2.6 耕作管理

现代农业生产中，耕作面积增大，氮肥投入量增加，农田管理措施不合理、土壤侵蚀、燃烧秸秆等损失大量氮素。农业生态系统氮平衡是一个全球性问题，农田养分平衡状况成为农业环境好坏的指示因子，因此引起了相关国际组织的重视。经济合作与发展组织发布了大量农业养分利用尤其是氮素利用的文件，并提出了一些政策措施（Parris，1998）。

保护管理措施，如免耕和植被过滤带，可以减轻传统耕作的影响。保护管理措施也有一些生态功能，如土壤氮固存、减少径流和泥沙流失、减少或吸附污染物及增加野生动植物的多样性。1982～1997 年，美国每年减少 10 亿 t 农业土壤侵蚀，其中 25%的减少量归功于保护管理措施。Jansons 等（2003）分析了拉脱维亚三个农业小流域六年间氮平衡和氮流失状况，结果表明，农业污染的主要原因是农作物耕种面积增大和管理措施不合理，农用地面积增大和肥料增加直接导致氮流失增加。径流中硝态氮浓度偏高与施肥方式和时期有关，在产流前施氮肥，径流中无机氮浓度高。马立珊等（1997）采用 ^{15}N 同位素示踪技术研究发现氮素流失与化肥施用量之间存在明显的正相关关系。因此，合理施肥是减少土壤养分流失的基础，同时要注意肥料品种的选择、施肥方式和施肥时间等。不同农作方式也明显地影响土壤养分径流流失。顺坡农作方式的土壤氮素流失量最大，等高耕种、等高土埂、休闲等农作方式控制土壤氮素流失优于水平沟和水平槽带农作方式（袁东海等，2002）。免耕和少耕农田产生了较少地表径流，且农药和养分的地表流失较少，而传统耕作农田中，养分随地下径流流失较多（Myers et al., 1995）。短期试验（≤10 年）表明，降低耕作强度和增加农作物多样性可以有效地提高氮积存（Alkaisi et al., 2005）。

灌水明显影响土壤硝态氮累积量，随灌水次数增加，土壤硝态氮累积量降低，而且在高灌水条件下土壤硝态氮累积量变化比低灌水量时大。同时，采用不同的灌溉方式，可以有效地缓解氮损失。化肥投入是土壤氮素收入的主要途径，占氮素总收入的近 60%，其大量投入是造成农田土壤氮素过剩的主要原因。一般情况下，土壤中氮素的淋溶损失主要是硝态氮，对地下水硝酸盐污染调查研究结果表明，过量施氮导致的土壤硝态氮残留和淋溶对污染负有重要责任。在美国俄亥俄州草地上进行的 15 年试验研究表明，前 5 年中每年施氮 224kg/hm^2，地下水硝态氮逐渐上升到 10mg/L 左右，停止施肥后改施绿肥，则地下水中的硝态氮迅速下降，2 年即下降 50%，然后逐渐恢复到施肥前水平。

1.3　土壤养分流失的研究方法

发达国家在20世纪60年代开始关注非点源污染，80年代起进行系统研究，并付诸管理实践。国外非点源污染主要针对污染的发生、影响因子及负荷量模拟与模型进行研究，历史较长。近年来，趋向于控制方法和管理政策的研究，主要涉及滨岸流域管理、农田养分管理、化肥农药管理等，在试验研究的基础上，发展环境友好型农业生产技术代替原有技术，在各主要水域和水源保护区研究和制定限定性农业生产技术标准，取得了一定的成效（宁建凤等，2007）。非点源污染研究在我国起步相对较晚，在早期阶段仅仅是对一些国外非点源模型的修正和简单应用，80年代中期，在天津于桥流域、黄土高原地区等地进行了地表径流氮、磷流失研究。90年代中期以来，注重于农田径流氮、磷流失机制的研究（张玉斌等，2009）。

1.3.1　野外实地监测

从非点源污染的源头出发，分析污染物产生、输移的各个环节和过程，研究不同土地利用类型的污染物产出是合理估算非点源污染的有效途径之一。非点源污染的产出一般通过野外实测进行估算，输出强度采用单位面积负荷量或用地类型地表径流浓度来表示，其中浓度指标便于不同年份、不同区域比较分析，被较多的研究者采用。目前国外已经开展了大量的流域暴雨事件实测研究，并设立小流域连续监测站点，估算暴雨事件平均浓度的区域代表性实测参数。例如，Baird等于1996年在美国得克萨斯州南部濒海流域开展了不同用地类型暴雨事件平均浓度参数的估算工作，已经较多地应用于非点源污染估算模型中（Bhaduri et al., 2000）。目前野外实测方法多数情况下是作为辅助手段，用于非点源污染模型的验证和参数的校正（李虎等，2008）。

我国有关河流氮素污染研究在20世纪90年代才开始起步，在对黄河、长江等河流监测数据分析基础上，研究河流的氮污染情况与污染趋势，已取得了一定的成果。在对黄河水系干、支流河水氮污染水质检测数据分析的基础上，研究了黄河氮污染的发展趋势及氮污染的主要污染源。对黄河水系1960～2000年氮污染监测数据的分析表明，近40年来黄河水系氮污染程度不断上升，90年代以后的上升趋势更为显著，干流河水氮污染的程度自上游至下游有升高的趋势，不少支流氮污染的程度大大高于干流。在工业不发达的农业地区，河水总氮与氨氮的最高浓度大多出现在丰水期；在工业相对发达的地区，河水氨氮与总氮的最高浓度大多出现在枯水期（邱卫国，2007）。

土壤侵蚀和养分流失既导致土壤质量的退化，也是农业非点源污染的重要来源，泥沙（特别是细颗粒泥沙）是营养盐氮、磷、重金属及其他毒性物质的主要携带者，是造成水体富营养化的主要原因。国内外学者对一些小流域非点源污染物的流失规律、流失形态和养分流失的效应进行了一些研究（陈志良等，2008）。我国对小流域的监测工作开展较多，流域监测尺度在0.5～100km^2（李恒鹏等，2006）。刘秉正等（1997）在黄土高原南部的野外定位试验研究表明，产流初期，养分的浓度较高，此后有下降的趋势，当出现洪峰时，养分的浓度上升到最高值。李定强等（1998）对广东东江流域非点源污染物流失规律的研究指出，径流初期，径流中非点源污染物如有机碳、氮、磷等浓度较高，随后有下降的趋势。王洪杰等（2002）通过对四川紫色土区小流域的降雨观测、径流养分及泥沙含量分析，初步探讨了紫色土养分流失规律，认为在此研究区土壤养分流失的主要途径是随径流流失，而随泥沙携带的潜在土壤养分，由于产沙量较少，其流失总量并不多。杨金玲等（2001）研究表明，施用化学氮肥会显著增加农田径流中氮素的含量和输出量。Fu 等（2010）研究认为，在黄土高原北部长期种植紫苜蓿和自然休耕可以增加土壤全氮含量，因为可以减少土壤侵蚀造成的全氮流失。

土壤水分饱和、壤中流的形成对农业非点源污染有重要贡献，流域下游接近河床的土壤水分饱和区是流域内养分流失的最敏感区（张玉斌等，2007）。土壤硝态氮淋溶过程受土壤水分运动的影响，其淋溶量随施肥量和降水量的增加而增加。氨氮被土壤胶体吸附，不易淋溶。但当土壤对氨氮的吸附达到饱和时，氨氮也会被淋溶而进入水体（Galloway, 2000），这种现象主要发生在水田中。Munoz-Carpena 等（2002）的研究结果表明，在西班牙农田中氮素每年的淋溶量达到202kg/hm^2，占施肥量的48%。Almasri 等（2004）的研究表明，地下水与地表水中氮素含量与大量施用氮肥有直接的关系。Baker 等（1983）的研究表明，农田壤中流与泥沙所携带的溶解态与吸附态养分是农业非点源污染的最大来源；化学物质在土壤剖面中的数量、滞留时间、位置以及土壤与化学物质之间的相互作用（如吸附与解吸）等是决定泥沙和壤中流（或径流）携带化学物质浓度的关键因素。Zheng 等（2004）的研究结果表明，近地表土壤水分条件对化学物质的迁移和地表水质有很大的影响，壤中流对侵蚀泥沙搬运和农业非点源污染有重要贡献，控制坡面壤中流的形成是减少农业非点源污染的关键所在。

研究还发现，土壤养分在流失泥沙中具有富集现象。富集现象的产生主要有两个原因：一是根据土壤侵蚀发生规律，土体细颗粒最易被径流冲刷和运移，因此侵蚀的土壤往往以细颗粒为主；二是细颗粒由于比表面积大，对流失的土壤养分吸附作用强烈。这两个原因的共同作用，表现为泥沙中的养分流失量远远高于径流水中的养分流失量，有机质、氮、磷、钾在流失泥沙中的含量高出了表土中的含量，产生了富集现象。Palis 等（1990）认为泥沙中氮素有富集现象，其富集系数与沉积物泥沙颗粒的大小、沉积物吸附的养分浓度及降雨类型有关，并通过模拟试验表明，随着坡度的增加，土壤中团聚体易被雨滴冲刷破坏，土粒分散，黏粒增多，土壤养分富集系数有增加的趋势。杨武德等（1999）对林地红壤研究表明，土壤侵蚀过程中不同地貌部位土壤养分富集特征不一样，下坡土壤养分明显富集。

1.3.2 模拟降雨试验

通过人为控制条件模拟不同自然条件下的非点源污染过程，可以获取在野外条件下很难或无法得到的数据，并可以解决野外实测研究周期长、耗资高等问题。但是，将模拟降雨试验用于非点源污染机理和模型的研究，仍然存在一定的局限性。张乃明等（2004）采取模拟降雨试验的方法，分别研究了在模拟降雨和自然降雨条件下，坡度、土壤质地、地表覆盖状况以及施肥方式对坡地农田径流中氮素污染负荷的影响。黄丽等（1998）通过模拟试验发现三峡库区的紫色土坡面氮、磷、钾养分流失主要是由泥沙流失引起的，泥沙中<0.02mm 的团聚体和<0.002mm 的黏粒是养分流失的主要载体。白红英等（1991）采用模拟降雨试验，研究了坡地土壤侵蚀与有机质、全氮和有效磷流失的关系，结果表明，土壤养分流失随坡度、雨强的增大而增大，养分流失量与土壤流失量呈正相关关系。康玲玲等（1999）利用模拟降雨试验分析了不同雨强下黄土土壤养分的流失规律，发现养分流失量与雨强成正比，同一雨强下土壤流失量与养分流失量呈正相关关系。徐国策等（2013）基于野外模拟降雨试验研究表明，玉米小区和裸地小区的磷素流失总量均随降雨强度的减小而降低，在相同雨强下，玉米小区的磷素流失总量总体大于裸地小区的磷素流失总量。

1.3.3 模型模拟

非点源污染负荷定量化是水体污染管理规划和流域环境治理的重要基础工作，计算流域非点源污染负荷的方法一般分为小区试验法和模型计算法。前者工作强度大、效率低、周期长、费用高，很难应用于小流域治理（王璞玉等，2006）。国外对非点源污染模型的研究始于 20 世纪 60 年代，经历了经验模型、功能模型和机理模型三个阶段。美国农业部农业研究局研发的 CREAMS（chemicals, runoff and erosion from agricultural management systems）模型是非点源污染模型发展的“里程碑”，该模型首次综合了农业非点源污染迁移过程的各个环节，即水文、侵蚀和污染。CREAMS 模型颁布后，立即引起了研究者的高度关注，并以此为蓝本，相继研发了一系列农业非点源污染模型，如 AGNPS（agricultural nonpoint source pollution）模型与稍后改进的 AnnAGNPS（annualized AGNPS）模型、ANSWERS（area nonpoint source watershed environment response simulation）模型和 SWAT（soil and water assessment tool）模型等，且这些模型在世界各地都得到了不同程度的应用（张玉斌等，2007）。目前，比较著名的流域尺度非点源污染模型是美国农业部农业研究所开发的 AGNPS 模型及其改进版 AnnAGNPS 模型、美国国家环保局开发的 SWAT 模型和 BASINS 模型等。另外，20 世纪 70 年代初期在北美开始应用并于 1996 年改进的输出系数模型，尽管是一种经验模型，至今仍被经常使用。

AGNPS 模型是一个基于方格框架组成的流域分布式事件模型，按照栅格采集模型参数，由水文、侵蚀、沉积和化学传输四大模块组成，用以氮、磷元素等土壤养分流失预测，并对农业地区的水质问题以重要性为顺序进行排列，同时对次暴雨径流和侵蚀产沙过程进行模拟。AnnAGNPS 模型是一种连续模拟模型，它不是沿袭 AGNPS 模型均等划分分室的方法，而是按流域水文特征将流域划分为一定的分室，即按集水区来划分单元，使模型更符合实际；以日为基础连续模拟一个时段内各分室每天及累积的径流、泥沙、养分、农药等的输出结果，可用于评价流域内非点源污染的长期作用效果。AnnAGNPS 模型的另一改进是采用修正的通用土壤流失方程（revised universal soil loss equation，RUSLE）预测各分室的土壤侵蚀。此外，AnnAGNPS 模型还包括一些特殊的模型以计算点源、畜牧养殖场产生的污染物、土坝、水库和集水坑对径流、泥沙的影响（张玉斌等，2004）。SWAT 模型是一个具有很强物理机制的长时段分布式流域水文模型，它能够利用地理信息系统（geographic information system，GIS）和遥感（remote sensing，RS）提供的空间数据信息，预测复杂大流域中不同土壤、土地利用和管理措施对流域径流、泥沙负荷、农业化学物质运移等的长期影响，适宜较长周期、大流域的水土预测、非点源污染模拟研究（Saleh et al., 2000）。输出系数模型利用相对容易得到的土地利用状况、施肥、人口等资料估算流域污染物输出量，利用黑箱原理，避开了非点源污染发生的复杂过程，很大程度上降低了对侵蚀、污染物迁移转化试验和资料的依赖性，且具有一定的精度，虽然不能预测单场降雨所产生的非点源污染，但是为大、中型流域长期的非点源污染研究提供了一种简便可行的方法，因而在国内外得到了广泛应用，并被证明其用于非点源污染研究的有效性（Johnes et al., 1996；龙天渝等, 2008；Shrestha et al., 2008）。上述农业非点源污染模型已在国外进行了大量的应用，并取得了较好的效果。我国非点源污染模型研究基本上以引用国外模型进行验证、模拟和改进应用为主。

1.4 土壤养分流失的控制

由于水源特别是饮用水质量与人类健康关系密切，水的污染不仅影响生活和生产用水，还易引发疫病的大流行。世界各国很重视对水，特别是饮用水源的保护，将水资源质量的保护作为最重要的国策之一。各国在环境治理中投资最大的当属水污染的治理，在环境保护方面出台最早、最多、最严格的是与水源保护相关的法规和技术标准。1979 年美国国会通过清洁水法案，将水污染治理列入国家财政预算，联邦政府每年从财政预算中拨出 20 亿美元的专项基金，用于启动水污染治理项目，近年流域治理的重点为非点源污染监测及治理。在农业集约化程度较高的欧洲，第一个治理农业非点源污染的法案出台于 1989 年。之后，欧盟不断加大用于减少农田氮、磷养分总用量，提高农田养分利用率的费用，进行农业非点源污染控制的财政预算和投入（张维理等，2004）。

欧美国家最重要的控制原则是对点源污染和非点源污染实行分类控制与监测。因为点源污染与非点源污染发生机制不同，所以欧美国家目前对非点源污染和点源污染均采用截然不同的控制策略与技术。对于点源污染，主要通过兴建污水处理工程进行末端控制。经过 20 多年的不断发展，进行末端控制的污水处理技术和监测技术已经比较成熟和规范，欧美主要国家政府部门的相关网站均可检索到相应的技术标准。对于非点源污染，国际范围内仍然缺少有效的控制和监测技术，在控制上采用源头控制策略，强调在全流域范围内通过农田最佳养分管理等农业措施削减氮、磷总量，在监测上则强调因地制宜，而没有标准的方法。

1.4.1 最佳管理措施

目前，农业非点源污染防治措施主要集中在最佳管理措施（best management practices，BMP），通过对水源保护区农田轮作类型、施肥量、施肥时期、肥料品种、施肥方式的规定，进行源头控制。美国国家环境保护局（US Environmental Protection Agency, USEPA）将其定义为任何能够减少或预防水资源污染的方法、措施或操作程序，包括工程、非工程措施的操作和维护程序等都作为最佳管理措施。最佳管理措施应符合下述要求：①控制由非点源产生的污染；②使水质符合一定的水质标准；③在预防和减少非点源污染负荷方面是最有效的；④措施切实可行。现已提出并应用的最佳管理措施有少耕法、免耕法、综合病虫防治、防护林、植被过滤带、地下水位控制、农畜粪肥大田合理施用等。Buck（1997）在美国弗吉尼亚州用故障树分析方法对次降雨径流中农田过量氮素的流失进行了定性与定量评价，结果显示了最佳管理措施对减少农田氮素流失的作用。在 1987～1993 年实施了最佳管理措施后，流域单次径流事件中氮素流失概率降低了 8%；在同一时间，该流域相互独立的两个牛奶场的氮素流失概率降低了 9%。可以说，随着最佳管理措施在非点源污染控制中的应用与深入开展，其将在非点源污染控制中发挥越来越重要的作用。肥料管理是关键影响因子，包括氮肥施用频率、肥料种类、施用时间和灌溉等，若施肥在降雨或者灌溉之前进行，则会明显增加氮肥淋溶和径流损失量。学者对美国东南部一个地块的研究表明，若化肥和有机肥施用量减少33%，则地下水氮素污染负荷减少约30%。另外，是否有覆盖作物、秸秆处理、翻耕方式等都会影响氮素流失强度（Hall et al., 1993；Ramos, 1995；Zebarth et al., 1999）。

1.4.2 耕作方式

农田养分流失与田间管理方式密切相关，特别是耕作方式与耕作时间。例如，土壤中留有过多的作物残茬，将导致养分淋溶增加；延迟耕作时间可以有效推迟作物残茬的矿化，从而降低氮素淋溶（Mitchell et al., 2000）。耕作方式对土壤侵蚀和地表径流有着重要的作用，翻耕农田地表径流量是免耕农田的1.85倍（Choudhary et al., 1997）；水平沟与传统耕作相比，每年可减少6.57kg/km^{2}的矿质氮素流失（Tan et al., 2002）；免耕比其他耕作方式能更有效地降低硝态氮淋溶（Tapiavargas et al., 2001）。Shankar等（2000）对美国伊利诺斯州一个流域的轮作管理措施进行了评价，结果表明，通过降低氮肥的施用水平，既能增加农业收益，又可改善地表水质；改变施肥时间在改善水质的同时也增加了农业收益的可能性。Hansen等（2000）通过对美国明尼苏达州典型弱发育湿润软土上3种不同耕作系统融雪径流中泥沙和磷素流失的研究，发现在残茬覆盖度分别为10%、40%和93%时，总磷平均流失量分别为0.4kg/hm^2、1.1kg/hm^{2}和1.3kg/hm^2。但Baker等（1983）的研究表明，水土保持耕作在保护土壤免受侵蚀方面是有效的，但对水质有较大影响。Bundy等（2001）研究了耕作和施肥方式对农田磷流失的影响，发现联合施肥耕作方式降低了径流中溶解态磷的浓度，但总磷的浓度和负荷量增加。McDowell（1984）的研究表明，采用水土保持耕作法的农田，地表径流中氮、磷浓度往往高于采用传统耕作法的农田。Alberts等（1985）的研究表明，在美国爱荷华州3个种植玉米作物的流域中，地表径流中硝态氮和氨氮的流失较少，仅占年施肥量的2%；而在等高耕作流域中，地表径流中硝态氮和氨氮的浓度有时超过水质标准；研究结果还表明，潜流中硝态氮的流失量占总流失量的85%。Isensee等（1993）在美国马里兰州研究发现，在玉米田块施用农药时，免耕田块地表径流中农药含量是传统耕作法玉米田块的2～10倍。加拿大的研究表明，采用传统耕作法田块中的硝态氮淋溶量比少耕法或免耕法大；地表径流中的氮素含量则是少耕法或免耕法田块高于传统耕作法田块，说明免耕、少耕和残茬覆盖等水土保持耕作法不能减少土壤中溶解态养分的流失（Drury et al., 1993）。

1.4.3 生态工程

1. 湿地

利用生态工程控制农业非点源污染是目前采取的另一种有效手段。其方法主要有湿地保护（天然与人工湿地）、缓冲带防治（缓冲湿地、缓冲林带和缓冲草带）等。有学者研究表明，在农田和水体之间建立合理的湿地、草地或林地缓冲过滤带，将会大大减少水体中的氮、磷含量，同时对农药和重金属的减少也具有较好的效果（Braskerud, 2002；Haycock, 1993）。Goldstein（1986）较早地探讨了湿地对减少因径流产生的农业非点源污染负荷的作用，结果表明，湿地对减少可溶性无机氮和磷的效果明显，而对颗态氮（大多数为有机态）效果不佳。Borin 等（2005）在意大利东北部的研究表明，缓冲带可减少 78%的径流，使固体悬移质从原来的 6.9t/hm^2 减少到 0.4t/hm^2，同时各种氮素（硝氮、氨氮和总氮）浓度在穿过缓冲带时有升高的趋势，但总氮流失量从 17.3kg/hm^2 减少到 4.5kg/hm^2，而磷素流失量则减少了 80%。Woltemade（2000）在美国马里兰州、伊利诺斯州和爱荷华州的研究发现，湿地能够有效减少大约 68%的硝态氮和 43%的磷素。Moore 等（2002）通过对 5 组人工湿地处理杀虫剂的研究，发现人工湿地对杀虫剂的减少率为 83%～98%；进入水体中的杀虫剂平均有 55%被沉淀物吸附，25%被植物吸收。以上研究结果表明，人工湿地对氮、磷和农药的减少有较好的效果。因此，人工湿地等生态工程措施可作为防治农业非点源污染的主要措施之一。

农业政策由于会影响到土地利用变化，也会影响区域范围内氮、磷流失强度。制定合理的政策法规，鼓励农场主采用先进、科学的农田管理方式，发展生态农业对控制农业非点源污染也具有重要的意义。在美国，已经实行的防治农业非点源污染的政策法规有降低农产品税收，增加对化肥和农药的税收，设立专项基金鼓励农场主采用最佳管理措施、清洁水法规、联邦安全饮用水标准等。在对农业非点源污染进行分类控制的基础上，德国等欧洲国家相继出台了一些限制性农业生产技术标准，对水源保护区、水源涵养地的耕作、施肥等技术标准进行了统一。各地区或流域根据本地的经济能力和控制目标，制定了相应的奖惩措施。

2. 生态沟

沟渠是农田系统的组成部分，具有重要的水文和生态功能。生态沟、排水沟不仅是农田排水汇入河流的通道，也是占地面积最大的农田排水设施。农田生态沟、排水沟一般起始于田间毛沟或农沟，经过田间淋沟、支沟、腰沟、干沟及总干沟汇入外界水系。通常田间毛沟或农沟的密度较大，断面较小，在灌溉或降雨期间直接承接了来自田间地表和地下渗漏的排水，并逐级汇入支沟、干沟；在非灌溉期间则基本呈干涸状态，因此生态沟、排水沟具有河流和湿地双重特征（梁笑琼等，2011）。由于排水沟对农业非点源污染物的输移过程具有重要作用，因此国内外越来越多的学者开始注意并研究农田生态沟、排水沟对农田非点源污染的作用。研究表明，在非点源污染中，来自农田系统的氮达 35.7%、磷达 24.7%，而减少农田排水量和排水中氮、磷浓度的主要途径之一就是充分利用和发挥现有农田排水沟的功能（马永生等，2005）。Kröger 等（2007，2008）研究了自然长有植物的沟渠对氮、磷的削减作用，发现沟渠对氮、磷有一定的削减作用。Moore 等（2010）研究了农田沟渠有、无植草对氮、磷削减作用的影响，试验证明两种沟渠均对氮、磷等营养物质有削减作用，其中有植草沟渠对无机磷的削减作用比无植草沟渠高出 35%。王岩等（2009）对生态沟渠、土质沟渠和混凝土沟渠三种农田排水沟渠对氮、磷拦截效果的研究结果表明，在不同水力停留时间、进水流速及进水氮、磷浓度条件下，生态沟渠对氮、磷的拦截效果明显优于其他沟渠。

生态沟渠研究多集中于理想化的大型沟渠系统对非点源污染的调控机理研究，而对田间农沟和毛沟等自然沟渠的生态调控作用研究较少。陕南土石山区多为坡耕地，在许多小流域中，人们为了便于耕作，在农田坡面上开垦了很多田间细沟，而这些细沟纵横交错，形成了系统的沟渠网络，这些沟渠系统不但影响流域景观格局的变化，而且能够分解天然降雨在坡面汇流所形成的洪流，缓解对坡耕地的冲击，使水不外流、土不外跑、肥不外散，起到蓄水、保土、保肥的作用，从而对流域内农业非点源污染起到了一定的调控作用。

3. 坡改梯

坡改梯，即利用工程措施把坡地梯田化。我国自古以来就已认识到梯田的重要作用，当坡耕地被修筑为梯田后，改变了原有坡面的微地形，缩短了坡面的坡长，减缓了坡面的坡度，田面变得平整，当降雨落入田面上时，由于坡面坡度较缓，避免了径流在坡面上的汇集，而被梯田就地拦蓄垂直入渗形成壤中流，从而起到减蚀的作用。坡改梯后土壤理化性质得到改善，土壤质量等级提高，达到了增产的效果（Hammad et al., 2006；Vancampenhout et al., 2006；Zhang et al., 2008）。坡改梯是我国治理水土流失广泛采用的主要工程措施，在农业生产和农村经济发展中的作用越来越明显（吴发启等，2003）。近 20 年来，坡改梯是我国山丘地区改造中低产农田和防治坡耕地水土流失的主要农业综合治理技术之一。坡改梯工程一般在 5°～25°的坡耕地中进行，尤其以 15°～25°的坡耕地为主（李亚龙等，2012）。坡改梯的研究在国内开展较多，在国外则相对很少。目前，针对坡改梯的研究主要集中在坡改梯的蓄水保土效应、土壤环境、水环境效应和梯田的分类与断面设计等方面（马福武等，1998；焦菊英，1999）。大量的研究表明，相比坡耕地，梯田的土壤含水量明显提高、土层储水量显著增加，保水效益可达到 70%以上（徐英等，2008；包耀贤等，2008）。坡面的地表径流也明显降低，水土流失量和土壤入渗性有明显的改善，同时土壤的可蚀性明显增强（田其云等，1991；左长清等，2004）。梯田还可以拦蓄径流携带的土壤营养物质，增加土壤肥力，提高作物产量（胡建民等，2005；段兴凤等，2010）。因此，梯田可以有效地拦蓄田面所产生的径流和径流所携带的泥沙（揭曾祐等，1986；姚云峰等，1992；焦菊英，1999）。在坡改梯初期，新梯田的性能还不够稳定，需要经过几年耕种才会逐渐趋于稳定，修筑田坎时将植物措施和工程措施相结合，能极大地提高梯田的效益（陈述文等，2008）。在陕南土石山区可以充分利用当地沟道内砂石料及混凝土预制构件筑坎技术，以便于施工、易于管理、降低成本和加快治理进度（孙栓科等，2012）。

土壤养分是组成土壤质量的核心部分，是土壤质量的重要指标，也是科学施肥的主要依据（郑立臣等，2004）。坡改梯在增加有效耕地的同时，还起到了水土保持的作用，而且坡改梯后土壤经营和管理趋于科学化，土壤质量会得到整体改善。近年来对坡改梯后土壤养分变化的研究越来越多（胡克林，1999；Hu et al., 1999；郭旭东等，2000；Huang et al., 2003；Yuan et al., 2008）。坡改梯可以改善土壤的通透性，拦截更多的降雨径流就地入渗，使降水蓄存于土壤中，增加土壤的蓄水能力。坡改梯可以使土不下坡，水不下沟，有效改善了土壤的水、肥、气、热状况，加上连年的精耕细作和合理施肥，同时土壤中微生物腐解后形成了较多的腐殖质，在一定程度上促进了土壤有机质的形成和发育，并将大气中的氮素固定入土壤，使土壤养分逐渐增加，但随年限的变化规律并不明显（薛萐等，2011），也有研究表明土壤有机氮与坡改梯时间呈正相关关系（张源润等，2007）。土壤养分流失过程包括坡面养分流失、地下损失、系统养分循环等空间过程及时间过程。土壤坡面养分流失分为两部分：一部分是地表养分流失；另一部分是地下养分流失。按流失方式又可分为侵蚀泥沙流失和径流携带流失两部分。张展羽等（2012）对红壤区梯田果园地表径流的养分流失特征研究发现，养分流失主要集中在产流初期，后期逐渐趋于稳定。梯田相对于坡耕地具有明显的保水、保土、保肥的作用，能够有效拦蓄降雨，减少径流，从而降低坡面侵蚀强度（王继夏等，2007）；同时土壤养分含量增加，降水转化效率和氮素转换效率也明显提高（兰跃东，2010）。王海军等（2005）对坡改梯的研究表明，土壤耕作培肥效果明显，耕层土壤有机质明显上升，土壤熟化度提高，土壤肥力显著提高。梯田养分的空间分布也有大量研究。文波龙等（2009）研究表明，梯田土壤养分含量在空间上有显著性变化。程先富等（2004）对土壤全氮含量与坡向、高程等的关系进行了研究，表明土壤全氮含量与两者都存在正相关关系。梯田土壤养分在时间分布上也有明显的变化规律，坡改梯后土壤水分、土壤储水量、地表径流量、入渗性能、土壤物理性状等指标随着年限的不同都有明显的变化（张永涛等，2001）。

土壤水分能够决定土地生产力，影响土壤的形成、发育及侵蚀，是土壤组成中的重要部分。土壤水作为农作物生长发育所需水分的直接源泉，其持水量的多少直接影响农作物的生长发育和粮食的产量（王军等，2000）。土壤水分的变化规律由两方面决定：一方面是土壤水分的存储，如降水、灌溉水、地下水的存蓄和水气的凝结；另一方面是土壤水分的消耗，如地面蒸发、作物利用和蒸腾。但是随着土壤年份的不同，水分的收支情况也发生相应改变，当土壤水分的积蓄小于水分消耗时，就可能导致干旱发生（张金柱等，1995；杨开宝等，1999）。梯田土壤水分的变化过程是动态的，并且具有一定的复杂性。研究土壤水分有利于对梯田的布局形式进行合理的规划。梯田土壤水分的变化幅度与土层深度有关，随土层深度的增加而减小。根据不同深度土壤含水量的变化规律，将其分为3个层次：水分剧变层、水分供给层和水分稳定层。其中，水分稳定层是植物根系的主要分布层，通常称为“土壤水库”，其主要功能是对上下层土壤水分的供给与蓄积进行调节（卫三平等，2005）。不同田面宽度的梯田土壤含水量也有所不同，田面越宽的梯田，内外两侧土壤含水量相差越大；田面越窄的梯田，内外两侧土壤水分分布越接近（吴发启等，2003）。水平梯田土壤水分在不同季节和不同土层深度上存在一定的变化规律。虽然梯田的保水效果明显，但是在有些干旱地区，降雨量满足不了植物生长所需水分，梯田田坎的侧向蒸发就会加剧梯田水分的消耗。特别是当梯田修建在陡坡时，坡度越陡，田面宽度越窄，田坎高度越高，田坎的侧向蒸发就越强，从而使梯田的保墒能力降低（陶士珩等，1996）。总之，将坡耕地改造成梯田，可以改变坡面地表的微地形地貌，增加地表覆盖度，改善坡面土壤理化性质，同时还可以改变坡面的径流过程，优化坡面水系布局，改变水量平衡状况。因此，研究坡改梯后流域的土壤环境效益和梯田断面布局，是陕南土石山区水土资源合理利用和进行土壤养分保持需要解决的重要科学问题。

参考文献

白红英, 唐克丽, 1991. 坡地土壤侵蚀与养分流失过程的研究[J]. 水土保持通报, 3: 14-19.

包耀贤, 吴发启, 刘莉, 2008. 渭北旱塬梯田土壤钾素状况及影响因素分析[J]. 水土保持学报, 22(1): 78-82.

蔡进军, 张源润, 火勇, 等, 2005. 宁南山区梯田土壤水分及养分特征时空变异性研究[J]. 干旱地区农业研究, 23(5): 83-87.

陈述文, 邓炜, 邱金根, 2008. 不同坡改梯方式的生态环境效应研究[J]. 安徽农业科学, 36(19): 8251-8254.

陈欣, 姜曙千, 张克中, 等, 1999. 红壤坡地磷素流失规律及其影响因素[J]. 水土保持学报, 5(3): 38-41.

陈志凡, 赵烨, 2006. 基于氮素流失对非点源污染研究的述评[J]. 水土保持研究, 13(4): 49-53.

陈志良, 程炯, 刘平, 等, 2008. 暴雨径流对流域不同土地利用土壤氮磷流失的影响[J]. 水土保持学报, 22(5): 30-33.

程红, 汪家权, 肖莆, 等, 2009. 巢湖流域农业非点源污染现状及控制等略[J]. 安徽农业科学, 37(29): 14341-14342.

程先富, 史学正, 2004. 亚热带典型地区土壤全氮和地形、母岩的关系研究——以江西省兴国县为例[J]. 水土保持学报, 18(2): 137-139.

段兴凤, 宋维峰, 曾珣, 等, 2010. 湖南紫鹊界梯田区森林改良土壤作用研究[J]. 水土保持研究, 17(6): 123-126.

范菲菲, 范成五, 秦松, 等, 2012. 贵州农业土壤氮素流失对环境的影响及防治对策[J]. 环境污染与防治, 34(7): 106-110.

付仕伦, 2008. 北京市密云水库库区非点源污染分析研究[D]. 北京: 北京林业大学.

郭旭东, 傅伯杰, 陈利顶, 等, 2000. 河北省遵化平原土壤养分的时空变异特征——变异函数与Kriging插值分析[J]. 地理学报, 1(5): 555-566.

侯彦林, 周永娟, 李红英, 等, 2008. 中国农田氮面源污染研究: I 污染类型区划和分省污染现状分析[J]. 农业环境科学学报, 27(4): 1271-1276.

胡建民, 胡欣, 左长清, 2005. 红壤坡地坡改梯水土保持效应分析[J]. 水土保持研究, 12(4): 271-273.

胡克林, 1999. 农田土壤养分的空间变异性特征[J]. 农业工程学报, 15(3): 33-38.

胡世雄, 靳长兴, 1999. 坡面土壤侵蚀临界坡度问题的理论与实验研究[J]. 地理学报, 54(4): 347-356.

黄丽, 丁树文, 董舟, 等, 1998. 三峡库区紫色土养分流失的试验研究[J]. 水土保持学报, 1: 8-13.

黄满湘, 章申, 张国梁, 等, 2003. 北京地区农田氮素养分随地表径流流失机理[J]. 地理学报, 58(1): 147-154.

焦菊英, 1999. 黄土高原水平梯田质量及水土保持效果的分析[J]. 农业工程学报, 2: 59-63.

揭曾祐, 李艳, 王规凯, 等, 1986. 水平梯田防止土壤侵蚀作用的理论分析[J]. 中国水土保持, 1: 29-30.

康玲玲, 朱小勇, 王云璋, 等, 1999. 不同雨强条件下黄土性土壤养分流失规律研究[J]. 土壤学报, 36(4): 536-543.

亢文选, 2006. 陕西生态环境保护[M]. 西安: 陕西人民出版社.

兰跃东, 2010. 昕水河流域水保生态工程土壤理化性质变化分析[J]. 水力发电, 36(5): 11-13.

李定强, 王继增, 万洪富, 等, 1998. 广东省东江流域典型小流域非点源污染物流失规律研究[J]. 水土保持学报, 3: 12-18.

李恒鹏, 杨桂山, 黄文枉, 等, 2006. 不同尺度流域地表径流氮、磷浓度比较[J]. 湖泊科学, 18(4): 377-386.

李虎, 王立刚, 邱建军, 等, 2008. 农田生态系统非点源氮污染研究进展[J]. 中国农学通报, 24(增刊): 38-43.

李亚龙, 张平仓, 程冬兵, 等, 2012. 坡改梯对水源区坡面产汇流过程的影响研究综述[J]. 灌溉排水学报, 31(4): 111-114.

梁笑琼, 李怀正, 程云, 2011. 沟渠在控制农业面源污染中的作用[J]. 水土保持应用技术, 6: 21-25.

林昌虎, 朱安国, 2002. 贵州喀斯特山区土壤侵蚀与环境变异的研究[J]. 水土保持学报, 16(1): 9-12.

刘秉正, 吴发启, 1997. 土壤侵蚀[M]. 西安: 陕西人民出版社.

刘旦旦, 王健, 尹武君, 2011. 天然降雨对黄土坡地土壤侵蚀和养分流失的影响[J]. 节水灌溉, 8: 17-20.

刘宏斌, 李志宏, 张云贵, 等, 2006. 北京平原农区地下水硝态氮污染状况及其影响因素研究[J]. 土壤学报, 43(3): 405-413.

刘青泉, 陈力, 李家春, 2001. 坡度对坡面土壤侵蚀的影响分析[J]. 应用数学和力学, 22(50): 449-457.

龙天渝, 梁常德, 李继承, 等, 2008. 基于SLURP模型和输出系数法的三峡库区非点源氮磷负荷预测[J]. 环境科学学报, 28(3): 574-581.

卢金伟, 李占斌, 2002. 土壤团聚体研究进展[J]. 水土保持研究, 9(1): 81-85.

吕唤春, 陈英旭, 方志发, 等, 1999. 千岛湖流域坡地利用结构对径流氮、磷流失量的影响[J]. 水土保持学报, 16(2): 91-92.

马福武, 贾志军, 1998. 晋西黄土丘陵沟壑区不同地类土壤水分变化规律研究[J]. 中国水土保持, 2: 26-28.

马立珊, 王祖强, 张水铭, 等, 1997. 苏南太湖水系农业面源污染及控制对策研究[J]. 环境科学学报, 17(1): 39-47.

马永生, 张淑英, 邓兰萍, 2005. 氮、磷在农田沟渠湿地系统中的迁移转化机理及其模型研究进展[J]. 甘肃科技, 21(2): 106-107.

马云, 何丙辉, 陈晓燕, 等, 2009. 不同土地利用方式下坡面土壤养分分布特征[J]. 水土保持学报, 23(6): 118-122.

宁建凤, 邹献中, 杨少海, 等, 2007. 农田氮素流失对水环境污染及防治研究进展[J]. 广州环境科学, 22(1): 5-10.

邱卫国, 2007. 农业氮素流失规律及河网污染控制研究[D]. 南京: 河海大学.
孙栓科, 李长保, 刘继榕, 2012. 略阳县混凝土预制构件修筑梯地技术[J]. 中国水土保持, 12: 23-26.
汤爱中, 2013. 水源地水质评价及预测方法研究[D]. 杭州: 浙江大学.
汤立群, 陈国祥, 1997. 小流域产流产沙动力学模型[J]. 水动力学研究与进展: A辑, 12(2): 164-174.
陶士珩, 王立祥, 胡希远, 1996. 西北黄土高原水平梯田冬小麦的水分供应状况分析[J]. 中国农业气象, 17(3): 7-9.
田其云, 曹艳英, 1991. 西吉县黄土高原农业生态系统稳定性控制[J]. 干旱地区农业研究, 4: 81-87.
万廷朝, 1996. 黄丘五副区降雨和地形因素与坡面水土流失关系研究[J]. 中国水土保持, 12: 26-29.
王超, 1997. 氮类污染物在土壤中迁移转化规律试验研究[J]. 水科学进展, 8(2): 176-182.
王海军, 叶国彬, 2005. 旱坡耕地梯改综合措施效果浅析[J]. 耕作与栽培, 3: 57-58.
王洪杰, 李宪文, 史学正, 2002. 四川紫色土区小流域土壤养分流失初步研究[J]. 土壤通报, 33(6): 441-444.
王继夏, 孙虎, 彭鸿, 等, 2007. 南水北调水源区乾佑河流域坡改梯效益分析[J]. 人民长江, 38(1): 34-35.
王军, 傅伯杰, 2000. 黄土丘陵小流域土地利用结构对土壤水分时空分布的影响[J]. 地理学报, 55(1): 84-91.
王璞玉, 潘竟虎, 韩进凤, 等, 2006. GIS 和遥感支持下的小流域非点源污染负荷估算[J]. 资源开发与市场, 22(5): 419-421.
王晓燕, 王一峋, 王晓峰, 等, 2003. 密云水库小流域土地利用方式与氮磷流失规律[J]. 环境科学研究, 16(1): 30-33.
王岩, 王建国, 李伟, 等, 2009. 三种类型农田排水沟渠氮磷拦截效果比较[J]. 土壤, 41(6): 902-906.
卫三平, 吴发启, 张治国, 2005. 黄土丘陵沟壑区不同耕作措施下梯田土壤水分时空变化[J]. 中国水土保持, 6: 25-27.
文波龙, 任国, 张乃明, 2009. 云南元阳哈尼梯田土壤养分垂直变异特征研究[J]. 云南农业大学学报自然科学, 24(1): 78-81.
吴发启, 范文波, 2001. 土壤结皮与降雨溅蚀的关系研究[J]. 水土保持学报, 15(3): 1-3.
吴发启, 张玉斌, 宋娟丽, 等, 2003. 水平梯田环境效应的研究现状及其发展趋势[J]. 水土保持学报, 17(5): 28-31.
谢红梅, 朱波, 2003. 农田非点源氮污染研究进展[J]. 生态环境, 12(3): 349-352.
熊丽君, 2004. 基于 GIS 的非点源污染研究——张家港西南片地区非点源污染负荷计算[D]. 南京: 河海大学.
徐国策, 李鹏, 成玉婷, 等, 2013. 模拟降雨条件下丹江鹦鹉沟小流域坡面径流磷素流失特征[J]. 水土保持学报, 27(6): 6-10.
徐英, 王俊生, 蔡守华, 等, 2008. 缓坡水平梯田土壤水分空间变异性[J]. 农业工程学报, 24(12): 16-19.
薛萐, 刘国彬, 张超, 等, 2011. 黄土高原丘陵区坡改梯后的土壤质量效应[J]. 农业工程学报, 27(4): 310-316.
颜秀利, 翟惟东, 洪华生, 等, 2012. 九龙江口营养盐的分布、通量及其年代际变化[J]. 科学通报, 57(17): 1575-1587.
杨金玲, 张甘霖, 张华, 等, 2003. 丘陵地区流域土地利用对氮素径流输出的影响[J]. 环境科学, 24(1): 16-23.
杨金玲, 张甘霖, 周瑞荣, 2001. 皖南丘陵地区小流域氮素径流输出的动态变化[J]. 农村生态环境, 17(3): 1-4.
杨开宝, 李景林, 郭培才, 等, 1999. 黄土丘陵区第 I 副区梯田断面水分变化规律[J]. 水土保持学报, 2: 64-69.
杨丽霞, 杨桂山, 苑韶峰, 等, 2007. 影响土壤氮素径流流失的因素探析[J]. 中国生态农业学报, 15(6): 190-194.
杨胜天, 程红光, 步青松, 等, 2006. 全国土壤侵蚀量估算及其在吸附态氮磷流失量匡算中的应用[J]. 环境科学学报, 26(3): 366-374.
杨武德, 王兆骞, 眭国平, 等, 1999. 土壤侵蚀对土壤肥力及土地生物生产力的影响[J]. 应用生态学报, 10(2): 175-178.
姚云峰, 王礼先, 1992. 水平梯田减蚀作用分析[J]. 中国水土保持, 12: 40-41.

姚治君, 廖俊国, 陈传友, 1991. 云南玉龙山东南坡降雨因子与土壤流失关系的研究[J]. 自然资源学报, 6(1): 45-53.
袁东海, 王兆赛, 陈欣, 等, 2002. 不同农作方式红壤坡耕地土壤氮素流失特征[J]. 应用生态学报, 13(7): 863-866.
张金柱, 于宗周, 李保国, 等, 1995. 隔坡沟状梯田土壤水分变化规律探讨[J]. 水土保持通报, 2: 58-63.
张乃明, 张玉娟, 陈建军, 等, 2004. 滇池流域农田土壤氮污染负荷影响因素研究[J]. 中国农学通报, 20(5): 145-150.
张维理, 武淑霞, 冀宏杰, 等, 2004. 中国农业面源污染形势估计及控制对策. 21 世纪初期中国农业面源污染的形势估计[J]. 中国农业科学, 37(7): 1008-1017.
张兴昌, 邵明安, 黄占斌, 等, 2000. 不同植被对土壤侵蚀和氮素流失的影响[J]. 生态学报, 20(6): 1038-1044.
张秀玮, 李光宗, 董元杰, 等, 2012. 不同氮肥对侵蚀坡面土壤氮素流失的影响[J]. 水土保持学报, 26(2): 45-48.
张永涛, 王洪刚, 李增印, 等, 2001. 坡改梯的水土保持效益研究[J]. 水土保持研究, 8(3): 9-11.
张玉斌, 郑粉莉, 2004. AGNPS 模型及其应用[J]. 水土保持研究, 11(4): 124-127.
张玉斌, 郑粉莉, 曹宁, 2009. 近地表土壤水分条件对坡面农业非点源污染物运移的影响[J]. 环境科学, 30(2): 376-383.
张玉斌, 郑粉莉, 武敏, 2007. 土壤侵蚀引起的农业非点源污染研究进展[J]. 水科学进展, 18(1): 124-132.
张源润, 蔡进军, 董立国, 等, 2007. 半干旱退化山区坡改梯地土壤养分变异特征研究——以宁夏彭阳县为例[J]. 干旱区资源与环境, 21(3): 121-124.
张展羽, 张卫, 杨洁, 等, 2012. 不同尺度下梯田果园地表径流养分流失特征分析[J]. 农业工程学报, 28(11): 105-109.
郑立臣, 宇万太, 马强, 等, 2004. 农田土壤肥力综合评价研究进展[J]. 生态学杂志, 23(5): 156-161.
朱晓梅, 张丽萍, 方继青, 等, 2009. 红壤坡地土壤水蚀过程的产流产沙动态模拟试验研究[J]. 科技通报, 25(5): 680-683.
左长清, 李小强, 2004. 红壤丘陵区坡改梯的水土保持效果研究[J]. 水土保持通报, 24(6): 79-81.
ALBERTS E E, SPOMER R G, 1985. Dissolved nitrogen and phosphorus in runoff from watersheds in conservation and conventional tillage[J]. Journal of Soil & Water Conservation, 40(1): 153-157.
ALKAISI M M, YIN X, LICHT M A, 2005. Soil carbon and nitrogen changes as influenced by tillage and cropping systems in some Iowa soils[J]. Agriculture Ecosystems & Environment, 105(4): 635-647.
ALMASRI M N, KALUARACHCHI J J, 2004. Assessment and management of long-term nitrate pollution of ground water in agriculture-dominated watersheds[J]. Journal of Hydrology, 295(1-4): 225-245.
ANDERSON E W, 1984. Soil Erosion(Developments in Soil Science 10)by Dusan Zachar[J]. Geography, 3: 282.
BAKER J L, LAFLEN J J, 1983. Water quality consequences of conservation tillage[J]. Journal of Soil & Water Conservation, 38: 186-193.
BEN-DAVID S, BORODIN A, 1994. A new measure for the study of the on-line algorithm[J]. Algorithmica, 11: 73-91.
BHADURI B, HARBOR J, ENGEL B, et al., 2000. Assessing watershed-scale, long-term hydrologic impacts of land-use change using a GIS-NPS model[J]. Environmental Management, 26(6): 643-658.
BORIN M, VIANELLO M, MORARI F, et al., 2005. Effectiveness of buffer strips in removing pollutants in runoff from a cultivated field in North-East Italy[J]. Agriculture Ecosystems & Environment, 105(1-2): 101-114.
BRASKERUD B C, 2002. Factors affecting nitrogen retention in small constructed wetlands treating agricultural non-point source pollution[J]. Ecological Engineering, 18(3): 351-370.
BUCK S P, 1997. Applying probabilistic risk assessment to agricultural nonpoint source pollution[J]. Journal of Soil & Water Conservation, 55(3): 340-346.

BUNDY L G, ANDRASKI T W, POWELL J M, 2001. Management practice effects on phosphorus losses in runoff in corn production systems[J]. Journal of Environmental Quality, 30(5): 1822-1828.

CARAVACA F, LAX A, ALBALADEJO J, 1999. Organic matter, nutrient contents and cation exchange capacity in fine fractions from semiarid calcareous soils[J]. Geoderma, 93(314): 161-176.

CASTILLO V M, MARTINEZMENA M, ALBALADEJO J, 1997. Runoff and soil loss response to vegetation removal in a semiarid environment[J]. Soil Science Society of America Journal, 61(4): 1116-1121.

CHOUDHARY M A, LAL R, DICK W A, 1997. Long-term tillage effects on runoff and soil erosion under simulated rainfall for a central Ohio soil[J]. Soil & Tillage Research, 42(3): 175-184.

CHOW T L, REES H W, 1995. Effects of coarse-fragment content and size on soil erosion under simulated rainfall[J]. Canadian Journal of Soil Science, 75(2): 227-232.

DRURY C F, FINDLAY W I, GAYNOR J D, et al., 1993. Influence of tillage on nitrate loss in surface runoff and tile Drainage[J]. Soil Science Society of America Journal, 57(3): 797-802.

ELLISON W D, 1947. Soil detachment hazard by rainfall splash[J]. Agricultural Engineering, 28: 197-201.

FU X, SHAO M, WEI X, et al., 2010. Soil organic carbon and total nitrogen as affected by vegetation types in Northern Loess Plateau of China[J]. Geoderma, 155(1-2): 31-35.

GALLOWAY J N, 2000. Nitrogen mobilization in Asia[J]. Nutrient Cycling in Agroecosystems, 57(1): 1-12.

GIUPPONI C, ROSATO P, 1995. Simulating impacts of agricultural policy on nitrogen losses from a watershed in Northern Italy[J]. Environment International, 21(5): 577-582.

GOLDSTEIN A L, 1986. Utilization of wetlands as bmps for the reduction of nitrogen and phosphorus in agricultural runoff from south florida watersheds[J]. Lake & Reservoir Management, 2(1): 345-350.

HALL D W, RISSER D W, 1993. Effects of agricultural nutrient management on nitrogen fate and transport in lancaster county pennsylvania[J]. Jawra Journal of the American Water Resources Association, 29(1): 55-76.

HAMMAD A H, B RRESEN T, HAUGEN L E, 2006. Effects of rain characteristics and terracing on runoff and erosion under the Mediterranean[J]. Soil and Tillage Research, 87(1): 39-47.

HANSEN N C, GUPTA S C, MONCRIEF J F, 2000. Snowmelt runoff, sediment, and phosphorus losses under three different tillage systems[J]. Soil & Tillage Research, 57(1-2): 93-100.

HAYCOCK N E, 1993. Groundwater nitrate dynamics in grass and poplar vegetated riparian buffer strips during winter[J]. Journal of Environmental Quality, 22(2): 273-278.

HU K L, LI B G, LIN Q M, et al., 1999. Spatial variability of soil nutrient in wheat field[J]. Transactions of the Chinese Society of Agricultural Engineering, 15(3): 33-38.

HUANG Y, ZHOU Z, YUAN X, et al., 2003. Spatial variability of soil organic matter content in an arid desert area[J]. Acta Ecologica Sinica, 24(12): 2776-2781.

ISENSEE A R, SADEGHI A M, 1993. Impact of tillage practice on runoff and pesticide transport[J]. Journal of Soil & Water Conservation, 48(6): 523-527.

JANSONS V, BUSMANIS P, DZALBE I, et al., 2003. Catchment and drainage field nitrogen balances and nitrogen loss in three agriculturally influenced Latvian watersheds[J]. European Journal of Agronomy, 20(20): 173-179.

JICKELLS T D, 1998. Nutrient biogeochemistry of the coastal zone[J]. Science, 281: 217-222

JOHNES P J, 1996. Evaluation and management of the impact of land use change on the nitrogen and phosphorus load delivered to surface waters: The export coefficient modelling approach[J]. Journal of Hydrology, 183(3-4): 323-349.

KING L C, 1957. The uniformitarian nature of hillslopes[J]. Transactions of the Edinburgh Geological Society, 17(1): 81-102.

KRÖGER R, HOLLAND M M, MOORE M T, et al., 2007. Hydrological variability and agricultural drainage ditch inorganic nitrogen reduction capacity[J]. Journal of Environmental Quality, 36(6): 1646-1652.

KRÖGER R, HOLLAND M M, MOORE M T, et al., 2008. Agricultural drainage ditches mitigate phosphorus loads as a function of hydrological variability[J]. Journal of Environmental Quality, 37(1): 107-110.

KUMAR R, AMBASHT R S, SRIVASTAVA A, et al., 1997. Reduction of nitrogen losses through erosion by Leonotis nepetaefolia, and Sida acuta, in simulated rain intensities[J]. Ecological Engineering, 8(3): 233-239.

MCDOWELL L L, MCGREGOR K C, 1984. Plant nutrient losses in runoff from conservation tillage corn[J]. Soil & Tillage Research, 4(1): 79-91.

MILLER P M, SINGER M J, NIELSEN D R, 1988. Spatial variability of wheat yield and soil properties on complex hills[J]. Soil Science Society of America Journal, 52: 1133-1141.

MITCHELL R D J, HARRISON R, RUSSELL K J, et al., 2000. The effect of crop residue incorporation date on soil inorganic nitrogen, nitrate leaching and nitrogen mineralization[J]. Biology and Fertility of Soils, 32(4): 294-301.

MOORE M T, KRÖGER R, LOCKE M A, et al., 2010. Nutrient mitigation capacity in Mississippi Delta, USA drainage ditches[J]. Environmental Pollution, 158(1): 175-184.

MOORE M T, SCHULZ R, COOPER C M, et al., 2002. Mitigation of chlorpyrifos runoff using constructed wetlands[J]. Chemosphere, 46(6): 827-835.

MORGAN R P C, 2005. Soil erosion and conservation[J]. Geographical Journal, 162(2): 304.

MORGAN R P C, MCINTYRE K, VICKERS A W, et al., 1997. A rainfall simulation study of soil erosion on rangeland in Swaziland[J]. Soil Technology, 11(3): 291-299.

MUÑOZ CARPENA R, RITTER A, SOCORRO A R, et al., 2002. Nitrogen evolution and fate in a canary islands(Spain) sprinkler fertigated banana plot[J]. Agricultural Water Management, 52(2): 93-117.

MYERS J L, WAGGER M G, LEIDY R B, 1995. Chemical movement in relation to tillage system and simulated rainfall intensity[J]. Journal of Environmental Quality, 24(24): 1183-1192.

OVALLES F A, COLLINS M E, 1986. Soil landscape relationships and soil variability in north central Florida[J]. Soil Science Society of America Journal, 50: 401-408.

PALIS R G, OKWACH G, ROSE C W, et al., 1990. Soil erosion processes and nutrient loss II: The effect of surface contact cover and erosion processes on enrichment ratio and nitrogen loss in eroded sediment[J]. Australian Journal of Soil Research, 28(4): 641-658.

PARRIS K, 1998. Agricultural nutrient balances as agri-environmental indicators: An OECD perspective[J]. Environmental Pollution, 102(1): 219-225.

PRUSKI F F, NEARING M A, 2002. Climate-induced changes in erosion during the 21st century for eight US locations[J]. Water Resources Research, 38(12): 1-11.

RAMOS C, 1995. Effect of agricultural practices on the nitrogen losses to the environment[J]. Nutrient Cycling in Agroecosystems, 43(1): 183-189.

SALEH A, ARNOLD J G, GASSMAN P W, et al., 2000. Application of SWAT for the upper north Bosque watershed[J]. Transactions of the Asae, 43(5): 1077-1087.

SCHILLING K E, LIBRA R D, 2000. The relationship of nitrate concentrations in streams to row crop land use in Iowa[J]. Journal of Environmental Quality, 29(6): 1846-1851.

SHANKAR B, DEVUYST E A, WHITE D C, et al., 2000. Nitrate abatement practices, farm profits, and lake water quality: a central Illinois case study[J]. Journal of Soil & Water Conservation, 55(3): 296-303.

SHRESTHA S, KAZAMA F, NEWHAM L T H, 2008. A framework for estimating pollutant export coefficients from long-term in-stream water quality monitoring data[J]. Environmental Modelling & Software, 23(2): 182-194.

SMITH D D, WISCHMEIER W H, 1957. Factor affecting sheet and rill erosion[J]. EOS Transactions American Geophysical Union, 38(6): 889-896.

TAN C S, DRURY C F, REYNOLDS W D, et al., 2002. Water and nitrate loss through tiles under a clay loam soil in Ontario after 42 years of consistent fertilization and crop rotation[J]. Agriculture Ecosystems & Environment, 93(1-3): 121-130.

TAPIAVARGAS M, TISCARENOLOPEZ M, STONE J J, et al., 2001. Tillage system effects on runoff and sediment yield in hillslope agriculture[J]. Field Crops Research, 69(2): 173-182.

VANCAMPENHOUT K, NYSSEN J, GEBREMICHAEL D, et al., 2006. Stone bunds and soil conservation in the northern Ethiopian highlands: Impacts on soil fertility and crop yield[J]. Soil and Tillage Research, 90(2): 1-15.

WOLTEMADE C J, 2000. Ability of restored wetlands to reduce nitrogen and phosphorus concentrations in agricultural drainage water[J]. Journal of Soil & Water Conservation, 55(3): 303-309.

YADAV S N, 1997. Formulation and estimation of nitrate-nitrogen leaching from corn cultivation[J]. Journal of Environmental Quality, 26: 808-814.

YAIR A, KLEIN M, 1973. The influence of surface properties on flow and erosion processes on debris covered slopes in an arid area[J]. Catena, 1(73): 1-18.

YUAN X, HUANG Y, GAO R, et al., 2008. Spatial variability characteristics of farmland soil organic matter in Pinggu District, Beijing, China[J]. Transactions of the Chinese Society of Agricultural Engineering, 24(2): 70-76.

ZEBARTH B J, PAUL J W, KLEECK R V, 1999. The effect of nitrogen management in agricultural production on water and air quality: Evaluation on a regional scale[J]. Agriculture Ecosystems & Environment, 72(1): 35-52.

ZHANG J H, SU Z A, LIU G C, 2008. Effects of terracing and agroforestry on soil and water loss in hilly areas of the Sichuan Basin, China[J]. Journal of Mountain Science, 5(3), 241-248.

ZHENG F L, HUANG C H, NORTON L D, 2004. Effects of near-surface hydraulic gradients on nitrate and phosphorus losses in surface runoff[J]. Journal of Environmental Quality, 33(6): 2174-2182.

ZINGG W A, 1940. Degree and length of land slope as it affects soil loss in runoff[J]. Agricultural Engineering, 21: 59-64.

第一篇　土壤养分空间变异性及其影响因素

第2章　坡耕地土壤养分剖面分布

土壤有机碳（soil total organic carbon，SOC）、全氮（soil total nitrogen，STN）和全磷（soil total phosphorus，STP）是评价土壤质量的重要指标，不但可以反映土壤肥力状况，而且可以反映土壤环境质量状况，用来评价土壤的生产、环境和健康功能。SOC是陆地碳库最大的组成部分，在陆地碳循环中起着关键性作用，也是全球碳循环研究的重要内容（张心昱等，2006）。土壤水分含量（soil water content，SWC）和分布影响着一系列的水文过程，如溶质迁移、地下水补给、与大气的物质和能量交换等，还关系到径流的产生和土壤保持（赵培培，2010；范荣桂等，2011；刘明辉等，2011；张霞等，2012）。

土壤养分具有一定的空间分布特点，并表现出一定的空间性和随机性，是气候、地形和人类活动等因素综合作用的结果。对土壤养分空间变异的充分了解是管理好土壤养分和合理施肥的基础，研究一个区域内，同一时间、同一地点、不同土层土壤养分的剖面分布是十分必要的，是调整各项管理措施和各项物质投入量、获得最大经济效益的基础。长期施肥不仅影响土壤中养分数量的变化，而且由于养分的向下移动也影响土壤中养分的剖面分布。这种剖面分布在生产上有两方面的意义：一是养分下移超过根系所能吸收的范围，将造成养分的淋失，进而影响水体质量；二是养分适度下移，可以丰富底土养分数量，这对培育土壤肥力非常有利（高超等，2005；郭家文等，2007；邹俊亮等，2012）。本章采用地统计学方法，选取陕南丹江鹦鹉沟流域一块20°玉米地，运用网格法研究0～60cm深度下土壤属性的剖面分布特征，旨在揭示小流域坡耕地不同土壤深度下养分和水分的空间分布状况。

2.1　土壤样品采集与测定

1. 土壤样品采集

2011年8月28日～9月1日在鹦鹉沟流域坡耕玉米地利用土钻进行3m×3m网格状土样采集，共计39个采样点，研究区采样点分布如图2.1所示。采样深度60cm，按0～10cm、10～20cm、20～40cm和40～60cm 4个深度分层采集各土层的土壤样品，每层约1.0kg，带回实验室分析。将风干后的土壤分别研磨，经过土壤筛（全量元素分析样品为0.149mm，速效养分为1mm）后装入纸袋中备用。土层厚度0～10cm、10～20cm、20～40cm和40～60cm分别用A1、A2、A3和A4表示。

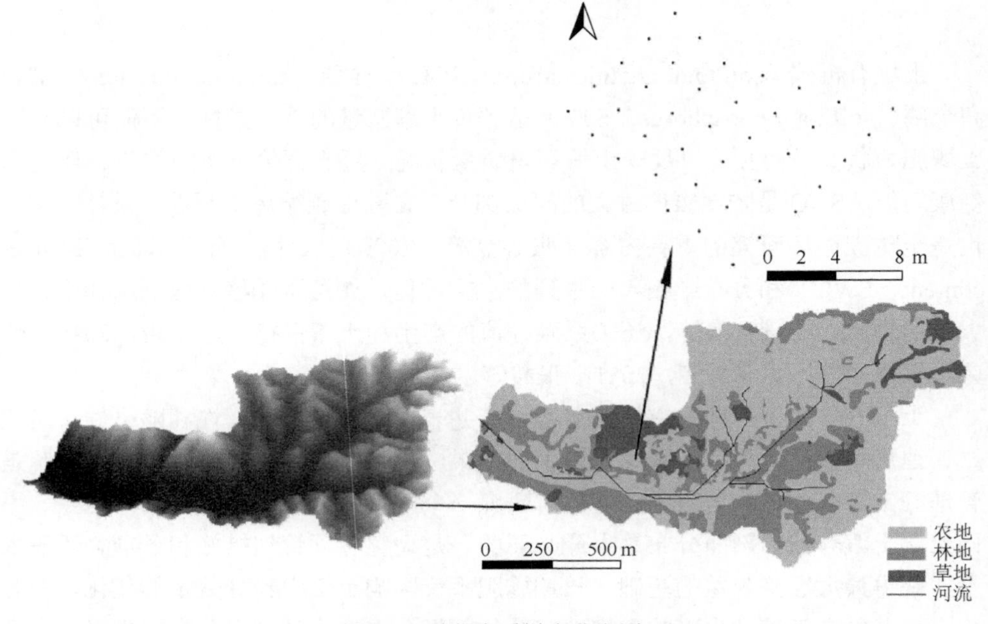

图2.1　鹦鹉沟采样点分布图

2. 土壤样品测定

（1）土样风干过筛后，称取0.5～1g土样至凯氏瓶，加硫酸和催化剂，消煮1h，然后用Foss8400全自动凯氏定氮仪测定土壤全氮含量。

（2）全磷用间断化学分析仪（ADA，CleverChem200，德国）测定。

（3）土壤总有机碳含量采用TOC分析仪（HT 1300 Analyzer）法。

（4）土壤含水量采用铝盒烘干法，105℃下烘干8h。

2.2　不同深度下土壤属性的统计特征

鹦鹉沟流域坡耕地不同深度下土壤属性的统计特征如表2.1所示。STN含量的均值表现为A1＞A2＞A3＞A4，表明STN含量随土壤深度的增加而降低。SOC总体上也表现为随土壤深度的增加而降低。SWC则相反，均值表现为A1＜A2＜A3＜A4，说明SWC随土壤深度的增加而增大，这是由于表层土壤水分表现活跃，变化剧烈，随着降雨事件的发生，其SWC会迅速增大，而随着土壤蒸发和植物吸水的持续发生，土壤含水量会逐渐降低。相对表层，深层 SWC 相对稳定。而采样前仅在 8 月 21 日有 39.6mm 的降雨，至采样时，也多阴天，从而使表层 SWC 也较大。土壤水分层状分布对水分的入渗和污染物的迁移会有很大影响，加强对坡耕地水分的研究，对认识一定深度上的土壤储水量有重要意义（宫渊等，2010；王海斌，2011）。STP 随土壤深度的变化不明显。变异系数是一个不带有量纲的纯数，表示单位量的变异，可用于相互比较，反映了土壤的异质性。从变异系数来看，STN、SWC、SOC 和 STP 的变异系数均在 0.10～1.00，都为中等变异。其中 SWC 在 4 个采样深度的变异系数均较小，表明 SWC 的变异相对 STN、SOC 和 STP 要弱。在 A2 和 A3 层，SWC 与 STN 呈显著正相关（$p>0.05$），在 A1 和 A2 层，SOC 与 STN 亦呈显著正相关（$p>0.05$），STP 与其他三个土壤属性的关系不显著。由于 Kriging 方法对正态分布数据的预测精度最高，故在进行地统计分析之前，需要检验土壤属性数据集是否满足正态分布。从 K-S（p）正态检验可以看出，STN、SWC 和 SOC 基本服从正态分布，只有 STP 不服从正态分布。因此对不服从正态分布的 STP 进行 log 转化，转化后的 STP 数据呈正态分布（$p>0.05$），满足了下一步分析的要求。

表 2.1　不同深度下土壤属性的统计特征

土壤属性	最小值	最大值	平均值	偏度	峰度	标准差	变异系数	K-S(*p*)
STN_A1/(g/kg)	0.18	1.90	0.62	1.69	3.42	0.39	0.63	0.24
STN_A2/(g/kg)	0.04	0.79	0.32	0.66	−0.66	0.20	0.64	0.37
STN_A3/(g/kg)	0.01	0.60	0.27	0.17	−1.20	0.17	0.61	0.35
STN_A4/(g/kg)	0.01	0.90	0.32	0.89	0.17	0.23	0.71	0.42
SOC_A1/(g/kg)	1.96	9.32	5.56	0.22	−0.14	1.68	0.30	1.00
SOC_A2/(g/kg)	1.56	11.93	5.48	0.50	−0.01	2.39	0.44	0.90
SOC_A3/(g/kg)	1.47	11.93	5.54	0.87	0.89	2.39	0.43	0.31
SOC_A4/(g/kg)	0.20	8.77	3.81	0.35	−1.01	2.66	0.70	0.54
SWC_A1/%	5.46	20.23	13.12	0.28	0.70	3.10	0.24	0.40
SWC_A2/%	10.19	22.84	15.64	0.18	−1.15	3.58	0.23	0.69
SWC_A3/%	9.60	23.02	17.59	−0.16	−0.84	3.48	0.20	0.57
SWC_A4/%	3.35	23.95	17.88	−1.35	2.34	4.22	0.24	0.08
STP_A1/(g/kg)	0.09	0.48	0.22	0.62	−1.10	0.12	0.54	0.06
STP_A2/(g/kg)	0.18	0.92	0.37	2.48	6.76	0.15	0.40	0
STP_A3/(g/kg)	0.06	0.45	0.16	2.05	3.39	0.09	0.60	0
STP_A4/(g/kg)	0.05	0.69	0.26	0.81	−0.23	0.17	0.64	0.02

注：K-S(p)表示 Kolmogorov-Smirnov，正态检验达显著水平：$p \geq 0.05$。

2.3 不同深度下土壤属性的空间结构

在GS+7.0中对4个深度下的土壤属性进行半方差函数模拟得到各自的半方差模型及其参数值，将不同深度下土壤属性的空间结构特征归纳于表2.2。将拟合度（R^2）最高且残差平方和（residual sum of squares，RSS）最小的模型作为最优模型。STN、SWC和STP在4个采样深度下，A1和A2层的拟合度较高，都在0.90以上，且残差平方和均较小，说明模型的拟合精度很高，能很好地反映A1和A2层的空间结构特征。而SOC在A1和A2层的拟合精度较低。因此，本节主要对STN、SWC和STP在A1和A2层的空间变异进行进一步分析。变程反映区域化变量影响范围的大小，或者说反映该变量自相关范围的大小。4个土壤属性的变程最小值为3.19m，大于本次网格采样的间距3m，说明本次网格采样满足空间分析的要求。在A1和A2层，STN、SWC和STP主要为球状模型，STN和STP由A1层到A2层变程变小，说明其空间自相关范围逐渐变小，SWC则相反。这主要是由于STN和STP是由土壤表层向深层迁移的，且受壤中流的影响，土层越深，迁移过程和壤中流作用越弱，SWC则是土壤水分由上而下逐渐蒸发，受到下层水分的作用。

表2.2 不同深度下土壤属性的空间结构特征

土壤属性	块金值	基台值	变程/m	R^2	块金系数	最优模型	RSS
STN_A1/(g/kg)	0.02	0.26	6.62	0.92	0.07	球状	1.93×10^{-4}
STN_A2/(g/kg)	0.02	0.45	5.95	0.91	0.05	球状	3.45×10^{-4}
STN_A3/(g/kg)	0	0.03	7.03	0.88	0.09	球状	5.50×10^{-6}
STN_A4/(g/kg)	0.17	1.09	8.73	0.88	0.16	指数	3.25×10^{-3}
SOC_A1/(g/kg)	2.86	2.86	9.87	0	1.00	线性	—
SOC_A2/(g/kg)	0.16	4.54	8.07	0.76	0.04	指数	1.33×10^{-1}
SOC_A3/(g/kg)	0.61	5.98	3.42	0.6	0.10	指数	1.42×10^{-2}
SOC_A4/(g/kg)	4.38	12.86	25.06	0.97	0.34	高斯	1.05×10^{-1}
SWC_A1/%	0.28	7.87	5.30	1.00	0.04	球状	1.01×10^{-4}
SWC_A2/%	0.54	12.17	12.09	1.00	0.04	球状	1.67×10^{-3}
SWC_A3/%	0.44	11.80	5.39	0.29	0.04	球状	2.90

续表

土壤属性	块金值	基台值	变程/m	R^2	块金系数	最优模型	RSS
SWC_A4/%	0.01	16.65	3.19	0	0	高斯	—
STP_A1/(g/kg)	0.01	0.03	18.07	1.00	0.22	高斯	1.89×10^{-7}
STP_A2/(g/kg)	0	0.02	16.20	1.00	0.01	球状	1.57×10^{-8}
STP_A3/(g/kg)	0.01	0.01	9.88	0	1.00	线性	—
STP_A4/(g/kg)	0	0.03	10.26	0.98	0.04	指数	8.64×10^{-7}

块金值表示随机部分的空间异质性，较大的块金值表明较小尺度上的某种过程不可忽视。基台值越大表示总的空间异质性程度越高。块金系数为块金值与基台值之比，如果该值比较高（如大于 0.5），说明随机部分引起的空间异质性程度较高，如果该值接近于 1，则景观中某一变量在整个尺度上具有恒定的变异（王淑英等，2008）。由表 2.2 可知，STN、SWC 和 STP 在 4 个土壤深度下的块金值均较小，说明由随机部分引起的空间异质性较小；SOC 在 A1 和 A4 层的块金值相对较大，说明随机部分的影响较大。STN 和 STP 的基台值相对较小，说明其总的空间异质性程度较低，每个土层内的数值差异相对较小；SOC 和 SWC 的基台值都较大，说明其总的空间异质性程度较高，每个土层内的数值差异相对较大。SOC（A1）和 STP（A3）的块金系数为 1，说明其为随机分布，即变量不存在空间相关性；除此之外，STN、SOC、SWC 和 STP 的块金系数基本都小于 0.25，表明它们均为强空间依赖性，其变异主要来自结构因素（气候、地形和母质等），随机因素（耕作、施肥等）影响较小。

为了比较采样深度对 STN、STP 和 SWC 地统计结果的影响，利用 GS+7.0 软件对其进行半方差函数理论模型模拟计算，STN、STP、SWC 在 A1 和 A2 层的半方差函数理论模型如图 2.2 所示。由此可以看出，半方差模型对 A1 和 A2 层有较好的模拟精度。除 STP 在 A2 层的最优模型是高斯模型外，三者在 A1 和 A2 层的最优模型均为球状模型。土壤属性变异的空间异质性一直备受关注，它影响采样方法和 Kriging 插值的结果等。因此，本节分析了土壤属性半方差函数的各向异性。结果表明，STN、STP 和 SWC 在 A1 和 A2 层呈各向异性。

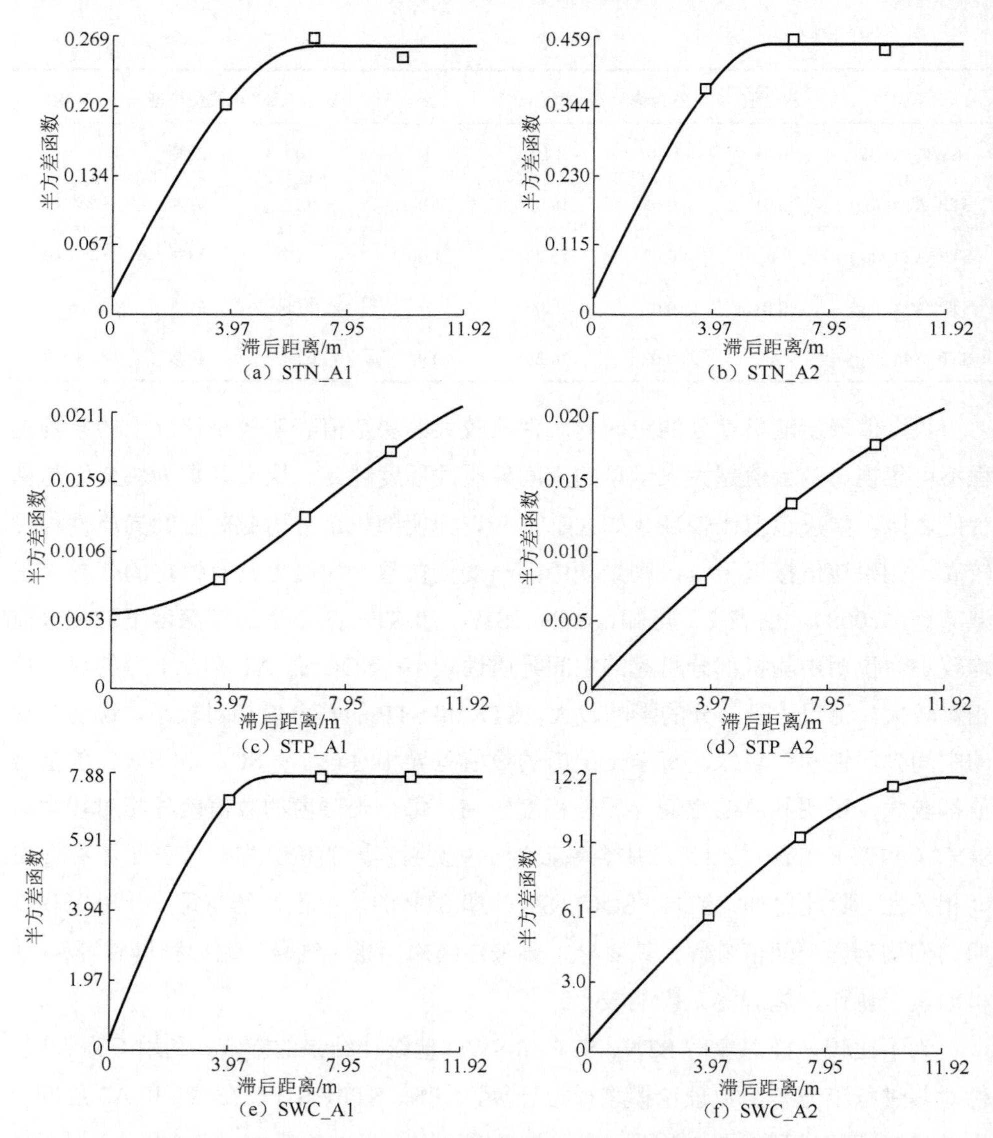

图 2.2　STN、STP、SWC 在 A1 和 A2 层的半方差函数理论模型

2.4　空 间 插 值

对 A1 和 A2 层的 STN、STP 和 SWC 进行 Kriging 插值，绘制坡耕地两个土层深度下 STN、STP 和 SWC 的空间分布图，以便更直观地反映土壤特性的空间分布情况。STN、STP、SWC 在 A1 和 A2 层的空间插值结果如图 2.3 所示，可以看出，STN 在 A1 层的变化范围比 A2 层大，STN 在 A1 层呈层状分布，由西北到

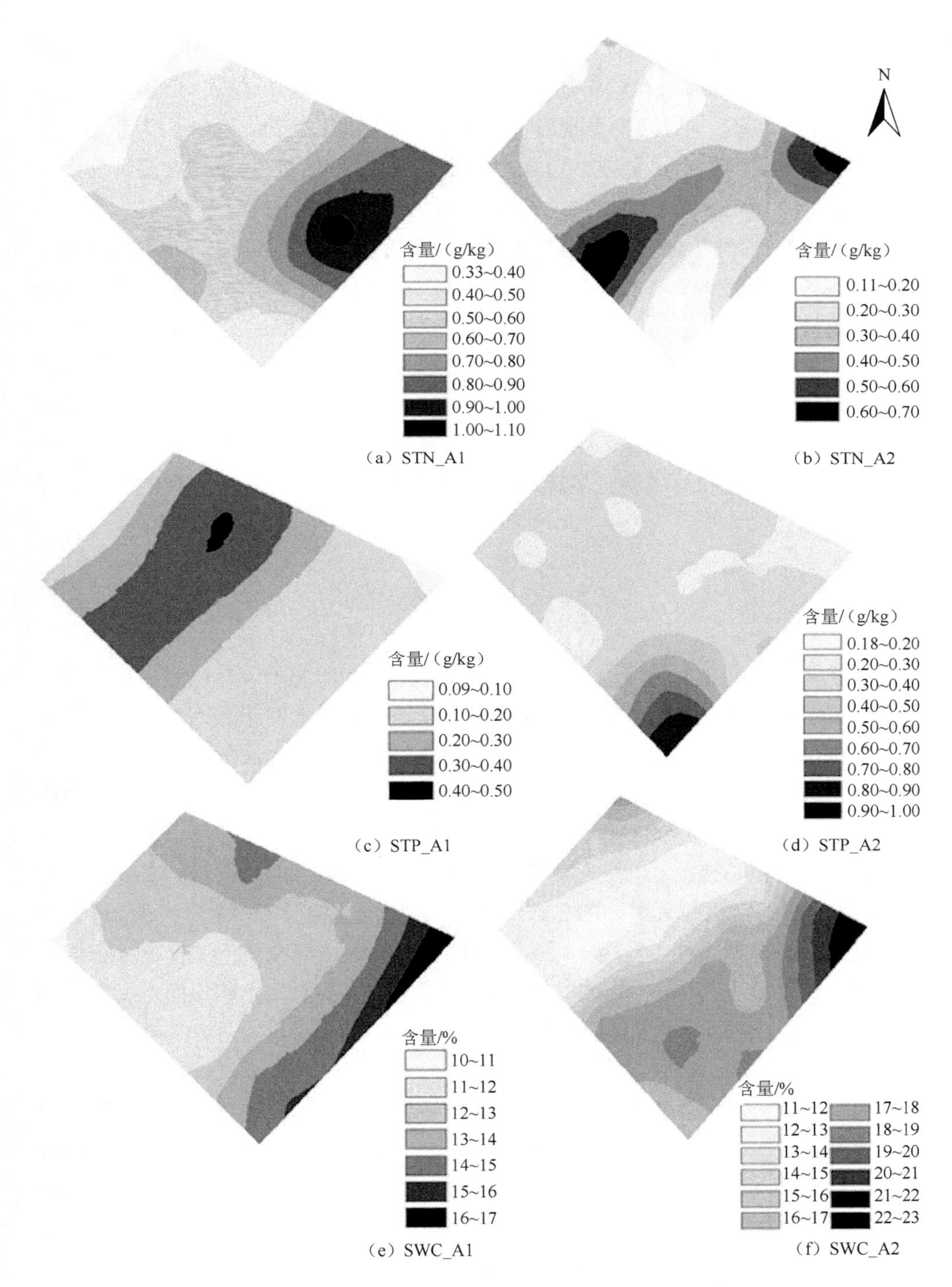

图 2.3　STN、STP、SWC 在 A1 和 A2 层的空间插值结果

东南呈增大趋势。SWC 和 STP 在 A1 层的变化范围比 A2 层小，SWC 在 A2 层的分布与 A1 层相似，都是在坡耕地下部土壤含水量较高。STP 在 A1 层的分布呈中间大、上下两端小，在 A2 层呈现较明显的斑块状分布。另外，从 A1 层到 A2 层，STN 平均含量由 0.598g/kg 减小为 0.310g/kg，SWC 和 STP 的平均含量则分别从 12.988%、0.229g/kg 增大到 15.439%、0.366g/kg。

Kriging 插值结果还表明，在小尺度上，该插值方法依旧抹去了一部分 STN、STP 和 SWC 含量较大和较小的区域，整体上有明显的平滑效应，使其斑点状分布基本消失，在含量很高的区域尤为明显。但总体来说，Kriging 插值能很好地表现 STN、STP 和 SWC 的空间分布趋势。Kriging 插值结果和实测值有一定差异，主要原因是 Kriging 插值理论属于线性回归理论，它是对描述某一属性空间分布的随机函数的条件数学期望的估计，具有明显的平滑效应，适合于对变化不大的空间属性进行插值和分布特征呈现，对于数据的突变缺乏很好的表现能力（李保国等，2002）。

2.5 空间自相关分析

研究空间上一个变量与其周围相邻位置变量之间的相关关系，可以通过统计方法进行空间相关程度的计算，以分析这些变量在空间上的相互关系。而空间依赖性多用统计参数莫兰指数表示。莫兰指数的范围是−1～1，正值的数值越大表明空间自相关性越高，意味着相邻的位置区域越趋于聚合一起。越小的负值表明所研究的数据在空间上是交互存在的。当莫兰指数的值为 0 时，意味着在空间上没有相关性，其值越接近 0，相关度越低（Moran, 1950）。STN、STP、SWC 在 A1 和 A2 层的空间自相关关系如图 2.4 所示，可以看出，STN 在 A1 层小于 6m 范围内呈正的空间自相关性，随距离增大，空间自相关性逐渐减弱；STN 在 A2 层正的自相关距离减小为 5m。SWC 和 STP 在 A1 和 A2 层呈现出相似的空间自相关特征，只是正负自相关的距离不同。另外，由 A1 层到 A2 层，SWC 和 STP 正的自相关距离均增大。

STN、STP、SWC 的空间分布信息对土地管理和评估流域内土壤氮、磷流失量及对水质的影响尤为重要（刘吉平等，2012），氮、磷可能通过迁移流失。例如，氮的迁移可能污染地下水，或是通过土壤侵蚀威胁地表水和下游地区用水。各种氮、磷流失预测模型的输入参数都是特定地区的，不一定适合陕南南水北调水源区。因此，本节结果对土石山区氮、磷流失模型的应用有一定参考意义。

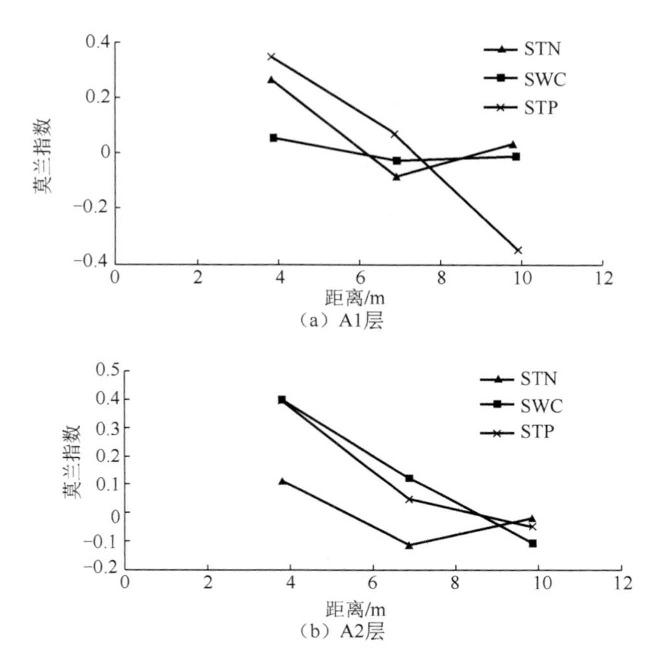

图 2.4　STN、STP、SWC 在 A1 层和 A2 层的空间自相关关系

参考文献

范荣桂, 王长春, 陈书琴, 等, 2011. 巢湖周边地区表层土壤全氮有机质空间分布特征[J]. 环境科学与技术, 34(5): 117-120.

高超, 朱继业, 朱建国, 2005. 极端降水事件对农业非点源污染物迁移的影响[J]. 地理学报, 60(6): 991-996.

宫渊, 张君, 陈林武, 2010. 嘉陵江上游不同植被类型小流域典型降雨产流特征分析[J]. 水土保持学报, 24(2): 35-39.

郭家文, 张跃彬, 刘少春, 等, 2007. 云南昌宁蔗区不同耕层土壤养分的垂直分布[J]. 土壤通报, 38(6): 1072-1075.

李保国, 胡克林, 陈德立, 等, 2002. 农田土壤表层饱和导水率的条件模拟[J]. 水利学报, 36(2): 36-40.

刘吉平, 刘佳鑫, 于洋, 等, 2012. 不同采样尺度下土壤碱解氮空间变异性研究: 以榆树市农田土壤为例[J]. 水土保持研究, 19(2): 107-109.

刘明辉, 王飞, 李锐, 等, 2011. 土石山林区和黄土塬农区不同覆盖类型土壤水分差异性分析[J]. 水土保持研究, 18(3): 187-190.

王海斌, 2011. 不同水土保持措施下径流小区降雨与产流产沙关系研究[J]. 水土保持研究, 18(5): 63-66.

王淑英, 路苹, 王建立, 等, 2008. 不同研究尺度下土壤有机质和全氮的空间变异特征: 以北京市平谷区为例[J]. 生态学报, 28(10): 4957-4964.

张霞, 刘晓清, 王亚萍, 等, 2012. 秦岭生态功能区水土保持治理效益评价[J]. 水土保持研究, 19(2): 86-90.

张心昱, 陈利顶, 李琪, 等, 2006. 不同农业土地利用类型对北方传统农耕区土壤养分含量及垂直分布的影响[J]. 农业环境科学学报, 25(2): 377-381.

赵培培, 2010. 黄土高原小流域典型坝地土壤水分和泥沙空间分布特征[D]. 杨凌: 中国科学院水土保持与生态环境研究中心.

邹俊亮, 邵明安, 龚时慧, 2012. 不同植被和土壤类型下土壤水分剖面的分异[J]. 水土保持研究, 18(6): 12-17.

MORAN P A, 1950. Notes on continuous stochastic phenomena[J]. Biometrika, 37(1-2): 17-23.

第 3 章　水土保持措施下的土壤养分空间分布特征

土壤养分的空间变异特征及运移规律是国内外的研究热点之一（李学平等，2010；Rogera, et al., 2014）。在土壤养分空间变异性方面，以大尺度养分的空间异质性（Liu et al., 2013; Liu et al., 2014）、土壤养分的多样性（陈翠英等，2005；司涵等，2014）和环境影响因素（李文军等，2014）等为主。土壤养分是土壤质量的重要指标，不同土壤类型气候区域和施肥方式下土壤养分含量变化各异，其有效性主要受土壤类型、气候条件、地理位置等各种因素影响（王永壮等，2013）。土壤氮、磷通过地表径流等形式流失到周围水体中的风险显著增加，导致或加速水体的富营养化（张展羽等，2013）。尤其在以农地为主要土地利用类型的流域，表层土壤养分主要为地表径流和土壤侵蚀的方式流失（单艳红等，2004；Rodríguez-Blanco et al., 2013）。因此，研究土石山区土壤养分的空间异质性，有助于水源地农业非点源污染控制、清洁小流域建设和水质保护。

3.1　样品采集与数据分析

3.1.1　研究区概况

余姐河流域位于陕西省安康市汉滨区的恒口镇与大同镇之间，其土地利用类型及采样点分布如图 3.1 所示。地理坐标为东经 108°48′15″～108°48′42″，北纬 32°44′55″～32°45′13″，流域面积 0.14km^2，海拔 325～381m。多年平均降雨量 850mm，降雨量年内分配不均，大部分降雨集中在 7～10 月，约占全年降雨量的 65%。流域土壤主要为母岩风化的岩屑，与少量砂质黏土构成石碴土，石碴土面积约占流域总面积的 65%，其次为棕褐色沙质黏土，主要分布在流域下游，面积约占 35%。植被主要为次生林，乔、灌混交，针、阔叶混交，农地以河道两侧的坡耕地为主，主要种植玉米和花生等作物。

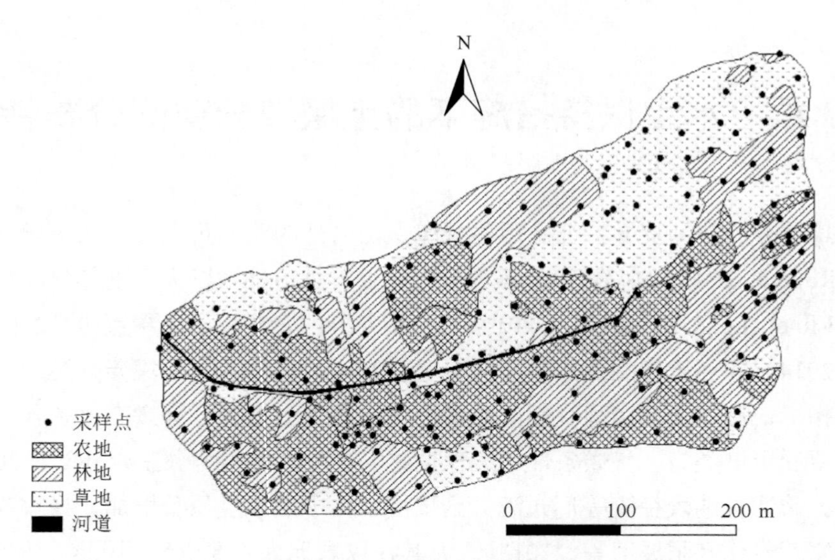

图 3.1　余姐河流域土地利用类型及采样点分布

3.1.2　样品采集与分析

2014 年 1 月在余姐河以 30m×30m 网格利用直径 5cm 的土钻分不同土层深度采集土壤样品，共计采样点 207 个，其中，梯田采样点 44 个，坡耕地采样点 49 个，草地采样点 47 个，林地采样点 67 个，每个采样点按 0～20cm、20～40cm 和 40～60cm 三个土层深度采集（图 3.1），采样的同时用 GPS 定位，记录采样点的经纬度、土地利用类型和坡度等信息。将采集的土壤样品带回实验室，自然风干后，研磨，分别过 0.149mm、1.0mm 和 2.0mm 筛，装入封口袋备用。

（1）土壤氮、磷测定。土壤样品自然风干后，过 0.149mm 筛，称取 2.5g 土样到消煮管，加催化剂和 5ml 浓硫酸浸提，在 375℃的高温下消煮 4h，冷却后稀释 10 倍，取上清液用间断化学分析仪测定土壤全磷和全氮。自然风干后，过 1.0mm 筛，称 2.5g 土样到 100ml 塑料瓶，加 50ml 碳酸氢钠浸提液，振荡 1h 后过滤，取上清液用间断化学分析仪测定土壤速效磷。自然风干后，过 1.0mm 筛，称 2.5g 土样到 100ml 塑料瓶，加 50ml 氯化钾浸提液，振荡 1h 后过滤，取上清液用间断化学分析仪测定土壤氨氮和硝氮。

（2）土壤总有机碳测定。土壤样品自然风干后，过 0.149mm 筛，称取 0.1g 土壤样品于白色陶瓷取样舟内，滴入 1～2 滴 0.1mol/L 的盐酸，充分润湿样品后将取样舟放入烘箱中，在 105℃下恒温烘 4h，取出充分静置冷却（12h）后，利用德国耶拿公司的 TOC 分析仪测定土壤总有机碳含量。

3.1.3　统计分析与空间插值

采样点数据的统计分析采用 SPSS17.0，统计分析的特征值包括平均值、最小值、最大值、变异系数等。采用单因素方差分析（analysis of variance，ANOVA）进行显著性检验。空间变异性使用 GS+7.0 软件中的半方差函数分析，流域土壤养分的空间分布图采样 Kriging 插值法在 ArcGIS10.1 中进行绘制。

土壤磷素的活化系数（phosphorus activation coefficient，PAC）为土壤速效磷与土壤全磷之比，其计算公式为

$$\mathrm{PAC}=\frac{\text{Olsen-P}}{\mathrm{STP}\times 1000}\times 100\% \tag{3-1}$$

式中，Olsen-P 为土壤速效磷含量，mg/kg；STP 为土壤全磷含量，g/kg。

半方差函数是地统计学中研究土壤变异性的关键函数，是描述土壤性质空间连续变异的一个连续函数，反映土壤性质随不同距离观测值之间的变化。其表达式为

$$\gamma(h)=\frac{1}{2N(h)}\sum_{i=1}^{N(h)}\left[z(x_i)-z(x_i+h)\right]^2 \tag{3-2}$$

式中，$\gamma(h)$ 为半方差函数；h 为步长；$z(x_i)-z(x_i+h)$ 为间隔距离为 h 的 2 个观测点的实测值；$N(h)$ 为间隔距离为 h 时所有观测点的成对数目。由 $\gamma(h)$ 对 h 作图可得到半方差函数图，依据拟合度（R^2）和残差平方和（RSS），采用 GS+7.0 软件对半方差函数进行拟合得到最优的理论模型。

3.2　土壤有机碳空间分布特征

3.2.1　土壤有机碳的统计特征

余姐河流域不同深度下土壤有机碳的统计特征如表 3.1 所示。0～20cm、20～40cm 和 40～60cm 土层的土壤有机碳平均值分别为 6.45g/kg、4.17g/kg、3.17g/kg。土壤有机碳含量的最大值、最小值和平均值均随土壤深度的增加而降低。ANOVA 表明不同土层的土壤有机碳含量存在极显著差异（p <0.01）。土壤有机碳含量的标准差也随土壤深度的增加而减小，说明随着土壤深度的增加，土壤有机碳含量的差异逐渐降低。土壤有机碳在 0～20cm、20～40cm 和 40～60cm 土层的变异系数分别为 80%、86%、111%。可见，土壤有机碳在 0～20cm 和 20～40cm 土层的变异系数均为中等变异，而在 40～60cm 土层的变异系数为强变异，说明土壤有机

碳含量随土壤深度的增加变异强度逐渐增大。K-S 检验表明，3 个土层下 p 值均小于 0.05，说明有机碳含量在 3 个土层深度均不服从正态分布。因此，需要对 3 个土层的有机碳数据进行 ln 转化，转化后不同深度下土壤有机碳正态分布曲线如图 3.2 所示。转化后 3 个土层的有机碳数据呈正态分布（p >0.05），满足了下一步分析的要求。

表 3.1　余姐河流域不同深度下土壤有机碳的统计特征

土层深度/cm	平均值/(g/kg)	标准差/(g/kg)	最小值/(g/kg)	最大值/(g/kg)	K-S(p)	变异系数/%
0～20	6.45	5.14	0.68	23.44	0.000	80
20～40	4.17	3.60	0.25	18.04	0.000	86
40～60	3.17	3.51	0.14	16.32	0.000	111

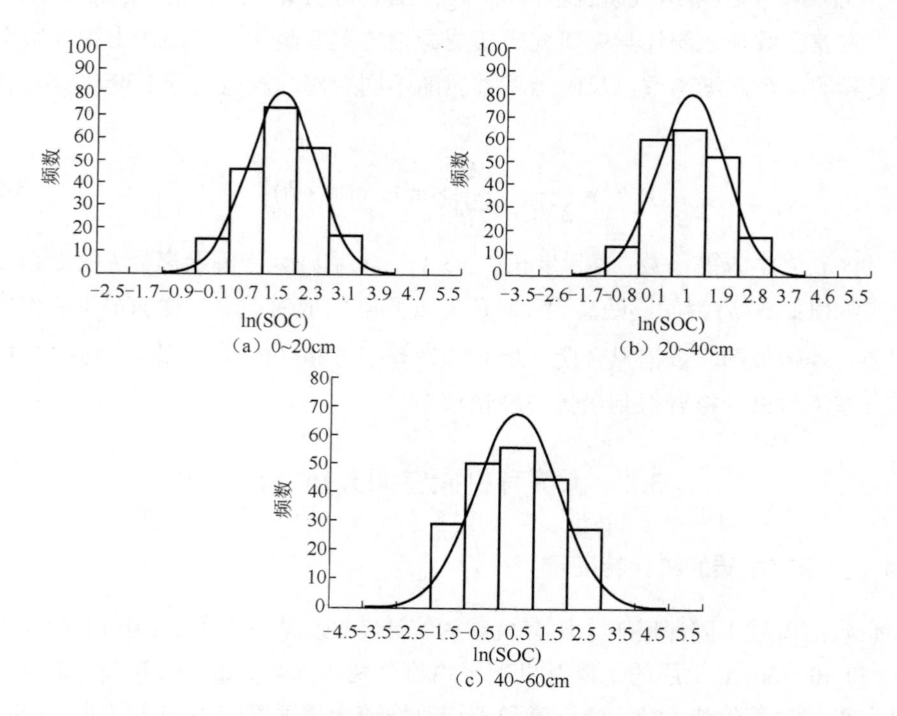

图 3.2　余姐河流域不同深度下土壤有机碳正态分布曲线

3.2.2　土壤有机碳的空间结构

余姐河流域不同深度下土壤有机碳的地统计学参数及半方差函数理论模型如表 3.2 和图 3.3 所示。拟合度（R^2）最高且残差平方和（RSS）最小的模型被用来进行有机碳含量空间分布的插值分析。3 个土层下，有机碳的最优模型均为指数模型，其拟合度分别为 0.71、0.86 和 0.77，残差平方和也均较小，说明模型的拟合精度相对较高，能够较好地反映研究区土壤有机碳的空间结构特征。块金系数代表了系统变量空间相关性的程度，如果块金系数小于 25%，说明系统具有强烈的空间相关性；如果在 25%～75%，表明系统具有中等的空间相关性；如果大于 75%，说明系统空间相关性很弱。而 3 个土层下的块金系数均小于 25%，说明其均属强烈空间相关性。3 个土层下有机碳的变程均大于 30m，说明网格状采样的间距满足空间分析的要求。

表 3.2　余姐河流域不同深度下土壤有机碳的地统计学参数

土层深度/cm	块金值	基台值	块金系数/%	变程/m	最优模型	R^2	RSS
0～20	0.094	0.698	13	32.4	指数模型	0.71	8.29×10^{-3}
20～40	0.106	0.885	12	50.1	指数模型	0.86	1.77×10^{-2}
40～60	0.169	1.486	11	41.7	指数模型	0.77	6.21×10^{-2}

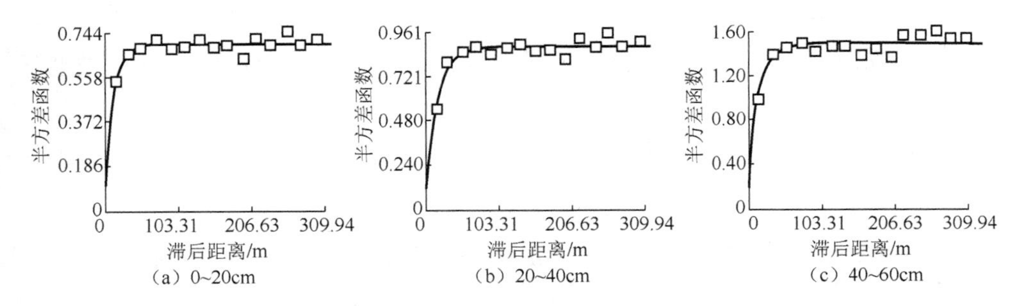

图 3.3　余姐河流域不同深度下土壤有机碳的半方差函数理论模型

3.2.3　土壤有机碳的空间分布

对 3 个不同土层深度下土壤有机碳含量进行 Kriging 插值，得到余姐河流域不同土层深度下土壤有机碳含量的空间插值结果如图 3.4 所示。由图可见，余姐河流域土壤有机碳不同土层深度下的空间分布状况。土壤有机碳空间变异随土壤深度的增加而降低。3 个土层深度下的有机碳高值区和低值区位置相近，说明 3 个土层下的有机碳含量呈现出相似的分布。有机碳在 0～20cm 土层的高值点主要在林地和草地。但是有机碳含量的空间分布并非严格与土地利用类型相关，因为不同土地利用类型均存在高值区和低值区。

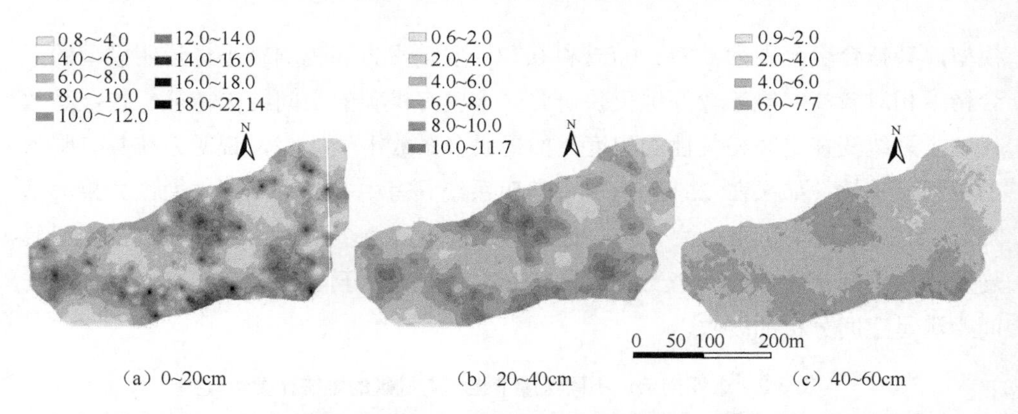

（a）0~20cm　（b）20~40cm　（c）40~60cm

图 3.4　余姐河流域不同深度下有机碳含量的空间插值结果（单位：g/kg）

3.2.4　不同土地利用类型下土壤有机碳含量及容重分析

余姐河流域不同土地利用类型下土壤有机碳含量及容重平均值如表 3.3 所示。由表 3.3 可知，不同土地利用类型下的土壤有机碳含量平均值均随土层深度的增加而降低，表现为林地>梯田>草地>坡耕地。在 0～20cm 和 20～40cm 土层，容重大小为梯田>草地>坡耕地>林地；但是在 40～60cm 土层，不同土地利用类型下的容重大小相近。这主要是因为土石山区土层较薄，40～60cm 土层接近于母质层，差异较小。ANOVA 表明不同土地利用类型下的土壤有机碳含量不存在显著差异（p >0.05）。

表 3.3　余姐河流域不同土地利用类型下土壤有机碳含量及容重平均值

土层深度/cm	林地		梯田		草地		坡耕地	
	SOC /(g/kg)	容重 /(g/cm^3)	SOC /(g/kg)	容重 /(g/cm^3)	SOC /(g/kg)	容重 /(g/cm^3)	SOC /(g/kg)	容重 /(g/cm^3)
0～20	6.80	1.29	6.46	1.45	6.36	1.44	6.07	1.31
20～40	4.35	1.53	4.21	1.58	4.17	1.56	3.87	1.55
40～60	3.43	1.61	3.23	1.61	3.03	1.61	2.87	1.59

3.2.5　土壤有机碳密度估算

基于 Kriging 插值及计算，余姐河流域不同土地利用类型下各土层的土壤有机碳密度及空间分布如表 3.4 和图 3.5 所示，该流域被划分为 286 行×207 列，网格大小为 2m×2m。不同土地利用类型下各层的有机碳密度平均值为梯田>林地>草地>坡耕地；梯田、林地、草地和坡耕地的有机碳密度平均值分别为 3.77kg/m^2、4.31kg/m^2、3.86kg/m^2 和 3.62kg/m^2；不同土地利用类型下的有机碳密度变异系数差异不大，均为中等变异。土壤有机碳密度和变异系数总体上表现为随土层深度的增大而降低。土壤有机碳密度高值区总是出现在坡面上部和流域出口处。此外，余姐河流域的总有机碳储量为 565.10t。

表 3.4　余姐河流域不同土地利用类型下各土层的土壤有机碳密度

土层深度/cm	梯田		林地		草地		坡耕地	
	平均值/(kg/m^2)	变异系数/%	平均值/(kg/m^2)	变异系数/%	平均值/(kg/m^2)	变异系数/%	平均值/(kg/m^2)	变异系数/%
0～20	1.82	43	1.76	40	1.73	45	1.58	39
20～40	1.39	42	1.37	41	1.19	49	1.13	38
40～60	1.18	22	1.18	30	0.94	39	0.91	29
0～60	3.77	34	4.31	34	3.86	40	3.62	33

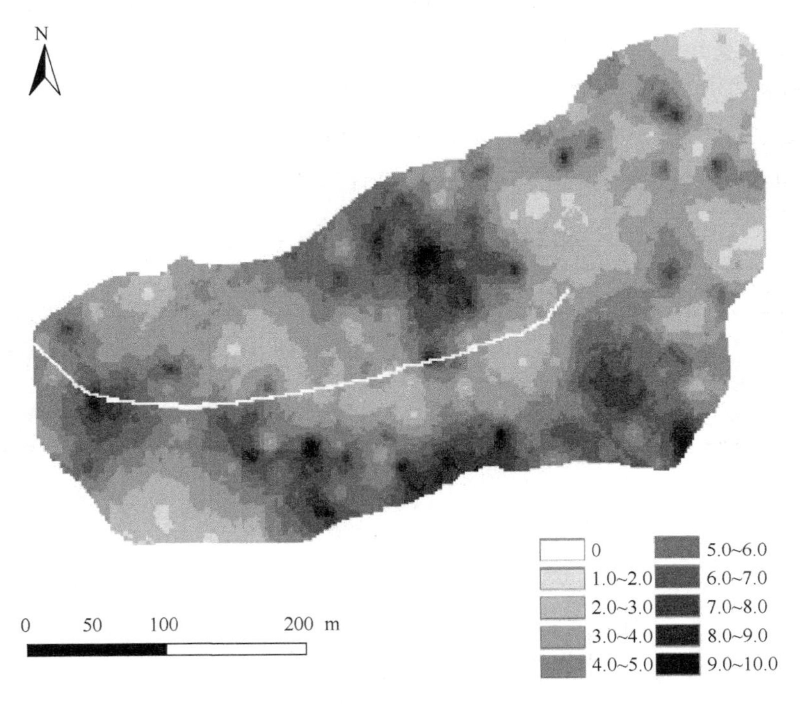

图 3.5　余姐河流域土壤有机碳密度空间分布（单位：kg/m^2）

运用 ArcGIS 软件对研究区不同土地利用类型下土地面积进行统计分析，发现梯田占研究区总面积的 16%，林地占 31%，草地占 28%，坡耕地占 24%；而梯田中有机碳含量占土壤有机碳总含量的 24%，林地占 28%，草地占 25%，坡耕地占 23%；可见梯田土壤有机碳含量对研究区土壤有机碳含量的贡献率最高。

3.3 土壤全氮空间分布特征

3.3.1 土壤全氮的统计特征

余姐河流域不同深度下土壤全氮的统计特征如表 3.5 所示。可以看出，0～20cm、20～40cm 和 40～60cm 土层的土壤全氮平均值分别为 0.17g/kg、0.16g/kg、0.15g/kg，且土壤全氮含量平均值随土层深度的增加而降低。ANOVA 表明不同土层的土壤全氮含量存在极显著差异（$p<0.01$）。土壤全氮含量的标准差（standord doviation，SD）也随土层深度的增加而减小，说明随着土层深度的增加，土壤全氮含量的差异逐渐降低。土壤全氮在 0～20cm、20～40cm 和 40～60cm 土层的变异系数分别为 76%、75%和 80%，均为中等变异。K-S 检验表明，0～20cm、40～60cm 土层的 p 值分别为 0.04 和 0，均小于 0.05，说明全氮含量在这两个土层深度均不服从正态分布，而 20～40cm 土层的 p 值为 0.56，大于 0.05，说明全氮含量在该土层服从正态分布。因此，需要对 0～20cm 和 40～60cm 土层的数据进行转化，转化后不同深度下土壤全氮正态分布曲线如图 3.6 所示。

表 3.5　余姐河流域不同深度下土壤全氮的统计特征

土层深度/cm	平均值/(g/kg)	标准差/(g/kg)	最小值/(g/kg)	最大值/(g/kg)	K-S(*p*)	变异系数/%
0～20	0.17	0.13	0	1.01	0.04	76
20～40	0.16	0.12	0	0.55	0.56	75
40～60	0.15	0.12	0	0.64	0	80

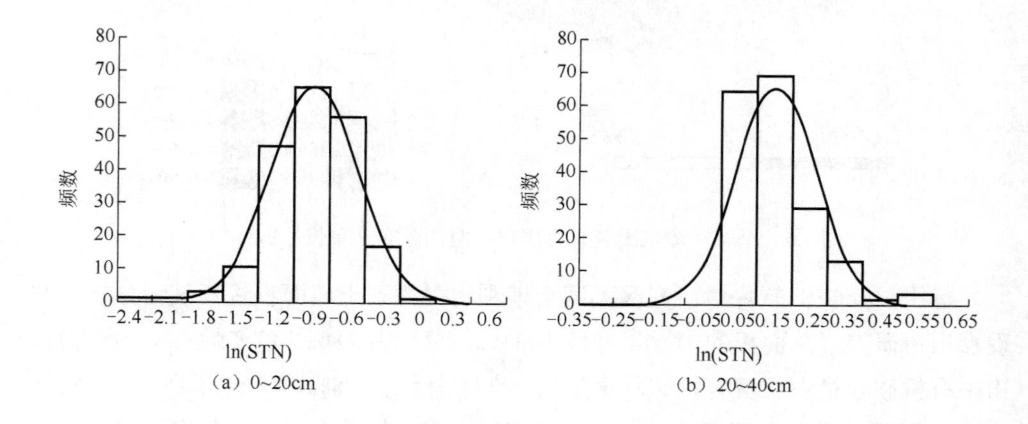

（a）0~20cm　（b）20~40cm

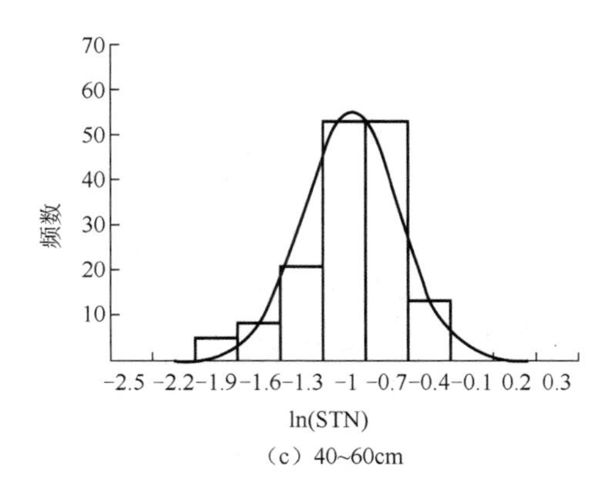

（c）40~60cm

图 3.6　余姐河流域不同深度下土壤全氮正态分布曲线

3.3.2　土壤全氮的空间结构

余姐河流域不同深度下土壤全氮的地统计学参数及半方差函数理论模型如表 3.6 和图 3.7 所示。拟合度（R^2）最高且残差平方和（RSS）最小的模型被用来进行全氮含量空间分布的插值分析。0～20cm、20～40cm 和 40～60cm 土层下，全氮的最优模型分别为指数模型、指数模型和高斯模型，其拟合度分别为 0.704、0.764 和 0.749，并且 3 个土层下残差平方和均较小，说明模型的拟合精度相对较高，可以较好地反映研究区土壤全氮的空间结构特征。3 个土层深度下的块金系数均小于 25%，说明其空间相关性均为强烈。3 个土层下全氮的变程均大于 30m，说明网格状采样的间距满足空间分析的要求。

表 3.6　余姐河流域不同深度下土壤全氮的地统计学参数

土层深度/cm	块金值	基台值	块金系数/%	变程/m	最优模型	R^2	RSS
0～20	0.020	0.114	18	83.1	指数模型	0.704	1.194×10^{-3}
20～40	0.003	0.014	21	99.6	指数模型	0.764	1.453×10^{-5}
40～60	0.016	0.104	15	31.5	高斯模型	0.749	5.862×10^{-4}

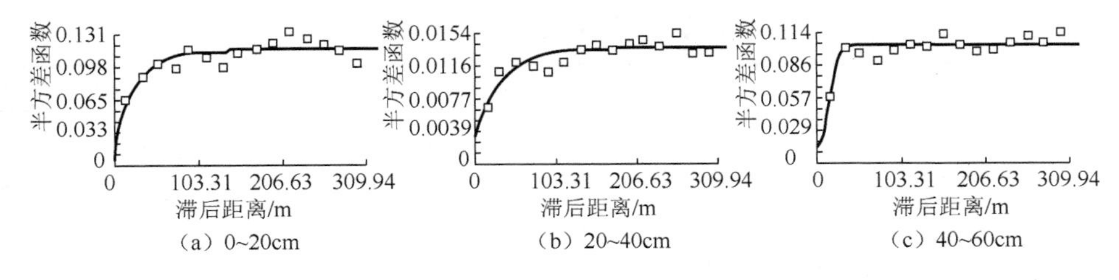

图 3.7　余姐河流域不同深度下土壤全氮的半方差函数理论模型

3.3.3　土壤全氮的空间分布

对 3 个不同土层深度下的土壤全氮含量进行 Kriging 插值，得到了余姐河流域不同深度下的土壤全氮含量空间分布，如图 3.8 所示。从图中可以看出，余姐河流域的土壤全氮的空间分布情况。土壤全氮空间变异随土壤深度的增加而降低。3 个土层深度下的全氮高值区和低值区位置相近，说明 3 个土层下的全氮含量呈现出相似的分布。全氮在 0～20cm 土层的高值点主要在林地和草地。

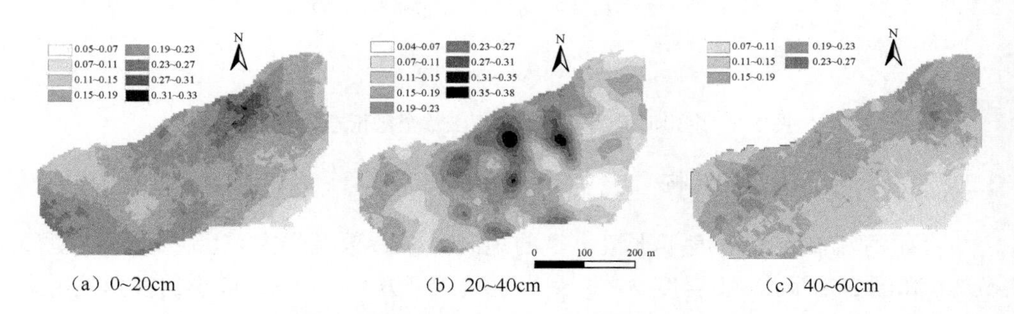

（a）0~20cm　　（b）20~40cm　　（c）40~60cm

图 3.8　余姐河流域不同深度下土壤全氮含量的空间分布（单位：g/kg）

3.3.4　不同土地利用类型下土壤全氮含量及容重分析

通过对不同土地利用类型下土壤全氮含量及容重平均值（表 3.7）分析可知，不同土地利用类型下的土壤全氮含量平均值均随土壤深度的增加而降低。0～20cm 土层的土壤全氮含量平均值表现为坡耕地＞梯田＞草地＞林地；20～40cm 土层的土壤全氮含量平均值表现为坡耕地=梯田＞草地＞林地；40～60cm 土层的土壤全氮含量平均值表现为梯田＞坡耕地＞草地＞林地；0～20cm 和 20～40cm 土层容重大小表现为梯田>草地>坡耕地>林地；但是在 40～60cm 土层，不同土地利用类型下的容重大小相近。这主要是因为土石山区土层较薄，40～60cm 土层接近于母质层，差异较小。ANOVA 表明不同土地利用类型下的土壤全氮含量不存在显著差异（p>0.05）。

表 3.7　余姐河流域不同土地利用类型下土壤全氮含量及容重平均值

土层深度/cm	林地		梯田		草地		坡耕地	
	STN/(g/kg)	容重/(g/cm^3)	STN/(g/kg)	容重/(g/cm^3)	STN/(g/kg)	容重/(g/cm^3)	STN/(g/kg)	容重/(g/cm^3)
0～20	0.17	1.29	0.37	1.45	0.30	1.44	0.38	1.31
20～40	0.16	1.53	0.34	1.58	0.18	1.56	0.34	1.55
40～60	0.15	1.61	0.34	1.61	0.18	1.61	0.31	1.59

3.3.5　土壤全氮密度估算

基于 Kriging 插值及计算，余姐河流域不同土地利用类型下各土层的土壤全氮含量如表 3.8 所示。由表可知，不同土地利用类型下各层的全氮密度平均值为梯田>草地=林地>坡耕地；梯田、林地、草地、坡耕地的全氮密度平均值分别为 0.17kg/m^2、0.16kg/m^2、0.16kg/m^2 和 0.15kg/m^2；不同土地利用类型下的全氮密度变异系数差异不大，均为中等变异。土壤全氮密度总体上表现为随土壤深度的增大而降低，但是差异不大，密度高值区出现在坡面上部。

表 3.8　余姐河流域不同土地利用类型下各土层的土壤全氮含量

土层深度/cm	梯田		林地		草地		坡耕地	
	平均值/(kg/m^2)	变异系数/%	平均值/(kg/m^2)	变异系数/%	平均值/(kg/m^2)	变异系数/%	平均值/(kg/m^2)	变异系数/%
0～20	0.06	12	0.06	20	0.06	23	0.06	21
20～40	0.06	25	0.05	36	0.05	36	0.05	27
40～60	0.05	15	0.05	22	0.05	16	0.04	20
0～60	0.17	22	0.16	26	0.16	22	0.15	17

3.4　土壤磷素空间分布特征

3.4.1　土壤磷素的统计特征

采用经典统计学法对余姐河流域的土壤全磷和速效磷进行统计分析，结果如表 3.9 所示。由表可知，流域表层土壤全磷含量平均值为 0.36g/kg，农地、林地、草地土壤全磷含量平均值分别为 0.37g/kg、0.35g/kg、0.35g/kg，说明农地的全磷含量略高于林地和草地。这是因为土壤全磷包含各种形态的磷素，主要为吸附态且在土壤中移动性极小，其含量与施肥有很大关系（林德喜，2005），农地施肥、耕作等人类活动导致土壤全磷含量略有增加。土壤速效磷含量平均值为 18.23mg/kg，农地、林地、草地土壤速效磷含量平均值分别为 17.52mg/kg、19.23mg/kg、17.90mg/kg，表现为林地＞草地＞农地，综合分析全磷和速效磷含量可知，农地土壤全磷含量最高，但其速效磷含量最低，一方面是由于速效磷易溶于水并被植物吸收利用，而且农地耕作频繁，作物收获时带走一部分速效磷；另一方面农地表层土壤更容易受到坡面径流影响而导致速效磷含量降低，而林地和草地能够减缓地表径流，阻碍速效磷的迁移（杨珏等，2007）。为进一步分析土壤全磷和速效磷在不同土地利用类型下的差异而采用了 ANOVA 检验，检验结果表明，不同土地利用类型下土壤全磷和速效磷含量均不存在显著差异（$p > 0.05$）。不同土地利用类型下土壤全磷和速效磷的变异系数分别在 42%～54%和 84%～87%，均为中等变异，其中林地土壤全磷的变异强度最小，但林地速效磷的变异强度最大。

表 3.9　不同土地利用类型土壤全磷和速效磷统计特征

土地利用类型	全磷				速效磷			
	平均值/(g/kg)	最小值/(g/kg)	最大值/(g/kg)	变异系数/%	平均值/(mg/kg)	最小值/(mg/kg)	最大值/(mg/kg)	变异系数/%
农地	0.37	0.15	1.10	44	17.52	1.50	80.40	84
林地	0.35	0.05	0.92	42	19.23	2.00	96.20	87
草地	0.35	0.12	1.10	54	17.90	2.00	75.40	84
总计	0.36	0.05	1.10	46	18.23	1.50	96.20	85

3.4.2　土壤磷素的空间结构

由 Kriging 空间插值可知流域土壤全磷和速效磷含量的空间分布特征，但首先要求数据满足正态分布，所以将全磷和速效磷含量的数据经对数转化为正态分布后进行半方差函数分析并进行 Kriging 插值。通过半方差函数拟合得到其空间分布模型和参数值，将拟合度（R^2）最高且残差平方和（RSS）最小的模型确定为最优理论模型，土壤全磷、速效磷的半方差函数及其相关参数以及半方差函数理论模型分别如表 3.10 和图 3.9 所示。土壤全磷和速效磷的最优模型均为高斯模型，其拟合度分别为 0.88 和 0.89，说明模型的拟合精度较好，能够反映研究区土壤全磷和速效磷含量的空间结构特征。变程主要反映区域化变量在空间上自相关范围的大小，土壤全磷和速效磷的变程分别为 38.45m 和 39.57m，大于本次采样点的间距 30m，说明本次采样间距达到空间分析的要求。

表 3.10　土壤全磷和速效磷的半方差函数及其相关参数

磷素类型	块金值	基台值	块金系数/%	变程/m	最优模型	R^2	RSS
全磷	0.020	0.196	10.20	38.45	高斯模型	0.88	1.59×10^{-3}
速效磷	0.101	0.720	14.02	39.57	高斯模型	0.89	6.39×10^{-3}

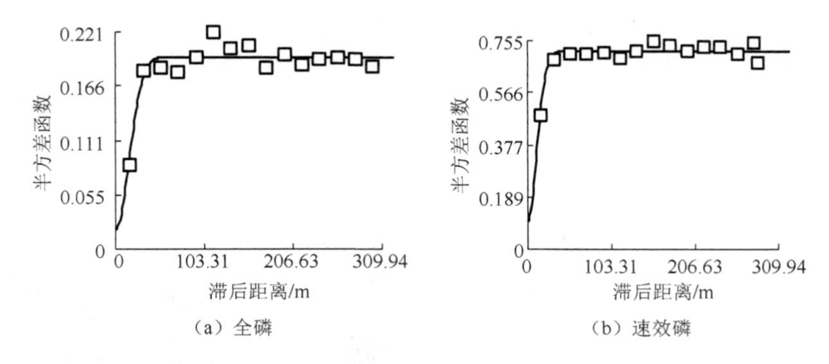

（a）全磷　（b）速效磷

图 3.9　余姐河流域土壤全磷和速效磷的半方差函数理论模型

块金值表示由随机部分引起的空间异质性，基台值表示系统内总的变异。块金值与基台值的比值为块金系数，表示随机部分引起的空间异质性占系统总变异的比例。如果块金系数高，说明样本间的变异更多的是由随机因素引起的。余姐河流域土壤全磷和速效磷的块金系数分别为 10.20%和 14.02%，通过土壤全磷和速效磷的统计特征和块金系数可知，土壤全磷和速效磷的空间分布虽受施肥等人为干扰，但由于施肥量较小，施肥等人为干扰对全磷和速效磷的影响也较小。土壤全磷和速效磷的空间异质性主要由结构性因素影响，如成土母质、土壤类型、坡向、坡位等自然因素等，这与流域实地调查的结果一致，流域内农户使用磷肥较少。另外，土壤全磷和速效磷的空间分布均呈现出强相关性。

3.4.3　土壤磷素的空间分布

根据表 3.10 中的模型参数，对土壤全磷和速效磷含量进行 Kriging 插值，得到余姐河流域土壤全磷和速效磷空间分布如图 3.10 所示。由图 3.10（a）可知，流域中全磷含量的高值区呈斑块状分布，其中土壤全磷含量为 0.20～0.35g/kg 的区域在流域中分布面积最广，土壤全磷的高值区则主要分布在流域的东南部以及流域中下游河岸两侧，结合图 3.1 的土地利用类型可知，在流域的东南部为面积较大的林地，其林下灌木、草被的有机物质较多，而且林地能够有效阻止磷素向坡下迁移，所以该区域的土壤全磷含量高于周围地区，另一个土壤全磷的高值斑块位于流域中下游的河流两岸坡耕地，由于坡面布设了梯田等水土保持措施，坡面土壤的全磷含量相对较高。由图 3.10（b）可知，速效磷的空间分布为沿着河流呈网状分布，其中速效磷含量为 10～20mg/kg 和 30～40mg/kg 的区域重合或连通，主要分布在河流两岸，说明这些区域的速效磷存在从土壤迁移至河流的风险且流失风险较高。通过对比图中全磷和速效磷的空间分布可知，土壤全磷的高值区一般也是土壤速效磷的高值区，这是因为土壤速效磷含量的高低主要取决于土壤磷组分之间的分布与转化，且与难以移动的全磷相比，速效磷更易随径流发生迁移，因此速效磷的分布斑块呈逐渐连通的形状。英国洛桑实验站长期定位试验研究表明，土壤速效磷含量60mg/kg是一个突变点，超过60mg/kg时，土壤排出的水中总磷含量高达3mg/L（杨文等，2015）。

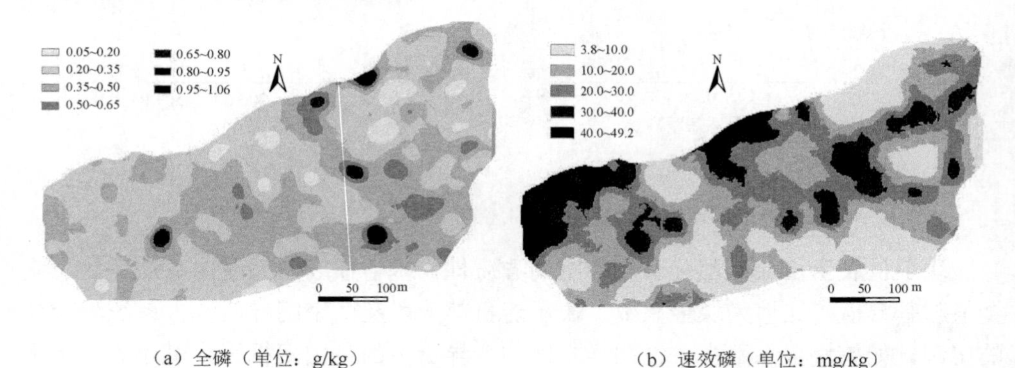

（a）全磷（单位：g/kg）　　（b）速效磷（单位：mg/kg）

图3.10　余姐河流域土壤全磷和速效磷空间分布

为精确评估不同土地利用类型下全磷和速效磷含量，分别计算不同土地利用类型下每平方米的磷含量，即磷密度。余姐河流域不同土地利用类型下土壤磷密度及容重平均值如表3.11所示，可以看出，草地全磷和速效磷的磷密度最高，分别为0.092kg/m^{2}和4.67 g/m^2，这主要是草地的立地条件较差，其土壤容重在三种土地利用类型中最大，导致草地土壤全磷和速效磷的磷密度高于林地和农地。

表3.11　余姐河流域不同土地利用类型下土壤全磷密度及容重平均值

土地利用类型	容重/(kg/m^3)	密度 全磷 /(kg/m^2)	密度 速效磷 /(g/m^2)	PAC-D/%
农地	1.31	0.089	3.89	5.08
林地	1.29	0.087	4.11	7.25
草地	1.44	0.092	4.67	6.29

3.4.4　不同土地利用类型下土壤磷素的有效性分析

土壤磷素活化系数可以反映土壤磷素转化为速效磷的潜在能力或水平。由于用每平方米的磷含量更能代表不同土地利用类型的土壤磷素的活化系数，根据式（3-1）代入全磷和速效磷的密度平均值计算土壤磷素的有效性指标PAC-D。由表3.11可知，农地、林地、草地土壤磷活化系数分别为5.08%、7.25%和6.29%，均大于2%，当土壤磷活化系数大于2%时，说明研究区土壤磷的活化能力较高，土壤全磷容易转化为速效磷（陈新，2006）。由表 3.11 还可知，林地的土壤活化系数最高，草地次之，农地最低。说明土石山区退耕还林不仅可以减少土壤侵蚀，还能够增加土壤磷素的有效性，有利于树木的生长发育并发挥林草的水土保持作用。综合以上分析可知，流域尺度的全磷和速效磷空间分布及其有效性的研究，一方面有利于从磷素的空间分布特征预判速效磷的转化趋势和控制速效磷流失的迁移途径，从而有针对性地提高农地土壤磷素的利用率，并在磷素流失潜力较大的区域或路径设置林地或草地进行拦截；另一方面通过调整流域内的土地利用类型，改变速效磷的空间分布格局，可以有效提高磷的有效性并减少施肥量，从而改善流域水质。由于本次采样时间为冬季，不同季节种植的作物不同，土壤速效磷含量的变化差异较大（方堃等，2008），未来应在作物种植频繁的夏季进行典型样地采样，继续关注超过 40mg/kg 的速效磷高值区并研究该区域磷素淋失的临界值，这些高值区可能导致河流水体的磷含量突然增加。

参 考 文 献

陈翠英，江永真，袁朝春，2005. 土壤特性空间变异性研究[J]. 农业机械学报，36(10):121-124.

陈新，2006. 长期定位施肥对蔬菜保护地土壤磷素空间分布及释放特征的影响[D]. 沈阳:沈阳农业大学.

方堃，陈效民，沃飞，等，2008. 太湖地区典型水稻土中速效磷变化规律研究[J]. 土壤通报，39(5):1092-1096.

李文军，杨奇勇，彭保发，等，2014. 西南岩溶区土壤全氮含量的空间变异分析[J]. 农业机械学报，45(9):150-154.

李学平，邹美玲，2010. 农田土壤磷素流失研究进展[J]. 中国农学通报，26(11):173-177.

林德喜，2005. 中国主要农业生态区长期施肥土壤磷素形态的研究[D]. 南京:南京农业大学.

单艳红，杨林章，王建国，2004. 土壤磷素流失的途径、环境影响及对策[J]. 土壤，36(6):602-608.

司涵，张展羽，吕梦醒，等，2014. 小流域土壤氮磷空间变异特征分析[J]. 农业机械学报，45(3):90-96.

王永壮，陈欣，史奕，2013. 农田土壤中磷素有效性及影响因素[J]. 应用生态学报，24(1):260-268.

杨珏，阮晓红，2007. 土壤磷素流失强度评价模型[J]. 清华大学学报(自然科学版)，47(9):1477-1480.

杨文，周脚根，焦军霞，等，2015. 亚热带丘陵小流域土壤有效磷空间变异与淋失风险研究[J]. 环境科学学报，35(2):541-549.

张展羽，司涵，孔莉莉，2013. 基于 SWAT 模型的小流域非点源氮磷迁移规律研究[J]. 农业工程学报，29(2):93-100.

LIU Z J, ZHOU W, SHEN J B, et al., 2014. A simple assessment on spatial variability of rice yield and selected soil chemical properties of paddy fields in South China[J]. Geoderma, 235-236(4):39-47.

LIU Z P, SHAO M A, WANG Y Q, 2013. Spatial patterns of soil total nitrogen and soil total phosphorus across the entire Loess Plateau region of China[J]. Geoderma, 197:67-78.

RODRÍGUEZ-BLANCO M L, TABOADA-CASTRO M M, TABOADA-CASTRO M T, 2013. Phosphorus transport into a stream draining from a mixed land use catchment in Galicia(NW Spain):Significance of runoff events[J]. Journal of Hydrology, 481:12-21.

ROGERA A, LIBOHOVAB Z, ROSSIER N, et al., 2014. Spatial variability of soil phosphorus in the Fribourg canton, Switzerland[J]. Geoderma, 217-218:26-36.

第4章 流域土壤氮、磷的空间分布特征

陆地生态系统中，土壤是氮、磷等各种元素的主要储存库。与其他元素不同的是，土壤中的氮和磷被公认为是土壤质量的重要指标，不仅能够表征土壤对植物的养分供给能力，同时也是反映水环境风险的主要参数（Chen et al., 2008）。氮、磷的积累虽然能提高土壤对作物氮、磷的供应能力，但是超过一定限度时，氮、磷就会通过地表径流等形式流失到周围水体中，导致或加速水体的富营养化（张展羽等，2013）。尤其在以农地为主要土地利用类型的流域，氮、磷主要通过地表径流和土壤侵蚀的方式流失（单艳红等，2004）。据估计，全世界每年有 3×10^6～4.3×10^6 t 的磷素从土壤迁移到水中（Foy et al., 1995）。已有研究表明，土壤流失严重的地区通常也是农业非点源污染发生的关键区域。因此，研究流域土壤氮素和磷素的空间分布特征及其影响因素，可揭示水源区流域土壤养分空间分布的异质性和土壤养分流失的关键源区。

本章主要应用修正通用土壤流失方程（modified universal soil loss equation，MUSLE）模型对流域次降雨的侵蚀泥沙量进行计算分析，并应用 RUSLE 模型对流域年尺度的侵蚀模数进行计算。由于流域土壤侵蚀严重的区域同时也是氮、磷养分迁移的关键区域，所以本章主要阐述流域氮、磷的空间分布及其与土壤侵蚀的关系。具体思路为：首先，通过 100m×100m 的网格采集土壤样品，测定土壤氮、磷含量，使用 Kriging 插值法研究流域土壤氮、磷的空间分布特征，计算流域的氮、磷储量；其次，采用主成分分析（principal component analysis，PCA）法研究不同土地利用类型下土壤氮、磷空间分布的特征及其与环境影响因子的相关关系；最后，在 ArcGIS 软件中将流域的土壤侵蚀强度分布图与土壤氮、磷的空间分布图进行叠加，确定土壤侵蚀强度区与氮、磷含量高值区重叠的优先“侵蚀-污染物”控制区域，为流域水土流失治理和非点源污染防治优先区域提供科学参考。

4.1 样品采集与数据分析

4.1.1 土壤样品采集和测定

2010 年 10 月在研究区进行典型样地土壤剖面取样，共计采样点 78 个。2011

年 12 月在鹦鹉沟流域以 100m×100m 网格法分层采集土壤样品。每个采样点通过 GPS 定位，采样点的空间分布状况如图 4.1 所示，共计采样点 192 个，共采集土壤样品 576 个；采集的土样剔除可见的动、植物残体和石块，风干后过 0.25mm 和 1mm 筛装袋保存，用于测试土壤氮、磷、总有机碳等土壤化学参数。饱和导水率使用 $100cm^3$ 环刀分 3 层（0～10cm、10～20cm、20～40cm）取原状土土样，带回实验室后采用定水头法测定；土壤颗粒的粒径组成采用马尔文 MS2000 激光粒度仪分析；土壤有机碳（SOC）含量采用 multi N/C 3100 TOC（德国 Analytik Jena）高温燃烧法测定；土壤中氨氮（soil ammonium nitrogen，SAN）、硝氮（soil nitrate nitrogen，SNN）和速效磷（soil available phosphate，SAP）采用 CleverChem 200 全自动间断化学分析仪（德国 DeChem-Tech.）测定，土壤全氮（STN）含量采用 Kjeltec 8400（瑞典 FOSS）全自动凯氏定氮仪测定；土壤全磷（STP）含量采用硫酸-高氯酸消煮-钼锑抗比色法测定。土壤容重用体积为 $100cm^3$ 的环刀取样测定，共取 26 个土壤剖面，农地、林地和草地分别为 12 个、8 个和 6 个，用环刀按 0～10cm、10～20cm 和 20～40cm 分层取样，带回实验室用烘箱在 105℃ 烘干 10h 后测定土壤容重。

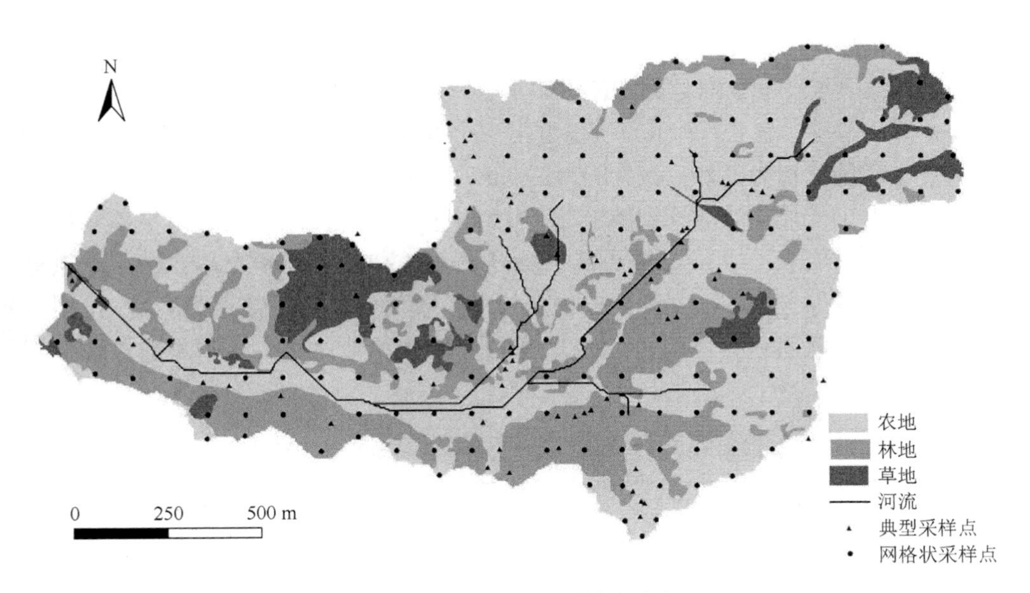

图 4.1　土壤样品的采样点分布

4.1.2　数据分析与处理方法

样本的描述性分析采用 SPSS16.0 软件进行，统计特征值包括平均值、标准差、变异系数、偏度、峰度等。半方差函数采用 GS+7.0 进行计算，空间分布图采用 ArcGIS 9.2 制作。

土壤全氮空间变异的随机性和结构性采用半方差函数的理论模型来分析［式（3-2）］。

不同土地利用全氮、氨氮和硝氮含量的计算公式为

$$\mathrm{SND} = \sum T_i \times \rho_i \times N_i \times 10 \tag{4-1}$$

式中，SND 为土壤氮密度，kg/m^2；i 为土壤层次；T_i 为土层厚度，cm；ρ_i 为土壤容重，g/cm^3；N_i 为氮含量，%。

不同土地利用全磷和速效磷含量的计算公式为

$$\mathrm{SPD} = \sum T_i \times \rho_i \times P_i \times 10 \tag{4-2}$$

式中，SPD 为土壤磷密度，kg/m^2；i 为土壤层次；T_i 为土层厚度，cm；ρ_i 为土壤容重，g/cm^3；P_i 为磷含量，%。

4.2　流域土壤氮素空间分布特征

4.2.1　土壤氮素的统计特征

采用经典统计学法对鹦鹉沟流域表层 0～10cm 的土壤全氮、氨氮、硝氮进行统计分析，结果如表 4.1 所示。可以看出，土壤表层 0～10cm 的全氮、氨氮和硝氮的平均含量分别为 0.87g/kg、8.66mg/kg、2.73mg/kg，表现为林地＞草地＞农地。这是由于土壤中全氮主要来源于动植物残体的分解，林地的枯枝落叶以及林地较好的水土保持功能够维持其土壤全氮含量高于草地和农地。土壤中氨氮与硝氮之和称为土壤矿质氮，是植物生长中吸收氮素的重要来源。从表 4.1 还可以看出，无论氨氮还是硝氮，均表现为农地＞林地＞草地。这与农地耕作过程中施用化肥有关。

表 4.1　鹦鹉沟流域表层 0～10cm 土壤全氮、氨氮和硝氮的统计特征

氮素类型	土地利用类型	平均值	标准差	最小值	最大值	变异系数/%	样品数量/个
全氮/(g/kg)	林地	1.14	0.77	0.17	3.02	67.67	73
	草地	0.86	0.63	0.08	2.83	72.86	35
	农地	0.63	0.30	0.20	2.20	47.82	84
	所有样品	0.87	0.62	0.08	3.02	71.89	192

续表

氮素类型	土地利用类型	平均值	标准差	最小值	最大值	变异系数/%	样品数量/个
氨氮/(mg/kg)	林地	7.98	3.11	2.20	20.40	39.04	73
	草地	7.38	2.88	2.70	13.40	39.08	35
	农地	9.78	6.48	2.00	43.80	66.26	84
	所有样品	8.66	4.94	2.00	43.80	57.09	192
硝氮/(mg/kg)	林地	2.68	2.65	0.11	11.40	98.68	73
	草地	2.20	2.53	0.10	9.80	114.68	35
	农地	3.00	2.53	0.06	9.77	84.57	84
	所有样品	2.73	2.58	0.06	11.40	94.39	192

为了进一步分析不同土地利用类型下土壤全氮、氨氮和硝氮之间的差异，采用了 ANOVA 检验，结果表明，土壤全氮在林地、草地、农地 3 种土地利用类型下均存在显著性差异（$p<0.05$）；土壤氨氮在林地和草地 2 种土地利用类型下存在显著性差异（$p<0.05$）；土壤硝氮在林地和草地 2 种土地利用类型下存在显著性差异（$p<0.05$）。土壤全氮、氨氮、硝氮的变异系数均值在 57.09%～94.39%，均为中等变异，其中土壤氨氮的变异强度最小，硝氮的变异强度最大。按土地利用类型划分，只有草地的硝氮为强变异，其余土地利用类型的土壤全氮、氨氮、硝氮均为中等变异。

Kriging 空间插值可以直观地反映流域土壤全氮、氨氮、硝氮含量的空间分布特征，但首先要求数据满足正态分布，所以将土壤全氮、氨氮、硝氮含量的数据经对数或 Box-cox 转化为正态分布后进行半方差函数分析并进行 Kriging 插值，鹦鹉沟流域土壤全氮、氨氮和硝氮的正态分布曲线如图 4.2 所示。采用 GS+7.0 对土壤全氮、氨氮和硝氮进行半方差函数拟合，拟合得到其空间分布模型和参数值，土壤全氮、氨氮、硝氮的地统计学参数如表 4.2 所示，将 R^2 且 RSS 最小最高的模型确定为最优理论模型。土壤全氮的最优模型为线性模型，其拟合度为 0.911；土壤氨氮、硝氮的最优模型均为高斯模型，其拟合度分别为 0.808 和 0.858。另外，土壤全氮、氨氮和硝氮的 RSS 均较小，说明三个模型的拟合精度均较好，能够反映研究区土壤全氮、氨氮、硝氮含量的空间结构特征。

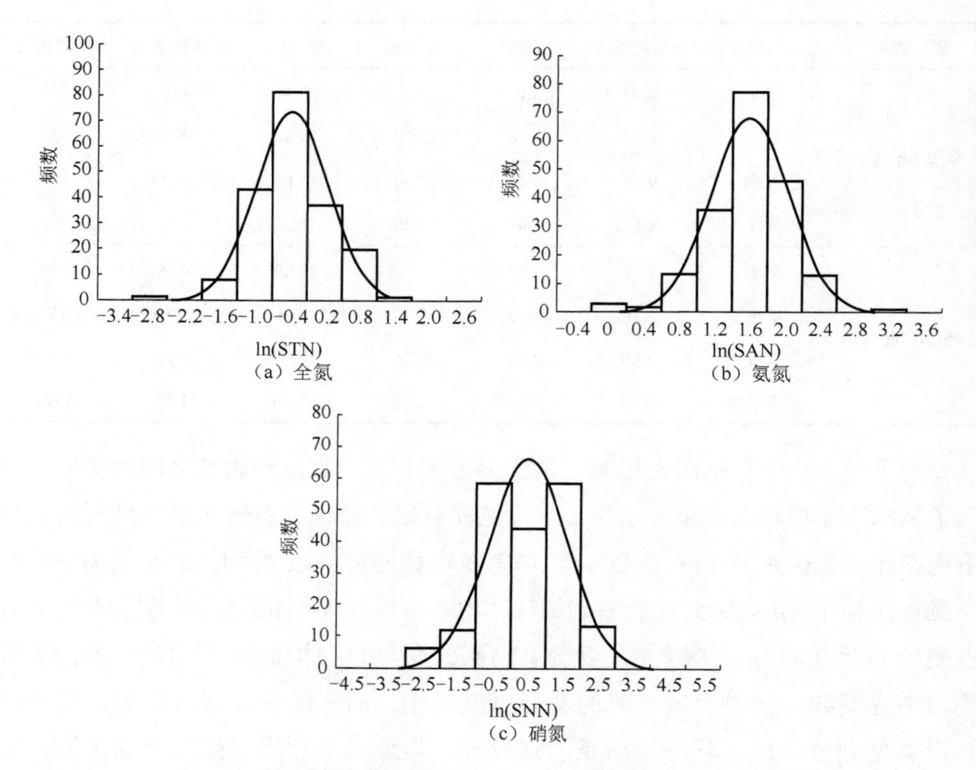

图 4.2　鹦鹉沟流域土壤全氮、氨氮和硝氮的正态分布曲线

表 4.2　鹦鹉沟流域土壤全氮、氨氮和硝氮的地统计学参数

氮素类型	块金值	基台值	块金系数/%	变程/m	最优模型	R^2	RSS
全氮	0.221	0.432	51	1194.21	线性模型	0.911	5.94×10^{-3}
氨氮	0.016	0.184	8	152.42	高斯模型	0.808	2.36×10^{-3}
硝氮	0.133	1.300	10	155.88	高斯模型	0.858	0.119

4.2.2　土壤氮素的空间结构

鹦鹉沟流域土壤全氮、氨氮和硝氮的半方差函数理论模型如图 4.3 所示。变程能够反映区域化变量在空间上自相关范围的大小，从表 4.2 可以看出，土壤氨氮、硝氮的变程分别为 152.42m 和 155.88m，土壤全氮的变程为 1194.21m，本次网格采样的样点平均间距为 100 m，说明采样间距满足空间分析要求。

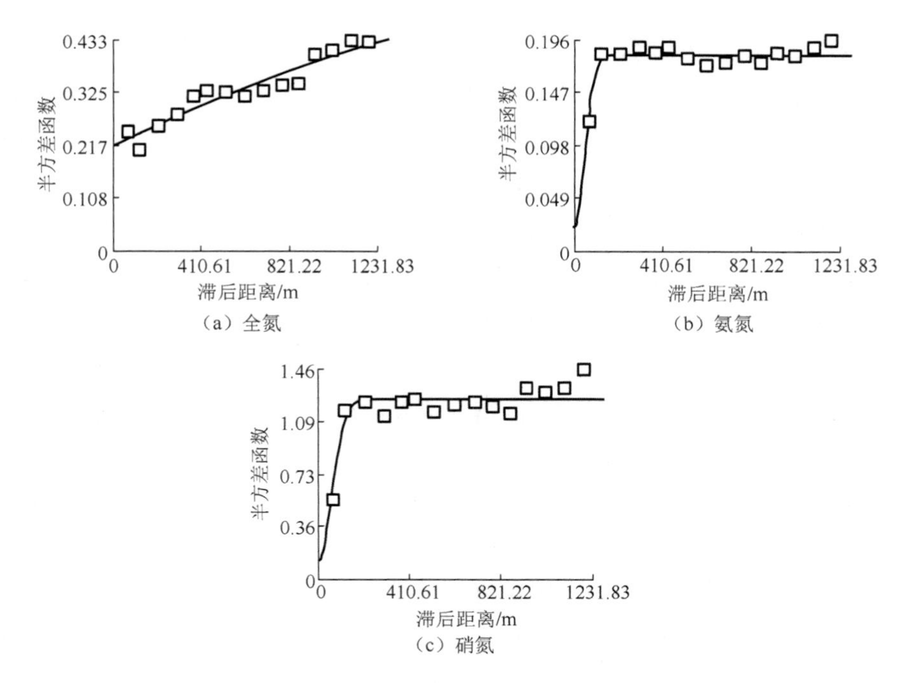

图 4.3 鹦鹉沟流域土壤全氮、氨氮和硝氮的半方差函数理论模型

鹦鹉沟流域土壤全氮的块金系数为 51%，说明全氮的空间分布受到结构因素和随机因素的共同影响。与土壤全氮空间结构不同的是，流域土壤氨氮和硝氮的块金系数分别为 8%和 10%，通过土壤氨氮和硝氮的统计特征和块金系数可知，流域土壤氨氮和硝氮空间分布虽受施肥等人为干扰，但经实地调查，流域内农户使用化肥较少。因此，施肥、农作等人为干扰对氨氮和硝氮的影响均较小，其空间异质性主要受结构性因素影响，如成土母质、土壤类型、坡向、坡位等自然因素。另外，块金系数也代表了系统变量空间相关性程度，土壤全氮、氨氮和硝氮的空间分布均呈现出中等强度的空间相关性。

4.2.3 土壤氮素的空间分布

根据表 4.2 中的模型参数对鹦鹉沟流域土壤全氮、氨氮、硝氮的含量进行 Kriging 插值，鹦鹉沟流域全氮、氨氮、硝氮含量的空间分布如图 4.4 所示。由图 4.4（a）可见，流域中土壤全氮含量的高值区呈条带状分布，其中土壤全氮含量为 0.4～0.6g/kg 的区域在流域中分布面积最广，土壤全氮的高值区则主要分布在流域西北部的林地以及流域中游河岸两侧，如 1.6～2.4g/kg 的斑块分布在流域的西北部。通过对比流域的土地利用类型图（图 4.1）可知，流域的西北部为面积较大的退耕还林地，林下灌木、草被的有机物质较多，而且林地能够有效阻止土壤全氮向坡下迁移，所以该区域的土壤全氮含量高于周围地区，而且呈现出以林地为中心向流域南部和东南部扩散的形状；此外，另一个土壤全氮的高值斑块位于流域中游的河流两岸坡耕地。由图 4.4（b）可见，土壤氨氮主要分布在流域东北部和流域下游出口处。土壤中硝氮的空间分布则为沿着河流呈网状分布，如图 4.4（c）所示，可以看出，硝氮含量为 4.0～5.0mg/kg、5.0～6.0mg/kg、6.0～8.0mg/kg 和 8.0～12.6mg/kg 的区域重合或连通，但主要分布在河流两岸的地势低洼处，这与硝氮的化学性质有关。硝氮为溶解性氮素，易溶于水随地表径流发生迁移，而由于该流域地处土石山区，土层浅薄，壤中流导致地势低洼处土壤硝氮含量增高，另外，值得注意的是，这些区域的硝氮存在从河岸的土壤迁移至河流的风险，从而导致河水中的硝酸盐含量增加。世界卫生组织（World Health Organization，WHO）推荐的饮用水中硝酸盐含量的限定标准为 10mg/L，而许多国家和地区的地下水中硝酸盐早已超过 WHO 限定值，且呈上升趋势。所以，鹦鹉沟流域土壤中的硝氮含量最高值已经达到 12.6mg/kg，土壤硝氮在水土流失过程中一旦进入河流，将导致部分河段的硝酸盐含量急速上升，另外，由于硝酸盐极易溶于水向下迁移。因此，根据图 4.4 可以判断河流水质的潜在威胁区域。

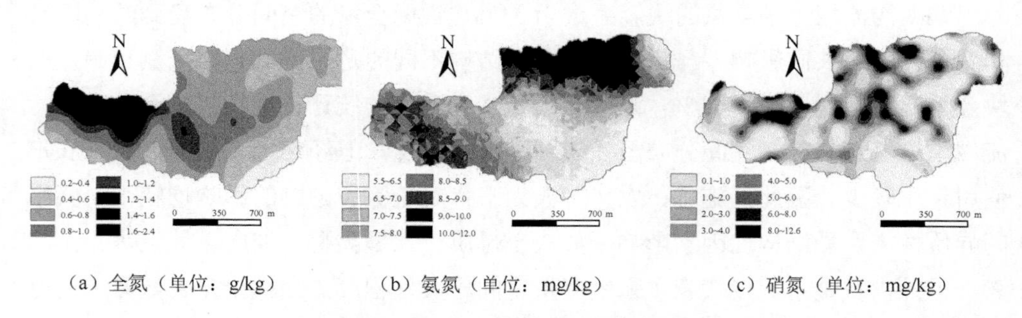

（a）全氮（单位：g/kg）　（b）氨氮（单位：mg/kg）　（c）硝氮（单位：mg/kg）

图 4.4　鹦鹉沟流域全氮、氨氮和硝氮含量的空间分布

4.2.4　土壤氮素的密度

鹦鹉沟流域不同土地利用类型下土壤全氮、氨氮和硝氮的氮密度如表 4.3 所示。由表可以看出，不同土地利用类型下土壤全氮的氮密度表现为林地＞草地＞农地，其中林地土壤全氮的氮密度为 0.12kg/m^2，这与林地的水土保持功能有关，植被措施的差异也会显著影响总氮的积累（张彦军等，2012）。土壤氨氮的氮密度表现为农地＞林地＞草地，其中农地土壤氨氮的氮密度为 1.14 g/m^2，主要是由于氨氮中的铵根离子能够吸附土壤颗粒，移动性较小；也可能与使用化肥后硝氮的

反硝化作用有关。土壤硝氮的氮密度表现为草地＞林地＞农地，说明草地拦截地表径流的同时将硝氮拦蓄在土壤中，导致草地土壤硝氮的氮密度高于林地和农地。

表 4.3　鹦鹉沟流域不同土地利用类型下土壤全氮、氨氮和硝氮的氮密度

土地利用类型	全氮		氨氮		硝氮	
	平均值/(kg/m²)	变异系数/%	平均值/(g/m²)	变异系数/%	平均值/(g/m²)	变异系数/%
农地	0.08	15.22	1.14	11.72	0.31	58.67
林地	0.12	41.50	1.08	13.38	0.37	67.67
草地	0.10	22.22	1.05	12.69	0.41	65.68

4.2.5　土壤氮素的储量

鹦鹉沟流域不同土地利用类型下表层 0～10cm 土壤全氮、氨氮和硝氮总量如表 4.4 所示。由表可知，鹦鹉沟流域表层 0～10cm 土壤全氮总量为 190.31t，其中林地、草地和农地的总量分别为 76.59t、71.46t、42.26t。鹦鹉沟矿质氮含量（氨氮与硝氮含量的之和）为 0.88t，其中硝氮和氨氮含量分别为 0.61t 和 0.27t，说明土壤表层溶解性的硝氮含量多于氨氮。由于硝氮易随径流迁移或者向土壤深处渗漏，所以未来应多关注硝氮含量的高值区及其向下渗漏时的迁移路径。

表 4.4　鹦鹉沟流域不同土地利用类型下表层 0～10cm 土壤全氮、氨氮和硝氮总量

土地利用类型	土地利用面积/km²	面积比例/%	全氮含量/t	氨氮含量/t	硝氮含量/t
农地	1.12	62	71.46	0.15	0.26
林地	0.52	29	76.59	0.08	0.20
草地	0.17	9	42.26	0.04	0.15
总计	1.81	100	190.31	0.27	0.61

4.3　流域土壤磷素空间分布特征

4.3.1　土壤磷素的统计特征

鹦鹉沟流域土壤全磷和速效磷的统计特征如表 4.5 所示，由表可知，流域表层 0～10cm 土壤全磷含量平均值为 0.65g/kg，其中林地、草地、农地土壤全磷的平均含量分别为 0.61g/kg、0.57g/kg、0.72g/kg，说明农地的全磷含量略高于林地和草地。这是因为农地的立地条件较好，而林地和草地的立地条件相对较差，土

壤较好或土层较厚的地段往往被用作农地。土壤速效磷含量的平均值为8.70mg/kg。林地、草地、农地土壤速效磷的平均含量分别为5.51mg/kg、6.71mg/kg、12.30mg/kg，表现为农地＞草地＞林地。为进一步分析土壤全磷和速效磷在不同土地利用类型下的差异，采用ANOVA进行检验，结果表明，不同土地利用类型下土壤全磷和速效磷含量均存在显著性差异（$p<0.05$）。不同土地利用类型下土壤全磷和速效磷的变异系数均值分别在38.11%～38.77%和60.76%～69.59%，均为中等变异，农地的土壤全磷和速效磷空间变异强度均为最大，草地的土壤全磷空间变异强度最小，林地的土壤速效磷空间变异强度最小。

表4.5　鹦鹉沟流域土壤全磷和速效磷的统计特征

磷素类型	土地利用类型	平均值	标准差	最小值	最大值	变异系数/%	样品数/个
全磷/(g/kg)	林地	0.61	0.24	0.08	1.27	38.64	73
	草地	0.57	0.22	0.11	1.20	38.11	35
	农地	0.72	0.28	0.20	2.03	38.77	84
	所有样品	0.65	0.26	0.08	2.03	39.83	192
速效磷/(mg/kg)	林地	5.51	3.35	0.80	22.20	60.76	73
	草地	6.71	4.65	0.20	18.00	69.29	35
	农地	12.30	8.56	0.20	37.40	69.59	84
	所有样品	8.70	7.08	0.20	37.40	81.44	192

4.3.2　土壤磷素的空间结构

鹦鹉沟流域土壤全磷含量数据满足正态分布的要求，所以将鹦鹉沟流域土壤速效磷含量数据经对数转化为正态分布后进行半方差函数分析，鹦鹉沟流域土壤全磷和速效磷的正态分布曲线如图4.5所示。通过半方差函数拟合得到其空间分布模型和参数值，将R^2最高且RSS最小的模型确定为最优理论模型，鹦鹉沟流域土壤全磷和速效磷的地统计学参数和半方差函数理论模型如表4.6和图4.6所示。土壤全磷和速效磷的最优模型均为高斯模型，其拟合度分别为0.928和0.800，说明模型的拟合精度较好，能够反映研究区土壤全磷和速效磷含量的空间结构特征。变程能够反映区域化变量在空间上自相关范围的大小，土壤全磷和速效磷的变程分别为267m和152m，大于本次采样点的间距100m，说明本次采样间距达到空间分析的要求。

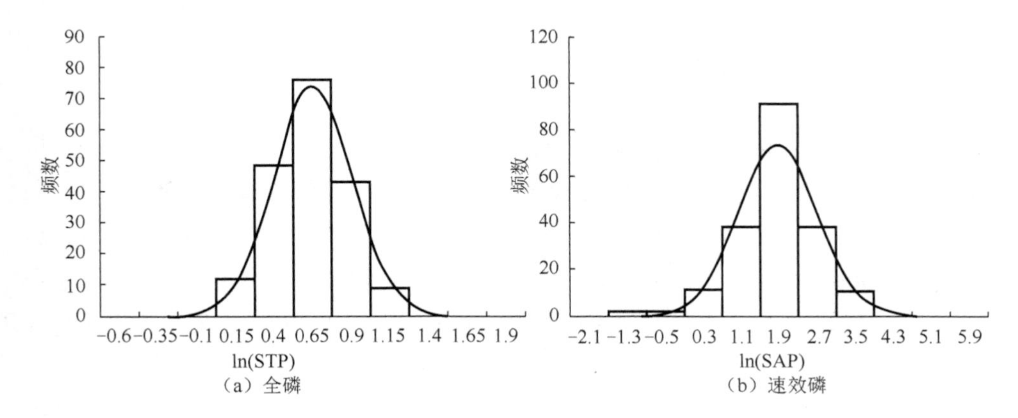

图 4.5　鹦鹉沟流域土壤全磷和速效磷的正态分布曲线

表 4.6　鹦鹉沟流域土壤全磷和速效磷的地统计学参数

磷素类型	块金值	基台值	块金系数/%	变程/m	模型	R^2	RSS
全磷	0.009	0.062	14	267	指数模型	0.928	5.22×10^{-5}
速效磷	0.075	0.689	11	152	高斯模型	0.800	3.10×10^{-2}

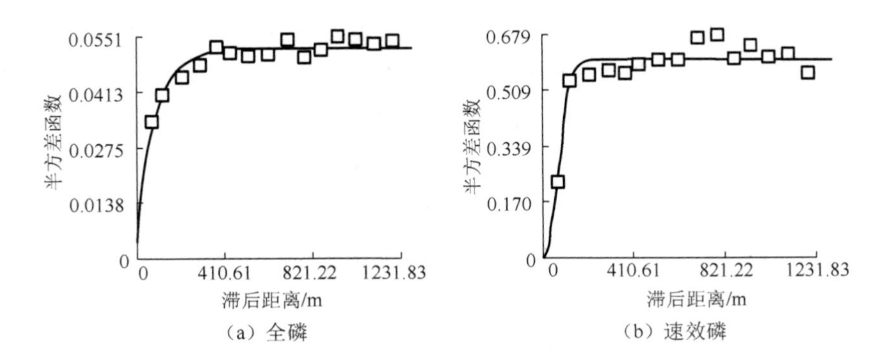

图 4.6　鹦鹉沟流域土壤全磷和速效磷的半方差函数理论模型

鹦鹉沟流域土壤全磷和速效磷的块金系数分别为 14%和 11%。通过土壤全磷和速效磷的统计特征与块金系数可知，土壤全磷和速效磷的空间分布虽受施肥等人为干扰，由于流域内农户使用磷肥较少，与流域实地调查的结果一致，施肥等人为干扰对全磷和速效磷的影响也较小。土壤全磷和速效磷的空间异质性主要受结构性因素影响，如成土母质、土壤类型、坡向、坡位等自然因素。土壤全磷和速效磷的空间分布均呈现出强的空间相关性。

4.3.3　土壤磷素的空间分布

鹦鹉沟流域土壤全磷和速效磷空间分布特征如图 4.7 所示。由图 4.7（a）可知，流域中全磷含量的高值区呈斑块状分布，其中土壤全磷含量为 0.90～1.00g/kg 的区域主要分布在流域中游支流汇合处，其余土壤全磷的高值区（0.70～0.80g/kg 和 0.80～0.90g/kg）主要分布在流域的东南部和流域中下游河岸两侧。结合土地利用类型图可知，在流域的东南部为面积较大的原生林地，其林下灌木、草被的有机物质较多，但坡度较陡，说明多年生的林地能够有效阻止磷素向坡下迁移，所以该区域的土壤全磷含量高于周围地区。另一个土壤全磷含量的高值斑块位于流域中下游的河流两岸坡耕地。由图 4.7（b）可知，土壤速效磷的空间分布呈斑块状，其中速效磷含量为 8.0～9.0mg/kg、9.0～10.0mg/kg、10.0～12.0mg/kg、12.0～15.3mg/kg 的区域重合或连通，部分分布在河流两岸，说明这些区域的速效磷存在从土壤迁移至河流的风险且流失风险较高。通过对比图 4.7 中全磷和速效磷的空间分布可知，土壤全磷的高值区通常也是土壤速效磷的高值区，这是因为土壤速效磷含量的高低主要取决于土壤磷组分之间的分布与转化，且与难以移动的全磷相比，速效磷更易随径流发生迁移。尤其在农地为主要土地利用类型的流域，表层土壤磷主要以地表径流和土壤侵蚀的方式流失。英国洛桑实验站长期定位试验研究表明，土壤速效磷含量 60mg/kg 是一个突变点，含量超过 60mg/kg 时，土壤排出的水中总磷含量高达 3mg/L，而在英国的 Worburn 农场，发生土壤速效磷淋溶的突变点为 17mg/kg。由图 4.7 可知，鹦鹉沟流域土壤速效磷含量的最高值已达到 15.3mg/kg，因此，应进一步研究该地区的淋溶突变点，对磷含量的高值区域应优先采取治理措施。

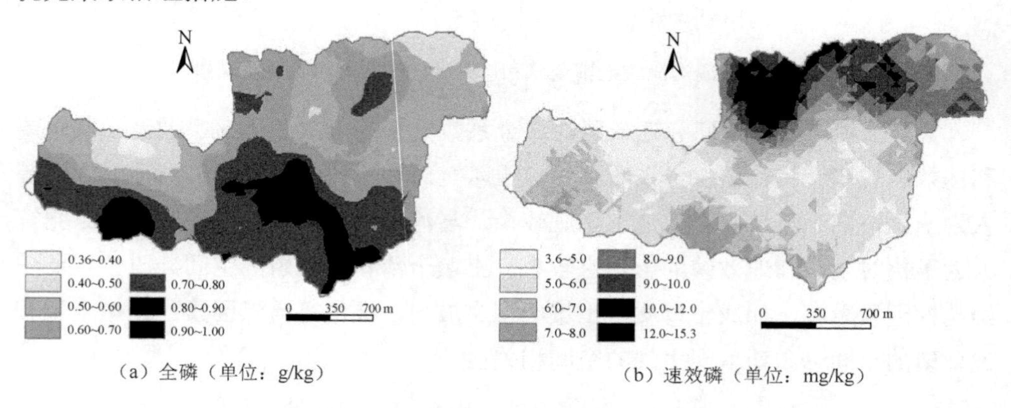

（a）全磷（单位：g/kg）　　（b）速效磷（单位：mg/kg）

图 4.7　鹦鹉沟流域土壤全磷和速效磷含量空间分布特征

4.3.4　土壤磷素的密度

鹦鹉沟流域不同土地利用类型下土壤全磷和速效磷的磷密度如表 4.7 所示。由表可以看出，农地土壤全磷和速效磷的磷密度最高，分别为 0.09kg/m^2 和 1.21g/m^2，这主要是在 3 种土地利用类型中农地土壤容重最大，导致农地土壤全磷和速效磷的磷密度高于林地与草地。

表 4.7　鹦鹉沟流域不同土地利用类型下土壤全磷和速效磷的磷密度

土地利用类型	全磷		速效磷	
	平均值/(kg/m^2)	变异系数/%	平均值/(kg/m^2)	变异系数/%
农地	0.09	11.97	1.21	17.32
林地	0.08	17.34	0.90	24.59
草地	0.09	17.02	0.90	23.83

4.3.5　土壤磷素的储量

鹦鹉沟流域不同土地利用类型下表层 0～10cm 土壤全磷、速效磷总量如表 4.8 所示，由表可知，鹦鹉沟流域表层 0～10cm 土壤全磷总量为 155.57t，其中林地、草地和农地的总量分别为 48.54t、33.62t、73.41t，分别占流域表层 0～10cm 土壤全磷储量的 31%、22%、47%，农地的全磷储量分别是林地和草地的 1.5 倍和 2.2 倍。鹦鹉沟流域表层 0～10cm 土壤速效磷总量为 0.38t，其中林地、草地和农地的速效磷储量分别为 0.10t、0.07t、0.21t，分别占流域表层土壤速效磷储量的 26%、18%、55%。

表 4.8　鹦鹉沟流域不同土地利用类型下表层 0～10cm 土壤全磷和速效磷总量

土地利用类型	土地利用面积/km^2	面积比例/%	全磷含量/ t	速效磷含量/ t
农地	1.12	62	73.41	0.21
林地	0.52	29	48.54	0.10
草地	0.17	9	33.62	0.07
总计	1.81	100	155.57	0.38

4.4　土壤氮、磷空间分布及其影响因素

不同土地利用类型下土壤氮、磷空间分布差异的影响因素很多，如坡度、海拔、粉粒、黏粒及土地利用面积大小等。通过主成分排序分析，将排序轴和已知

的环境因素联系起来，可以清楚地了解氮、磷空间分布与各环境因子之间的关系。不同土地利用类型下土壤养分与环境影响因素的关系如图 4.8 所示。绘图前先将采样点数据按照农地、林地、草地三种土地利用类型进行划分，图中三角代表农地，圆点代表林地，方框为草地，由图可以看出，林地的点主要分布在图的左上方，说明林地与海拔、TOC、STN 均呈正相关关系。而草地大部分的点位于图中 *X* 轴的正方向，说明草地与海拔、坡度呈负相关关系，但与 C∶N、SNN 呈正相关关系；农地的数据点主要分布在 *X* 轴的负方向，说明农地的数据点与海拔、坡度呈正相关关系，而与 C∶N、SNN 等呈负相关关系。

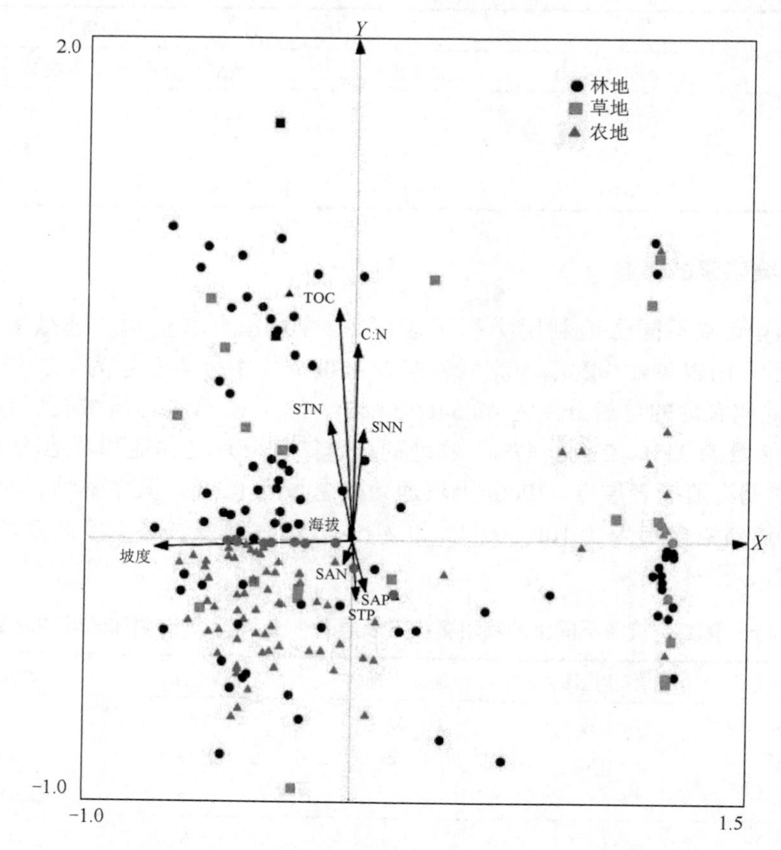

图 4.8　鹦鹉沟流域不同土地利用类型下土壤养分与环境影响因素的关系

4.5　流域氮、磷分布与土壤侵蚀强度的关系

土壤侵蚀剧烈的区域通常土壤养分流失也较为严重，另外，流域中同时存在土壤氮、磷含量较高而土壤侵蚀并不是十分剧烈的区域，这些区域处于河流两岸

平坦区。但由于氮素的迁移作用，尤其是硝氮易随水迁移，将严重影响流域水质。将土壤全氮、氨氮、硝氮、全磷、速效磷的空间分布图与 RUSLE 计算的土壤侵蚀强度图转为栅格相乘可得到鹦鹉沟流域土壤养分侵蚀模数空间分布图，如图 4.9 所示。从图中可以看出各种形态氮、磷的养分侵蚀强度，将每一个图分为 4 个等级，每个等级反映了流域中土壤侵蚀和养分流失的优先治理区及治理顺序。

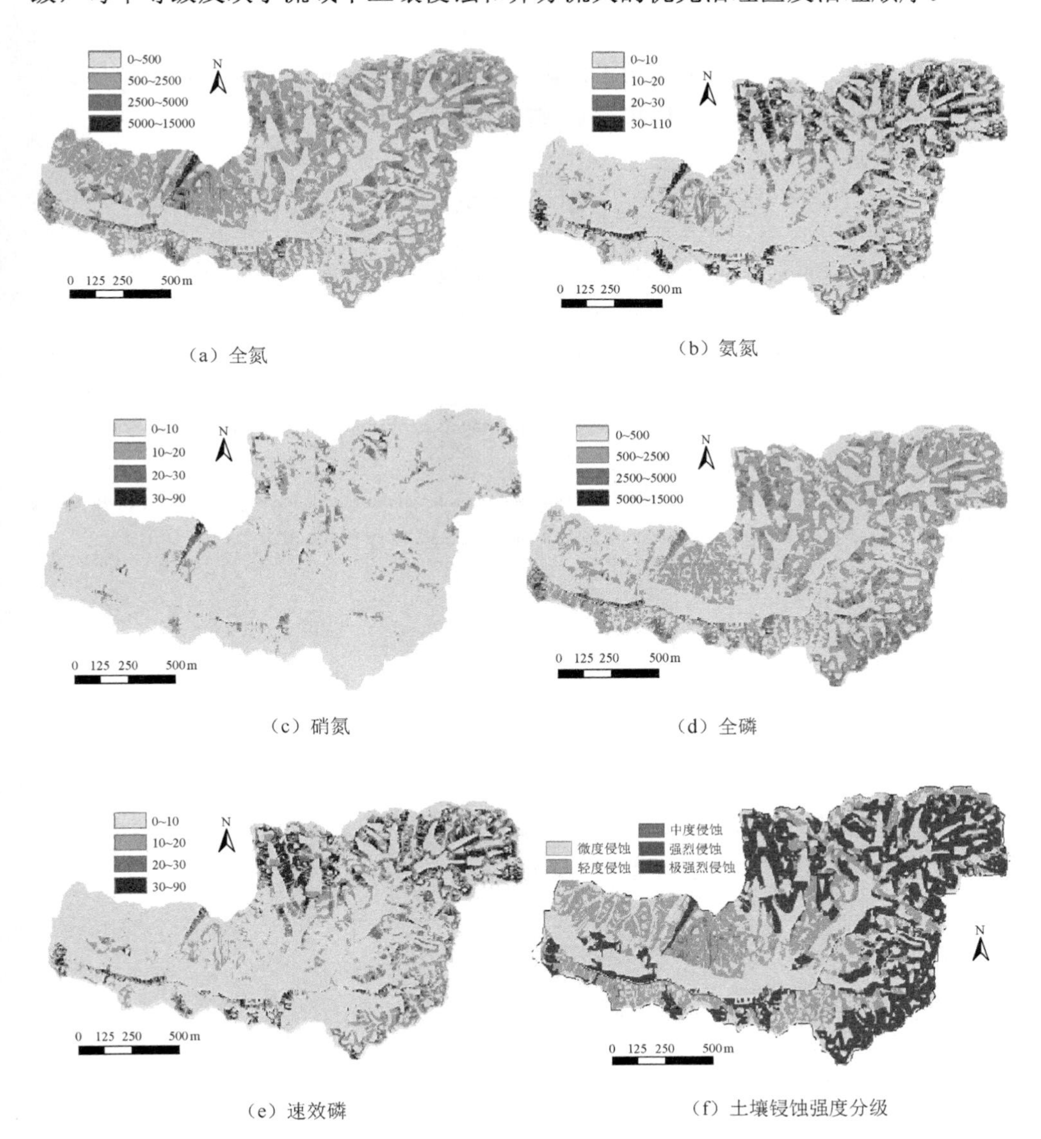

（a）全氮　（b）氨氮

（c）硝氮　（d）全磷

（e）速效磷　（f）土壤锓蚀强度分级

图 4.9　鹦鹉沟流域土壤养分侵蚀模数空间分布［单位：kg/(km²·a)］

通过对比图 4.9（b）和图 4.9（f）可知，土壤氨氮侵蚀模数为 30～110kg/(km²·a)

的区域与侵蚀强度为中度侵蚀以上的土壤侵蚀区（如强烈侵蚀和极强烈侵蚀）较为吻合，说明土壤氨氮的“侵蚀-养分”控制区相同，在进行水土保持或非点源污染治理时，只需采取一种措施即可进行治理。与土壤氨氮侵蚀区不同，土壤硝氮的“侵蚀-养分”优先治理区［硝氮侵蚀模数为 30～90kg/(km^2·a)］为河流两岸以及流域上中游，与土壤侵蚀强烈的区域并不一致。综合分析各图后可以有效地针对流域控制目标以选择治理区域的范围和治理顺序，而对养分空间分布未知的流域，可优先选择氮、磷等元素可能的高值区进行含量分析，如河流两岸土壤及支沟的陡坡，从而快速准确地确定非点源污染的优先治理区。

参考文献

单艳红, 杨林章, 王建国, 2004. 土壤磷素流失的途径、环境影响及对策[J]. 土壤, 36(6): 602-608.

张彦军, 郭胜利, 南雅芳, 等, 2012. 黄土丘陵区小流域土壤碳氮比的变化及其影响因素[J]. 自然资源学报, 7: 1214-1223.

张展羽, 司涵, 孔莉莉, 2013. 基于 SWAT 模型的小流域非点源氮磷迁移规律研究[J]. 农业工程学报, 29(2): 93-100.

CHEN M, CHEN J, SUN F, 2008. Agricultural phosphorus flow and its environmental impacts in China[J]. Science of the Total Environment, 405(1): 140-152.

FOY R H, SMITH R V, JORDAN C, et al., 1995. Upward trend in soluble phosphorus loadings to Lough Neagh despite phosphorus reduction at sewage treatment works[J]. Water Research, 29(4): 1051-1063.

第5章　土壤养分分布的粒度效应

法国数学家 Mandelbrot 在 1967 年提出了分形问题，将其定义为部分以某种形式与整体相似。1982 年 Mandelbrot 发展并系统完善了这一概念，使分形理论逐渐成熟起来。分形理论为研究不规则事物提供了有效方法。由于土壤内部的物理、化学、生物等过程的相互影响及各种地质过程和人为措施的干扰，土壤在形态、结构、功能等方面表现为复杂的自然体。虽然土壤结构在表观上是一个不规则的几何形体，却是有着自相似结构的多孔介质，具有一定的分形特征（缪驰远等，2007）。Tyler 等（1992）和杨培岭等（1993）通过假设不同的土壤粒级具有相同的密度等条件，用土壤质量来代替土壤的体积，即提出了土壤颗粒粒径分布的质量分形维数模型，之后分形维数模型便在土壤科学研究中得到了广泛应用。分形理论应用到土壤结构、水分特征和溶质转移等方面的研究中（Rieu et al., 1991；Perfect et al., 1992），推动了土壤形态、结构、过程等问题的解决，并在一定程度上使其定量化。

应用分形理论来定量描述土壤形态和性质已成为土壤科学研究的重要方法（黄冠华等，2002）。研究表明，质量分形维数还能够用于反映土壤结构、土壤属性和肥力、土壤退化程度等（苏永中等，2004；刘永辉等，2005），但其不足之处在于计算的前提是假定不同粒级的土壤颗粒具有相同的密度。随着研究的不断深入，该模型中关于不同粒级的颗粒具有相同的密度这一假设受到学者的质疑（丁敏等，2010）。近年来，随着激光粒度仪在我国的普及，土壤颗粒体积分布情况可以相对精确快速测得。王国梁等（2005）提出了更为合理的体积分形维数模型，被越来越多的学者应用于土壤分形特性的研究。通过土壤粒径分形维数不仅可以进一步比较不同土壤的颗粒分布特征和质地均匀程度，还可以用于反映土壤的其他特征，如土壤沙化、土壤肥力、土地利用类型对质地的影响等。但对丹江流域土壤侵蚀和养分流失的分形研究鲜有报道。

本章以网格状和典型样点采样数据，研究丹江中游土石山区典型小流域的土壤颗粒组成和分形特征，以及与土壤养分之间的相互关系，确定不同土地利用类型土壤颗粒体积分形维数的变化规律，并分析土壤颗粒分形维数与地形因子的关系，同时估算对土壤颗粒分形维数有显著影响的土壤粉黏粒的储量，为研究区土壤侵蚀防治、土地利用结构优化及生态恢复等提供了基础科学数据，以期为南水北调丹江流域水体污染治理提供基础依据与决策支持。

5.1 数据分析方法

5.1.1 土壤样品测定

在鹦鹉沟流域进行网格状和典型样地采样，采样点分布如图 4.1 所示，采集的土壤样品自然风干，分别过 2mm 的筛子，去根，称取土样 0.5g 左右，加 30%过氧化氢（H_2O_2），浸泡 24h 去除有机质，加蒸馏水稀释，静置，除上清液以除酸，超声 30s 后用激光粒度仪 Mastersizer 2000 测量土壤粒径的体积百分比。粒径分别设为 1.0～2.0mm（d_1）、0.5～1.0mm（d_2）、0.25～0.5mm（d_3）、0.1～0.25mm（d_4）、0.05～0.1mm（d_5）、0.002～0.05mm（d_6）、<0.002mm（d_7）7 级。根据美国制分类标准分为极粗砂粒（1.0～2.0mm）、中粗砂粒（0.25～1.0mm）、细砂粒（0.05～0.25mm）、粉粒（0.002～0.05mm）和黏粒（<0.002mm）。

在丹江中游鹦鹉沟流域内进行土壤有机碳研究，采样点共计 6 个，于 2013 年 6 月进行，并用 GPS 进行定位，同时调查记录样地的自然生境状况。土壤团聚体采用钢制饭盒挖取土壤表层（0～10cm）的原状土，取土质量约 1.0kg。将风干后的土壤分别过 5.0mm、2.0mm、1.0mm、0.5mm、0.25mm 的筛子，并记录各粒级土壤团聚体的质量，装入纸袋中备用。各粒级风干后的土壤团聚体，去根，经研磨后过 0.149mm 的筛子，称取土样 0.1g 左右，加 0.1mol/L 的盐酸（HCl），浸泡 30min 后，在 105℃的温度下烘干 4h，静置 24h 后待用。土壤有机碳含量采用德国耶拿分析仪器股份公司的有机碳分析仪 HT1300 固体模块测定。

5.1.2 数据分析与处理方法

样本的描述性分析采用 SPSS16.0 软件进行，统计特征值包括平均值、标准差、变异系数、偏度、峰度等。土壤颗粒分形维数采用 Excel 2003 计算，半方差函数采用 GS+7.0 进行计算，空间分布图采用 ArcGIS 9.2 制作。

1983 年 Mandelbrot 首先建立了二维空间的颗粒大小分形特征模型，Tyler 等（1992）和杨培岭等（1993）在此基础上对模型进行推广，提出用粒径的质量分布表征的土壤分形模型，本章采用杨培岭等的以不同级别颗粒的质量分布表征的土壤分形模型。土壤颗粒质量分布与平均粒径的分形关系式为

$$\left(\frac{\bar{d}_i}{\bar{d}_{\max}}\right)^{3-D}=\frac{W(\delta<\bar{d}_i)}{W_0}$$

则

$$D=3-\lg\frac{W(\delta<\bar{d}_i)}{W_0}\Bigg/\lg\frac{\bar{d}_i}{\bar{d}_{\max}} \tag{5-1}$$

式中，$\bar{d}_i$ 为两筛分粒级 d_i 与 d_{i+1} 间粒径的平均值（$d_i>d_{i+1},i=1,2,\cdots$）；$\bar{d}_{\max}$ 为最大粒径土粒的平均值，mm；$W(\delta<\bar{d}_i)$ 为小于 $\bar{d}_i$ 的累积土粒质量；W_0 为土壤各粒级质量的总和。其计算过程为：首先求出土壤样品不同粒径（d_i）的 $\lg\frac{\bar{d}_i}{\bar{d}_{\max}}$ 和 $\lg\frac{W(\delta<\bar{d}_i)}{W_0}$ 值；其次以前者为横坐标，后者为纵坐标，使用最小二乘法进行直线拟合，计算其斜率；最后由斜率推算得到分形维数 D。

土壤粉黏粒储量的计算公式为

$$C_i=d_i\rho_iO_i\times10 \tag{5-2}$$

$$S_i=A_iC_i \tag{5-3}$$

式中，i 为土壤不同层次；C 为土壤粉黏粒密度，kg/m^2；d 为土层厚度，cm；ρ 土壤容重，g/cm^3；O 为土壤粉黏粒含量，%；A 为各类型所占面积，m^2；S 为总土壤粉黏粒储量，kg。

土壤表层团聚体有机碳储量采用以下公式计算（鲁如坤，1999）：

$$S_i=C_iP_iRSD \tag{5-4}$$

式中，S_i 为 i 级土壤团聚体有机碳储量，kg/m^2；C_i 为 i 级土壤团聚体有机碳含量，g/kg；P_i 为 i 级土壤团聚体的分配比例，%；R 为土壤密度，g/cm^3；S 为土地面积，m^2；D 为土层厚度，0.1m。

5.2　土壤颗粒与分形特征

5.2.1　分形维数与土壤粒径分布的关系

对不同土层深度下土壤颗粒分形维数值与粉黏粒、细砂粒、中粗砂粒和极粗砂粒含量的关系进行线性回归分析，结果如表 5.1 和图 5.1～图 5.4 所示。0～10cm 土壤颗粒分形维数与粉黏粒含量呈极显著线性正相关关系，相关系数为 0.954，小于 0.01；与细砂粒、中粗砂粒和极粗砂粒含量呈极显著线性负相关，相关系数分别为 0.636、0.681 和 0.498，均小于 0.01。另外，其他 3 个土层也显示了相似的结果。说明土壤颗粒分形维数对各个粒级土粒含量反应程度的大小不同，其中，最大的是粉黏粒含量，其次是细沙粒含量。具有高粉黏粒含量和较低砂粒含量的土壤有较高的分形维数值。其他学者在不同景观和气候条件下的土壤颗粒分形维数研究也获得了相似的结果。

表 5.1　土壤颗粒分形维数与粉黏粒、细砂粒、中粗砂粒和极粗砂粒含量的关系

土层深度/cm	极粗砂粒		中粗砂粒		细砂粒		粉黏粒		样品数/个
	拟合度（R^2）	Pearson 相关系数	拟合度（R^2）	Pearson 相关系数	拟合度（R^2）	Pearson 相关系数	拟合度（R^2）	Pearson 相关系数	
0～10	0.25	−0.498**	0.46	−0.681**	0.41	−0.636**	0.91	0.954**	268
10～20	0.26	−0.505**	0.41	−0.643**	0.41	−0.640**	0.91	0.954**	259
20～40	0.29	−0.537**	0.48	−0.691**	0.45	−0.669**	0.92	0.961**	232
40～60	0.14	−0.178	0.41	−0.303*	0.65	−0.462**	0.94	0.538**	66

*表示显著性相关，$p < 0.05$；**表示极显著相关，$p < 0.01$。

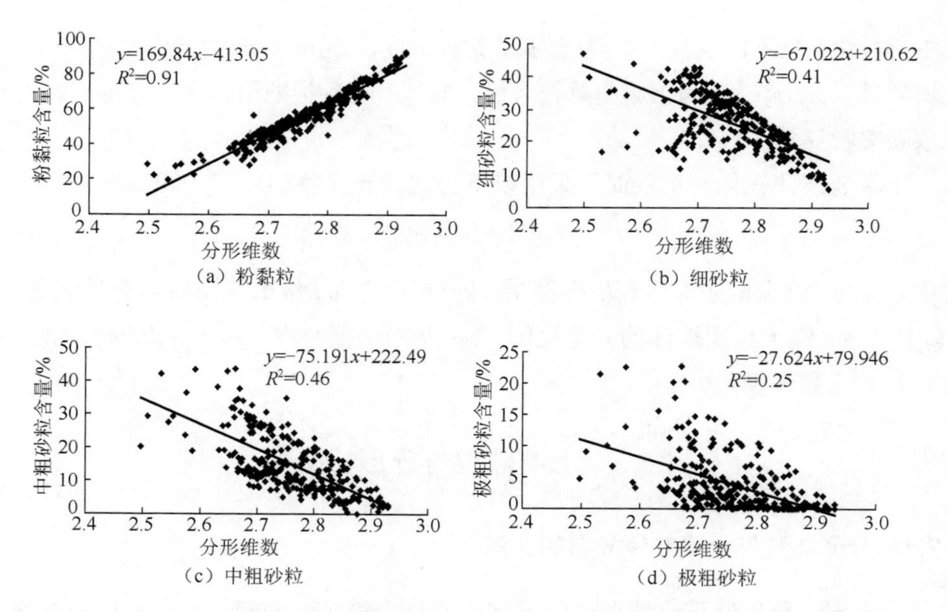

图 5.1　0～10cm 土壤颗粒分形维数与粉黏粒、细砂粒、中粗砂粒和极粗砂粒含量的关系

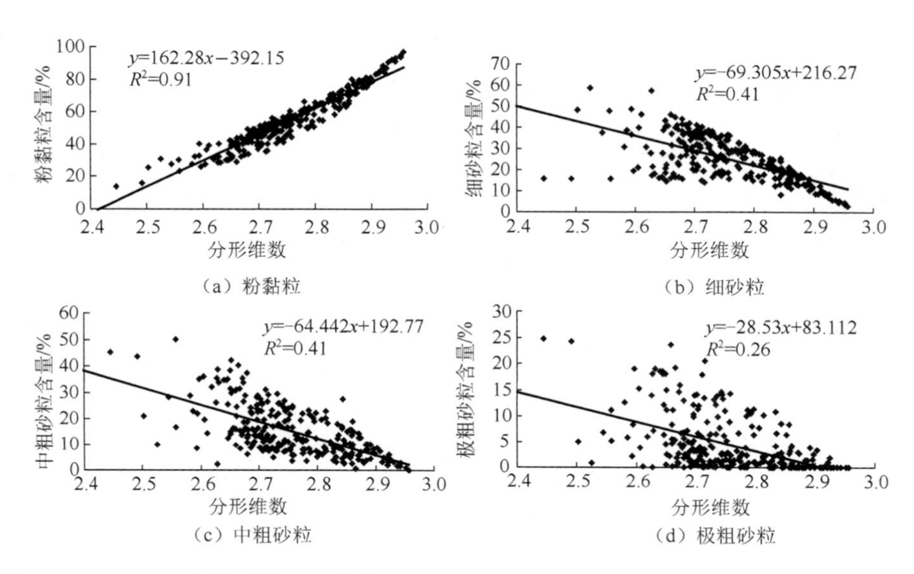

图 5.2　10～20cm 土壤颗粒分形维数与粉黏粒、细砂粒、中粗砂粒和极粗砂粒含量的关系

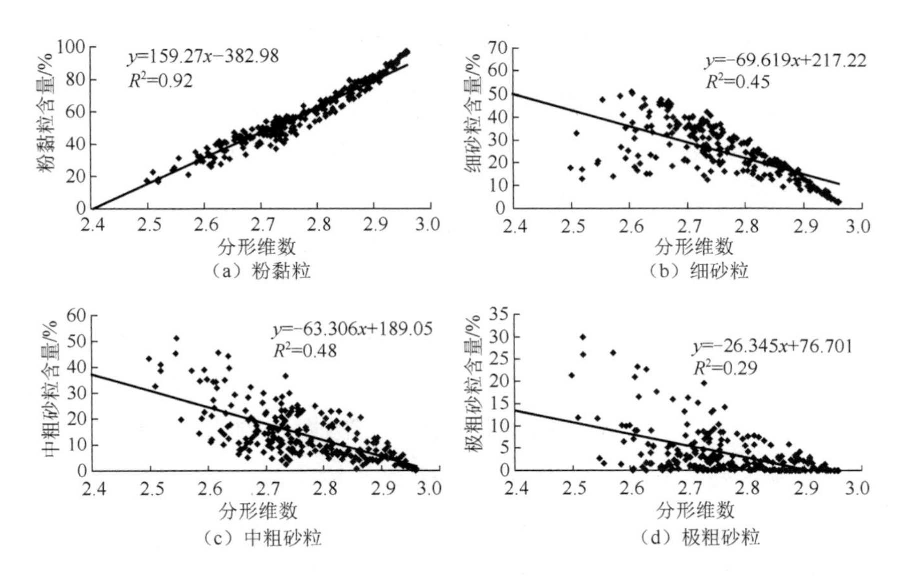

图 5.3　20～40cm 土壤颗粒分形维数与粉黏粒、细砂粒、中粗砂粒和极粗砂粒含量的关系

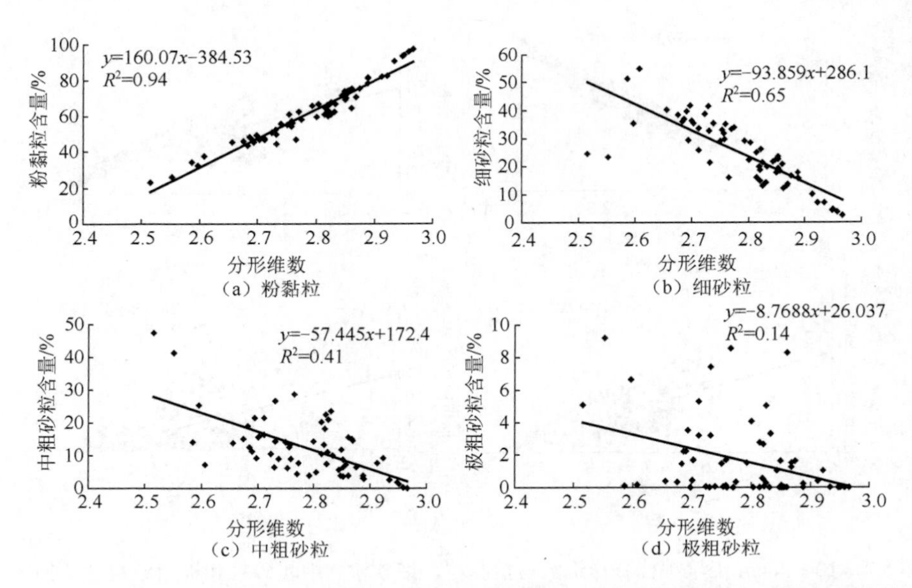

图 5.4　40～60cm 土壤颗粒分形维数与粉黏粒、细砂粒、中粗砂粒和极粗砂粒含量的关系

5.2.2　不同土地利用类型下土壤粒径的分形特征分析

不同土地利用类型和植被类型在不同土层下土壤颗粒的分形维数平均值如表 5.2 所示。由表 5.2 可以看出，农地在 0～10cm 和 10～20cm 土层的土壤颗粒分形维数平均值相同，且小于 20～40cm 土层，草地也显示出相同的特点。林地 0～10cm 土层的土壤颗粒分形维数平均值比 10～20cm 和 20～40cm 土层的大。这是因为地表 0～20cm 是土壤施肥到达的深度，耕地每年翻耕，而林地表层土壤不经常受到上下翻耕的影响，且每年有落叶和地表草本植物的覆盖，有利于土壤有机质的积累和土壤团聚化进行（丁敏等，2010）。农地土壤颗粒的分形维数平均值大于林地和草地的分形维数平均值，这是因为条件好、土层厚的土地主要用来种植农作物，大多数林地和草地植被生长在土石山区立地条件相对较差的环境。经 ANOVA 检验，0～10cm 和 20～40cm 土层不同土地利用类型下土壤颗粒分形维数不存在显著差异（$p > 0.05$），同时，不同土层深度下土壤颗粒分形维数亦不存在显著差异。但 10～20cm 土层不同土地利用类型下土壤颗粒分形维数存在显著差异（$p < 0.05$）。

表 5.2　不同土地利用类型和植被类型在不同土层深度下土壤颗粒的分形维数平均值

样地属性		0～10cm			10～20cm			20～40cm		
		分形维数	样点数/个	变异系数/%	分形维数	样点数/个	变异系数/%	分形维数	样点数/个	变异系数/%
土地利用类型	草地	2.75	37	3.13	2.75	33	4.22	2.76	28	4.59
	林地	2.75	104	2.79	2.74	103	3.81	2.74	89	4.50
	农地	2.77	127	2.99	2.77	127	3.10	2.78	115	3.53
植被类型	茶地	2.83	4	2.24	2.81	4	2.07	2.82	4	2.29
	玉米	2.81	22	2.99	2.83	22	2.77	2.83	21	3.65
	竹林	2.78	5	1.27	2.79	5	1.50	2.76	5	2.20
	菜地	2.78	8	2.85	2.78	8	3.68	2.78	8	3.85
	柏树	2.75	19	2.45	2.71	18	3.21	2.69	15	4.50
	栎树	2.75	13	2.16	2.74	13	3.31	2.75	10	4.67
	花生	2.75	20	2.49	2.75	19	2.44	2.74	18	3.03
	松树	2.71	17	2.59	2.71	17	2.88	2.69	13	2.36

不同植被类型下土壤颗粒分形维数平均值表现为茶地>玉米>竹林>菜地>松树，花生地、柏树和栎树的土壤颗粒分形维数平均值相同，这主要是因为花生多种植在沙壤地中，生长较好，土壤颗粒粒径也较大。菜地在 3 个土层的土壤颗粒分形维数平均值相同，是因为菜地主要在沟道两边的平地，土壤深厚，不易流失。柏树、栎树和松树在 0～10cm 土层的土壤颗粒分形维数呈大于 10～20cm 和 20～40cm 土层分形维数的趋势。玉米地 0～10cm 土层土壤颗粒分形维数小于 10～20cm 和 20～40cm 土层，说明其 0～10cm 土层土壤流失较为严重。对 0～10cm、10～20cm 和 20～40cm 土层的土壤颗粒分形维数进行相关性分析表明，0～10cm 土层土壤颗粒分形维数与 10～20cm 和 20～40cm 土层土壤颗粒分形维数呈极显著正相关，相关系数分别为 0.793（$p<0.01$）和 0.695（$p<0.01$）。经 ANOVA 检验，0～10cm 和 20～40cm 土层不同植被类型间土壤颗粒分形维数存在显著差异（$p<0.05$），10～20cm 土层不同植被类型间土壤颗粒分形维数存在极显著差异（$p<0.01$）。另外，不同地类土壤颗粒分形维数的变异系数均为弱变异，草地的变异系数相对最大。

5.3　土壤粉黏粒特征分析

5.3.1　土壤粉黏粒的统计特征分析

由于在土壤侵蚀过程中，细的土壤颗粒先被搬运，土壤颗粒分形维数又与粉黏粒呈极显著正相关关系，因此，分析鹦鹉沟流域不同深度下土壤粉黏粒含量，其统计特征如表 5.3 所示。3 个土层下土壤粉黏粒含量平均值随土层深度的增加而增大，说明土壤粉黏粒含量随土层深度的增加而增大。这主要是由于表层的部分粉黏粒受土壤侵蚀和随壤中流向下淋溶，致使表层粉黏粒减少。不同深度下土壤粉黏粒含量最大值和最小值的差值较大，表现为 0～10cm<10～20cm<20～40cm，分别为 72.7%、84.3%和 90.2%；0～10cm 土层最小，这主要是因为在土石山区土层较薄，尤其是林草地，10～20cm 和 20～40cm 土层土壤质地较差，多为母质层，深度越深，土壤质地变化越大。3 个土层的变异系数分别为 25.8%、28.3%和 31.8%，均为中等变异，且随土壤深度的增加变异强度逐渐增大。由于 Kriging 方法对正态分布数据的预测精度最高，故在进行地统计分析之前，需要检验土壤粉黏粒数据集是否满足正态分布。从 K-S 检验可以看出，3 个土层下 p 值均大于 0.05，说明土壤粉黏粒含量在 3 个土层深度下均服从正态分布，满足了下一步分析的要求。

表 5.3 鹦鹉沟流域不同深度下土壤粉黏粒的统计特征

土层深度/cm	样品数/个	平均值/%	标准差/%	最小值/%	最大值/%	K-S(p)	变异系数/%
0～10	268	55.4	14.3	19.5	92.2	0.47	25.8
10～20	259	56.1	15.9	12.8	97.1	0.19	28.3
20～40	232	57.5	18.3	7.2	97.4	0.14	31.8

5.3.2 土壤粉黏粒的空间结构分析

在 GS+7.0 中对 3 个土层深度下土壤粉黏粒含量进行半方差函数模拟得到各自的半方差模型及其参数值，3 个土层深度下土壤粉黏粒地统计学参数如表 5.4 所示，将 R^2 最高且 RSS 最小的模型作为最优模型。0～10cm 和 10～20cm 土层，土壤粉黏粒含量的最优模型均为球状模型，其拟合度分别为 0.57 和 0.61，RSS 也均较小，说明模型能够较好地反映研究区土壤粉黏粒含量的空间结构特征；20～40cm 土层土壤粉黏粒含量为纯块金效应模型，说明 20～40cm 土层土壤粉黏粒含量为随机分布，即变量不存在空间相关性。变程反映区域化变量影响范围的大小，或者说反映该变量自相关范围的大小。0～10cm 和 10～20cm 土层的变程分别为 90m 和 93m，大于本次网格采样的间距 100m，说明本次网格状采样满足空间分析的要求。

0～10cm 和 10～20cm 土层土壤粉黏粒的块金系数均较小，都为 4%，说明随机部分引起的土壤粉黏粒的空间异质性较小。0～10cm 和 10～20cm 土层土壤粉黏粒的空间分布体现为强烈的空间相关性。这是因为土壤粉黏粒分布是由结构性因素和随机性因素共同作用的结果。结构性因素，如气候、母质、地形、土壤类型等自然因素可以导致土壤养分强的空间相关性，而随机性因素如施肥、耕作措施、种植制度等各种人为活动使土壤粉黏粒的空间相关性减弱，朝均一化方向发展。而研究区为土石山区，土层较薄，土壤受气候、地表植被和母质风化速度等影响较大。

表 5.4　不同深度下土壤粉黏粒的地统计学参数

土层深度/cm	块金值	基台值	块金系数/%	变程/m	最优模型	R^2	RSS
0～10	8.3	204.1	4	90	球状	0.57	633
10～20	12.3	277.1	4	93	球状	0.61	824
20～40	349.6	349.6	100	—	纯块金效应	—	—

5.3.3　土壤粉黏粒的空间插值分析

由于土壤侵蚀和养分流失主要发生在表层，所以对 0～10cm 土层的土壤粉黏粒含量进行 Kriging 插值，绘制了鹦鹉沟小流域 0～10cm 土层土壤粉黏粒含量的空间分布图（图 5.5），以更直观地反映土壤粉黏粒特性的空间分布情况。可以看出，土壤粉黏粒含量较高的地方主要分布在流域沟道附近和坡脚部位，土地肥沃，地类多为农地，这与土壤粉黏粒受降雨和径流侵蚀、从高海拔向低海拔流失、在地势平缓地区沉积有关。

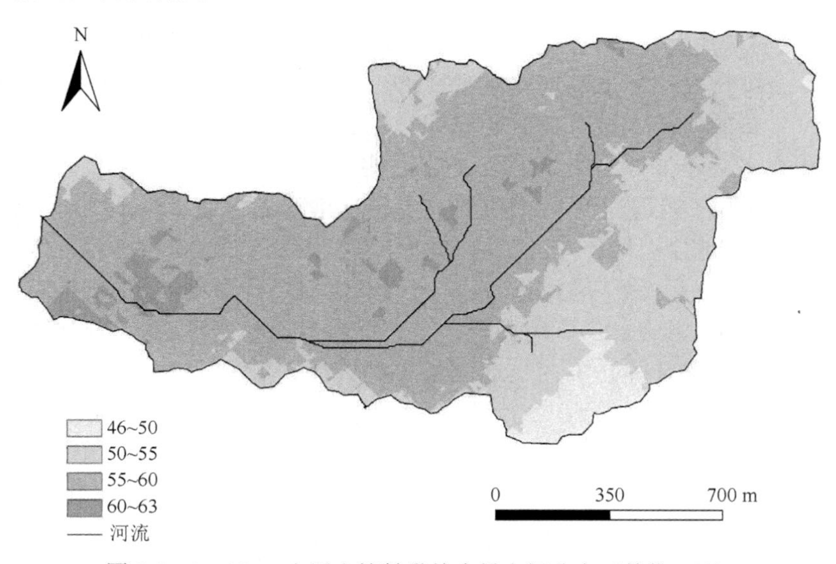

图 5.5　0～10cm 土层土壤粉黏粒含量空间分布（单位：%）

5.3.4　不同土地利用类型下土壤粉黏粒含量及容重分析

不同土地利用类型下土壤粉黏粒含量及容重平均值如表 5.5 所示。由表可以看出，在 3 个土层下，土壤粉黏粒含量平均值均表现为农地>林地>草地，这与草地处于植被演替的早期阶段、立地条件较差有关，另外，较好的土壤往往被用作农地，林草地多生长在坡中上部和土层较薄地方。不同土地利用类型下不同土层土壤粉黏粒含量分布特点相似，经 ANOVA 检验，不同土地利用类型下 10～20cm 和 20～40cm 土层土壤粉黏粒含量存在显著差异（$p<0.05$），但 0～10cm 土层土壤粉黏粒含量不存在显著差异（$p>0.05$）。不同土地利用类型下土壤容重表现为农地>林地>草地，且土壤容重随深度的增加而增大。

表 5.5 不同土地利用类型下土壤粉黏粒含量及容重平均值

土层深度/cm	林地		草地		农地	
	粉黏粒含量/%	容重/(g/cm^3)	粉黏粒含量/%	容重/(g/cm^3)	粉黏粒含量/%	容重/(g/cm^3)
0～10	54.40	1.27	50.38	1.25	56.65	1.34
10～20	51.86	1.42	49.96	1.34	56.73	1.45
20～40	52.47	1.53	51.40	1.49	58.73	1.61

5.3.5 土壤粉黏粒密度估算

鹦鹉沟流域0～10cm土层不同土地利用类型下土壤粉黏粒密度如表5.6所示，其分布如图 5.6 所示，该流域被划分为 480 行×252 列，网格大小为 5m×5m。可以看出，土壤粉黏粒密度高值区主要分布在河道两边地势相对平缓地方及坡耕地大面积分布的河流上游，同时也是研究区土壤侵蚀的重点控制区。另外，土壤粉黏粒的空间分布与地形和土地利用类型有一定的一致性。由式（5-2）和式（5-3）计算可得，鹦鹉沟流域 0～10cm 土层土壤粉黏粒储量为 13.28 万 t，其中农地、林地和草地分别为 8.37 万 t、3.72 万 t 和 1.19 万 t。不同土地利用类型下 0～10cm 土层每平方米土壤粉黏粒密度表现为农地>林地>草地，分别为 74.71kg/m^2、71.54kg/m^2 和 70.23kg/m^2。草地每平方米土壤粉黏粒密度最小，这与草地的立地条件及其土壤容重有关。不同土地利用类型下每平方米土壤粉黏粒变异系数总体上表现为农地>草地>林地，均为弱变异，这是由于农地受农事活动影响较大，另外，农地的立地条件也存在较大差异，土壤肥沃的平地及坡度较大的坡地均分布有农地。

表 5.6 鹦鹉沟流域 0～10cm 土层不同土地利用类型下土壤粉黏粒密度

土地利用类型	最小值/(kg/m^2)	最大值/(kg/m^2)	平均值/(kg/m^2)	变异系数/%
农地	60.59	83.84	74.71	5.41
林地	59.79	82.31	71.54	4.81
草地	60.08	81.99	70.23	5.26

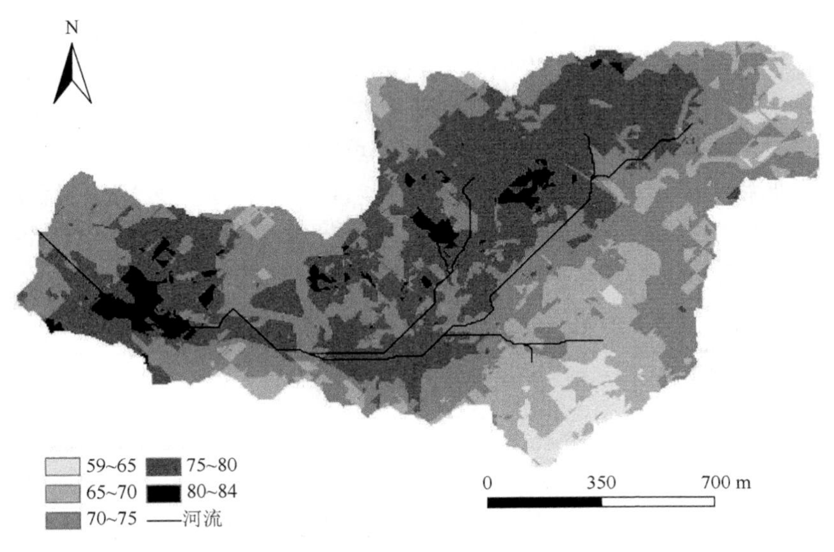

图 5.6　鹦鹉沟流域 0～10cm 土壤粉黏粒密度分布（单位：kg/m^2）

5.4　土壤颗粒分形特征与地形因子的关系

5.4.1　土壤颗粒分形与地形因子的相关关系

海拔、坡度和坡向均会在不同程度上影响土壤颗粒分形维数，因此分析研究区土壤颗粒分形维数与地形因子的相关关系（表 5.7）。结果表明，土壤颗粒分形维数与坡度呈显著负相关关系，尤其在 0～10cm 和 10～20cm 土层，呈极显著负相关关系，与坡向和海拔无显著相关性。说明在地形因子中坡度对土壤颗粒分形维数的影响最大，坡度越大，土壤颗粒分形维数越小。

不同土地利用类型在各地形因子下的土壤颗粒分形维数平均值如表 5.8 所示。可以看出，农地、林地和草地随坡度增大，土壤颗粒分形维数总体上均呈降低的趋势。农地在阳坡的分形维数值较大，随土壤深度增加而增大，在平地无坡向的分形维数值在 3 个土层下相同，说明农地在平地土壤侵蚀较小。林地在无坡向的土壤颗粒分形维数远大于农地在无坡向的土壤颗粒分形维数，说明在平地无坡向条件下，林地保持土壤质量的能力比农地强。草地在阳坡的分形维数值比阴坡和无坡向的大，与农地相似，这可能是因为在研究区温度和水分条件非常适合植被生长，主要的制约因子是光照，阳坡更适合植被生长，对改善土壤质量也有利。根据研究区实际地形，将海拔按≤500m、500～530m、530～560m 和> 560m 划分为 4 个高程等级，将坡度区分为平地（0°～3°）、缓地（3°～8°）、斜坡地（8°～15°）、缓陡坡地（15°～25°）和陡坡地（>25°）共 5 级，将坡向区分为阴坡、阳坡和无坡向 3 个类型，经 ANOVA 检验，0～10cm 土层土壤颗粒分形维数在不同坡度下存在极显著差异（p <0.01），农地 0～10cm 土层土壤颗粒分形维数在不同海拔下存在显著差异（p <0.05）。说明地形因子中坡度对 0～10cm 土层土壤颗粒分形维数的影响最大，海拔对农地 0～10cm 土层土壤颗粒分形维数也有较大影响。这主要是因为坡度越大，土壤越容易发生侵蚀，尤其对于农地，受施肥、翻耕和作物收获等人为活动影响较大，侵蚀也更严重，较细的土壤颗粒也由高海拔向低海拔流失，致使高海拔的土壤颗粒分形维数变小。

表 5.7　土壤颗粒分形维数与地形因子的相关关系

地形因子 \ 土层深度/cm	0～10	10～20	20～40
坡向	0.052	0.086	0.078
海拔	−0.101	−0.051	−0.013
坡度	−0.252**	−0.195**	−0.156*

*表示显著性相关，p <0.05；**表示极显著相关，p <0.01。

表 5.8　不同土地利用类型在各地形因子下的土壤颗粒分形维数平均值

地形因子		农地			林地			草地		
		A1	A2	A3	A1	A2	A3	A1	A2	A3
坡度	0°～3°	2.78	2.77	2.77	2.82	2.83	2.81	2.76	2.81	2.80
	3°～8°	2.77	2.78	2.79	2.78	2.75	2.74	2.74	2.70	2.66
	8°～15°	2.77	2.77	2.78	2.75	2.71	2.67	2.76	2.75	2.83
	15°～25°	2.76	2.76	2.78	2.76	2.74	2.76	2.76	2.74	2.72
	>25°	2.72	2.77	2.77	2.73	2.72	2.71	2.71	2.72	2.70
坡向	阴坡	2.76	2.76	2.77	2.76	2.74	2.76	2.72	2.70	2.71
	阳坡	2.78	2.78	2.80	2.75	2.72	2.72	2.77	2.78	2.79
	无坡向	2.77	2.77	2.77	2.82	2.83	2.81	2.76	2.81	2.80
海拔	≤500/m	2.82	2.82	2.83	2.75	2.73	2.73	2.76	2.75	2.75
	500～530/m	2.76	2.76	2.76	2.75	2.73	2.73	2.73	2.74	2.72
	530～560/m	2.76	2.76	2.76	2.77	2.75	2.77	2.77	2.77	2.78
	>560/m	2.74	2.75	2.76	2.75	2.74	2.76	2.72	2.71	2.68

注：A1 表示 0～10cm 土层；A2 表示 10～20cm 土层；A3 表示 20～40cm 土层。

5.4.2　玉米地在不同坡度下的土壤颗粒分形维数

玉米地在不同坡度下各土层的土壤颗粒分形特征如表 5.9 所示。由表可以看出，玉米地在 10°坡度时 0～10cm 土层的土壤颗粒分形维数比 10～20cm 和 40～

60cm 土层要大，但随着坡度的增大，玉米地在 0～10cm 土层的土壤颗粒分形维数要比其他 3 个土层小，这一特征在 28°坡度时尤为明显，此时 0～10cm 土层的土壤颗粒分形维数为 2.59，远小于其他 3 个土层。

表 5.9　玉米地在不同坡度下的土壤颗粒分形特征

坡度/(°)	分形维数（D_m）			
	0～10cm	10～20cm	20～40cm	40～60cm
10	2.84	2.81	2.86	2.83
21	2.88	2.92	2.96	2.93
25	2.89	2.94	2.96	2.95
28	2.59	2.87	2.94	2.92

在坡度小于 25°时，玉米地 0～10cm 土层土壤颗粒分形维数相差较小，但在 28°时，其土壤颗粒分形维数急剧变小，说明在 25°～28°存在土壤侵蚀的临界坡度，当大于这个临界坡度时，将发生严重的土壤侵蚀。因此，陡坡易发生严重的土壤侵蚀，其土壤颗粒分形维数也较小。相应地，陡坡农地应退耕为林草地以增强水土保持能力。

5.5　土壤全氮与土壤颗粒及土壤颗粒分形维数的相关关系

不同土层下土壤全氮与土壤粒径的相关关系如表 5.10 所示，由于网格状采样只采集了 0～40cm 的土样，故 40～60cm 土层用典型样地采样的数据进行分析。可以看出，土壤全氮含量在 0～10cm 和 10～20cm 土层与中粗砂粒呈极显著正相关关系($p < 0.01$)，但随着土层深度的增加，土壤全氮含量在 20～40cm 和 40～60cm 土层与中粗砂粒呈显著负相关关系（$p < 0.05$），在 20～40cm 和 40～60cm 土层，土壤全氮含量与粉黏粒呈极显著正相关关系。在 4 个土层下，土壤全氮含量均与细砂粒呈极显著负相关关系（$p < 0.01$）。由于有机氮占全氮百分比的平均值高达 90%以上，说明有机质随土层深度的增加分解为细小的粉黏颗粒，这可能与土壤有机质的迁移和淋溶有关。

表 5.10　不同土层下土壤全氮与土壤粒径的相关关系

土层深度/cm	样品数	土壤粒径			
		极粗砂粒	中粗砂粒	细砂粒	粉黏粒
0～10	268	0.062	0.198**	−0.187**	−0.031
10～20	259	0.067	0.163**	−0.304**	0.072
20～40	232	−0.134*	−0.139*	−0.325**	0.322**
40～60	66	−0.178	−0.303*	−0.462**	0.538**

*代表在 $p<0.05$ 水平显著；**代表在 $p<0.01$ 水平显著。

不同土层下土壤全氮含量与土壤颗粒分形维数的关系如图 5.7 所示。在 0～10cm 和 10～20cm 土层，R^2 分别为 0（n=268, $p > 0.05$）和 0.01（n=259, $p > 0.05$），说明在 0～20cm 土壤颗粒分形维数与土壤全氮含量无显著相关关系，这是因为土壤全氮含量在 0～10cm 和 10～20cm 土层与中粗砂粒呈极显著正相关关系。但在 20～40cm 和 40～60cm 土层，土壤颗粒分形维数与土壤全氮含量呈极显著正相关关系，R^2 分别为 0.07（n=232, p <0.01）和 0.31（n=66, p <0.01），这与土壤全氮含量与土壤粒径的相关关系相一致，说明在 20～60cm 土壤颗粒分形维数与土壤全氮含量均与土壤粉黏粒含量呈显著正相关关系。这也解释了林地和草地在表层的土壤颗粒分形维数比农地小，但土壤全氮含量比农地高的原因，因为表层土壤首先被侵蚀的是粉黏粒等细小颗粒，而土壤全氮含量在表层与中粗砂粒含量呈显著正相关关系，林地和草地的中粗砂粒比例较大，有机质较多，致使其土壤全氮含量较高。较高的土壤全氮含量和不合理的土地利用类型共同导致了研究区水质的恶化，这与高浓度总氮含量的水质监测结果相一致。

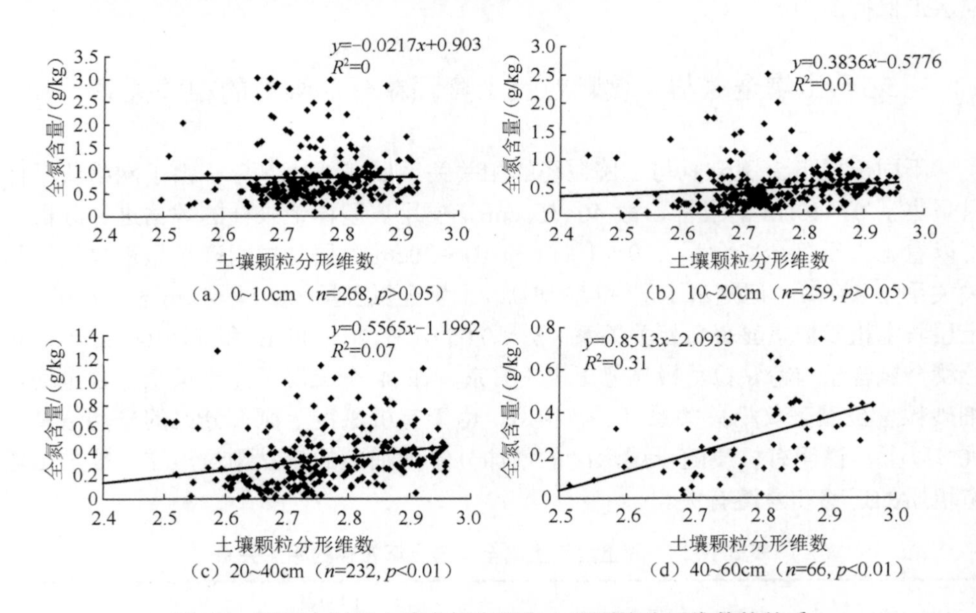

图 5.7　不同土层下土壤全氮含量与土壤颗粒分形维数的关系

鹦鹉沟流域内共设置有 3 个监测断面，从上游到下游依次是断面 1、断面 2 和把口站。流域不同断面的土壤和泥沙全氮含量如图 5.8 所示，由图可以看出，从断面 1 到把口站，断面控制范围内的土壤全氮含量与泥沙全氮含量差值逐渐增大，河道泥沙全氮含量由断面 1 到把口站也呈逐渐降低的趋势，从农业小流域泥沙出口断面 1 的 0.526g/kg 降低至把口站处的 0.237g/kg，说明泥沙全氮含量由流域上游到下游逐渐降低，这是因为泥沙氮素中的氨氮和硝氮极易被径流携带流失，其他氮素也会一定程度溶于河水中，致使其全氮含量减少。

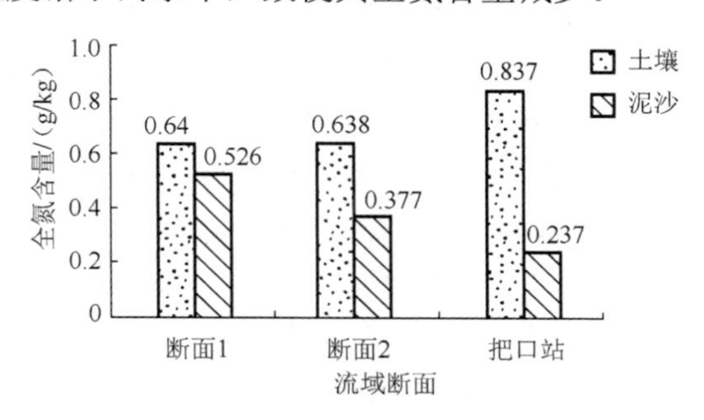

图 5.8　流域不同断面的土壤和泥沙全氮含量

5.6　有机碳在土壤团聚体不同粒级的分布

土壤有机碳在土壤物理、化学和生物学特性中发挥着极其重要的作用，被认为是土壤质量的一个重要指标（杨长明等，2006），它不仅是土壤的重要组成部分，还是土壤养分的储存库及土壤微生物运动的能量来源（陈恩凤等，2001；赵世伟等，2006）。近年来，关于有机碳在土壤团聚体中的分布及其变化备受关注（李忠佩等，2002）。土壤有机碳与团聚体关系密切，其含量不仅影响土壤团聚体的数量，还间接影响团聚体的大小分布（Unger, 1997），有机碳含量的增加不仅有利于土壤团粒的形成，还增强了土壤结构的稳定性（彭新华等，2004），而不同土地利用类型下不同粒径土壤团聚体的形成又反过来影响土壤有机碳在不同粒径下的分布及分解方式与速率（潘根兴等，2003），研究结果表明，有机碳的含量，尤其是新形成的有机碳更易受土地利用类型的影响（洪瑜等，2006；张国斌等，2008）。但目前对丹江流域土壤团聚体不同粒级下有机碳的分布特征及有机碳储量的研究鲜有报道。

本节以典型样点采样为基础，从团聚体水平上研究不同土地利用类型对土壤有机碳含量的影响，以及有机碳与土壤团聚体粒径的关系，以确定不同土地利用类型土壤团聚体中有机碳的变化规律，同时估算不同土地利用类型的土壤团聚体各粒级有机碳储量，这将有助于揭示土壤团聚体在土壤碳吸存及碳循环中的作用，同时可为研究区土地利用结构的优化和丹江流域水体污染治理提供基础依据与决策支持。

5.6.1 不同粒径下土壤团聚体分布

流域上游和下游不同土地利用类型下土壤团聚体粒径分布如图 5.9 和图 5.10 所示。可以看出，流域不同土地利用类型的土壤团聚体含量大体上呈现随粒径的减小而减小，流域上、下游相同土地利用类型的土壤团聚体各粒径质量百分比存在差异。流域上游草地的土壤团聚体含量随粒径的减小而降低，土壤团聚体主要分布在 5～10mm 的粒径，其质量百分比为 54.17%，粒径小于 0.25mm 的土壤团聚体含量最少，仅为 14.55%。而上游农地和林地均呈现出随粒径的减小，土壤团聚体含量先增大后减小的趋势，且主要集中在 1.0～2.0mm 和 2.0～5.0mm 粒径内，农地为 34.32%和 26.29%，林地为 33.62%和 33.77%，两个粒径的含量总和均达到 50%以上。这说明，鹦鹉沟流域上游地区不同土地利用类型下土壤团聚体均体现出大粒径含量居多的状态。流域下游农地呈现出随粒径的减小，土壤团聚体含量不断降低的趋势，粒径 5.0～10.0mm 和 2.0～5.0mm 内含量分别为 37.10%、35.17%，占到了总含量的 50%以上。而林地和草地则表现为伴随粒径的减小，土壤团聚体含量先增大后减小，且含量主要集中在 1.0～2.0mm 和 2.0～5.0mm 粒径内，这与上游的变化趋势是相同的。

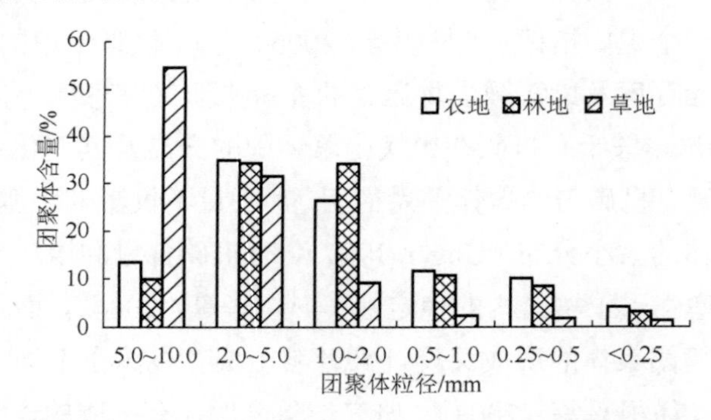

图 5.9　流域上游不同土地利用类型下土壤团聚体粒径分布

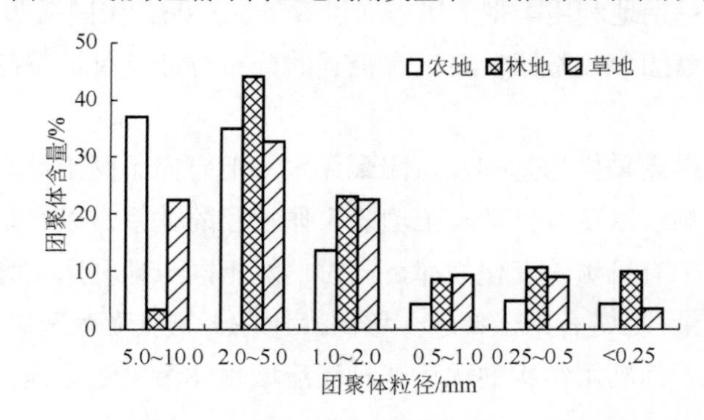

图 5.10　流域下游不同土地利用类型下土壤团聚体粒径分布

综合来看，不同土地利用类型下土壤团聚体多集中存在于大粒径（2.0～10.0mm）范围内，但同一土地利用类型在流域不同位置下土壤团聚体粒径分布的变化趋势不同。就农地而言，在流域上游表现为粒径 2.0～5.0mm 含量最多，其土壤团聚体粒径呈现出“∧”的变化趋势；在流域下游则是粒径 5.0～10.0mm 含量最多，并且土壤团聚体粒径呈现出“↘”的变化趋势，这是由于下游的农地多是菜地，施用的有机肥较多，土壤中的有机碳和微生物含量较多，这有利于土壤团粒的聚集，从而更易形成大粒径团聚体。

5.6.2　不同土地利用类型下土壤团聚体有机碳含量

通过对鹦鹉沟小流域三种不同土地利用类型，每种用地类型 12 个样本的统计分析可知，流域内不同土地利用类型土壤团聚体有机碳含量变化较大，其中农地团聚体有机碳含量最小值为 8.98g/kg，最大值为 25.55g/kg，平均值为 14.52g/kg；林地团聚体有机碳含量最小值为 9.00g/kg，最大值为 19.04g/kg，平均值为 12.49g/kg；草地团聚体有机碳含量最小值为 5.97g/kg，最大值为 13.04g/kg，平均值为 10.05g/kg。

不同土地利用类型的土壤有机碳变异系数有着明显的差异，其中农地、林地、草地的土壤团聚体有机碳含量变异系数分别为 38.80%、27.85%和 25.58%，总体表现为农地>林地>草地。而农地的人为活动最为频繁，不同季节的翻耕及其他耕作活动对不同土层的团聚体有机碳含量影响较大，而林地和草地的有机碳含量虽然比农地的高，但其受到人为干扰小，因而土壤间的变异性较小。三种不同土地利用类型的土壤团聚体有机碳的变异系数均小于 50%，故研究区不同用地类型的土壤团聚体有机碳含量均属于中等变异。

5.6.3　土壤团聚体各粒级有机碳分布特征

由于在土壤侵蚀过程中，粒径较小的土壤颗粒首先被搬运，而土壤颗粒的粒径大小又与土壤中有机碳的含量有显著的关系，因此分析流域上游和下游不同土地利用类型下土壤团聚体各粒级有机碳含量的分布特征，如图 5.11 和图 5.12 所示。

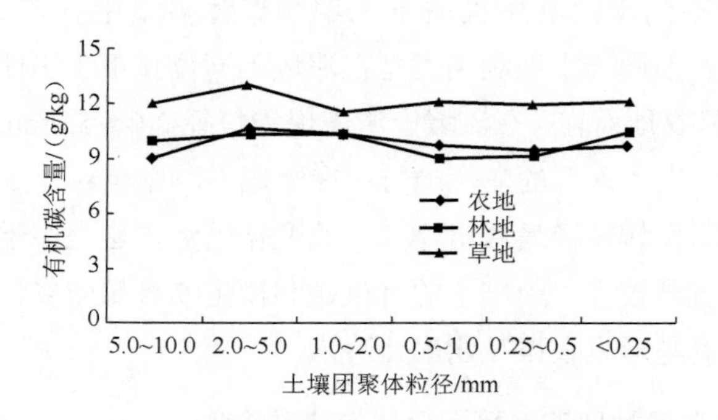

图 5.11　流域上游不同土地利用类型土壤团聚体各粒级有机碳分布

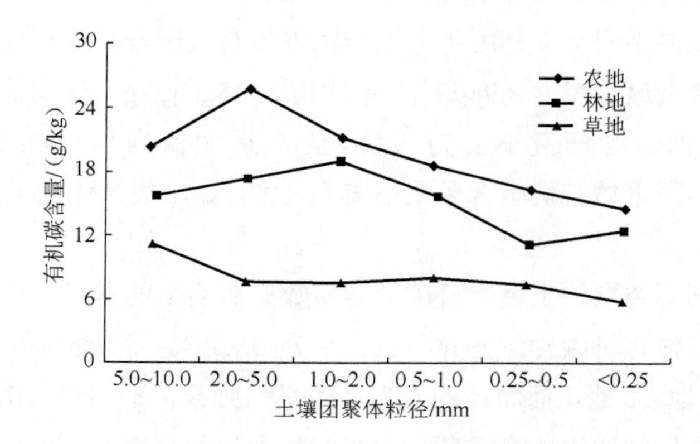

图 5.12　流域下游不同土地利用类型土壤团聚体各粒级有机碳分布

不同土壤团聚体因胶结物不同，其有机碳含量也明显不同（安韶山等，2007），对比图 5.11 和图 5.12 可以看出，同一用地类型在流域上游和下游其土壤团聚体各粒级间的有机碳含量差别较大，在流域上游表现为草地>林地>农地，在流域下游则表现为农地>林地>草地。经 ANONA 检验，农地与林地、林地与草地之间土壤团聚体不同粒级有机碳含量存在显著差异（$p < 0.05$）。说明，土地利用类型是影响土壤团聚体有机碳含量的重要因素，这与 Franzluebbers 等（1997）的研究结果一致，土壤中颗粒状有机质对利用类型的影响较为敏感，易随土地利用类型的改变而发生变化。

在流域上游草地土壤团聚体各粒径有机碳含量比农地提高了 1.13～1.35 倍，林地土壤团聚体各粒径有机碳含量比农地提高了 0.93～1.11 倍，草地土壤团聚体各粒径有机碳含量比林地提高 1.13～1.35 倍，因此农地转化为草地比转化为林地能更有效地固定有机碳。流域下游采样点的生境变化使得同一土地利用类型土壤团聚体中有机碳含量有所变化，具体表现为农地>林地>草地，由于在下游的农地采样点是农村居民居住用的菜地，该种用地长期施用有机肥，因此含量比其他两种用地的含量高出许多，其有机碳含量最大值在粒径 0.25～0.5mm 内取得并达到 25.55g/kg。而流域下游林地团聚体各粒径有机碳含量比草地提高了 1.39～2.55 倍，这与不同种类的植物根系中微生物和胶结体对土壤有机碳的结合机制有关。

综合来看，在流域上游，不同土地利用类型土壤团聚体的有机碳含量随粒径的变化趋势是基本相同的，大致体现为随粒径的增大，有机碳含量先增大后减小，且在粒径 0.25～0.5mm 内取得最大值，农地为 10.65g/kg，林地为 10.25g/kg，草地为 13.04g/kg。粒径 0.5～1.0mm 是有机碳含量变化的一个转折范围，小于该粒径的土壤团聚体有机碳含量偏大，而小于该粒径的有机碳含量偏小。相比流域下游，不同土地利用类型土壤团聚体的有机碳含量随粒径的变化规律性较差，有机碳含量达到最大值的粒径范围不同，农地在粒径 0.25～0.5mm 内达到最大值 25.55g/kg，林地在粒径 0.5～1.0mm 内达到最大值 19.04g/kg，草地则在粒径小于 0.25mm 内达到最大值 11.25g/kg。综合整个流域来看，团聚体有机碳与小粒径（<1.0mm）的土壤结合更加紧密。

5.6.4　土地利用类型对团聚体有机碳储量粒径分布的影响

不同土地利用类型下土壤团聚体有机碳储量粒级分布特征如图 5.13 所示。由图可知，无论在流域上游还是下游，不同土地利用类型的土壤团聚体有机碳储量均表现出在粒径 1.0～10.0mm 内变化起伏程度较大，在小于该粒径的范围内变化较为平缓。说明大粒径土壤团聚体不稳定，易分解为小团聚体，从而影响有机碳的储量，同时，这与土壤团聚体自身的物理性质和用地类型有关。相同土地利用类型的土壤团聚体有机碳储量在流域不同位置变化较大。由于流域的用地类型比较特殊，流域上游基本为农地，其他用地较少，且主要用于大面积农事活动；流域下游为居民住宅区和林地，草地面积较少。根据有机碳储量的公式，其值与用地面积密切相关，表现出上游农地含量较高，下游林地含量高。三种典型用地有机碳储量大致在粒径 2.0～5.0mm 内含量最高，由之前分析结果可知，不同土地利用类型下土壤团聚体含量也在粒径 2.0～5.0mm 内含量较大。因此，流域内不同土地利用类型下土壤团聚体有机碳储量的粒径分布呈现出近似正态分布的状态。

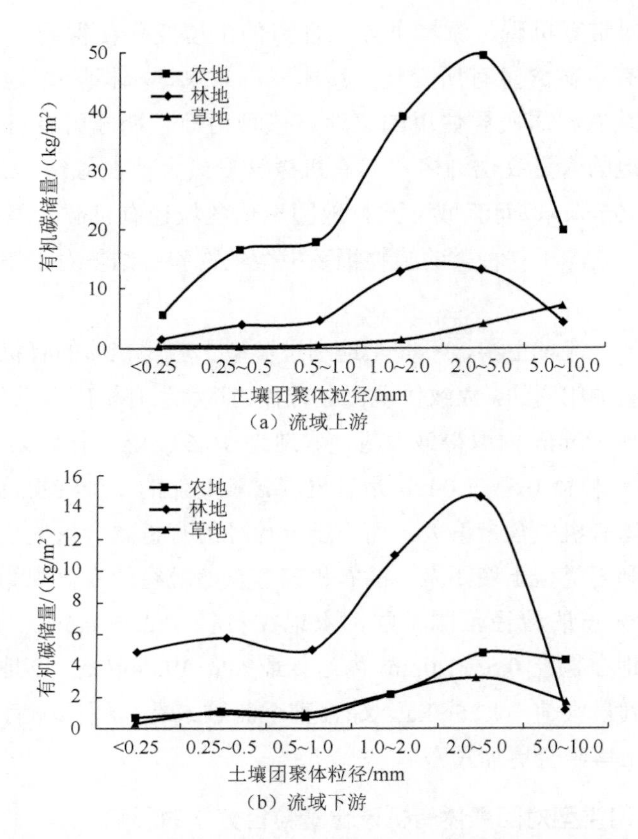

图 5.13 不同土地利用类型下土壤团聚体有机碳储量粒级分布特征

5.6.5 土壤团聚体有机碳储量均值的情景模拟

土地利用类型的变化会影响土壤的功能和性质，不同土地利用类型之间的相互转化可使土壤有机碳储量等发生显著的变化（章明奎等，2007）。鹦鹉沟流域不同土地利用类型下土壤团聚体有机碳储量均值转移矩阵如表 5.11 所示，可见在流域上游，农地转化为林地时有机碳储量减少了 0.31kg/m^2，而农地转化为草地时有机碳储量增加了 6.84kg/m^2；林地转化为农地时有机碳储量增加了 0.09kg/m^2，而林地转化为草地时有机碳储量增加了 1.94kg/m^2；草地转化为农地和林地时有机碳储量分别减少了 0.46kg/m^2、0.48kg/m^2。在流域下游，农地和草地的转化与上游相比表现出大致相反的变化趋势，其中农地转化为林地和草地时有机碳储量分别减少了 0.13kg/m^2、1.08kg/m^2，这是由于下游农地多为菜地，长期施用有机肥致使土壤有机碳含量高于林地和草地。草地转化为农地或林地时，有机碳储量增加至原储量的 2 倍左右；林地转化为农地时有机碳储量增加不大，转化为草地则减少了近一倍的储量。综合表明，不同土地利用类型下土壤团聚体有机碳储量差别较大，流域上游农地转化为草地能更有效地储存有机碳，流域下游则表现出相反的现象，这主要是因为下游草地的立地条件较差。

表 5.11　不同土地利用类型下土壤团聚体有机碳储量均值转移矩阵（单位：kg/m^2）

位置	土地利用类型	农地	林地	草地
上游	农地	24.59	24.28	31.43
	林地	6.67	6.58	8.52
	草地	1.67	1.65	2.13
下游	农地	2.27	2.14	1.19
	林地	7.42	7.02	3.91
	草地	3.05	2.89	1.61

参考文献

安韶山, 张玄, 张扬, 等, 2007. 黄土丘陵区植被恢复中不同粒级土壤团聚体有机碳分布特征[J]. 水土保持学报, 21(6): 109-113.

陈恩凤, 关连珠, 汪景宽, 等, 2001. 土壤特征微团聚体的组成比例与肥力评价[J]. 土壤学报, 38(1): 49-53.

丁敏, 庞奖励, 刘云霞, 等, 2010. 黄土高原不同土地利用方式下土壤颗粒体积分形特征[J]. 干旱区资源与环境, 24(11): 161-165.

洪瑜, 方晰, 田大伦, 2006. 湘中丘陵区不同土地利用方式土壤碳氮含量的特征[J]. 中南林学院学报, 26(6): 9-16.

黄冠华, 詹伟华, 2002. 土壤颗粒的分形特征及其应用[J]. 土壤学报, 39(4): 490-497.

李忠佩, 林心雄, 车玉萍, 2002. 中国东部主要农田土壤有机碳库的平衡与趋势分析[J]. 土壤学报, 39(3): 351-360.

刘永辉, 崔德杰, 2005. 长期定位施肥对潮土分形维数的影响[J]. 土壤通报, 36(3): 324-327.

鲁如坤, 1999. 土壤农业化学分析方法[M]. 北京: 中国农业科技出版社.

缪驰远, 汪亚峰, 魏欣, 等, 2007. 黑土表层土壤颗粒的分形特征[J]. 应用生态学报, 18(9): 1987-1993.

潘根兴, 李恋卿, 张旭辉, 2003. 中国土壤有机碳库量与农业土壤碳固定动态的若干问题[J]. 地球科学进展, 18(4): 609-618.

彭新华, 张斌, 赵其国, 2004. 土壤有机碳库与土壤结构稳定性关系的研究进展[J]. 土壤学报, 41(4): 618-623.

苏永中, 赵哈林, 2004. 科尔沁沙地农田沙漠化演变中土壤颗粒分形特征[J]. 生态学报, 24(1): 71-74.

王国梁, 周生路, 赵其国, 2005. 土壤颗粒的体积分形维数及其在土地利用中的应用[J]. 土壤学报, 42(4): 545-550.

杨培岭, 罗远培, 石元春, 1993. 用粒径的重量分布表征的土壤分形特征[J]. 科学通报, 38(20): 1896-1899.

杨长明, 欧阳竹, 杨林章, 等, 2006. 农业土地利用方式对华北平原土壤有机碳组分和团聚体稳定性的影响[J]. 生态学报, 26(12): 4148-4155.

张国斌, 田大伦, 方晰, 等, 2008. 退耕还林不同模式土壤有机碳分布特征[J]. 中南林业科技大学学报, 28(2): 8-12.

章明奎, 郑顺安, 王丽平, 2007. 利用方式对砂质土壤有机碳、氮和磷的形态及其在不同大小团聚体中分布的影响[J]. 中国农业科学, 40(8): 1703-1711.

赵世伟, 苏静, 吴金水, 2006. 子午岭植被恢复过程中土壤团聚体有机碳含量的变化[J]. 水土保持学报, 20(3): 114-117.

FRANZLUEBBERS A J, ARSHAD M A, 1997. Particulate organic carbon content and potential mineralization as affected by tillage and texture. Soil Science Society of America Journal, 61: 1382-1386.

PERFECT E, RASIAH V, KAY B D, 1992. Fractal dimensions of soil aggregate size distributions calculated by number and mass[J]. Soil Science Society of America Journal, 56(5): 1407-1409.

RIEU M, SPOSITO G, 1991. Fractal fragmentation, soil porosity and soil water properties Ⅱ: Applications[J]. Soil Science Society of America Journal, 55(5): 1239-1244.

TYLER S W, WHEATCRAFT S W, 1992. Fractal scaling of soil particle-size distributions: Analysis and limitations[J]. Soil Science Society of America Journal, 56(2): 362-369.

UNGER P W, 1997. Aggregate and organic carbon concentration interrelationships of a Torrertic Paleustoll [J]. Soil and Tillage Research, 42: 95-113.

第二篇　坡面水土保持措施对水土-养分流失过程的调控机理

第 6 章　坡面微地形量化及其与产流产沙的关系

微地形条件是影响土壤侵蚀的重要因素之一，也是反映地表起伏变化与侵蚀程度的指标，会伴随着侵蚀过程的发生而演变，并通过自身的位置变化与消长影响径流产生、径流流向、汇流和径流量，最终影响侵蚀类型的演变及侵蚀产沙量的大小。作为坡面侵蚀中的重要过程，坡面地形演变（面蚀、细沟侵蚀的发展变化）对坡面水力学要素具有反馈作用（王龙生等，2014）。目前，对于坡面微地形与土壤侵蚀关系的研究大多是选取地形因子对微地形量化。例如，邝高明等（2012）对黄土丘陵沟壑区不同微地形在陡坡坡面的分布进行研究，表明坡面的坡向和坡度是影响浅沟、切沟和塌陷面积在坡面分布的主要因素；赵龙山等（2012）研究了黄土区坡耕地无植被条件下雨滴对坡面微地形的溅蚀作用与变化特征，指出坡面微地形有降低溅蚀量的作用；郑子成等（2011）研究了 4 种人为管理措施下地表微地形在片蚀和细沟间的变化过程，认为不同耕地管理措施对片蚀和细沟间侵蚀的影响不同；Gascuel-Odoux 等（1990）以微地形为指标对径流产生进行了评价；Gómez 等（2005）研究了原始坡面粗糙度对产流产沙的影响。已有坡面微地形研究中，采用传统测量方法进行坡面微地形量化，无法获取精确的坡面微地形因子，在建立微地形与产流产沙关系上有所欠缺；采用新技术测量的研究中，侧重于描述侵蚀过程中地表形态发育。自然界中坡面土壤侵蚀在连续降雨条件下发生，次降雨后坡面微地形发生变化，继续影响下一次降雨过程中的土壤侵蚀过程。基于模拟降雨试验，研究降雨过程中坡面微地形变化具有重要意义。

由于地表微地形条件复杂，以及测量手段上和理论分析上的限制，在量化坡面微地形时存在诸多困难。随着技术条件的更新，三维激光扫描技术的发展和应用，对获取高精度的微地形提供了条件，已有学者对三维激光扫描技术在土壤侵蚀应用方面进行了探索性研究。本节通过室内模拟降雨试验，利用三维激光扫描仪探讨连续降雨条件坡面微地形变化特征及其对产流产沙的响应，为揭示微地形对土壤侵蚀的影响机理提供参考。

6.1 试验设计与数据分析

6.1.1 试验材料及预处理

供试土质为粉质砂壤土，含有机质 0.2g/kg。土样风干后过 10mm 筛，填入备好的土槽中（13m×1m×0.7m）。在土槽底部铺 0.15m 厚的天然沙，然后填 0.4m 的过筛黄土，每 0.1m 层夯实，天然沙与黄土之间用纱布隔开，槽底有均匀小孔，以此来保证入渗到土壤深处的水顺利排出。槽内的土壤含水量控制在 20%左右，土壤干容重控制在 1.3g/cm^3 左右。试验用土及底层所铺设的天然沙颗粒组成如表 6.1 所示。每场黄土填装完毕后，在其表面铺上纱布均匀洒水，使其充分渗透，24h 后开始降雨试验。所有试验均在同一土槽完成。

表 6.1 试验材料颗粒组成 （单位：%）

供试材料	＞1.0mm	0.25～1.0mm	0.05～0.25mm	0.01～0.05mm	0.005～0.01mm	0.001～0.005mm	＜0.001mm
黄土	0	1.05	35.45	43.40	3.20	6.40	10.50
天然沙	0	53.68	27.82	16.23	2.27	0	0

6.1.2 试验设计

在西安理工大学西北水资源与环境生态教育部重点实验室雨洪侵蚀大厅内进行室内模拟降雨试验。土槽的坡度设为 12°。降雨装置为下喷式降雨器，降雨高度 4m，雨滴中值直径为 1mm；暴雨标准分别设置 1.0mm/min、1.5mm/min、2.0mm/min 3 种雨强模拟普通、中等、特大暴雨。各雨强下对坡面连续降雨 4 次，每次降雨均匀度在 85%以上。次降雨时间间隔 24h，降雨至产流 45min 后结束，用已率定体积-深度关系的统一规格塑料桶每分钟收集 1 次径流泥沙样，测量桶内水位，并把桶内水沙搅拌均匀，用 250ml 锥形瓶收集满 1 瓶均匀水沙样，烘干法测泥沙干质量，换算实际产流产沙量。

用三维激光扫描仪（Trimble FX，美国天宝）获取坡面点云数据，此仪器在 20m 范围内的扫描精度是±2mm，将仪器放置于土槽水流出口上方平台上，设置仪器扫描范围为 0～180°，以此获取每场降雨的 5 个点云数据（初始坡面及每次降雨之后的坡面地形数据）。

6.1.3 数据处理及分析

利用 TrimbleRealwork 软件对所得的点云数据进行去噪、拼接等处理，并在同一坐标系下（以坡面出口右端为坐标原点，沿坡长为 Y 轴，沿坡宽为 X 轴，垂直坡面所在平面为 Z 轴）生成坡面点数据，通过 ArcGIS 软件生成栅格大小为 5mm×5mm 的坡面微地形数字高程模型（digital elevation model，DEM）；单个地形因子对地形的描述比较片面，因此本章选取 5 个常规的地形因子：微坡度 S（slope）、地表粗糙度 R（roughness）、地形起伏度 RA（relief amplitude）、地表切割度 SI（surface incision）、洼地蓄积量 DS（depression storage）来表征坡面微地形。

（1）S 指坡面栅格单元的倾斜程度：

$$S = \arctan\sqrt{f_x^2 + f_y^2} \tag{6-1}$$

式中，f_x 和 f_y 分别为 X 和 Y 方向的高程分辨率，在如图 6.1 所示的 3×3 窗口中通过式（6-2）求得：

$$\begin{aligned} f_x &= (z_7 - z_1 + z_8 - z_2 + z_9 - z_3) / 6g \\ f_y &= (z_3 - z_1 + z_6 - z_4 + z_9 - z_3) / 6g \end{aligned} \tag{6-2}$$

式中，g 为网格分辨率（本章为 5mm×5mm）；z_i（i=1,2,…，9）为中心点 5 周围各网格的高程。

7	8	9
4	5	6
1	2	3

图 6.1　3×3 窗口示意图

（2）R 是地表单元曲面面积与投影面积之比：

$$R = \frac{1}{\cos\left(S\frac{\pi}{180}\right)} \tag{6-3}$$

式中，S 为分析窗口的坡度，(°)。

（3）RA 反映地表单元高程最大值与最小值之差：

$$\text{RA}=H_{\max}-H_{\min} \tag{6-4}$$

式中，$H_{\max}$ 为分析窗口内高程最大值，mm；$H_{\min}$ 为分析窗口内高程最小值，mm。

（4）SI 为单元内高程平均值与最小值之差：

$$\text{SI}=H_{\text{mean}}-H_{\min} \tag{6-5}$$

式中，H_{mean} 为分析窗口内高程平均值，mm；H_{min} 为分析窗口内高程最小值，mm。

（5）DS 是指填满坡面洼地所需体积，采用 Jenson 和 Domingue 算法（Jenson 等，1988），先是用 Jenson 和 Domingue 算法对原始 DEM 进行洼地填充，然后用填充过的 DEM 减去原始 DEM，求均值，最后将该均值与坡面面积相乘，即得到洼地蓄积量，单位为 L。

对以上提取数据平均值进行数理统计分析，使用 SPSS18.0 对试验进行数据统计分析，用 Origin8.5 进行图表制作。

6.2 坡面微地形变化特征

在一定雨强大小范围内，微地形因子可反映坡面的侵蚀强度，降雨过程地形因子变化如表 6.2 所示。对不同雨强下的坡面地形因子进行单因素方差分析表明，R、S、DS、SI、RA 的 p 值分别为 0.015、0.021、0.005、0.018、0.02，均小于 0.05，表明不同雨强下的微地形因子差异显著。

降雨前，坡面初始微地形参数：地表粗糙度分别为 1.007、1.006、1.008，地形起伏度分别为 1.516mm、1.432mm、1.519mm，地表切割度分别为 0.761mm、0.691mm、0.719mm，洼地蓄积量分别为 1.547L、1.663L、1.374L，坡度分别为 5.74°、5.506°、5.857°。设坡面为理想光滑平面，由 6.1.3 节中各地形因子的定义，得出 5 个地形因子理论值依次为 1、0、0、0、0。由于地形因子计算时把坡面分成约 52 万个栅格，而坡面的初始处理造成的微小起伏全被体现出来，特别是坡度表现得较为明显，其他地形因子初始坡面实际值与理论值较接近，表明了所提取地形因子的合理性。

坡面微地形的变化是降雨及之后的产汇流携带泥沙共同作用造成的。不同雨强条件下坡面地形主要参数变化表明，随着降雨次数的逐渐增加，坡面微地形因子均表现出增加的趋势，说明微地形逐渐发育，坡面发生侵蚀。比较表 6.2 中第 4 次和第 5 次扫描的各地形因子计算值得出，在第 3、4 次降雨后坡面微地形参数均表现出趋于稳定，说明此时坡面微地形发育趋于稳定。这是由于径流形成时为坡面漫流，细沟形成后漫流集中形成侵蚀动力更强，径流下切和横向作用于细沟两侧使得沟道加宽变深，直到沟道变得足够径流的流通，侵蚀量变得微小，因此到第 3、4 次降雨坡面流失的土壤量减少，坡面地形改变减小，地形因子的值不再发生较大变化。

表 6.2　降雨过程地形因子变化

雨强/(mm/min)	扫描顺序	有效降雨量/mm	坡度/(°)	地表粗糙度	地形起伏度/mm	地表切割度/mm	洼地蓄积量/L
1.0	1	0	5.740	1.007	1.516	0.761	1.547
	2	52.000	8.026	1.026	2.162	1.036	2.642
	3	46.380	8.677	1.031	2.354	1.128	19.386
	4	46.400	9.053	1.033	2.502	1.200	19.186
	5	46.500	9.153	1.034	2.461	1.174	19.825
1.5	1	0	5.506	1.006	1.432	0.691	1.663
	2	72.255	8.317	1.045	2.336	1.128	28.403
	3	69.255	9.300	1.058	2.619	1.266	30.514
	4	69.120	10.908	1.084	3.165	1.544	32.899
	5	69.390	10.909	1.085	3.164	1.554	33.029
2.0	1	0	5.857	1.008	1.519	0.719	1.374
	2	92.680	14.306	1.106	4.159	1.971	87.425
	3	91.640	16.546	1.154	5.051	2.444	106.007
	4	91.700	17.196	1.176	5.491	2.661	111.114
	5	92.040	17.924	1.178	5.525	2.687	115.870

R 是反映地表起伏变化与侵蚀程度的指标，场降雨结束后，1.0mm/min、1.5mm/min、2.0mm/min 雨强对应的地表粗糙度值依次为 1.034mm、1.085mm、1.178mm，相对于初始坡面增幅分别为 3%、8%、17%；RA 可以表征坡面起伏程度，场降雨结束后，1.0mm/min、1.5mm/min、2.0mm/min 雨强对应的地形起伏度值依次为 2.461mm、3.164mm、5.525mm，相对于初始坡面的增幅分别为 62%、121%、264%；SI 可表征侵蚀沟道的下切程度，场降雨结束后，1.0mm/min、1.5mm/min、2.0mm/min 雨强对应的坡面地表切割度值依次为 1.174mm/min、1.554mm/min、2.687mm，相对于初始坡面的增幅分别为 54%、125%、274%；DS 反映坡面坑洼的体积，间接反映坡面土壤侵蚀体积，场降雨结束后，1.0mm/min、1.5mm/min、2.0mm/min 雨强对应的洼地蓄积量值依次为 19.825L、33.029L、115.870L，相对于初始坡面增加倍数分别为 11.82、18.86、83.33；*S* 从微观上反映坡面侵蚀单元的陡缓程度，场降雨结束后，1.0mm/min、1.5mm/min、2.0mm/min 雨强对应的坡度值依次为 9.153°、10.909°、17.924°，相对于初始坡面增幅分别为 59%、98%、206%。

1.0mm/min 雨强下微地形因子值变化较小，2.0mm/min 雨强下增加幅度较大，其中地表粗糙度的整体增幅最小，洼地蓄积量增幅最大，说明 5 个地形因子中地表粗糙度对侵蚀的响应最弱，洼地蓄积量对侵蚀的响应最强；1.0mm/min 雨强下的降雨和径流过程对地表的扰动程度小，随着降雨过程的持续进行，3 个雨强下的地形因子都趋于稳定，地形演变到稳定阶段。不同大小的雨强对坡面微地貌的改变体现在雨滴能量和径流量两个方面，雨强越大，雨滴对坡面打击能力越强，越容易对地表产生剥蚀；雨强越大，径流量能量越大，对坡面细沟的下切作用越强且搬运泥沙的能力越强。因此，大雨强下坡面微地形比小雨强下复杂，表现为地形因子值较大。

6.3　坡面产流产沙特征

初始产流时间如表 6.3 所示，1.0mm/min、1.5mm/min、2.0mm/min 雨强下第 1 次降雨产流时间分别为 7min、3.17min、1.34min。后续每次降雨的产流时间基本遵循着雨强越大，产流时间越短的规律，同一雨强下后续产流时间基本一致。初始产流时间内的降雨量先入渗，待表层土壤达到饱和，坡面开始产流；坡面入渗达到饱和所需雨量一定，因此雨强越大，产流时间越短；雨强的倍数关系与产流时间的倍数关系不对应，有可能是不同雨强下的产流方式不同引起的。同一雨强下后续几次降雨，由于土壤表面形成结皮，降雨入渗率较低，且坡面阻力系数减小，在第一场降雨形成沟网后，汇流速度加快，产流时间比第 1 次短。

表 6.3　初始产流时间

雨强/(mm/min)	第 1 次降雨/min	第 2 次降雨/min	第 3 次降雨/min	第 4 次降雨/min
1.0	7.00	1.38	1.40	1.50
1.5	3.17	1.17	1.08	1.26
2.0	1.34	0.82	0.85	1.02

收集次降雨过程中土壤径流和泥沙，得到每次降雨的产流率和产沙率，以及形成坡面地形的累积产流量和累积产沙量，降雨过程中产流、产沙变化如图 6.2 所示。由图可知，1.0mm/min 雨强下每次降雨的产流率基本保持一致，分别为 43.51L/(m^2·h)、44.21L/(m^2·h)、46.70L/(m^2·h)；1.5mm/min 雨强下第 1 次降雨的产流率略小于后三次，为 55.23L/(m^2·h)，后三次的产流率相差不大，分别为 60.31L/(m^2·h)、61.15L/(m^2·h)、61.39L/(m^2·h)；2.0mm/min 雨强下第 1 次降雨的产流率小于后三次，为 89.13L/(m^2·h)，后三次产流率波动不大，分别为 106.38L/(m^2·h)、105.62L/(m^2·h)、104.39L/(m^2·h)。同一雨强下连续降雨的产流率变化不明显，2.0mm/min 雨强下第 1 次降雨的产流率略小于后三次，其他两个雨强下各自每次降雨的产流率基本一致。随着雨强的增大，产沙率变化越来越明显，雨强越大，产沙率越大，且 2.0mm/min 雨强下的产沙率远大于其他两个；同一雨强下的连续降雨，随着降雨次数的增加，1.0mm/min 雨强下产沙率变化不明显，1.5mm/min 和 2.0mm/min 雨强下依次减小，且 2.0mm/min 雨强下的变幅大于 1.0mm/min 雨强。综上，随着连续降雨的进行，同一雨强下的产流率不变，但产沙率会随着降雨的持续而减小，而且雨强越大，产沙率减小幅度越明显。

各降雨强度下第 1 次降雨的产流率略小于后三次是由于第 1 次降雨过程的前期产流量较小，导致整场降雨的产流量小于后三次；各降雨强度下后三次降雨的产流量基本一致是由于第 1 次降雨后坡面入渗很快达到稳定且坡面地形形成利于径流稳定流通的通道。由于雨强越大，降雨对土壤表面的打击越强，形成径流量越大，对坡面侵蚀的动力也就越强，而且径流形成的沟道也就越宽越深；1.0mm/min 雨强时降雨形成的径流动力较弱，难以很快形成稳定的沟道，1.5mm/min 和 2.0mm/min 雨强时，径流侵蚀动力强，第 1 次降雨时形成利于径流流出坡面沟道，细沟变宽使后续降雨过程径流与两侧沟道接触逐渐减小，致使每次降雨过程产沙量减小。结合坡面微地形因子计算结果，得出侵蚀与地形是相互影响的，侵蚀使地形发生改变，而改变地形后的坡面侵蚀量也发生变化。扫描所得的地形数据结果是对应次降雨产流产沙的累积，由于同一雨强下次降雨坡面产流率近似，每次降雨之后累积产流量也呈近似的倍数关系增长，雨强越大，增长的倍数越大。同样累积产沙量受产沙率的影响，2.0mm/min 雨强下的累积产沙量远大于其他两个雨强，随着产沙率的减小，累积产沙量增加的幅度也逐渐减小。

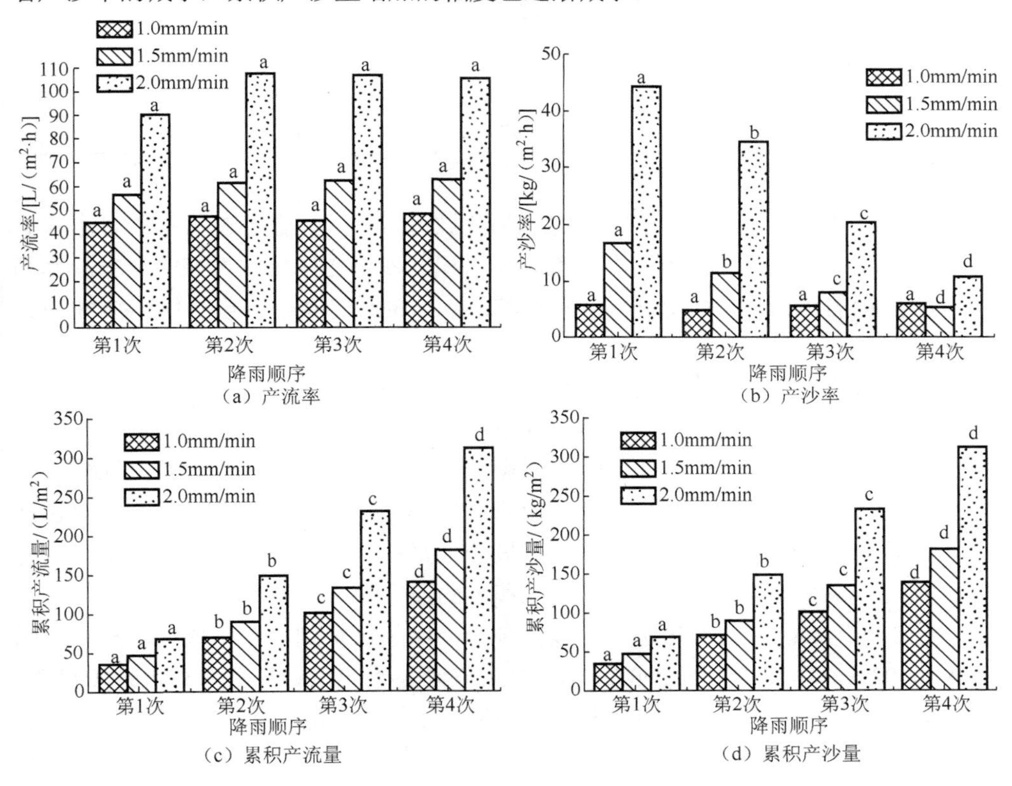

图 6.2　降雨过程中产流产沙变化

柱状图上不同小写字母表示处理间 0.05 水平差异显著

6.4　坡面微地形与产流产沙的关系

为说明地形因子与产流产沙的关系，对 5 个地形因子及产流率（RR）、输沙率（SR）、累积产流量（AR）、累积产沙量（ASR）做相关性分析，结果如表 6.4 所示。

表 6.4　地形因子、产流产沙参数间的相关系数

参数	地形因子					产流产沙参数		
	地表粗糙度	地表切割度	坡度	地形起伏度	洼地蓄积量	产流率	输沙率	累积产流量
SI	0.993**							
S	0.985**	0.997**						
RA	0.991**	1.000**	0.998**					
DS	0.934**	0.948**	0.958**	0.950**				
RR	0.972**	0.980**	0.979**	0.982**	0.919**			
SR	0.648**	0.676**	0.704**	0.688**	0.705**	0.761**		
AR	0.619*	0.616*	0.616*	0.609*	0.639*	0.488	0.032	
ASR	0.987**	0.982**	0.969**	0.979**	0.898**	0.959**	0.563*	0.648**

**表示在 0.01 水平上显著相关；*表示在 0.05 水平上显著相关。

从表中可得出，地形因子之间的相关性显著，相关系数都在 0.972 以上；累积产沙量与地形因子显著相关，产流率与累积产沙量之间相关性显著；输沙率和累积产流量与地形因子间的相关性相对较弱，累积产流量与输沙率无线性相关关系。

由于地形因子随雨强的增大而增大，而且地形因子与产流率、累积产沙量呈极显著的正相关，因此，不同雨强对地形因子的影响表现在产流率及累积产沙量上。所选取的地形因子在描述侵蚀坡面微地形特征方面有内在的联系，地形因子与产流率、累积产沙量显著相关，每次降雨的初始地形对产流产生影响，累积产沙量则影响坡面微地形的最终状态，即坡面地形的状态可反映产流率和降雨过程中的累积产沙量，进而可估算出坡面水和土的流失量。

对 5 个地形因子进一步进行主成分分析，结果仅得到 1 个主成分因子，贡献率达 99.02%，且 *R*、*S*、SI、RA、DS 对主成分因子的权重分别为 0.993、0.997、0.999、0.999、0.987。从中可以得出每个地形因子对主成分因子的权重都非常高，即主成分因子几乎全面包含了所有地形因子所要表达的坡面微地形信息，5 个地形因子相互独立，没有重叠，可从不同侧面等同表达地形信息。

因此，地形因子的变化及次降雨产流产沙量的差异说明了坡面微地形与产流产沙的相互作用。微地形对产流影响体现在微地形变化后产流时间的提前，且第1次降雨过程的产流量小于后三次，对产沙影响体现随着降雨次数的增加，产沙率逐渐减小，雨强越大这种影响越明显，由于雨强越大，径流的侵蚀动力越强，单次造成的侵蚀量越大，随着连续降雨次数增加，坡面的物质来源减少，产沙率减小；产流产沙对微地形演变影响体现在首次降雨对坡面微地形的塑造作用和后续产流产沙过程对地形因子值的改变。研究中定量测定了侵蚀过程中的微地形变化和产流产沙量，初步得出坡面微地形因子与产流产沙的关系，三维激光扫描仪在获取土壤下层微地形变化方面仍有不足，沟道两侧被掏空的部分无法精确量化，这是导致后续降雨过程中仍有侵蚀发生，但地形因子值改变十分微小的原因。前人对侵蚀过程中坡面微地形的研究，多注重于坡面局部特征，本章选取地形因子代表坡面微地形的整体特性，主要是侧重于探讨地形因子与坡面产流和产沙的关系上。而所选取的地形因子在表现坡面地形的空间异质性方面有所欠缺，使得在建立地形因子与侵蚀之间的关系时不足以表明某些极端条件，还需选取其他地形因子或者构建新的地形参数来全面表达地形信息，最终得出比较精确和适用性更广的微地形与产流产沙之间的关系式，这些还有待进一步研究。

参考文献

王龙生, 蔡强国, 蔡崇法, 等, 2014. 黄土坡面发育平稳的细沟流水动力学特性[J]. 地理科学进展, 33(8): 1117-1124.

邝高明, 朱清科, 赵磊磊, 等, 2012. 黄土丘陵沟壑区陡坡微地形分布研究[J]. 干旱区研究, 29(6): 1083-1088.

赵龙山, 梁心蓝, 张青峰, 等, 2012. 裸地雨滴溅蚀对坡面微地形的影响与变化特征[J]. 农业工程学报, 28(19): 71-77.

郑子成, 吴发启, 何淑勤, 等, 2011. 片蚀与细沟间侵蚀过程中地表微地形的变化[J]. 土壤学报, 48(5): 931-937.

GASCUEL-ODOUX C, BRUNEAU P, CURMI P, et al., 1990. Runoff generation: Assessment of relevant factors by means of soil microtopography and micromorphology analysis[J]. Soil Technology, 4(3): 209-219.

GÓMEZ J A, NEARING M A, 2005. Runoff and sediment losses from rough and smooth soil surfaces in a laboratory experiment[J]. Catena, 59(3): 253-266.

JENSON S K, DOMINGUE J O, 1988. Extracting topographic structure from digital elevation data for geographic information system analysis[J]. Photogrammetric Engineering and Remote Sensing, 54(11): 1593-1600.

第7章 模拟降雨条件下农地坡面径流氮、磷流失特征

土壤氮素不仅是土壤组成的重要部分，而且是生态系统中极其重要的生态因子，因而一直备受生态学、土壤学等多个学科的关注，目前又成为国际全球变化研究的核心内容之一（程先富等，2007）。磷是植物生长的基本元素和常见的限制性因子。在陆地生态系统中，土壤是氮素和磷素等各种养分的主要储积库。流域土壤及其养分的流失不仅影响农业生产，也是目前水环境污染的一个重要来源。磷是富营养化的主要限制因子，这是由于许多蓝绿藻能够利用大气中的氮气（Pota et al., 1996）。农业生产系统的磷素流失有助于加速自然水域富营养化（Sims et al., 1998; Toor et al., 2003）。地表径流中的氮、磷含量受地形、降水（强度和持续时间）、温度、土地利用及其他田间管理措施的影响（Yu et al., 2006）。陕南土石山区石厚土薄，石多土少，地面土质疏松，夹杂石砾。降雨量大且集中，水土流失突发性很强，具有很大的破坏性。水土流失携带化肥、农药直接排入河流，造成非点源污染。另外，土石山区壤中流发育活跃，其改变了降雨-径流过程，使地表侵蚀状况和坡面养分流失特征发生相应变化（彭圆圆等，2012）。研究表明，土地利用造成的养分流失已日益成为丹汉江水质污染的主要因素（Li et al., 2009）。据调查，流域部分支流水质指标超过国家地表水环境质量Ⅱ类标准，其中氮、磷明显超标，这与丹江流域农地养分流失有很大关系。

南水北调中线一期工程年调水量97亿m^3，最终将达到每年130亿m^3。丹汉江流域水质和生态环境一旦恶化，势必影响到南水北调中线工程的调水质量，以及库区周边地区居民的饮用水安全。小流域往往是一些河流的源头，径流和泥沙携带的养分元素往往造成河流、湖泊富营养化及水质退化等。因此，通过野外模拟降雨试验对丹江水源区小流域坡面氮、磷的流失特征进行研究，对丹江水源区水质保护和清洁小流域建设具有重要意义。

7.1 模拟降雨试验设计

2011 年 7 月在鹦鹉沟流域开展人工模拟降雨试验。模拟降雨采用下喷式降雨器，设计雨强为 2.0mm/min、1.5mm/min、1.0mm/min，降雨时间为 60min。模拟降雨小区长 10m，宽 2m，坡度 10°，土层厚度约 60cm。首先在玉米地径流小区上分别以上述 3 个雨强进行降雨试验，之后将小区处理为裸地，再以相同的 3 个

雨强进行降雨试验。另外，选择坡度为 10°的玉米和大豆套种小区，同样进行上述 3 个雨强的降雨试验，小区规格仍为 2m×10m，每场降雨时间间隔为 24h。模拟降雨前需对雨强进行率定，直至测定雨强与设计雨强之间的差值满足要求，然后撤去试验小区坡面上的塑料布后，正式开始模拟降雨试验。试验小区的模拟降雨强度如表 7.1 所示，降雨均匀度均大于 93%。

表 7.1　试验小区模拟降雨强度

小区	雨强/(mm/min)		
玉米（农地）	2.00	1.57	1.07
裸地	1.96	1.64	1.03
玉米＋大豆（套种）	1.90	1.51	1.12

试验中，记录小区地表径流和壤中流的起始和结束时间。用径流桶和比重瓶按设计时段收集小区出口的径流，用置换法测定时段径流含沙量，同时将径流泥沙风干带回实验室进行养分含量测定。小区四周修建水泥墙，总高度 60cm，出露地表 10cm，以准确界定壤中流范围。同时在小区出口处布设百叶窗，按照 20cm、40cm 和 60cm 分层，用长铁板插入各土层中，固定并确保壤中流的收集范围，然后在分层的百叶窗上安装略倾斜的 PVC 管，最后用塑料管引流收集壤中流，详见图 7.1，从而实现壤中流的分层取样。

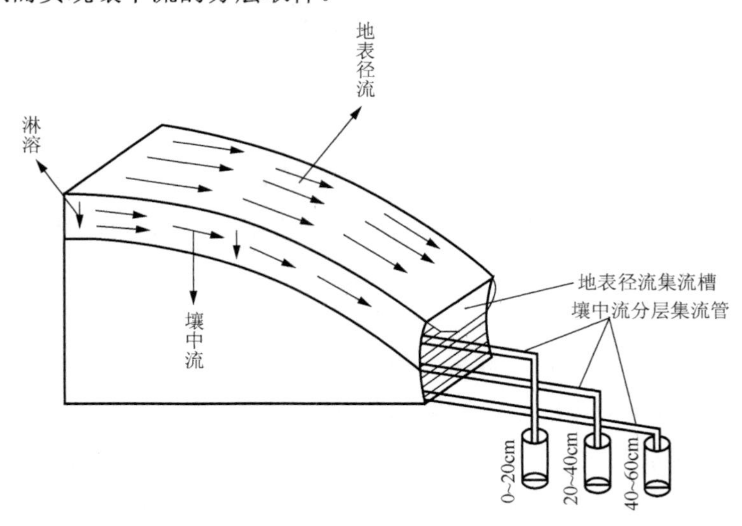

图 7.1　径流小区壤中流布设示意图

根据国家水质采样、样品保存和管理标准，将采集的样品运送回西安理工大学西北旱区生态水利国家重点实验室进行分析。氮、磷含量均采用间断化学分析仪测定。

7.2 农地坡面氮素流失特征

7.2.1 坡面地表径流产流特征

不同雨强条件下农地与裸地坡面地表径流的产流特征如图 7.2 所示。可以看出，不同雨强条件下地表径流总产流量不同。农地径流小区内，大、中、小雨强下的产流总量分别为 8820L、8240L、4400L；裸地径流小区内，大、中、小雨强下的产流总量分别为 650L、660L、350L，总体表现出大雨强＞中雨强＞小雨强，且中雨强和大雨强下的产流总量相差不大，小雨强的产流量仅约为其他雨强的 1/2。两种土地利用条件下的地表产流量差异显著，这主要是因为裸地条件下土壤疏松，空隙较大，降雨入渗能力较强，大部分径流变成壤中流。

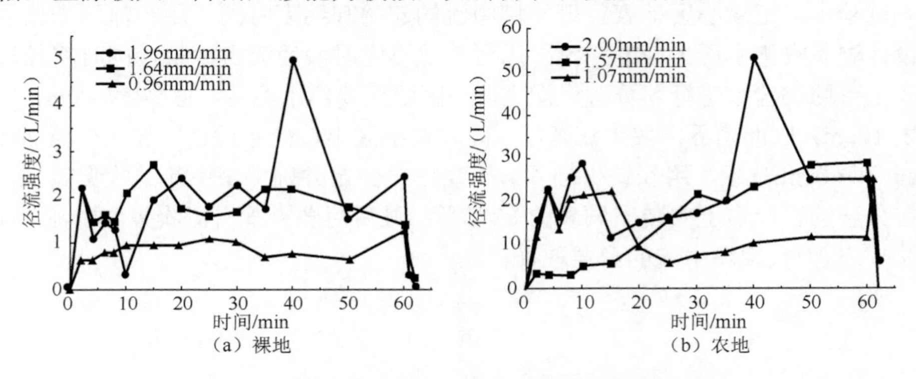

图 7.2 不同雨强下农地与裸地坡面表径流产流特征

不同雨强条件下的坡面产流过程具有相似的变化过程，随着降雨时间的持续，地表径流量都呈现先增加后减少的趋势；地表径流产流过程可以划分为波动增长阶段、快速增长阶段、稳定产流阶段和退水阶段 4 个阶段，比较 4 个阶段的持续时间特征可以发现，农地小区的波动增长阶段时间较长，稳定产流阶段时间较短；而裸地小区缓慢增长阶段时间较短，稳定产流阶段时间较长。说明在模拟降雨过程中，坡面植被覆盖对降雨径流有很显著的调节能力。雨滴从高空降落到坡面，对坡面径流产生扰动效应，同时破坏土壤表层结构，改变降雨期间的土壤入渗率，而有植被覆盖的农地小区可以有效地减小雨滴的破坏性，降低土壤的入渗率，达到调节产流过程的效果。

在降雨初期（0～20min），农田坡面地表径流在 10min 左右出现明显的峰值，而裸地只有在大、中雨强的条件下有此现象；在降雨中期（20～40min），农地和裸地坡面地表径流变化规律相似，均随着时间而增加；在降雨后期（40～65min），各种雨强下的径流过程变化一致，随着降雨的结束，地表产流也很快结束。

7.2.2 坡面壤中流产流特征

不同深度下农地和裸地坡面壤中流产流特征如图 7.3 所示。可以看出，在不同深度下的壤中流径流量不同，大体上随着雨强的减小而减少，农地径流小区和裸地坡面小区壤中流特征差异明显。首先，从壤中流的产流深度上看，农田小区只有 0～20cm 及 20～40cm 的深度有壤中流产生；而裸坡小区除小雨强之外，各层均有壤中流产生。壤中流所占径流的比例与雨强关系密切，相同雨强条件下，农地坡面壤中流平均产流量是裸地的 2/3，但在同一深度下，农地坡面壤中流产流量只是裸地的 1/30；不同雨强条件下，在 0～20cm 及 20～40cm 的深度下壤中流所占比例随着雨强的减小而减小，而在 40～60cm 的深度下壤中流有增大的趋势。从壤中流占各自产流总量的比例上看，裸地条件下壤中流所占比例为 58%，而农地条件下的比例仅为 9.5%，说明土地开垦增加了壤中流的产流量，大雨强条件下壤中流比例增加；因此，合理的土地管理措施可以改善产流过程，降低壤中流的比例。

综合以上分析，不同雨强条件下，农地小区和裸地小区坡面产流总量各有差异，裸地小区在不同雨强条件下的产流总量分别为 1727L、1174L 和 789L；农田小区则分别为 216L、241L 和 92L。总体看来，随着雨强的减小，产流总量有很明显的减少趋势，尤其是小雨强下的产流总量大约是大雨强下的 1/2。

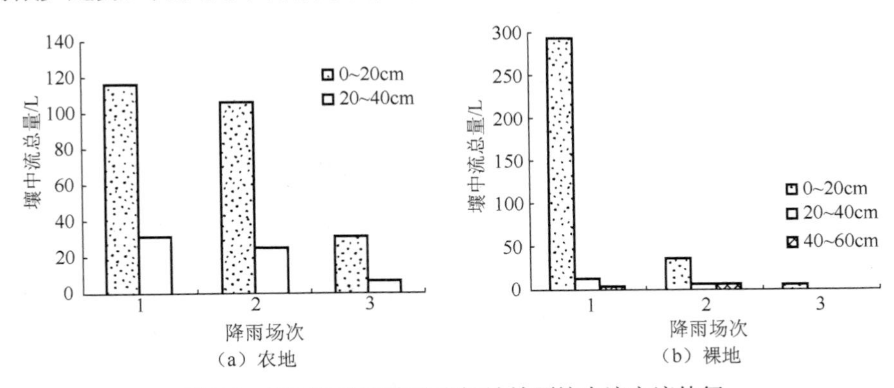

图 7.3 不同深度下农地和裸地坡面壤中流产流特征

7.2.3 坡面地表径流氮素流失过程

不同雨强下坡面地表径流氮素流失过程如图 7.4 所示。可以看出，不同土地利用类型下的氮素流失浓度变化不一致。试验结果表明，径流小区地表径流总氮浓度平均值超过 10mg/L，随着降雨历时增加，农地和裸地的总氮流失浓度大体呈现较平稳的状态，产流初期浓度上升，中期比较平稳，后期略有下降，但总体变化幅度不大。但在裸地小区中雨强条件下，产流中期出现突变，总氮流失浓度有很明显的降低。这是因为降雨初期侵蚀作用起主导作用，随着降雨的持续，稀释作用逐渐起主导作用。

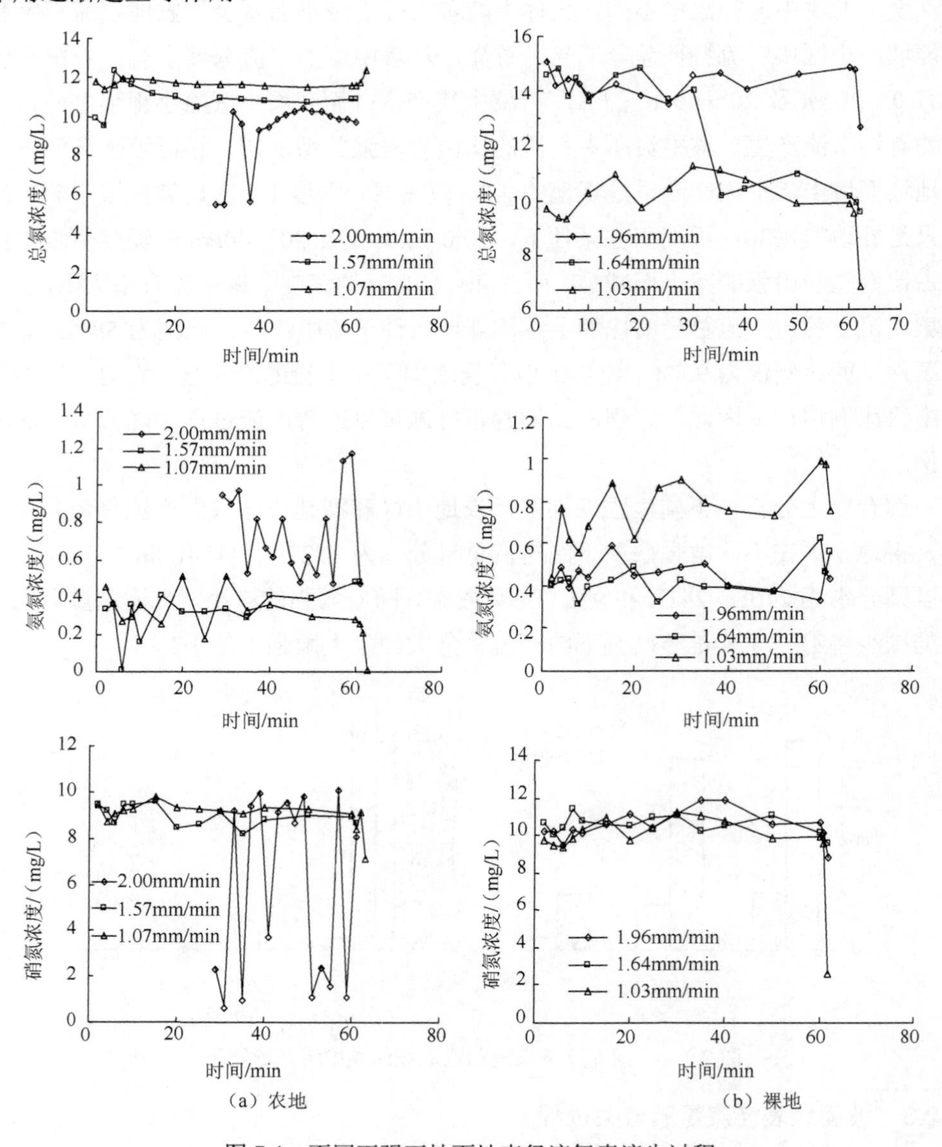

图 7.4　不同雨强下坡面地表径流氮素流失过程

在不同的雨强下，氨氮的流失过程比总氮更为复杂。在大雨强条件下，农地径流小区坡面氨氮流失量随着产流呈现出波动上升的趋势。裸坡径流小区坡面氨氮流失量随着降雨历时的增加变化较平稳。在中雨强条件下，氨氮输出浓度相对较低，变化幅度大。径流前期的输出浓度不高，随着降雨持续，浓度变化剧烈，后期有所提高。在小雨强条件下，氨氮的变化规律与大雨强条件下相似。

硝氮和总氮一样，整个降雨过程中浓度输出均较高，平均流失浓度在 10mg/L 左右变化，浓度输出变化过程和总氮变化表现出良好的相关性，是氮素流失的主要形态。

7.2.4　坡面壤中流氮素流失特征

不同雨强下坡面壤中流氮素流失特征如表 7.2 所示。可以看出，不同雨强条件下，农地和裸地壤中流中氮素的流失特征不尽相同。农地小区壤中流总氮流失浓度随着雨强的减小先升高，然后平稳减小。裸地小区壤中流总氮流失浓度随着雨强的减小呈现下降的趋势。表明开垦活动会增加氮的流失浓度。

农地和裸地小区壤中流硝氮流失浓度均随着雨强的减小而增大。氨氮在不同的土地利用类型下则呈现出完全相反的规律，不同雨强条件下，农地小区氨氮的流失浓度与雨强成正比，裸地小区则成反比。在大雨强条件下，农地小区壤中流氮素流失浓度均小于裸坡，其中农地总氮的流失量是裸地的 1/2。在其他两种雨强条件下，农地小区壤中流除总氮外流失浓度均小于裸坡。

通过上述分析可知，在有植被覆盖的径流小区上，氮素的流失浓度均要小于裸坡小区，主要由于良好的植被覆盖能有效地抑制养分流失。因为植被冠层对降雨具有截留作用，所以植被覆盖会在地表形成枯枝落叶层，保护表层土壤，免遭雨滴的打击，降低侵蚀发生的概率，同时也降低了土壤的入渗速率。同时，在处理无植被覆盖的裸坡时，土壤质地比之前更为疏松，因此，出现了农田氨氮的流失浓度最小，只是裸坡的 1/10。

表 7.2　不同雨强下坡面壤中流氮素流失特征

土地利用类型	雨强/(mm/min)	氨氮浓度/(mg/L)	硝氮浓度/(mg/L)	总氮浓度/(mg/L)
农地	2.00	0.46	9.09	6.40
	1.57	0.34	9.67	18.47
	1.07	0.18	9.75	15.79
裸地	1.96	0.52	11.08	13.41
	1.64	0.61	11.14	12.22
	1.03	1.05	11.42	8.85

7.2.5　坡面总氮素流失特征

不同雨强下氮素流失量所占总流失量的比例如表 7.3 所示。可以看出，不同土地利用类型下氮素流失量所占的比例不同，其中壤中流所占比例超过 50%。总体看来，农地小区壤中流流失所占比例要大于裸地小区。在农地小区，随着雨强的减小，壤中流中总氮所占比例先增加后缓慢减小；地表径流中总氮所占比例逐渐减小。在裸地小区，壤中流中总氮所占比例与雨强成反比，地表径流中刚好相反；氨氮的比例变化与雨强关系不明显，但都在中雨强条件下出现突变；硝氮的变化比较平稳，随着雨强的增大，有缓慢的上升趋势。

通过上述分析可知，壤中流中的氮素流失量占总流失量的比例较大，其中硝氮表现最为明显，壤中流中硝氮含量为 9.09～11.42mg/L，最大比例为 61.4%。在坡面径流养分流失的两种途径中，壤中流携带的养分流失浓度与地表径流相比，基本上相同甚至超出很多。对氮素而言，壤中流中总氮流失量占坡面总流失量的 50%左右。

表 7.3　不同雨强下氮素流失量所占总流失量的比例

土地利用类型	雨强/(mm/min)	壤中流所占比例/%			地表径流所占比例/%		
		氨氮	硝氮	总氮	氨氮	硝氮	总氮
农地	2.00	38.26	61.40	41.24	61.74	38.6	58.76
	1.57	50.69	51.88	62.89	49.31	48.12	37.11
	1.07	36.88	51.91	57.43	63.12	48.09	42.57
裸地	1.96	53.83	51.37	48.54	46.17	48.63	51.46
	1.64	58.88	51.45	50.7	41.12	48.55	49.3
	1.03	58.18	54.24	56.05	41.82	45.76	43.95

7.3　农地坡面磷素流失特征

7.3.1　不同雨强下的坡面产流特征

不同雨强下农地小区的径流过程如图 7.5 所示。可以看出，降雨初期径流量都较小，随着降雨时间的增加，径流量逐渐增大，玉米小区在不同雨强下的径流过程波动较大，而套种小区的径流过程波动比玉米小区小；不同雨强下的产流量总体表现为大雨强>中雨强>小雨强，套种小区的表现趋势比玉米小区更为明显。玉米小区在大、中、小雨强下的产流总量分别为 1450L、1130L 和 780L；套种小区在大、中、小雨强下的产流总量分别为 1540L、1090L 和 500L，说明大雨强下套种小区的径流量比玉米小区大，而中雨强和小雨强下玉米小区的径流量比套种小区大。

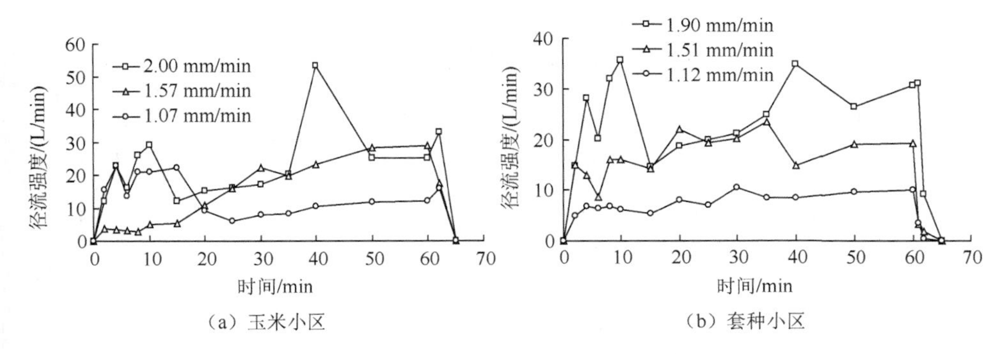

(a) 玉米小区　(b) 套种小区

图 7.5　不同雨强下的农地小区地表径流过程

综合以上分析，玉米和大豆套种可以平缓地表径流过程，降低径流峰值。玉米小区在大雨强时，径流强度的波动程度相对小雨强时有不同程度的增加，且在大雨强时，径流强度并未一直比小雨强时大；套种小区的径流过程总体相对平稳，先增大至极点，然后波动起伏，且大雨强时的径流强度基本均比小雨强时大。径流过程的波动程度在大雨强时较大，套种小区尤为明显，可见植被条件和降雨强度均是影响产流的主要因素，套种小区在中小雨强时能减小地表径流量，且调节降雨径流的能力高于玉米小区。

7.3.2　坡面地表径流磷素流失特征

不同雨强下坡面地表径流磷素流失过程如图 7.6 所示。可以看出，玉米小区径流总磷浓度在不同雨强下均呈较大的波动起伏，小雨强时的总磷浓度平均值为 0.06mg/L，均大于大雨强和中雨强时；套种小区的径流总磷浓度在不同雨强下也呈较大的波动起伏，但在小雨强下，总磷浓度在产流中后期比较平稳，浓度也有下降；裸地小区在大雨强和中雨强下，总磷浓度波动很小，除产流初期较大外，总体变化平缓，但在小雨强下，径流总磷浓度起伏较大，尤其在径流中期，总磷浓度最大值达到 0.49mg/L，远大于 0.17mg/L 的平均值，在径流过程中，其总磷浓度总体上也均大于大、中雨强下的总磷浓度。

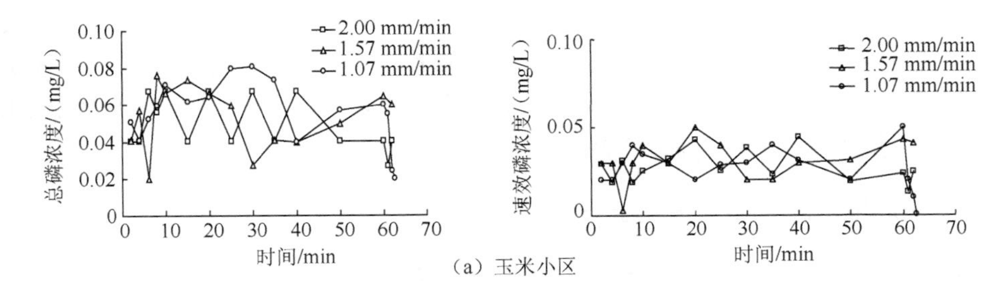

(a) 玉米小区

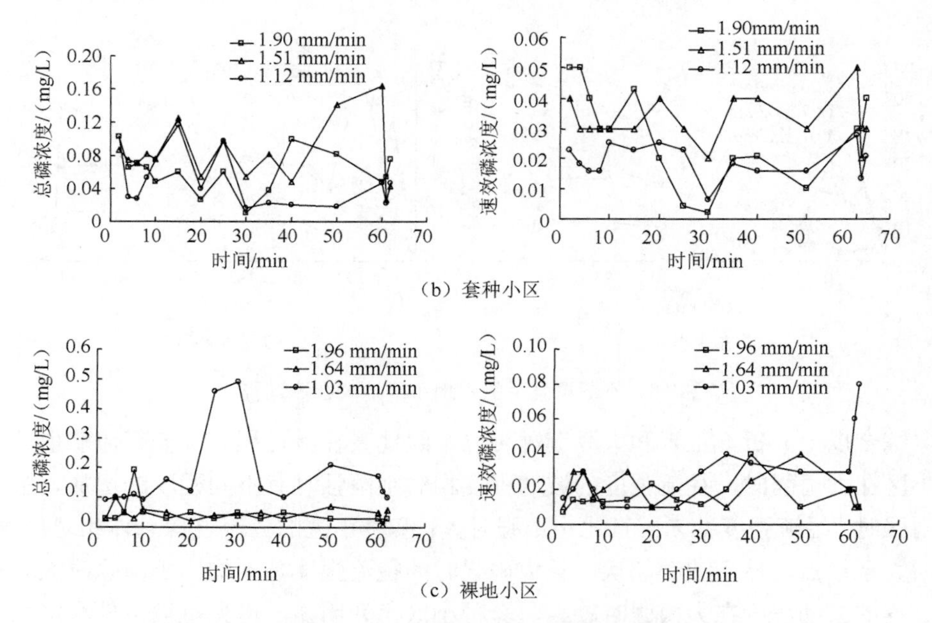

（b）套种小区

（c）裸地小区

图 7.6　不同雨强下坡面地表径流磷素流失过程

玉米小区的径流速效磷浓度在不同雨强下也呈现出不同程度的波动，与总磷浓度在径流过程中的波动相似，其在 3 个雨强下的速效磷浓度均值均为 0.03mg/L；套种小区的径流速效磷浓度在不同雨强下的起伏也较大，尤其在大雨强下，波动极为明显，最大和最小速效磷浓度分别为 0.05mg/L 和 0.002mg/L，中雨强下径流过程中的速效磷浓度几乎均大于小雨强下的速效磷浓度，大雨强下的径流速效磷浓度均值也大于小雨强下的速效磷浓度均值；裸地小区的径流速效磷浓度在不同雨强下的波动相对较小，小雨强下的径流速效磷浓度波动最大，其浓度均值为 0.03mg/L，均大于大雨强和中雨强下的速效磷浓度均值，大、中雨强下的径流速效磷浓度均值差异不大。

通过上述分析可知，套种小区对小雨强下的径流总磷和速效磷浓度有一定调节作用，能够降低小雨强下的径流总磷和速效磷浓度，但不能明显调节大、中雨强下的磷素浓度和波动趋势。裸地小区在小雨强下的径流总磷和速效磷浓度均较高，这主要是由于裸地在小雨强下产流量比大、中雨强时小，且没有农作物的遮挡，雨滴能够与表层土壤进行充分接触，致使其磷素浓度相对较大。另外，裸地的径流磷素浓度变化起伏比玉米小区和套种小区小，这是因为裸地的产流过程相对稳定，同时与地表土壤充分接触，使径流磷素浓度变化不大。

7.3.3　坡面壤中流磷素流失特征

不同雨强下坡面壤中流磷素流失特征如表 7.4 所示。可以看出，大、中雨强下，玉米小区壤中流总磷的平均浓度相同，均为 0.03mg/L，但在小雨强下，壤中流总磷浓度的均值远大于大、中雨强下的总磷浓度均值；裸地小区的壤中流总磷浓度在大、中雨强下差异不大，分别为 0.07mg/L 和 0.05mg/L，但在小雨强下，裸地小区表现出与玉米小区相同的特点，总磷浓度均值大于大、中雨强下的总磷浓度均值。玉米小区和裸地小区的壤中流速效磷浓度均值在不同雨强下表现出相似的特点，均为小雨强下的速效磷浓度均值大于大、中雨强下的速效磷浓度均值，而大、中雨强下的速效磷浓度均值差异不大，这一特点与壤中流总磷浓度均值的表现相同。

表 7.4　不同雨强下坡面壤中流磷素流失特征

土地利用类型	雨强/(mm/min)	总磷浓度/(mg/L)	速效磷浓度/(mg/L)
玉米小区	2.00	0.03	0.02
	1.57	0.03	0.01
	1.07	0.09	0.03
裸地小区	1.96	0.07	0.02
	1.64	0.05	0.03
	1.03	0.10	0.08

通过上述分析可知，小雨强下的壤中流磷素浓度均值比大、中雨强下的磷素浓度均值大，这可能是由于一方面土石山区土层较薄，属于蓄满产流，在大、中雨强下壤中流产流较快，与土壤磷素接触不充分；另一方面在大、中雨强下，壤中流产流量大，对磷素浓度有一定稀释作用。此外，玉米小区的磷素浓度均值均小于相应雨强下的裸地小区磷素浓度均值，说明农地小区相对裸地小区能降低壤中流磷素浓度，这一方面与研究区施用磷肥较少有关，另一方面是农作物生长过程中要对磷素进行吸收。根据《地表水环境质量标准》（GB 3838—2002），壤中流总磷浓度均值均未大于 0.1mg/L，属于Ⅱ类水质，这同样与农地施用磷肥较少有很大关系。

7.3.4　坡面总磷素流失特征

不同雨强下磷素流失量所占总流失量的比例如表 7.5 所示。可以看出，不同雨强下，地表径流中磷素的流失量远大于壤中流磷素的流失量。玉米小区的壤中流总磷流失量随雨强的减小而升高，而壤中流速效磷流失量在不同雨强下差异不大。裸地小区的壤中流总磷流失量随雨强的减小而减小，尤其在大雨强下，壤中流总磷流失量高达 29.3%，远大于中、小雨强下的壤中流总磷流失量；裸地小区的壤中流速效磷流失量的特点与总磷流失量的特点相似。此外，玉米小区和裸地小区的磷素流失总量均随雨强的减小而降低，在相同雨强下，玉米小区的磷素流失总量总体大于裸地小区。

表 7.5　不同雨强下磷素流失量所占总流失量的比例

土地利用类型	雨强 /(mm/min)	地表径流所占比例/%		壤中流所占比例/%		磷素流失总量/mg	
		总磷	速效磷	总磷	速效磷	总磷	速效磷
玉米小区	2.00	95.8	95.9	4.2	4.1	74.8	42.7
	1.57	94.6	95.5	5.4	4.5	62.2	39.8
	1.07	92.9	95.8	7.1	4.2	50.2	25.2
裸地小区	1.96	70.7	79.3	29.3	20.7	74.9	33.1
	1.64	95.7	94.1	4.3	5.9	55.0	26.4
	1.03	98.1	96.3	1.9	3.7	39.3	14.4

由上述分析可知，坡面磷素主要是以地表径流的方式流失，玉米地磷素随地表径流的流失量高达 90%以上。这是由于壤中流磷素浓度均值与地表径流磷素浓度均值差异不大，但壤中流的产流量远小于地表径流产流量，致使壤中流磷素的流失量相对较小。当壤中流产流较大时，壤中流磷素流失比例明显上升，这也从裸地小区在大雨强下的较高壤中流磷素流失比例得以证实，其壤中流产流量高达 310L。

总之，不同雨强下，坡面地表径流产流量表现为大雨强>中雨强>小雨强。玉米小区在大雨强下的产流量约是小雨强下的 2 倍，而套种小区在大雨强下的产流量约是小雨强下的 3 倍；套种小区相对玉米小区能平缓地表径流过程，且能够减小中、小雨强下的地表径流量。玉米小区和裸地小区在小雨强下的坡面径流磷素浓度均值相对高于大、中雨强下的径流磷素浓度均值。小雨强下的径流磷素浓度均值表现为裸地小区>玉米小区>套种小区，套种小区能降低小雨强下的径流磷素浓度。小雨强下的壤中流磷素浓度均值比大、中雨强下的大，而大、中雨强下的磷素浓度均值差异不大。玉米小区相对裸地小区能降低壤中流磷素流失浓度。不同雨强下，地表径流中磷素的流失量远大于壤中流磷素的流失量。玉米小区和裸地小区的磷素流失总量均随雨强的减小而降低，在相同雨强下，玉米小区的磷素流失总量总体大于裸地小区。

参 考 文 献

程先富, 史学正, 于东升, 等, 2007. 基于 GIS 的土壤全氮空间分布估算——以江西省兴国县为例[J]. 地理研究, 26(1): 110-116.

贺敬滢, 张桐艳, 李光录, 2012. 丹江流域土壤全氮空间变异特征及其影响因素[J]. 中国水土保持科学, 10(3): 81-86.

李婧, 李占斌, 李鹏, 等, 2010. 模拟降雨条件下植被格局对径流总磷流失特征的影响分析[J]. 水土保持学报, 24(4): 27-30.

彭圆圆, 李占斌, 李鹏, 2012. 模拟降雨条件下丹江鹦鹉沟小流域坡面径流氮素流失特征[J]. 水土保持学报, 26(2): 1-5.

徐国策, 李占斌, 李鹏, 等, 2012. 丹江中游典型小流域土壤总氮的空间分布[J]. 地理学报, 67(11): 1547-1555.

LI S Y, GU S, TAN X, et al., 2009. Water quality in the upper Han River basin, China: The impacts of land use/land cover in riparian buffer zone[J]. Journal of Hazardous Materials, 165: 317-324.

POTE D, DANIEL T, SHARPLEY A, et al., 1996. Relating extractable soil phosphorus to phosphorus losses in runoff[J]. Soil Science Society of America Journal, 60(3): 855-859.

SIMS J T, SIMARD R R, JOERN B C, 1998. Phosphorus loss in agricultural drainage—Historical perspective and current research[J]. Journal of Environmental Quality, 27(2): 277-293.

TOOR G S, CONDRON L M, DI H J, et al., 2003. Characterization of organic phosphorus in leachate from a grassland soil[J]. Soil Biology & Biochemistry, 35(10): 1317-1323.

YU S, HE Z L, STOFFELLA P J, et al., 2006. Surface runoff phosphorus(P) loss in relation to phosphatase activity and soil P fractions in Florida sandy soils under citrus production[J]. Soil Biology & Biochemistry, 38: 619-628.

第 8 章　不同植被覆盖与耕作措施的产流-产沙-养分输移过程

坡面是流域水土流失发生和发展的基本单元，坡面尺度不同土地利用格局变化的水土流失效应研究是探讨水土流失机理的重要基础（傅伯杰，2014）。因此，土壤侵蚀过程的研究往往从坡面开始（郑粉莉等，2003）。坡地的降雨径流和土壤侵蚀导致土壤表层的养分随径流和泥沙流失，进而造成土地退化、土地质量及生产力水平降低。另外，为了提高坡耕地的作物产量，农业生产活动中大量甚至过量使用化肥或农家肥料。当发生降雨事件尤其是侵蚀性降雨时，坡耕地的水土流失过程及伴随的养分流失极有可能导致严重的地表水和地下水污染。

丹江流域是南水北调中线工程最重要的水源区之一。为提高丹江地表水水质，在丹江流域内进行了一系列的植被恢复和水土保持治理等措施（Kateb et al.，2013），如“丹治”一期和“丹治”二期等工程。这些措施有效地控制了流域内林地和草地的土壤侵蚀与氮、磷流失，然而坡耕地仍然是该地区土壤侵蚀剧烈及河流水质未能进一步提高的重要原因。由于耕作制度、耕作习惯等多种因素的影响，坡耕地在一年的耕作中分别处于裸露-植被覆盖-裸露的状态。例如，种植不同作物则有不同的植被类型（玉米、花生、茶叶等），作物种植方式或作物不同的生长期则会形成复杂的植被格局，当作物收获以后，若暂不进行种植，坡耕地将会成为裸地。由于不同植被类型、不同植被层次结构、不同植被的形态结构均具有不同的土壤侵蚀控制作用（徐宪立等，2006），不同植被以及耕作措施的产流产沙过程和土壤养分流失过程存在显著差异，因此，坡耕地的径流、侵蚀和氮、磷流失过程也较为复杂。许多研究表明，在氮、磷随径流及泥沙迁移过程中，硝氮更容易随径流流失，而磷素的流失与土壤侵蚀泥沙的关系更为密切（王丽等，2015）。因此，综上分析可知，阐明坡耕地不同植被覆盖与耕作措施下的径流-侵蚀产沙-氮、磷输移规律是揭示植被对坡耕地土壤侵蚀过程与养分输出影响的重要前提。

基于以上分析，本章以丹江水源区鹦鹉沟流域的坡耕地为研究对象，通过开展坡面野外模拟降雨试验，分析不同植被覆盖与耕作措施下坡耕地的产流产沙过程及其伴随的氮、磷输出过程，探讨不同植被覆盖与耕作措施下坡耕地的产流产沙特征和氮、磷输移规律。具体内容为：首先，通过开展坡面模拟降雨试验，分析不同植被覆盖和耕作措施下的产流产沙过程及其差异性，阐明不同植被以及耕作措施下坡面径流和泥沙的相关关系；其次，根据模拟降雨过程中不同植被覆盖与耕作措施下坡面土壤含水量的变化过程，揭示降雨过程中植被与耕作措施对土壤水分入渗及坡面土壤水分空间分布的影响；再次，分析径流及泥沙中氮、磷浓度的变化过程，明确地表径流及泥沙中携带的氮、磷负荷量；最后，采用减水、减沙、减氮、减磷等多项指标，综合分析径流，泥沙，氮、磷负荷三者之间的相关关系，阐明不同植被覆盖和耕作措施的水沙调控作用对坡面氮、磷输移的阻控机制。

8.1　不同植被覆盖与耕作措施下的坡面产流产沙过程

8.1.1　不同植被覆盖与耕作措施下的坡面产流过程

不同植被类型和植被在坡面的不同位置对坡面保持水土的作用是不相同的。本章选取鹦鹉沟流域坡耕地常见的植被类型、植被格局和耕作措施进行人工模拟降雨试验。将试验分为不同植被覆盖方式和不同耕作措施两大类进行分析。其中不同植被覆盖方式包括花生单作（PL）、玉米单作（CL）、坡面上部为裸地+坡面下部为花生单作（BP）、玉米和花生套种（TCP）、玉米和大豆套种（TCS）共 5 种不同植被覆盖或格局；不同耕作措施包括裸地顺坡垄作（BS）和秸秆覆盖裸地（SC），并以裸地（BL）作为对照。模拟降雨试验设计与径流小区状况如表 8.1 所示。

表 8.1　模拟降雨试验设计与径流小区状况

农作方式	名称	雨强/(mm/min)	土壤全氮含量/(g/kg)	土壤全磷含量/(g/kg)	植被覆盖度/%	耕作情况描述
PL	花生	1.13	0.78	1.10	92	作物间距：0.3m×0.4m
CL	玉米	1.07	0.77	0.83	15	作物间距：1.0m×0.5m
BP	坡上裸地+坡下花生	1.14	0.87	1.04	80	坡上去除花生，为裸地，坡下保留花生
BL	裸地	1.20	0.72	1.11	0	作物收割后形成
TCP	玉米+花生套种	1.14	0.87	1.14	80	间距：玉米 0.1m×0.5m 花生 0.2m×0.1m，花生与玉米间种
TCS	玉米+大豆套种	1.12	0.65	0.94	55	间距：玉米 0.1m×0.5m 大豆 0.3m×0.3m 大豆与玉米间种
BS	裸地顺坡	1.20	0.77	1.22	0	花生收割后，花生地整理为裸地顺坡
SC	秸秆覆盖裸地	1.20	0.78	0.97	75	花生收割后，秸秆覆盖花生地

不同植被覆盖和耕作措施下坡面的产流产沙过程如图 8.1 所示。从图中可以看出，8 种处理方式下的产流量均存在以下规律：降雨开始后，时段地表径流产流量均较小，随着降雨历时增加，地表径流产流量逐渐增大，但不同的植被覆盖或耕作措施下径流的增加速率均有不同，CL、BL、SC 等的产流量增加速率明显大于 PL、TCP。在降雨中期，部分植被覆盖和耕作措施下的地表径流量表现出在某一固定值上下波动的现象，如 TCS 和 BP。当降雨停止后，坡面的地表径流迅速减少。综上分析可知，PL、CL、BP、TCP、TCS、BS 和 BL 的产流过程均呈现出产流量随时间增大-稳定-减小的变化规律；BS 的产流过程与其他 7 种处理方式明显不同，初始产流时刻滞后于降雨开始时刻 33min。这是因为 BS 为裸地顺坡垄作，垄作方式的初始阶段在很大程度上改变了地表的粗糙程度，导致坡面产流过程延迟，直至开始产流以后才呈现与其他植被覆盖或耕作措施类似的产流过程。

不同植被覆盖和耕作措施下坡面产流总量如图 8.2 所示，在相同降雨历时条件下不同植被覆盖和耕作措施下坡面地表径流产流量大小排序依次为 BL＞CL＞SC＞TCS＞BS＞BP＞PL＞TCP，产生的地表产流总量分别为 195.4L、182.1L、146.7L、98.7L、76.8L、54.9L、23.4L、11.9L。以产流量最大的 BL 为基准，CL、SC、TCS、BS、BP、PL、TCP 的产流量分别是 BL 的 93%、75%、51%、39%、28%、12%、6%。通过对比不同植被覆盖和耕作措施下坡面产流量可以得出以下结论。

（1）与 BL 相比，TCP、PL 的产流量分别减少为 BL 的 6%和 12%，由于 PL 和 TCP 的植被覆盖度均达到 80%以上，说明高植被覆盖度可以明显地阻滞地表径流形成，延长地表径流在坡面的滞留时间，增加土壤水分入渗，从而降低坡耕地的产流量。

（2）BP 减少的产流量仅次于 TCP、PL，其产流量为 BL 的 28%，而 PL 的产流量为 BL 的 12%。

（3）通过对比 TCP 和 TCS 的产流量发现，套种作物类型不同，其减少地表径流的效果并不相同，相同条件下 TCP 的产流量减少为 BL 的 6%，而 TCS 的产流量为 BL 的 51%。因此，在不同作物类型的套种模式中，TCP 比 TCS 更加有效。这是因为花生茎杆较多且根系较为分散，且 TCP 的种植密度大于 TCS。此外，除了考虑套种的作物种类，还应注意套种作物间的种植间距，采用高低作物结合且十字交叉的种植方式能更有效地干扰地表径流形成，从而减少地表产流量。

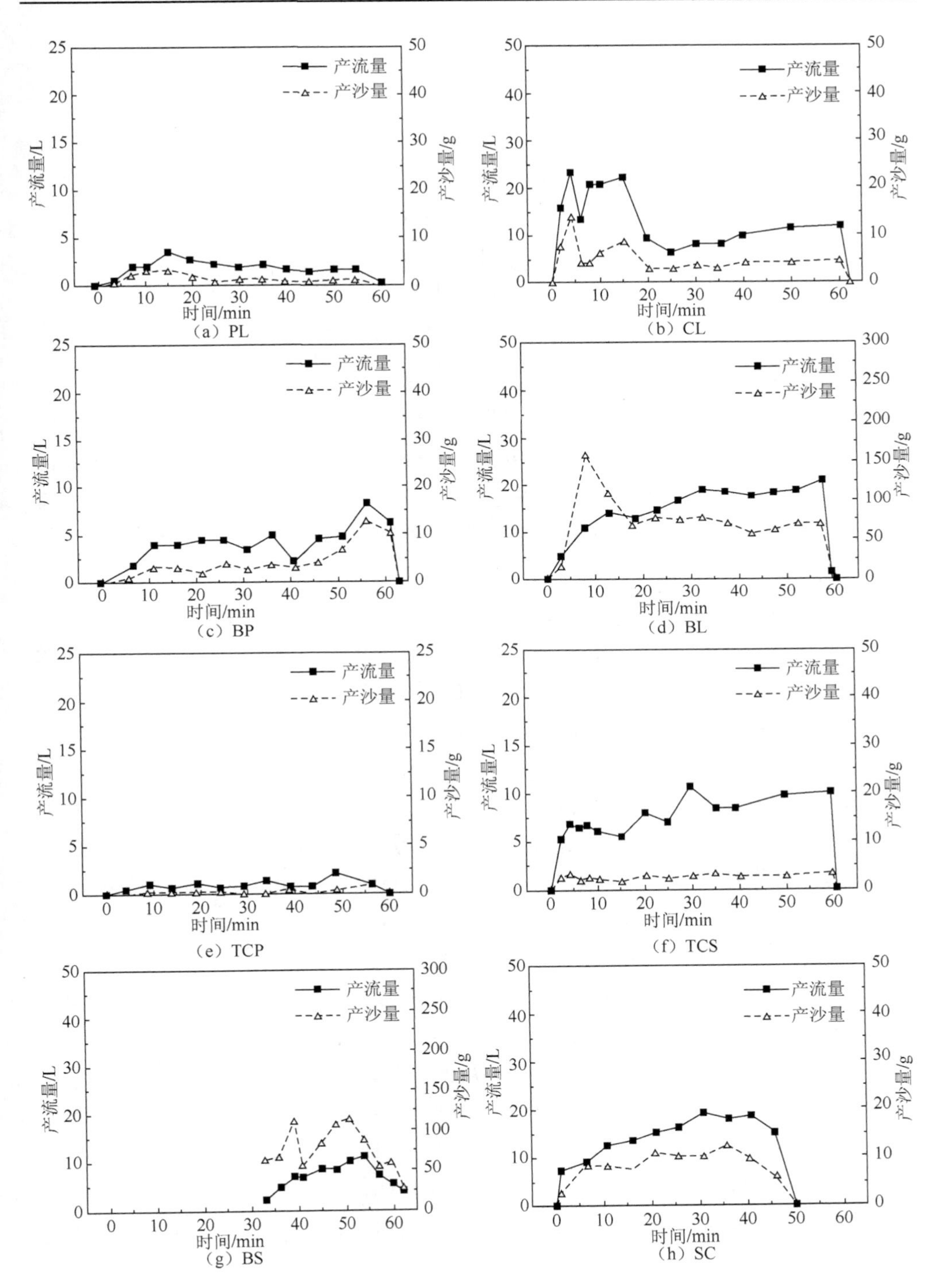

图 8.1　不同植被覆盖和耕作措施下坡面的产流产沙过程

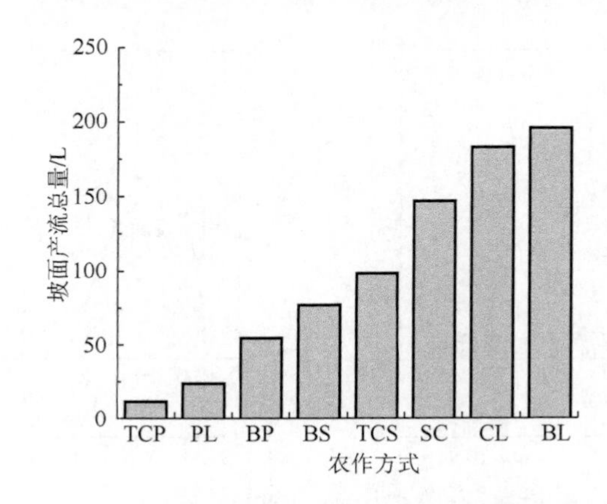

图 8.2　不同植被覆盖和耕作措施下坡面产流总量

（4）BS 的坡面地表径流产流量为 BL 的 39%，说明增加地表粗糙度能够延缓地表径流的形成，然而随着降雨的进行，顺坡垄作一旦产流后短时间内的产流量迅速增大至 2.36L/min，且由于是顺坡垄作，地表径流顺垄沟而下，极有可能增加土壤侵蚀产沙量。

（5）植被覆盖度为 15%的 CL 的产流量为 182.1L，是 BL 的 93%，这是因为一方面试验时 CL 正处于玉米生长的拔节期，玉米植株较小；另一方面玉米种植间距较大（1m×0.5m）且植被覆盖度仅为 15%，导致其产流量接近裸地。

在不同植被覆盖和耕作措施的模拟降雨坡面产流过程中，有两个问题需进一步说明，一是 SC 与 BL 的产流量接近。从图 8.1（h）中可以看出，SC 的累积产流量已达 146.7L。由于 SC 的降雨顺序排在 BL 降雨之后进行，试验过程中发现 BL 在降雨结束后地表形成土壤结皮，当 75%覆盖度的玉米秸秆覆盖到裸地再进行降雨时，可能是由于土壤结皮与高覆盖度的秸秆共同作用，形成了极易产流的下垫面条件，从而导致地表产流量较高。二是 BS 地表径流产流的滞后问题。BS 是因为鹦鹉沟流域所有的坡耕地均无灌溉设施，每年 10 月以后降雨逐渐减少，当地农民为了增加坡耕地种植作物幼苗的成活率，将裸露的坡耕地整理成为顺坡垄作方式，并把作物种植在两行地垄的中间，当降雨产流后，地表径流更容易沿着顺坡垄作间的沟道向坡下流动，从而增加垄沟底部的土壤含水量，提高作物的成活率。从图 8.1（g）可以看出，顺坡垄作的耕作方式由于在垄作初期增加了地表粗糙度，延缓了地表径流的形成，产流时间延迟 33min，结合裸地的土壤结皮现象可以推测，经过几场降雨之后，垄作的地表粗糙度逐渐降低，顺坡地垄所形成的沟道为泥沙的产生、输移提供天然通道，可能会极大地增加坡面的侵蚀产沙量。

综上分析可知，在雨强为 1.2mm/min、降雨历时为 60min 的条件下，不同植被覆盖条件下径流过程总体的波动比较相似，但平均径流强度明显不同。植被覆盖度越高，平均径流强度越小。当植被覆盖度达到 80%以上时，60min 的产流量集中在 10～25L，说明植被覆盖度越高，对地表径流的调节能力越强。耕作措施改变了地表的粗糙度，延缓了地表径流的形成，产流时间延迟，但诸如顺坡垄作和裸地的地表产流量最高，可达有植被覆盖坡面的 16 倍。

8.1.2　不同植被覆盖与耕作措施下的坡面产沙过程

从图 8.1 的产沙过程可以看出，由于径流是泥沙流失的主要载体，产沙过程具有和产流过程相似的变化规律。降雨初期地表径流量小，携带泥沙能力低，产沙量较小。随着降雨历时增加，地表土壤饱和，时段产流量逐渐增大，时段产沙量也随之增大。降雨中期，不同植被覆盖和耕作措施下的时段产沙量逐渐达到稳定并在各自的某一稳定值附近上下波动。降雨停止后，时段产沙量随坡面地表径流量的减少而迅速减少。

不同植被覆盖和耕作措施下坡面产沙总量如图 8.3 所示。结合图 8.1 可知，在模拟雨强为 1.2mm/min、降雨历时为 60min 的条件下，不同植被覆盖和耕作措施下坡面产沙量大小排序依次为 BL＞BS＞SC＞CL＞BP＞TCS＞PL＞TCP，产沙量分别为 946.3g、827.4g、87.9g、67.2g、58.6g、31.5g、18.7g、4.0g。以 BL 为基准，BS、SC、CL、BP、TCS、PL、TCP 的坡面产沙总量分别是 BL 的 87.4%、9.3%、7.1%、6.2%、3.3%、2.0%、0.4%。通过对比不同植被覆盖和耕作措施下坡面产沙量可以得出以下结论。

（1）TCS、PL、TCP 的产沙量分别为 BL 的 3.3%、2.0%、0.4%，说明高植被覆盖（如 PL 和 TCP）能够显著减少坡面产沙量，一方面是由于植物叶片可以保护地表不受雨滴打击，减少溅蚀，另一方面是近地表植物茎杆通过减缓径流流速，增加入渗、减少地表径流，导致径流侵蚀动力下降，从而降低坡耕地产沙量。尤其是套种模式的效果更加明显，如 TCP，首先高低分布的玉米和花生叶片两次降低雨滴动能，其次玉米和花生的根系在坡面交叉分布，有效增强了土壤结构的强度，减少了土壤侵蚀量。

（2）高植被覆盖度的花生位于坡下的格局（BP）拦截泥沙量仅次于套种（TCP、TCS）和高覆盖度的花生地（PL），产生的泥沙量仅为裸地的 6.2%。

（3）BS 的产沙量为 BL 的 87.4%，说明 BS 由于地表粗糙度增加延缓了地表产流形成，但当径流形成以后，其沙产量与 BL 较为接近。

（4）SC 拦截泥沙的效果明显，其产沙量约为 BL 的 10%。

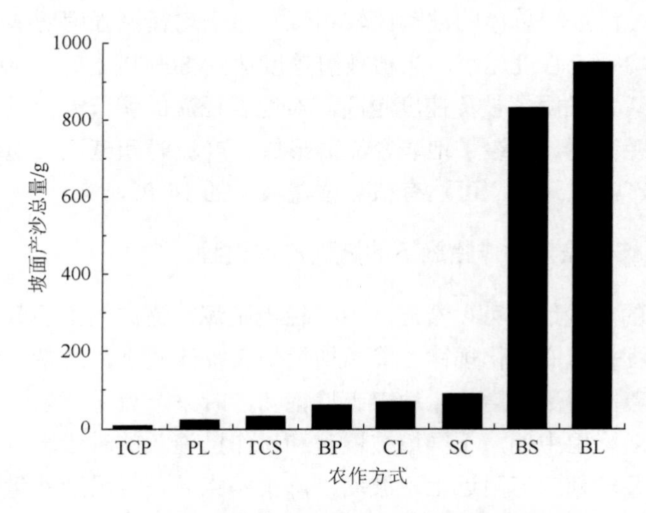

图 8.3　不同植被覆盖和耕作措施下坡面产沙总量

综合以上分析，植被减少径流和侵蚀泥沙的产生主要有三种方式：一是植物的叶片和茎杆降低了雨滴的动能，消弱了地表结皮的形成和溅蚀发生，入渗量增大，径流量减小，溅蚀量减小；二是植被的茎杆降低了地表径流流速，增加了地表径流停留的时间，入渗增加，径流侵蚀力减弱；三是植物根系增加了土壤结构的强度，提高了土壤抗蚀力，这与张冠华的研究成果较为一致（Zhang et al., 2010）。BS 下粗糙表面的许多凹陷和凸起在降雨过程中减缓径流速度，引起地表径流滞留量增大和泥沙沉积，从而导致粗糙表面的土壤侵蚀率低于同等条件下平滑表面的侵蚀率。表面粗糙度的增加可以降低径流侵蚀力和流速，进而降低地表径流分离土壤颗粒的能力（刘宝元，2010）。顺坡耕作地垄形成的陡坡会增加细沟侵蚀，含沙水流在顺坡沟道向下输移过程中冲刷沟道，产沙量陡增；秸秆覆盖是减少坡地水土流失的有效措施之一（王晓燕等，2000）。秸秆覆盖可以降低降雨动能，减少土壤表面的击溅侵蚀，起到减少土壤颗粒分离和扩散的作用，同时秸秆可截留雨水形成低洼蓄水区使泥沙沉积，从而削弱了地表径流对泥沙的搬运能力（唐涛等，2008）。但关于秸秆覆盖量及覆盖程度的水沙调节作用有待进一步的研究。

8.1.3　不同植被覆盖与耕作措施下产流产沙过程的差异性

为了进一步分析不同植被覆盖与耕作措施下坡面产流产沙规律，本节将重点分析其产流产沙过程的差异性。分别采用箱形图绘制不同植被覆盖与耕作条件下产流强度和产沙强度，如图 8.4 和图 8.5 所示。箱形图主要用于观察数据整体的分布情况，能够提供有关数据位置和分散情况的关键信息，利用均值（小方框）、中位数（箱体中的黑色短线）、25%分位数、75%分位数、上边界、下边界等统计量来描述数据的整体分布情况。通过计算这些统计量，生成一个箱体图，箱体包含了大部分的正常数据。箱形图在比较不同母体数据时更加能够表现数据组之间的差异性。对比图 8.4 和图 8.5 可以发现，8 种处理方式下，箱体长短（正常数据）、方框的位置（均值）、“须”的位置（异常值）差异较为明显，表明不同植被覆盖与耕作措施下坡面产流强度和产沙强度存在明显差异。由图 8.4 中可知，不同植被覆盖与耕作措施下坡面平均产流强度（小方框表示均值）表现为 TCP＜PL＜BP＜TCS＜BS＜SC＜BL＜CL，其中 TCP 的平均产流强度最小，为 0.2L/min，由于 CL 的产流强度在径流的前期与后期波动幅度较大，导致其时段平均产流强度大于 BL，为 4.78 L/min。从图 8.4 中 CL 的“须”也可以看出，CL 的坡面产流过程中时段产流量的波动幅度最大。同理，TCP 的“须”范围最小，说明径流过程中的产流强度波动范围最小。

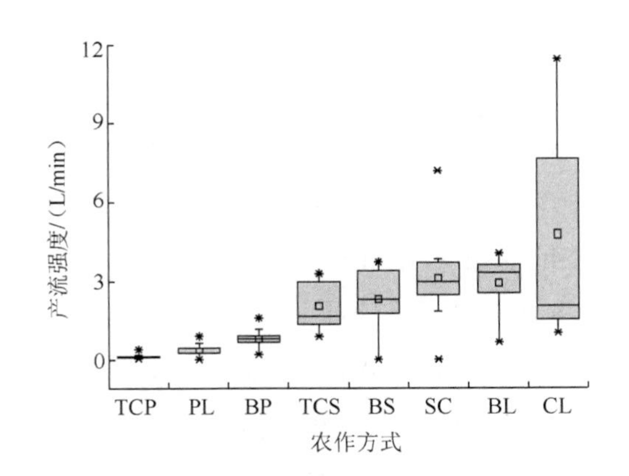

图 8.4　不同植被与耕作措施的坡面平均产流强度

从图 8.5 中可以看出，不同植被覆盖与耕作措施下坡面产沙过程与产流过程的箱形图的分布并不相同，平均产沙强度表现为 TCP＜PL＜BP＜SC＜TCS＜CL＜BL＜BS，其中 BS 的平均产沙强度最大，为 1.80g/min。由图 8.5 中不同农作方式的箱体长短可知，BS 的箱体长度最大，说明 BS 产沙过程中的时段平均产沙强度和波动幅度最大，同时表明 BS 的产沙强度最高且其产沙过程并不稳定。而 TCP 的平均产沙强度的波动范围最小，说明 TCP 模式调节侵蚀泥沙的作用最大。

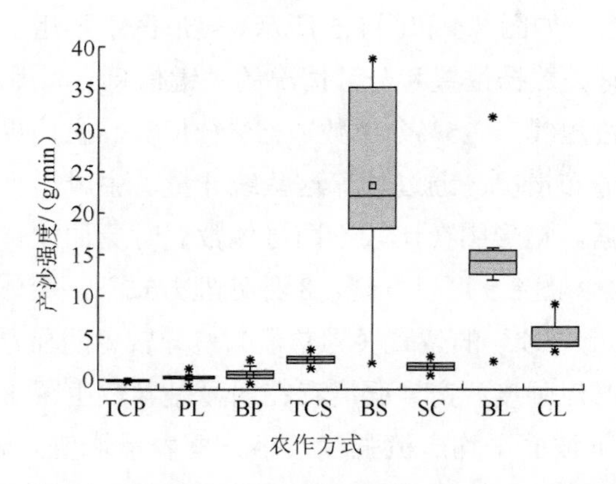

图 8.5　不同植被与耕作措施的坡面平均产沙强度

8.1.4　模拟降雨过程中的土壤水分变化过程及特征

1. 降雨过程中土壤水分变化特征

土壤水分是土石山区植被恢复的主要限制性因子，同时对养分迁移过程及土壤植被大气传输体中的物质迁移过程具有重要影响，反之，植被类型也影响着坡面的径流过程及土壤水分的空间分布（Jost et al., 2012）。植被与土壤水分之间存在互馈机制，已有研究表明，植被能够提高土壤的渗透性和土壤持水能力，如相同降雨条件下，黑麦在土壤水分入渗过程中比裸地的湿润锋大 10cm 左右，表明黑麦调节水分的能力比裸地更强（Huang et al., 2013）。

1）不同深度的土壤含水量变化特征

由于模拟降雨试验过程中采用 Watchdog2000 土壤水分在线监测仪能够实时记录降雨过程中距径流小区出口 1m、5m、7m 处土层 10cm、20cm、30cm 深度的土壤体积含水量（soil volumetric water content, VWC）变化过程，采用 AcrGIS10.1 软件将土壤含水量变化通过颜色变化的方式表达，这样可以更加直观地看出不同植被覆盖和耕作措施对径流的分配及坡面土壤水分的变化。

不同植被覆盖与耕作措施下土壤剖面水分分布过程如图 8.6 所示。由图中的每种处理 0min 时刻即降雨前的土壤水分变化过程可知，各处理土壤纵剖面的土壤水分分布并不均匀，土壤含水量总体表现为表层小于深层。这是由于降雨前土壤表层经过蒸散发作用而导致土壤水分损失。另外，各处理表层 0～10cm 的土壤含水量的均匀性更好。降雨开始后，表示土壤含水量变化的色块由浅色逐渐转变为深色，说明在降雨持续的 60min 时间内土壤含水量逐渐增加，而且表层

0～10cm 土壤含水量的增加量明显大于 10～20cm 土层。降雨结束即 60min 后，各农作方式的土壤含水量从深色向浅色转变，这一过程为土壤水的再分布过程，土壤水分极为缓慢地降低，大部分农作方式的土壤剖面的水分经过 8h 甚至更长的时间才能达到相对稳定的状态。以下将分别从不同土层深度和不同坡位（坡上、坡中、坡下）两个方面详细分析不同植被和耕作措施下土壤含水量的变化规律。

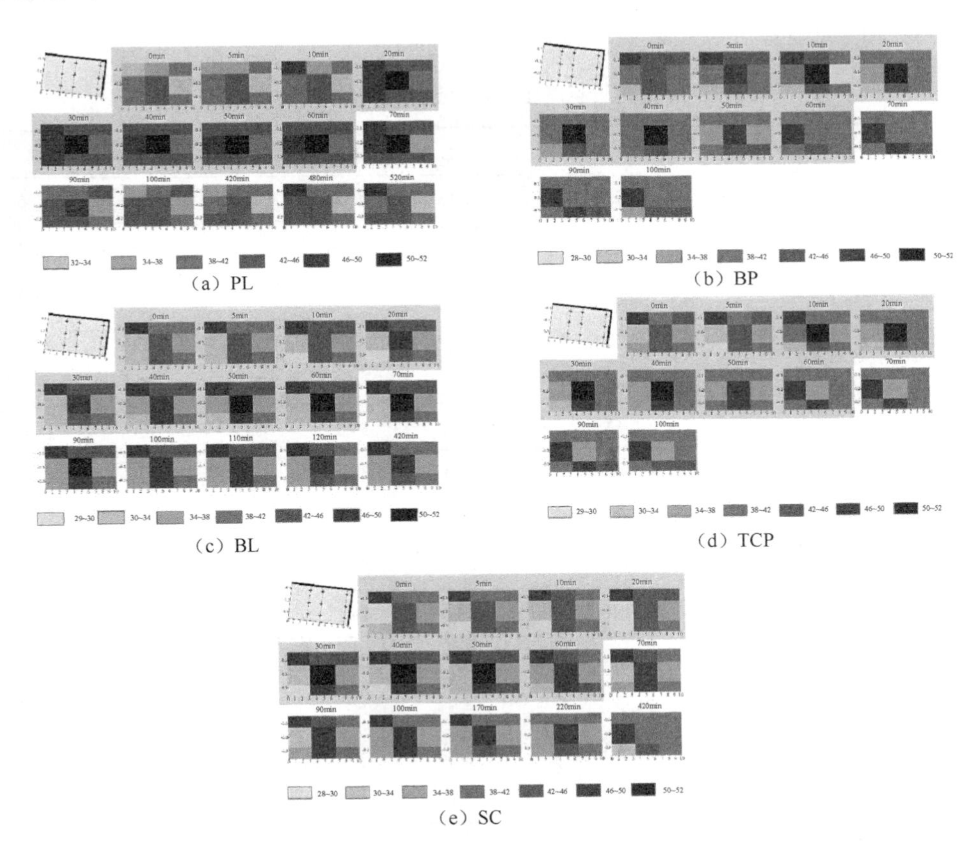

（a）PL　（b）BP　（c）BL　（d）TCP　（e）SC

图 8.6　不同植被覆盖与耕作措施下土壤剖面水分分布过程（单位：%）

为了进一步分析降雨过程中土壤水分的变化规律，对坡面土层 0～10cm、10～20cm、20～30cm 的土壤含水量计算平均值，然后把降雨后与降雨前土壤含水量的平均值作差，可以得到不同深度下土壤含水量的增量。降雨前后不同土层深度土壤含水量的变化特征如表 8.2 所示。

由表 8.2 可知，降雨前后土壤含水量增量表现为 PL＞TCP＞BP＞SC＞BL。

土壤含水量的增量分别为 6.3%、6.1%、4.3%、4.0%、3.1%，说明 PL 和 TCP 对土壤水分的调节能力相当，是 BL 的 2 倍左右。另外，BP 是 BL 的 1.4 倍，说明植被覆盖度越大，调节土壤水分的能力越强，当植被覆盖度降低为 50%时且位于坡下时，对土壤水分调节的能力依然很大。对比 SC、BP 和 BL 可知，秸秆覆盖与植被位于坡面下半部分时的调节土壤水分能力相当。从径流系数也可以看出，PL、BP、BL、TCP、SC 的地表径流系数分别为 0.017、0.040、0.136、0.090、0.102，其中裸地的地表径流系数最大，为 0.136。

表 8.2　降雨前后不同土层深度土壤含水量的变化特征

农作方式		PL	BP	BL	TCP	SC
降雨强度/(mm/min)		1.13	1.20	1.14	1.20	1.20
地表径流系数		0.017	0.040	0.136	0.090	0.102
降雨前土壤含水量/%	10cm	36.4	41.6	39.5	33.9	39.5
	20cm	41.4	36.9	37.6	28.1	36.9
	30cm	41.2	38.7	38.4	36.2	37.7
	平均值	39.7	39.1	38.5	32.7	38.0
降雨后土壤含水量/%	10cm	48.1	45.2	43.4	39.5	44.1
	20cm	45.9	43.0	41.3	34.9	41.1
	30cm	43.9	41.9	40.1	42.1	40.9
	平均值	46.0	43.4	41.6	38.8	42.0
Δw(雨后-雨前)/%	10cm	11.7	3.6	3.9	5.6	4.6
	20cm	4.5	6.1	3.7	6.8	4.2
	30cm	2.7	3.2	1.8	5.9	3.2
	平均值	6.3	4.3	3.1	6.1	4.0

2）不同坡位的土壤含水量变化特征

不同坡位条件下降雨前后土壤含水量变化特征如表 8.3 所示。从表中可以看出，PL、TCP 和 SC 的土壤含水量的增量表现为坡上＞坡中＞坡下，而 BL 和 BP 的土壤含水量增量表现为坡中＞坡上＞坡下。

表 8.3　不同坡位条件下降雨前后土壤含水量变化特征　（单位：%）

土壤含水量	坡位	PL	BP	BL	TCP	SC
降雨前	坡上	38.3	37.7	34.0	28.7	32.4
	坡中	41.9	42.5	43.2	27.8	43.4
	坡下	38.8	37.0	38.3	41.8	38.3
降雨后	坡上	46.6	42.0	36.8	35.4	36.7
	坡中	47.8	47.0	47.4	33.5	47.5
	坡下	43.4	41.1	40.6	47.5	41.9
Δw（雨后-雨前）	坡上	8.3	4.3	2.8	6.7	4.3
	坡中	5.9	4.5	4.2	5.7	4.2
	坡下	4.6	4.1	2.3	5.8	3.6

2. 降雨前后土壤储水量的变化特征

每层土壤含水量的增量可以用式（8-1）表达：

$$\Delta VWC = VWC_a - VWC_b \quad (8\text{-}1)$$

式中，ΔVWC 表示土壤储水量增量，cm^3/cm^3；VWC_b 和 VWC_a 表示降雨前后的土壤储水量，cm^3/cm^3；不同植被覆盖与耕作措施下 0～30cm 土层深度的土壤储水量变化特征如表 8.4 所示。

表 8.4　不同植被覆盖与耕作措施下 0～30cm 土层深度的土壤储水量变化特征

农作方式	雨强/(mm/min)	降雨量/mm	径流量/L	VWC_b/(cm^3/cm^3)	VWC_a/(cm^3/cm^3)	ΔVWC/(cm^3/cm^3)
PL	1.13	67.8	23.4	39.7	46.0	6.3
BP	1.07	68.4	54.0	39.1	43.4	4.3
BL	1.14	68.4	195.6	38.5	41.6	3.1
TCP	1.20	67.2	11.9	32.7	38.8	6.1
BS	1.14	72.0	76.8	29.3	42.0	12.7
SC	1.12	60.8	146.7	38.0	42.0	4.0

8.2 不同植被覆盖与耕作措施下坡面氮、磷流失特征

8.2.1 氮素流失过程

土壤养分的流失途径主要为径流携带和径流中泥沙携带。径流中总氮包括颗粒态氮和溶解态氮两部分，其中溶解态氮主要包括硝氮和铵氮（梁新强等，2005）。

径流中氮、磷素流失量可由式（8-2）计算（王辉等，2008）：

$$m(t) = c(t)r(t) \quad (8\text{-}2)$$

式中，$m(t)$为产流t时刻径流养分流失率，mg/min；$c(t)$为产流t时刻径流养分浓度，mg/L；$r(t)$为产流t时刻径流量，L/min；t为产流时刻，min。

氮、磷的流失强度采用式（8-3）计算（Li et al., 2015）：

$$\mathrm{RL}=\frac{\sum_{i=1}^{n} m(t)}{A\times 100} \tag{8-3}$$

式中，RL为氮、磷素的流失量，kg/hm^2；A为径流小区的面积，m^2。

1）总氮浓度变化特征

不同植被覆盖与耕作措施下地表径流中氮素浓度变化过程如图 8.7 所示。从图中可以看出，8 种处理方式下产流过程中的总氮浓度总体上表现为随径流过程逐渐上升的变化规律，但由于不同植被覆盖或耕作措施，总氮浓度的增幅并不相同。TCP 和 BL 的总氮浓度由产流初期的 10.11mg/L 和 10.41mg/L 上升至产流结束前的 14.69mg/L 和 14.38mg/L，增幅分别为 4.58mg/L 和 3.97mg/L，而 PL 和 SC 的总氮浓度由产流初期的 14.55mg/L 和 12.66mg/L 上升至产流结束前的 14.56mg/L 和 13.29mg/L，增幅分别为 0.01mg/L 和 0.63mg/L。说明不同植被总氮输出的起始浓度不同，且增幅大小各异，原因可能是地表径流量增大，经过径流的稀释作用，不同植被覆盖的总氮输出浓度高低不同；另外，BL 侵蚀泥沙使土壤中更多的溶解态氮素进入径流。通过分析径流过程中总氮输出的平均浓度可知，BP 地表径流中的总氮浓度均值最高（14.23mg/L），TCS 地表径流中的总氮浓度均值最低（3.99mg/L）。综上所述，BP 和 TCP 的作物种植方式导致径流滞留时间延长，土壤中的矿质氮素溶解进入径流，导致氮素浓度升高。

2）硝氮浓度变化特征

由图 8.7 可知，不同植被覆盖和耕作措施下地表径流中硝氮的浓度变化与总氮表现出类似的变化规律。植被覆盖及套种的作物能够阻滞水流运动，使地表径流与土壤溶质接触时间延长，导致其硝氮浓度高于其他农作方式，但这也与土壤自身的硝氮含量有关，如 TCS 的硝氮流失浓度较低是土壤背景值较低而导致。

3）氨氮浓度变化特征

与总氮和硝氮流失浓度的变化过程不同，不同植被覆盖和耕作措施下地表径流中氨氮浓度在降雨径流过程中表现为先增大后减小（图 8.7），但其浓度整体的变化趋势为降低，这是因为氨氮中的氨根离子带正电荷，易被土壤颗粒吸附，所以其迁移过程主要受土壤黏粒含量及其对氨氮吸附饱和程度等因素的影响。另外，地表径流中氨氮流失浓度远远小于总氮和硝氮的流失浓度。这是因为在土壤硝化细菌参与下，氨氮转化为更易流失的硝氮形式。

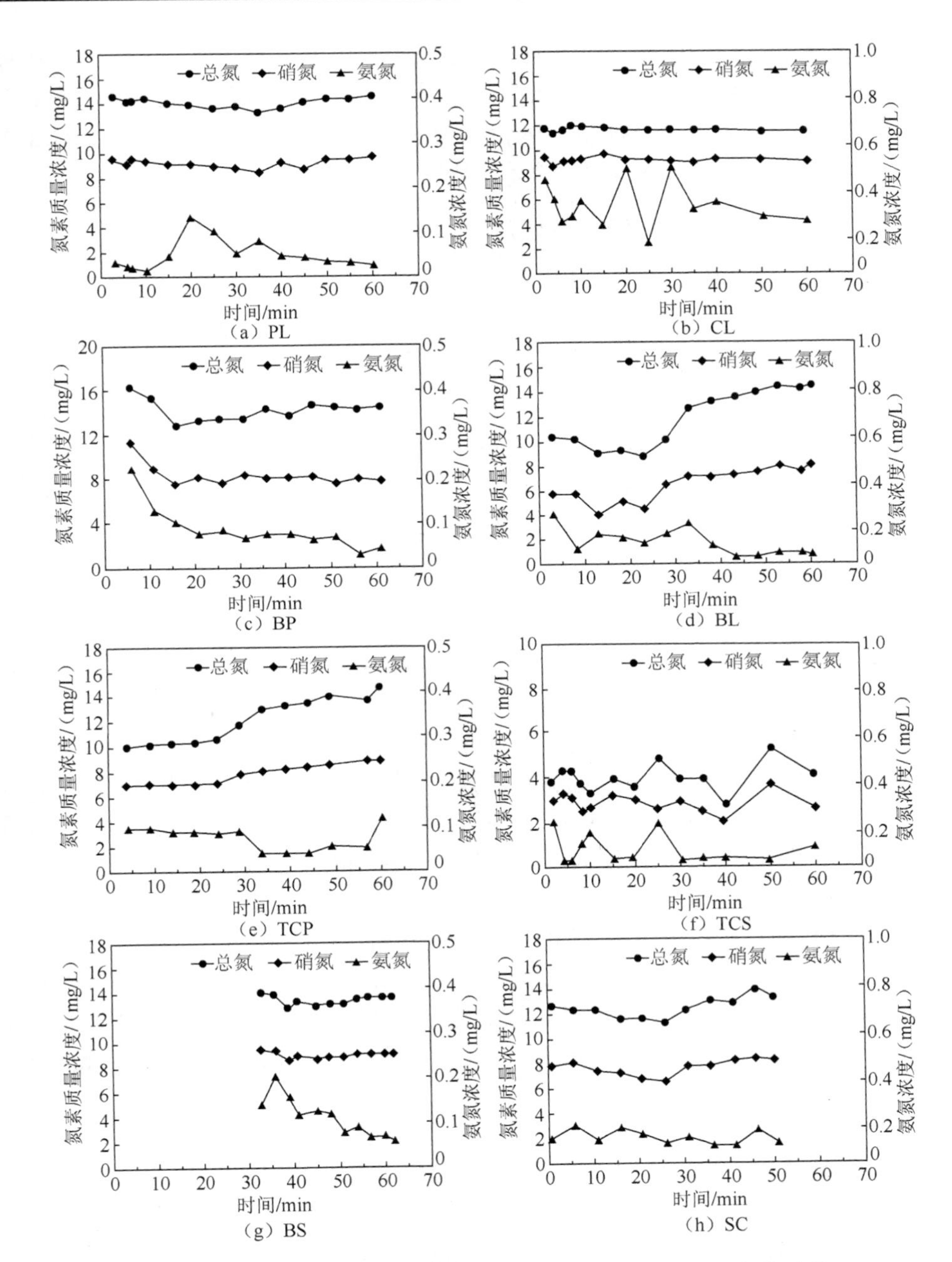

图 8.7　不同植被覆盖与耕作措施下地表径流中氮素浓度变化过程

不同植被覆盖与耕作措施下地表径流中的氮素流失特征如表 8.5 所示。在氮素流失形态方面，由图 8.7 和表 8.5 可知，硝氮流失的浓度明显高于氨氮，通过分析径流过程中硝氮和氨氮浓度的平均值可知，PL、TCP、BP、TCS、SC、BL、

BS、CL 的硝氮平均浓度分别是氨氮平均浓度的 27、41、46、49、71、99、103、186 倍。氮素流失量根据式（8-2）计算，结果见表 8.5，硝氮流失量占径流中总氮流失量比例的变化范围为 54.4%～78.9%，说明氮素流失过程中硝氮是地表径流氮素流失的主要形态，而以氨氮形式流失的氮素量较小。

表 8.5 不同植被覆盖与耕作措施下地表径流中的氮素流失特征

农作方式	硝氮		氨氮		总氮	
	流失量/mg	占总氮比例/%	流失量/mg	占总氮比例/%	流失量/mg	流失强度/(kg/hm^2)
PL	213.7	65.4	1.3	0.4	326.9	0.163
CL	1680.9	78.9	61.7	2.9	2129.2	1.065
BP	440.8	57.6	3.9	0.5	765.1	0.383
BL	1292.9	54.4	26.1	1.1	2375.0	1.188
TCP	93.8	64.3	0.8	0.5	145.9	0.073
TCS	284.1	71.8	3.7	0.9	395.9	0.198
BS	683.8	67.0	16.2	1.6	1023.6	0.512
SC	1115.5	61.3	22.9	1.3	1818.4	0.909

综合以上分析可知，不同植被覆盖与耕作措施下总氮、硝氮浓度在整个降雨过程中呈现出上升状态，氨氮浓度则在降雨过程中呈现先上升后下降且整体表现为下降趋势。在降雨产流初期总氮、硝氮和氨氮的起始浓度大致相同的情况下，由于不同植被和耕作措施的径流量大小不一，径流过程中总氮、硝氮和氨氮浓度的增加幅度均不相同。TCP 和 BL 氮素流失过程中增幅可达 4mg/L 左右，但由于不同植被覆盖和耕作措施的产流量差距较大，TCP 与 BL 氮素流失量分别为 145.9mg 和 2375.0mg，BL 的总氮流失量为 TCP 的 16.3 倍；径流结束前，TCP 和 TCS 的总氮、硝氮和氨氮的浓度仍处在波动变化过程中，而 PL、CL、BP、BL、BS、SC 地表径流中的总氮、硝氮和氨氮的浓度基本达到稳定状态，其中总氮的流失强度分别为 0.163kg/hm^2、1.065kg/hm^2、0.383kg/hm^2、1.188kg/hm^2、0.512kg/hm^2、0.909kg/hm^2。

8.2.2 磷素流失过程

不同植被覆盖与耕作措施下地表径流中磷素浓度变化过程如图 8.8 所示。从图中可以看出，8 种农作方式下产流过程中的总磷浓度总体上呈现出波动降低的趋势，局部存在磷素浓度峰值。BS、TCP、TCS 的总磷浓度由产流初期的 0.38mg/L、0.25mg/L、0.10mg/L 下降至产流结束前的 0.16mg/L、0.09mg/L 和 0.05mg/L，降幅分别为 0.16mg/L、0.16mg/L 和 0.05mg/L；而 PL 和 SC 的总磷浓度由产流初期的 0.19mg/L 和 0.12mg/L 上升至产流结束前的 0.18mg/L，增幅分别为 0.01mg/L 和 0.06mg/L。不同植被覆盖与耕作措施下总磷输出的起始浓度不同，且增幅也存在差异，原因可能是地表径流量增大，径流的稀释作用导致不同植被覆盖的总磷输出浓度高低不同（李婧等，2010），通过分析径流过程中总磷输出的平均浓度可知，PL 地表径流中的总磷浓度均值最高。

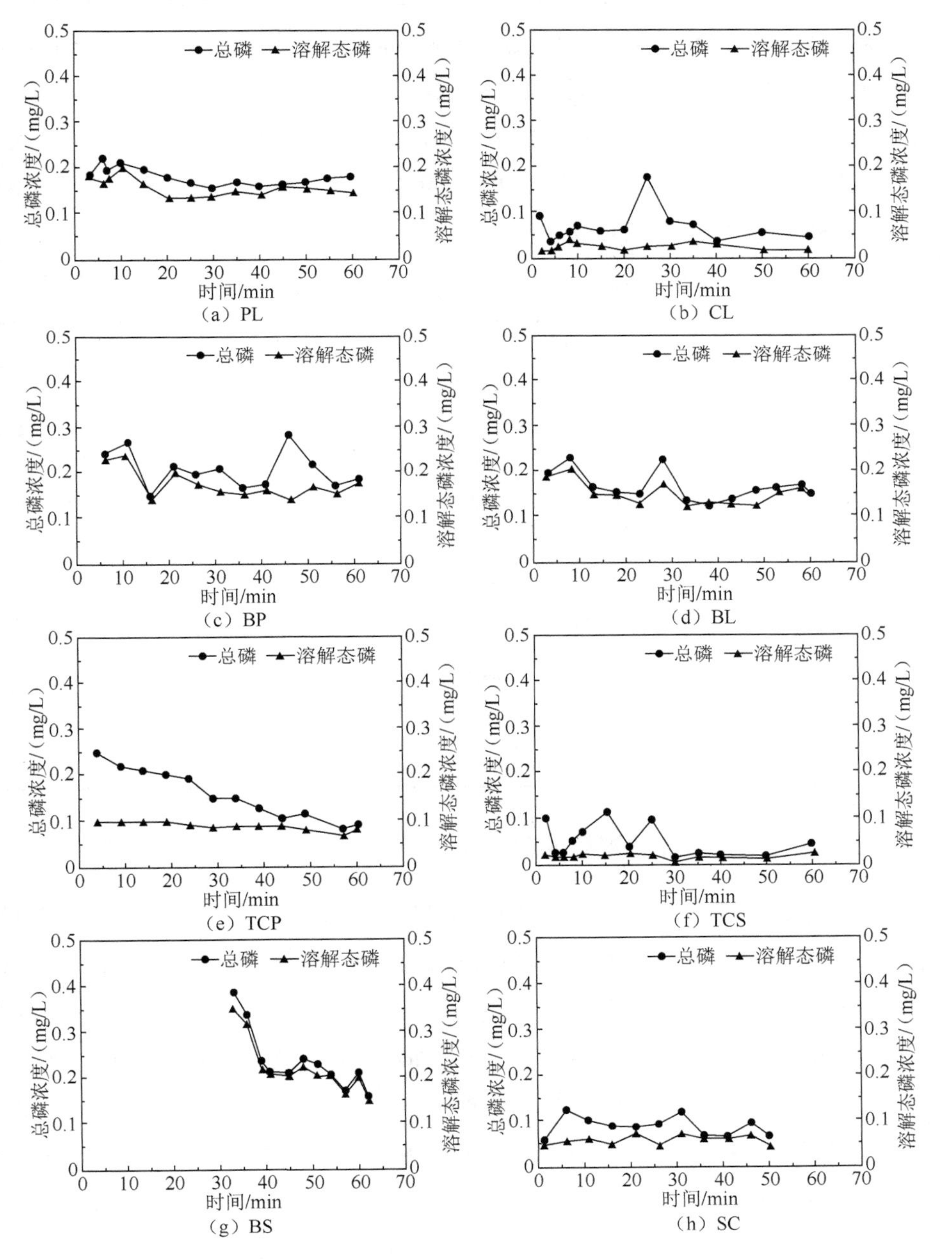

图 8.8　不同植被覆盖与耕作措施下地表径流中磷素浓度变化过程

不同植被覆盖与耕作措施下地表径流中的磷素流失特征如表 8.6 所示，结合图 8.8 可知，溶解态磷的流失量占地表径流中总磷流失量的比例变化范围为 42.2%～98.3%，说明除 TCS 外，溶解态磷是地表径流过程中磷素流失的主要形式。综上所述，套种模式或者高植被覆盖度调节磷素流失的作用更强，秸秆覆盖与植被位于坡面下部的 BP 格局磷素流失量接近，BS 和 BL 磷素流失量应该通过其流失强度进行比较。BL 的总磷流失强度最大，为 0.016kg/hm^2，BS 的总磷流失强度为 0.009kg/hm^2，TCP 最小，为 0.001kg/hm^2，磷素流失强度排序为 BL＞BS＞SC＞CL＞BP＞PL＞TCP＞TCS。

表 8.6　不同植被覆盖与耕作措施下地表径流中的磷素流失特征

农作方式	溶解态磷		总磷	
	流失量/mg	占总磷比例/%	流失量/mg	流失强度/(kg/hm^2)
PL	3.7	88.1	4.2	0.002
CL	5.1	42.9	11.9	0.006
BP	9.2	90.2	10.2	0.005
BL	29.6	94.6	31.3	0.016
TCP	1.1	57.9	1.9	0.001
TCS	1.9	42.2	4.5	0.002
BS	16.9	98.3	17.2	0.009
SC	8.7	67.4	12.9	0.006

8.2.3　坡面径流氮、磷流失过程的差异性分析

为了说明氮、磷在径流过程中的变化规律，采用箱形图进行说明，不同植被覆盖与耕作措施下地表径流中的总氮和总磷浓度如图 8.9 和图 8.10 所示。可以看出，不同植被覆盖与耕作措施下地表径流中总氮的平均浓度（小方框）表现为 BP＞PL＞BS＞SC＞TCP＞BL＞CL＞TCS；而不同植被覆盖与耕作措施下地表径流中总磷的平均浓度（小方框）与总氮箱形图的分布并不相同，表现为 TCP＞BS＞BP＞PL＞BL＞SC＞CL＞TCS，其中 TCS 的总磷平均浓度变异最大，PL 的总磷平均浓度变异最小。

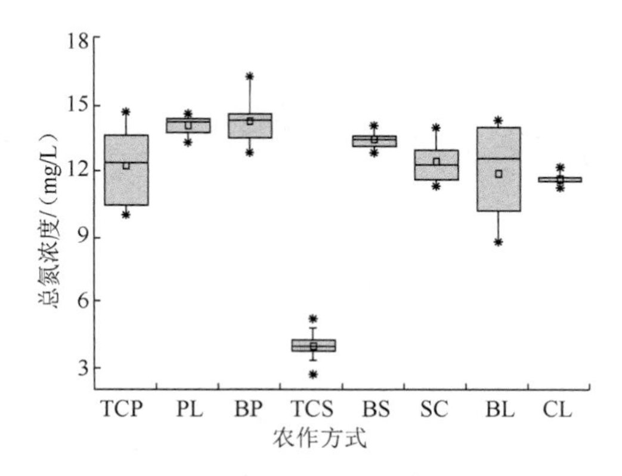

图 8.9　不同植被覆盖与耕作措施下地表径流中的总氮浓度

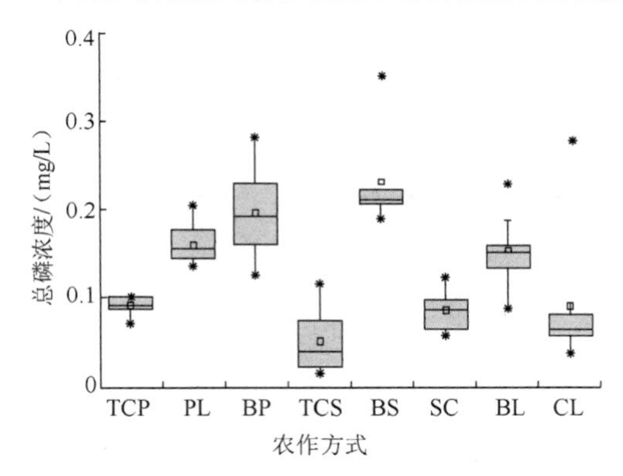

图 8.10　不同植被覆盖与耕作措施下地表径流中的总磷浓度

8.3　植被覆盖与耕作措施对坡面水-沙-养分过程的调控作用

水土保持措施可有效降低土壤养分流失量，可使土壤养分维持平衡或在土壤中逐步积累，实现坡耕地的可持续利用，采取水土保持措施能对降雨径流过程中的氮、磷流失起到明显的控制作用。

8.3.1　不同植被覆盖与耕作措施下坡面水沙关系

坡面累积产流量与累积产沙量之间的相互关系能够定量反映坡面侵蚀过程中产流与产沙之间的动态变化规律，同时在一定程度上也反映了径流与入渗之间的变化关系。不同农作方式下累积产流量与累积产沙量的函数关系如图 8.11 所示。可以看出，随着累积产流量的逐渐增加，不同植被覆盖和耕作措施下的累积产沙量逐渐增大。

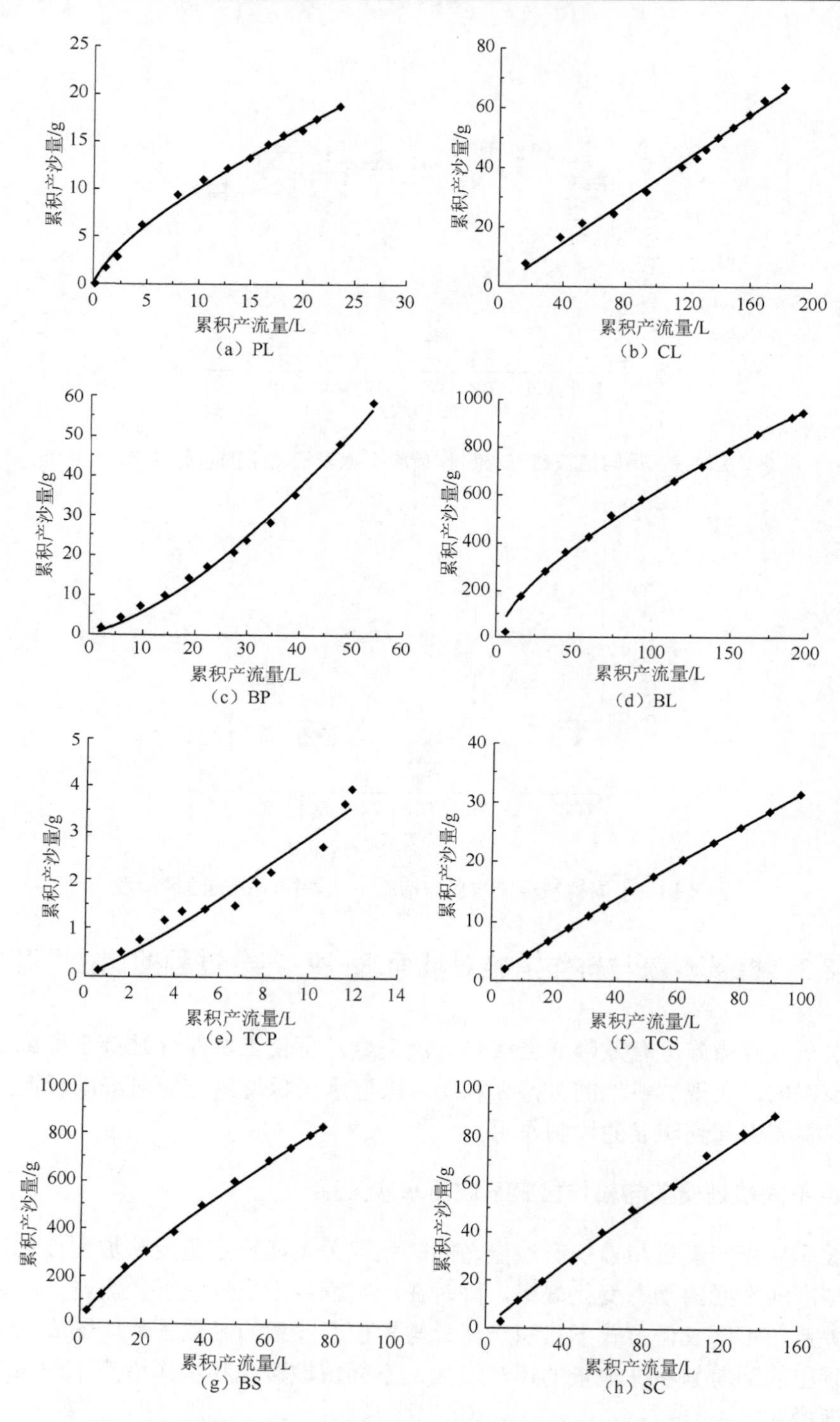

图 8.11　不同农作方式下累积产流量与累积产沙量的函数关系

结合数学概念与实际坡面径流产沙的物理意义，定义 A 为产沙基数系数，A 值越大表明产沙越多，A 值的大小主要取决于植被覆盖类型和耕作措施；定义 B 为产沙速率，根据试验数据确定 B 介于 0.5～1.5，B 值的大小主要取决于土壤入渗率大小。通过分析图 8.11 可以发现，累积产流量与累积产沙量之间的关系均满足幂函数 $Y=AX^B$ 形式，其中 Y 为累积产沙量，X 为累积产流量，两者的相关系数均在 0.78 以上，结果如表 8.7 所示。

表 8.7　不同植被覆盖与耕作措施下累积产流量与累积产沙量的函数关系

农作方式	名称	拟合方程	R^2
PL	花生	$Y=1.97X^{0.70}$	0.994
CL	玉米	$Y=0.36X^{1.00}$	0.989
BP	坡上裸地+坡下花生	$Y=0.18X^{1.43}$	0.992
BL	裸地	$Y=27.22X^{0.67}$	0.994
TCP	玉米+花生套种	$Y=0.21X^{1.13}$	0.945
TCS	玉米大豆套种	$Y=0.46X^{0.91}$	0.915
BS	裸地顺坡	$Y=28.5X^{0.78}$	0.776
SC	秸秆覆盖裸地	$Y=0.86X^{0.93}$	0.925

累积产流量和累积产沙量的排列顺序如图 8.12 所示，其中图（a）是以累积产流量的大小顺序进行排序，由图可知在累积产流量由小到大排序时不同植被覆盖与耕作措施条件下累积产沙量的差别；图（b）则是以累积产沙量的大小进行排序，由图可知在累积产沙量由小到大排序中不同植被覆盖与耕作措施条件下累积产流量的差别。

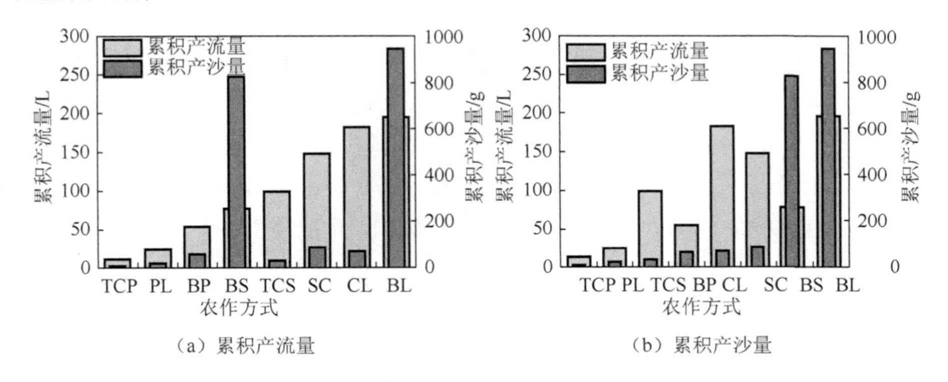

（a）累积产流量　　（b）累积产沙量

图 8.12　累积产流量与累积产沙量的排列顺序

8.3.2　植被的水沙调控对氮、磷输出的作用机制

坡面径流是导致表层土壤发生位移和搬运的主要动力，因此，控制水土流失

的关键是控制坡面径流，如果能够合理地调配坡面径流，那么就能控制水土流失或将水土流失减小到最低限度（郭廷辅等，2001）。选取减水效益（runoff reduction benefit, RRB）、减沙效益（sediment reduction benefit, SRB）、减少径流中总氮效益（total nitrogen reduction benefit, TNRB）、减少径流中硝氮效益（nitrate nitrogen reduction benefit, NNRB）、减少径流中氨氮效益（ammonium nitrogen reduction benefit，ANRB）、减少径流中总磷效益（total phosphorus reduction benefit，TPRB）、减少径流中溶解态磷效益（available phosphorus reduction benefit, APRB）为指标，说明不同植被条件与耕作措施下对产流，产沙及氮、磷流失的作用（Zhao et al., 2014；Sun et al., 2016）。各项指标的公式如下：

$$\mathrm{RRB}=\frac{R_{\mathrm{b}}-R_{\mathrm{v}}}{R_{\mathrm{b}}}\times 100\% \tag{8-4}$$

$$\mathrm{SRB}=\frac{S_{\mathrm{b}}-S_{\mathrm{v}}}{S_{\mathrm{b}}}\times 100\% \tag{8-5}$$

$$\mathrm{TNRB}=\frac{\mathrm{TN_b}-\mathrm{TN_v}}{\mathrm{TN_b}}\times 100\% \tag{8-6}$$

$$\mathrm{NNRB}=\frac{\mathrm{NN_b}-\mathrm{NN_v}}{\mathrm{NN_b}}\times 100\% \tag{8-7}$$

$$\mathrm{ANRB}=\frac{\mathrm{AN_b}-\mathrm{AN_v}}{\mathrm{AN_b}}\times 100\% \tag{8-8}$$

$$\mathrm{TPRB}=\frac{\mathrm{TP_b}-\mathrm{TP_v}}{\mathrm{TP_b}}\times 100\% \tag{8-9}$$

$$\mathrm{DPRB}=\frac{\mathrm{DP_b}-\mathrm{DP_v}}{\mathrm{DP_b}}\times 100\% \tag{8-10}$$

式中，RRB 为减水效益；R_{b}为裸地的产流量；R_{v}为有植被覆盖或耕作措施的产流量。SRB 为减沙效益；S_{b}为裸地的产沙量；S_{v}为有植被覆盖或耕作措施的产沙量。TNRB 为减少径流中总氮效益；$\mathrm{TN_b}$为裸地的总氮负荷量；$\mathrm{TN_v}$为有植被覆盖或耕作措施的总氮负荷量。同理，将硝氮（NN）、氨氮（AN）、总磷（TP）、溶解态磷（DP）对应的负荷量代入，即可计算出与裸地相比植被覆盖或耕作措施消减的氮素和磷素比例。

表 8.8 为不同植被覆盖与耕作措施下坡面减水，减沙，氮、磷消减率计算结果。从表中可以看出，与裸地相比，TCP 的减水率，减沙率，氮、磷消减率最高，均达到 92%以上；PL 的减水率，减沙率，氮、磷消减率次之；CL 的减水率，减沙率，氮、磷消减率最低。TCS 的减水率为 49.6%，但减沙率为 73.8%，说明其减沙效益比减水效益明显，氮和磷的消减率也在 78.0%～93.7%。BP 的减水率、减沙率分别为 72.4%和 93.8%，减沙效果也好于减水效果，说明植被对坡面上部

为裸地的减沙效果较为明显，其消减氮、磷效果也较好，消减率均在 65%以上。SC 的减水率为 25%，说明其减水效益并不明显，但是其减沙率可达 90.7%，说明高覆盖度的秸秆明显减少了泥沙产生。BS 的减水率为 60.8%，减沙率为 12.6%，氮、磷消减率在 37.8%～56.9%。

表 8.8　不同植被覆盖与耕作措施下坡面减水，减沙，氮、磷消减率计算结果（单位：%）

各处理的效益	TCP	PL	TCS	BP	BS	SC	CL
RRB	93.9	88.0	49.6	72.4	60.8	25.0	6.9
SRB	99.6	98.0	73.8	93.8	12.6	90.7	16.8
TNRB	93.9	86.2	83.3	67.8	56.9	23.4	10.3
NNRB	92.7	83.5	78.0	65.9	47.1	13.7	−30.0
ANRB	96.8	94.9	85.8	85.0	37.8	12.3	−136.0
TPRB	96.6	86.5	85.6	67.5	45.2	58.8	54.3
DPRB	93.7	87.5	93.7	68.9	43.0	70.7	79.3

植被在坡面的空间位置不同对坡面保持水土效益是不同的。在坡面尺度的治理单元内，采取各项坡面径流的调配措施，可以形成一个比较紧密的综合防御体系（唐佐芯等，2012）。综合以上分析结果可知，与裸地相比，植被覆盖和耕作措施对于径流、泥沙及伴随的氮、磷流失具有不同的调控效果。植被覆盖能够有效地减少径流产生和地表径流携带的氮、磷等污染物。这与游珍等（2006）通过野外人工模拟降雨试验比较了在相同面积条件下植被分别分布在坡面上部、中部和下部时坡面降雨产沙量差异的结果相一致，对于保土作用，坡下植被＞坡中植被＞坡上植被，且这种差异在小雨强下更加显著。在不影响有限的坡耕地条件下，作物套种模式是土石山区水土流失和非点源污染防治最重要的坡面措施之一，针对坡耕地作物的种类及坡面格局进行合理布局可以有效地减少氮、磷等养分流失，从源头净化径流的水质；秸秆覆盖能够有效地减少坡面产沙量，同时能够调节地表径流，可作为土石山区作物收获以后减少侵蚀产沙及氮、磷流失量的主要措施。

参 考 文 献

傅伯杰, 2014. 黄土高原景观格局变化与土壤侵蚀[M]. 北京：科学出版社.

郭廷辅, 段巧甫, 2001. 径流调控理论是水土保持的精髓——四论水土保持的特殊性[J]. 中国水土保持, (11): 1-5.

李婧, 李占斌, 李鹏, 等, 2010. 模拟降雨条件下植被格局对径流总磷流失特征的影响分析[J]. 水土保持学报, 24(4): 27-30.

梁新强, 田光明, 李华, 等, 2005. 天然降雨条件下水稻田氮磷径流流失特征研究[J]. 水土保持学报, 19(1): 59-63.

刘宝元, 2010. 北京土壤流失方程[M]. 北京：科学出版社.

唐涛, 郝明德, 单凤霞, 2008. 人工降雨条件下秸秆覆盖减少水土流失的效应研究[J]. 水土保持研究, 15(1): 9-11.

唐佐芯, 王克勤, 2012. 草带措施对坡耕地产流产沙和氮磷迁移的控制作用[J]. 水土保持学报, 26(4): 17-22.

王辉, 王全九, 邵明安, 2008. PAM 对黄土坡地水分养分迁移特性影响的室内模拟试验[J]. 农业工程学报, 24(6): 85-88.

王丽, 王力, 王全九, 2015. 不同坡度坡耕地土壤氮磷的流失与迁移过程[J]. 水土保持学报, 29(2): 69-75.

王晓燕, 高焕文, 李洪文, 等, 2000. 保护性耕作对农田地表径流与土壤水蚀影响的试验研究[J]. 农业工程学报, 16(3): 66-69.

徐宪立, 马克明, 傅伯杰, 等, 2006. 植被与水土流失关系研究进展[J]. 生态学报, 1(9): 3137-3143.

游珍, 李占斌, 蒋庆丰, 2006. 植被在坡面的不同位置对降雨产沙量影响[J]. 水土保持通报, 26(6): 28-31.

郑粉莉, 高学田, 2003. 坡面土壤侵蚀过程研究进展[J]. 地理科学, 23(2): 230-235.

HUANG J, WU P, ZHAO X, 2013. Effects of rainfall intensity, underlying surface and slope gradient on soil infiltration under simulated rainfall experiments [J]. Catena, 104(5): 93-102.

JOST G, SCHUME H, HAGER H, et al., 2012. A hillslope scale comparison of tree species influence on soil moisture dynamics and runoff processes during intense rainfall[J]. Journal of Hydrology, (420-421): 112-124.

KATEB H E, ZHANG H, ZHANG P, et al., 2013. Soil erosion and surface runoff on different vegetation covers and slope gradients: A field experiment in Southern Shaanxi Province, China[J]. Catena, 105(9): 1-10.

SHAN L, HE Y, CHEN J, et al., 2015. Nitrogen surface runoff losses from a Chinese cabbage field under different nitrogen treatments in the Taihu Lake Basin, China[J]. Agricultural Water Management, 159: 255-263.

SUN J, YU X, LI H, et al., 2016. Simulated erosion using soils from vegetated slopes in the Jiufeng Mountains, China[J]. Catena, 136: 128-134.

ZHANG G H, LIU G B, WANG G L, 2010. Effect of Caragana Korshinskii Kom. cover on runoff, sediment yield and nitrogen loss[J]. International Journal of Sediment Research, 25(3): 245-257.

ZHAO X, HUANG J, GAO X, et al., 2014. Runoff features of pasture and crop slopes at different rainfall intensities, antecedent moisture contents and gradients on the Chinese Loess Plateau: A solution of rainfall simulation experiments[J]. Catena, 119(1): 90-96.

第 9 章　草被格局对坡面水土-养分流失过程的作用

水土流失作为规模最大、危害程度最严重的一种非点源污染，与流域降雨过程密切相关，水土流失所引起的农业非点源污染严重影响了地表生态系统的安全（张玉斌等，2007）。流域农业非点源污染由农田耕作大量施肥所造成，降雨侵蚀为动力，径流泥沙为载体，发生水土流失的同时，携带土壤中养分流失，沿程形成非点源污染，进入河流导致水体污染。从控制水土流失的角度出发，一切形式的植被覆盖均可不同程度地抑制水土流失的发生（蒋定生，1997）。在有效的植被措施配置下，坡面累积径流量过程与累积产沙量过程之间呈非常显著的线性相关关系；坡下植被>坡中植被>坡上植被的保土能力，这种差异在小雨强下更加明显（王辉等，2006；李鹏等，2006）。不同土地利用类型下磷素的流失以水溶态为主，且裸地和农耕地受降雨影响较大；并且有无植被覆盖对径流磷素流失影响显著（赵护兵等，2008；王晓燕等，2008）。

植被是坡面水土流失治理的有效措施，在控制径流、泥沙流失的同时，也调控随径流、泥沙流失的养分（王全九等，1993）。目前，国内外学者在关注坡面径流、泥沙流失规律的同时，也在研究坡面养分流失规律，通过室内外试验对各种土质在不同雨强、坡度和坡面植被条件下的养分流失过程进行了分析（李鹏等，2006；李勉等，2007）。在水土-养分流失动力过程研究中，一般都是从水力学及泥沙运动力学原理方面展开，揭示水土-养分过程中径流主要动力参数的演变规律。由于坡面水蚀动力受坡度、雨强、下垫面等因素的影响，因此坡面径流或泥沙携带养分的传输迁移过程及水蚀动力参数的耦合关系有待深化研究（张兴昌等，2000）。鲁克新等（2009）将土壤侵蚀的动力过程视为一种能量消耗转化过程，水流通过势能-动能转化使土壤分散、剥离土体，并挟带输移土壤形成水土流失。径流能耗与坡面水土-养分流失量之间的定量关系可以较好地描述水土-养分流失的动力过程。鉴于此，本章旨在通过模拟降雨试验，阐明坡面水土-养分流失的动力特征，揭示坡面草被格局对水土-养分流失的作用机制，以期为坡面水土-养分流失过程研究与控制提供参考，对流域配置植被措施以保持水土、削减养分流失有一定的指导意义。

9.1　植被覆盖条件下坡面产流产沙与养分流失过程

丹江流域属于土石山区，地表破碎，坡面和沟谷较多，在降雨及其地表径流冲刷作用下，极易引起土壤侵蚀，并伴随着土壤养分的流失，土壤侵蚀和随径流产生的农业面源污染物进入河流加速了丹江流域水体的恶化。植被通过减少雨滴溅蚀和减缓径流冲刷，降低了地表径流侵蚀泥沙量，进而减少了土壤养分的流失。本节通过野外模拟降雨试验在坡面尺度研究丹江流域不同植被覆盖度下产流产沙与养分流失规律。

野外模拟试验小区位于丹江流域下游商南县东南2km处的鹦鹉沟，沟内已建成不同坡度、不同坡长的径流小区共28个。根据研究需要，结合现场踏勘结果，选择了4个径流小区作为试验对象，径流小区的规格均为2m（宽）×10m（长），其中坡耕地径流小区3个，裸坡对照径流小区1个。各径流小区的基本情况如表9.1所示。

表9.1　径流小区概况

径流小区编号	用地类型	土壤类型	坡度/(°)	覆盖度/%	初始含水量/%	植被类型
S1	坡耕地	黄棕壤	12	90	18	玉米
S2	坡耕地	黄棕壤	12	60	20	玉米
S3	坡耕地	黄棕壤	12	40	21	玉米
S4	裸坡地	黄棕壤	12	0	19	无

模拟降雨采用下喷式降雨器，该装置由西安理工大学设计。试验设计雨强为1.5mm/min，试验小区坡度为12°，共设置4个植被覆盖处理（表9.1），1次重复，产流历时 60min。在正式降雨开始前对坡耕地植被进行修剪，使其达到设计覆盖度，测定初始土壤含水量。然后，用塑料布覆盖径流小区表面，进行雨强率定，降雨均匀系数大于85%。产流后开始记时，直到60min结束降雨。产流后0～10min内，每隔2min在出口处收集1次径流泥沙样品；10～40min内，每隔5min收集1次径流泥沙样品；40～60min内，每隔10min收集1次径流泥沙样品。重复试验间隔时间为 24h，以保证土壤的初始状态一致。将样品搅拌均匀，用比重瓶收集浑水样，采用置换法测定产流量和产沙量。用500ml聚乙烯塑料瓶取水桶中上清液，将水样带回实验室进行养分分析。

土样带回实验室经风干后，过0.149mm和2mm筛用于各项指标分析。水样经前期处理后进行养分含量测定。氨氮、硝氮和总氮采用德国生产的全自动间断化学分析仪测定。

9.1.1　不同植被覆盖度坡面产流过程

图 9.1 为不同植被覆盖度下产流量及其累积产流量的变化。从图 9.1（a）可以看出，不同植被覆盖度下产流量大小为：覆盖度 0%的小区>覆盖度 40%的小区>覆盖度 60%的小区>覆盖度 90%的小区。各植被覆盖度下，产流量先迅速增加，然后随时间的增加而趋于稳定。裸坡在产流开始后的前 10min 内产流量急剧增加，10min 之后增长减缓，随后达到稳定；有植被覆盖的小区，在产流后径流增加速度比裸坡缓慢，且在随后的变化中波动较小。这主要是因为裸坡表土在雨滴溅蚀作用下结皮较快，导致径流入渗迅速减小，之后径流基本达到稳定；而在植被覆盖条件下，植被枝叶削弱了雨滴对土壤颗粒的打击作用，减缓了土壤结皮过程，同时植被根系提高了土壤的渗透性，使得径流增长速度较缓慢，达到稳定的时间较长。

从图 9.1（b）可以看出累积产流量的变化。有植被覆盖的小区累积产流量明显小于裸坡，且覆盖度越高，累积产流量越小。裸坡的累积产流量为 225.30L，40%、60%和 90%植被覆盖度下累积产流量比裸坡依次减少了 58.61%、88.85%和 90.20%。说明植被覆盖对坡面产流量有明显的削弱作用，且覆盖度越高，效果越好。地表产流量随植被覆盖度的增加而减少主要是因为植被拦截了径流，同时增加了土壤入渗率。

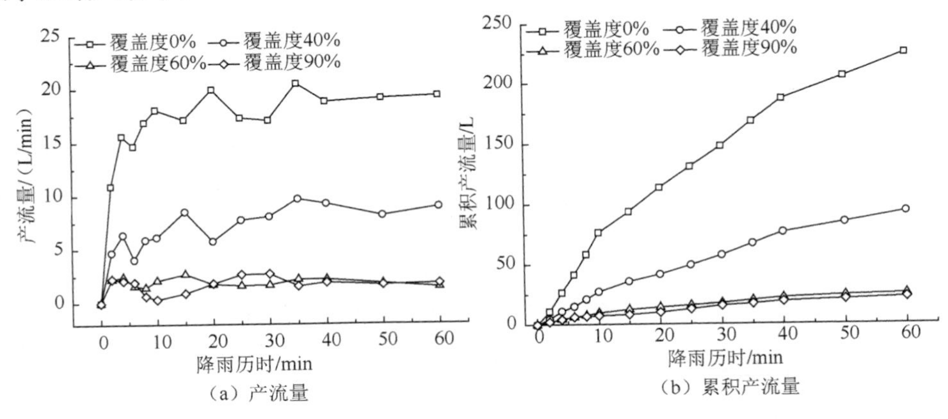

图 9.1　不同植被覆盖度下产流量及其累积产流量的变化

9.1.2　不同植被覆盖度坡面产沙过程

图 9.2 为不同植被覆盖度下产沙量及其累积产沙量的变化。从图 9.2（a）可以看出，不同植被覆盖度下产沙量大小为：覆盖度 0%的小区>覆盖度 40%的小区>覆盖度 60%的小区>覆盖度 90%的小区。在裸坡和覆盖度为 40%的条件下，产沙量在前 10min 出现了迅速增加，且波动剧烈，然后随时间的增加在 20min 左右趋

于稳定。覆盖度为60%和90%的坡面，产沙量先有一个小幅度的增加，然后趋于稳定，在整个过程中产沙量没有发生较大的波动。这是因为在产流初始阶段裸坡表土有大量的细小颗粒容易被溅蚀和冲刷，随着径流的增加，坡面产生细沟，细沟周围土块坍塌，导致径流含沙量波动剧烈。而覆盖度为40%的小区植被覆盖较低，也出现了类似情况，但程度小于裸坡。覆盖度为60%和90%的小区植被对雨滴溅蚀和径流产生都有很强的削弱作用，整个降雨过程中均没有产生细沟，因此产沙过程相对平缓。

从图 9.2（b）可以看出累积产沙量的变化。有植被覆盖的小区累积产沙量明显小于裸坡，且覆盖度越高，累积产沙量越小。裸坡的产沙总量为272.44g，40%、60%和 90%植被覆盖度下累积产沙量比裸坡依次减少了 55.10%、95.25%和98.24%。说明植被覆盖对坡面减沙效果明显，且覆盖度越高，减沙作用越大。这主要是因为植被对径流的拦蓄作用降低了坡面径流的流速，进而减少了对土壤的侵蚀；此外，植被根系对土壤颗粒的束缚作用也提高了土壤的抗冲能力。

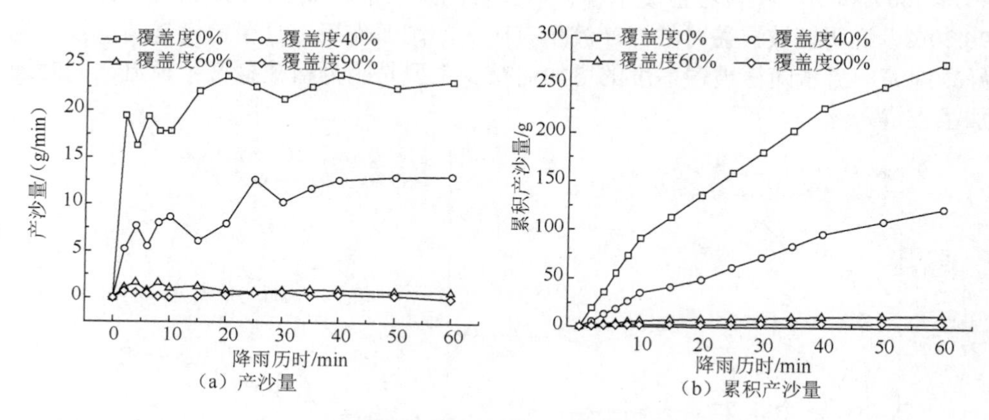

图 9.2　不同植被覆盖度下产沙量及其累积产沙量的变化

9.1.3　不同植被覆盖度坡面养分流失过程

不同植被覆盖度下土壤养分流失量如图 9.3 所示。可以看出，裸坡及各植被覆盖度下小区地表径流中养分的浓度范围。裸坡、覆盖度 40%的小区、覆盖度 60%的小区、覆盖度 90%的小区地表径流中氨氮浓度范围分别为 0.40～0.59mg/L、0.34～0.47mg/L、0.23～0.37mg/L 和 0.21～0.36mg/L，硝氮浓度范围分别为 0.82～1.17mg/L、0.67～0.83mg/L、0.31～0.53mg/L 和 0.13～0.41mg/L，总氮浓度范围分别为 0.65～0.83g/L、0.41～0.59g/L、0.23～0.39g/L 和 0.20～0.32g/L。比较不同植被覆盖度下径流养分的平均浓度发现，随植被覆盖度的增加，养分流失的平均浓度大小为：覆盖度 0%的小区>覆盖度 40%的小区>覆盖度 60%的小区>覆盖度 90%的小区。表明植被覆盖度越高，随径流流失的养分越少。从不同养分变化随时间的变化过程来看，均出现递减趋势。

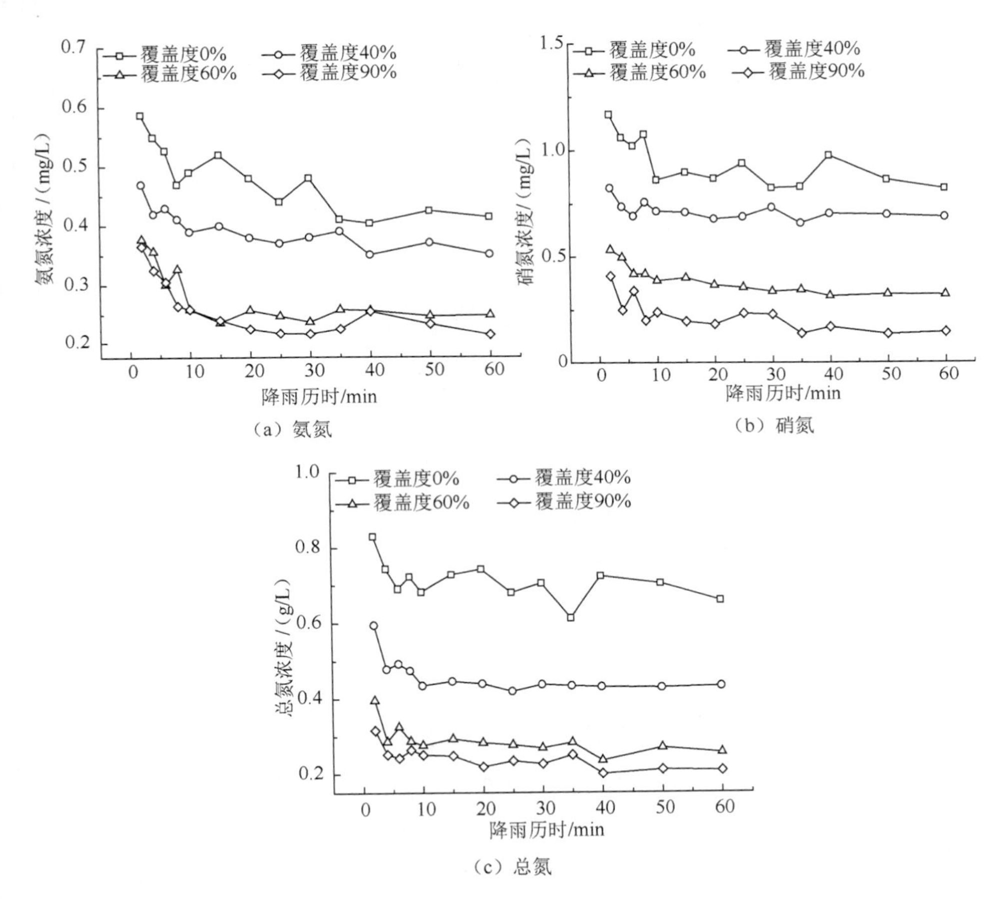

(a) 氨氮　(b) 硝氮　(c) 总氮

图 9.3　不同植被覆盖度下土壤养分流失量

不同植被覆盖度下土壤养分累积流失量如图 9.4 所示。可以看出，裸坡的径流养分累积流失量明显大于有植被覆盖的小区，表明植被覆盖对减少养分流失有明显的作用。裸坡、覆盖度 40%的小区、覆盖度 60%的小区、覆盖度 90%的小区氨氮累积流失量分别为 6.19mg、5.11mg、3.61mg 和 3.35mg，硝氮累积流失量分别为 12.20mg、9.27mg、5.01mg 和 2.86mg，总氮累积流失量分别为 9.21g、5.94g、3.74g 和 3.13g，表明径流小区随坡面植被覆盖度的增加，径流养分累积流失量明显减少。这主要是因为地表径流是养分流失的载体，植被通过减少地表径流泥沙量从而对土壤养分的流失产生影响。

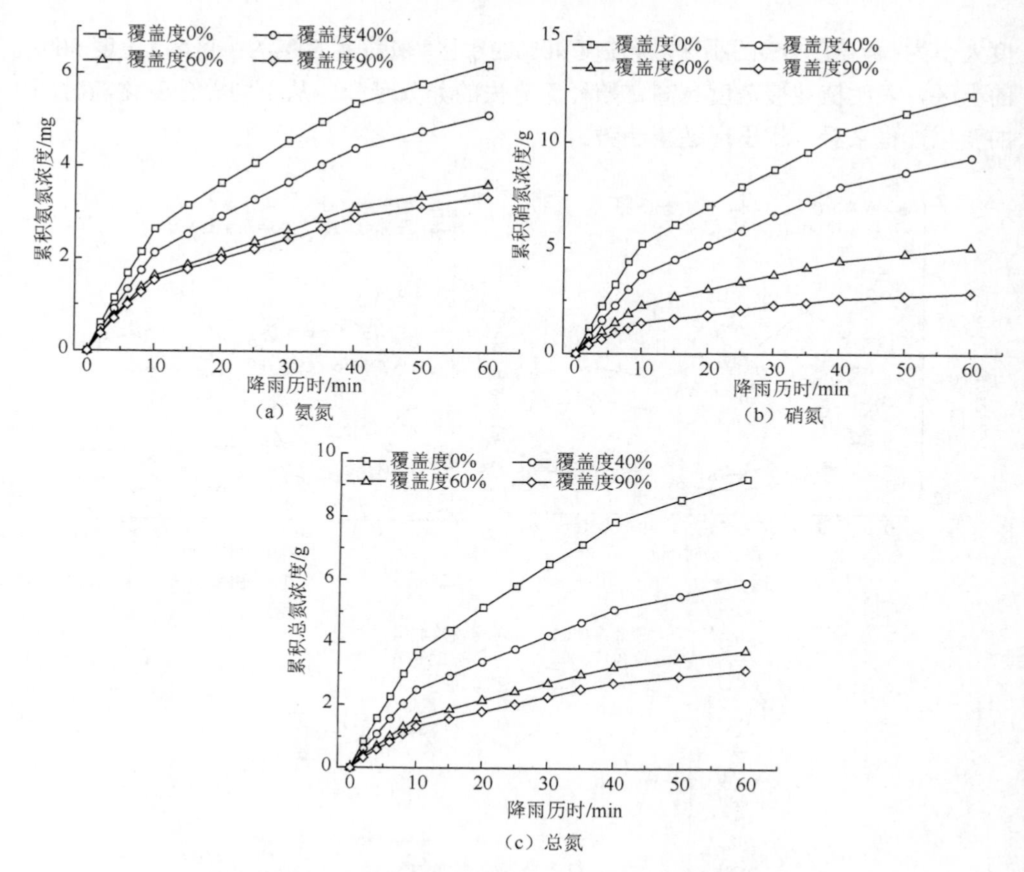

图 9.4　不同植被覆盖度下土壤养分累积流失量

植被覆盖度与养分流失量的函数关系如表 9.2 所示。由表可以看出，植被覆盖度与氨氮、硝氮和总氮流失量呈指数关系，随植被覆度的增大，养分流失量减小。植被覆盖度对养分流失量变化的拟合度均大于 0.9，说明在不考虑地形、降雨强度等其他因素时，植被覆盖度对养分流失起决定性作用。因此，通过改变流域或坡面植被覆盖度能够有效地控制土壤养分流失。

表 9.2　植被覆盖度与养分流失量的函数关系

养分	拟合方程	R^2
氨氮	$y=6.27e^{-0.007x}$	0.914
硝氮	$y=13.92e^{-0.017x}$	0.927
总氮	$y=9.15e^{-0.013x}$	0.960

因此，在定雨强下，随着植被覆盖度从 0%增加到 90%，坡面产流量、产沙量和养分流失量均出现减少趋势。与裸坡相比，植被覆盖度为 40%、60%、90%

的坡面产流总量分别减少了 58.61%、88.85%和 90.20%，产沙总量分别减少了 55.10%、95.25%和 98.24%，养分流失总量分别减少了 17.45%～24.02%、41.68%～59.39%和 45.88%～66.02%。植被覆盖度与养分流失量用指数函数拟合关系较好，表明植被覆盖度越高，养分流失量越小。

9.2　草被格局对坡面养分流失特征的影响

试验用土选自西安东郊黄土，土样经过风干过筛，去除杂物，施入磷肥。根据农田实际水平的坡面施肥量，将 300g 磷酸二氢钾均匀混入供试土壤中，平铺于坡面土槽 0～10cm 的土壤表层。土壤初始含水量在 10%左右，土壤装槽容重为 1.3g/cm^3 左右。试验用植被取自野外整块草被，草皮厚度约 50cm，草被与裸土的接壤处进行压实处理以防止下渗而致使垮塌。

将控制好容重的土壤分层装入试验土槽，在填装 15cm 厚底层土壤后，向土槽装填配置好的肥土，装填厚度为 10cm。将土槽从下至上分别划分成编号为 1、2、3、4 四个 1m×1m 的方格，以 25%、50%、75%三种植被覆盖度把草皮植入方格中，以不同的植入位置得到不同的草被空间格局。25%草被覆盖度分别为 1、2、3、4 四种格局，50%草被覆盖度分别为 1+2、2+3、3+4 三种格局，75%草被覆盖度为 1+2+3、2+3+4 两种格局，草被格局布设示意图如图 9.5 所示。

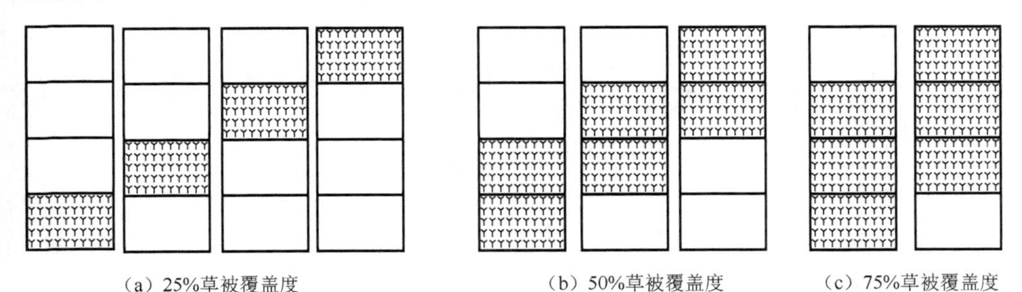

(a) 25%草被覆盖度　(b) 50%草被覆盖度　(c) 75%草被覆盖度

图 9.5　草被格局布设示意图

模拟降雨试验在西安理工大学西北水资源与环境生态教育部重点试验室模拟降雨大厅进行。模拟降雨装置采用变压力针管式降雨器，有效雨滴降落高度为 13m，降雨均匀度达到 90%以上。试验土槽降雨面积皆为 1m×4m。雨强率定为 2mm/min，土槽坡度为 21°和 28°，降雨历时 60min。在降雨开始产流后，以 2min 为时间段接取全部径流样，所取水样采用《水质总磷的测定 钼酸铵分光光度法》（GB/T 11893—1989）测定径流中的总磷浓度。将所测得的径流中总磷浓度利用公式 $m(t)=C(t)\times R(t)$（其中 C 为所测出每个水样中的总磷浓度；R 为所对应水样的总径流量），计算得到径流中总磷在坡面的流失过程。

9.2.1　不同植被覆盖下径流变化过程

植被对水土流失有着良好的抑制作用。良好的植被覆盖可以有效地减少坡面的水沙流失。当森林覆被率达 85%以上时，减沙效益高于 90%；当森林覆被率达 95%时，土壤侵蚀量几乎接近于零。由于植被配置格局比较多，但每种格局的径流随时间的流失过程是类似的，本章选择 25%、50%、75%三种覆盖度情况下两种坡度的径流均值研究其变化过程。

不同坡度条件下径流流失过程如图 9.6 所示。可以看出，坡面径流随时间的变化过程是一致的。同一坡度条件下，植被覆盖度越大，径流流失量越小；28°坡面比 21°坡面的规律更加明显，28°坡面在第 8min 时径流变化已经开始稳定，而 21°坡面径流稳定发生在 12min，这是由于 21°坡面的有效承雨面积大于 28°坡面，21°坡面在产流之前会形成些许积水而不发生径流，因此其产流初期径流量不稳定。25%覆盖度条件下，随降雨历时的增加，28°坡面径流流失量稳定在 10L 左右，而 21°坡面径流流失量仅在 8L 附近，说明坡度越大，径流流失量也越大；75%覆盖度下的两坡度径流流失量都在 6L 附近稳定，差值减小，说明高植被覆盖度可以减弱坡度对降雨产流量的影响。同一坡度条件下，50%和 25%植被覆盖度的径流流失总量分别是 75%植被覆盖度的 1.2 倍和 1.4 倍，说明植被覆盖面积的增加对削减坡面径流起着良好的作用。

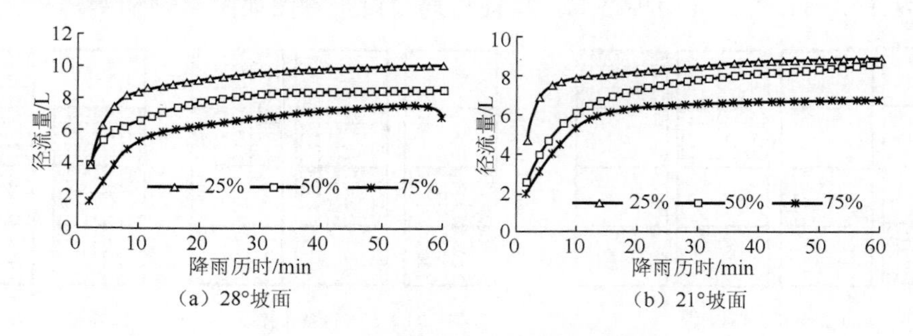

图 9.6　不同坡度条件下径流流失过程

9.2.2　径流总磷流失过程分析

径流中总磷的流失过程总体上呈现出波动状。28°和 21°坡面不同草被覆盖度条件下径流总磷流失过程分别如图 9.7 和图 9.8 所示。可以看出，在产流开始时刻，径流中总磷流失量最小，基本在 0.5mg 左右，主要是因为在初始产流时段，为部分坡面产流，且产流量较小，径流溶解土壤中磷肥的能力有限，使得初始径流总磷的流失量小。随着降雨历时的增加，产流成为全坡面产流，径流过程逐渐趋于稳定；与径流的稳定时间类似，28°坡面在 8～10min 出现总磷流失量的波动中心，而 21°坡面出现在 10～15 min，时刻滞后。

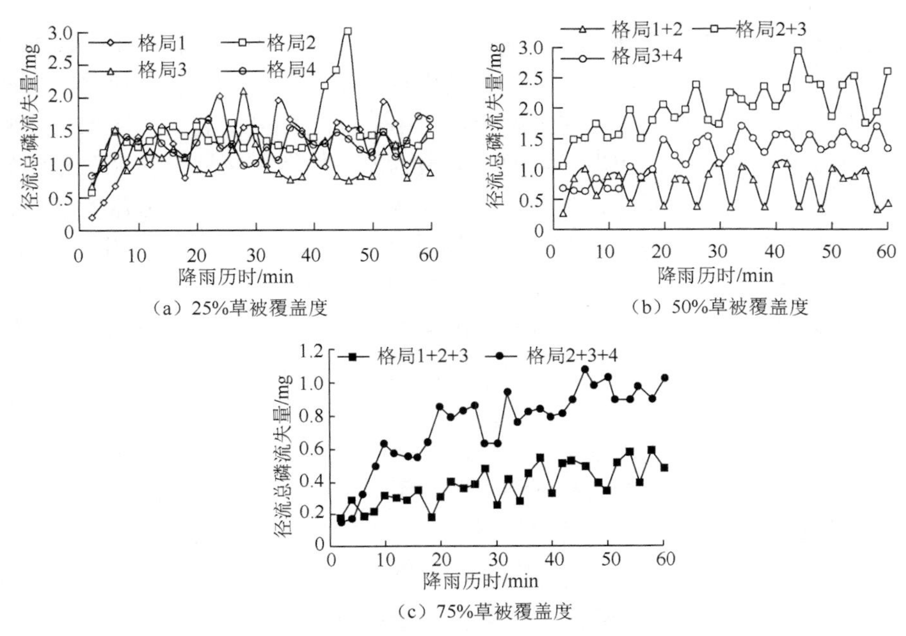

(a) 25%草被覆盖度
(b) 50%草被覆盖度
(c) 75%草被覆盖度

图 9.7　28°坡面不同草被覆盖度条件下径流总磷流失过程

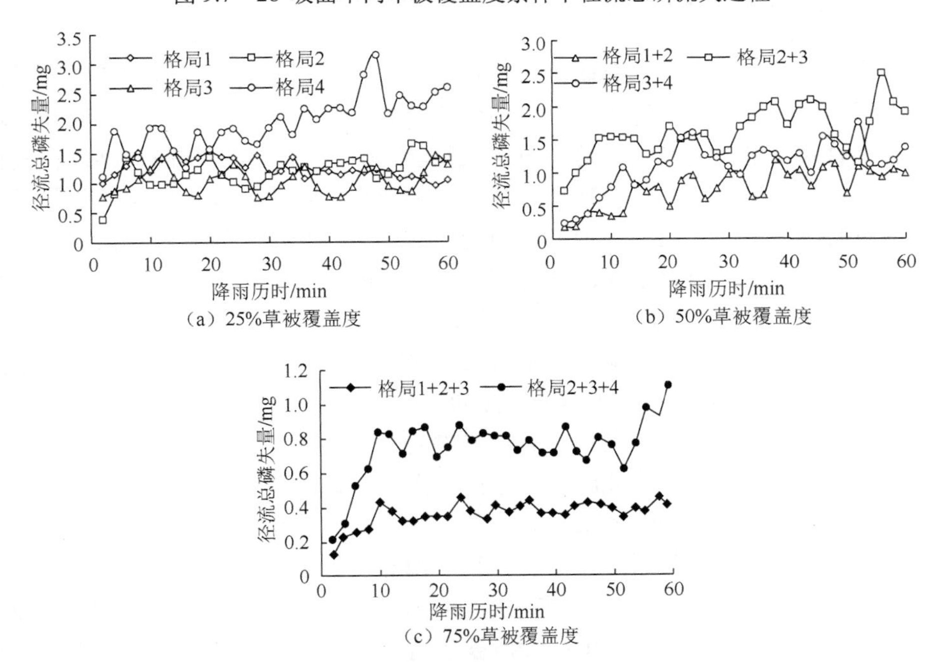

(a) 25%草被覆盖度
(b) 50%草被覆盖度
(c) 75%草被覆盖度

图 9.8　21°坡面不同草被覆盖率条件下径流总磷流失过程

28°坡面时，50%植被覆盖度下坡面的径流总磷变化范围为 0～3mg，其中植被位于中下部的总磷流失量在 0.5mg 上下浮动，植被位于中上部的在 1mg 附近波动，而植被位于中部的总磷流失量最大。21°坡面总磷流失量也存在中部＞中上部＞中下部的规律；在坡面上，坡顶受到雨滴击溅侵蚀最为严重，使得吸附在土壤颗粒上的磷在不断溅蚀过程中溶解于径流中并随之流失；坡面下部裸土在雨滴作用下直接随径流流失，相当于坡面流失最为严重的两个区域没有采取相应的保持措施，在水土流失的同时也造成了养分的大量流失。25%植被覆盖度下总磷流失量稳定后在 0.5～2mg 波动，75%植被覆盖度下在 0.3mg 和 0.8mg 附近波动。相比较而言，50%植被覆盖度的总磷流失量变化幅度最大，是由于在这种条件下，径流在裸土表面形成了薄层水流，植被覆盖又将水流分散，对坡面形成新的冲蚀作用，比 25%覆盖度坡面汇合形成新坡面流的距离短，冲刷作用强，造成流失过程的波动幅度大。

此外，对比两坡面的径流总磷流失过程，可以看出，21°坡面波动幅度比 28°坡面缓和。由于土壤中的磷素在雨滴击溅作用下析出并溶于径流随径流流失，坡面土壤的抗冲蚀能力随坡度的增大而减小，即土壤的稳定性随着坡面坡度的增大而逐渐减弱（刘青泉等，2001）。因此，28°坡面的土壤抗冲蚀能力差，土粒易受到水流的冲击而发生养分解析作用，造成其养分的流失过程波动强烈。

9.2.3　径流总磷累积流失过程分析

对降雨径流过程和径流总磷流失过程分析可知，随着降雨历时的增加，径流表现出平稳上升后稳定的过程，径流中所含总磷流失量变化过程却是波动的，这是径流中总磷浓度波动所致，这与单保庆等（2001）对土壤表层磷迁移过程模拟的研究结果中径流总磷浓度呈现波浪状输出趋势是一致的。磷流失发生是降雨作用使其脱离所黏附的土粒随径流流失而迁移的，通过对累积径流量和累积径流总磷流失量进行分析，可以看出两者之间存在良好的线性关系，所拟合的方程满足 $y=kx+b$（y 表示累积径流总磷量，x 表示累积径流量），累积径流量和累积径流总磷量的判定系数都在 98.5%以上，特别是格局为 1+2+3 的 21°坡面拟合方程为 $y=0.0634x-0.0896$，判定系数达到了 0.9999。

经分析可知，同一坡度条件下，植被覆盖面积越大，k 值越小。说明在径流携带养分流失的过程中，植被起到了过滤的作用，减弱径流，然后减小养分流失量；通过计算单位径流量中的总磷流失量，结果表明，其数值与 k 值近似，差值在±0.004 以下，因此，将系数 k 定义为径流携养能力参数，即该参数越小，植被覆盖面积越大，径流所携带的养分流失量越小，对径流养分流失的拦蓄作用越好。因此，在一定的坡度范围内，由连续植被覆盖面积可以推断出该区域养分随径流所流失的数量，以此判断该区域径流汇入水体的养分量。

随着覆盖面积的改变，植被对径流总磷流失量的拦蓄作用存在差异。对不同坡度各种格局下径流总磷流失量进行对比分析，结果如表 9.3 所示。

表 9.3　不同坡度各种格局下的径流总磷流失量　（单位：mg）

坡度/(°)	格局 1	格局 1+2	格局 1+2+3	格局 2	格局 3	格局 2+3	格局 4	格局 3+4	格局 2+3+4
21	35.97	23.29	10.65	35.62	31.16	48.49	60.41	33.27	22.37
28	39.13	21.78	11.20	48.23	31.23	59.85	38.58	36.50	22.18
位置	坡下格局			坡中格局			坡上格局		

从表 9.3 可以看出，总体来说，随着植被覆盖面积的增加，径流总磷流失量减小。特别是坡下格局，当覆盖面积从 $1m^2$ 增加到 $3m^2$ 时，径流总磷流失量减少了 1/3，说明坡面下部是拦蓄径流养分的最主要部分。同时可以看出，坡面中部植被的拦蓄养分效果相对是最弱的。坡面侵蚀的发生一方面是雨滴的动能，另一方面是坡面径流的势能，坡面水流在由坡顶向坡下流动过程中，由于势能向动能转化，径流流速应越来越大。坡面上部土壤主要受到雨滴的击溅作用造成养分的流失；坡面下部在径流大流速的作用下，使坡下土壤细小颗粒在股流、滚波流的作用下随径流悬移，从而完成养分元素的解析过程。因此，坡面中部植被覆盖仅仅起到了减缓径流的作用，对养分的解析迁移所起到防护作用较弱。所以在采取植被措施保持水土的同时，还应考虑到养分易发生解析的部位合理配置保持水土养分的植被措施。

总之，坡面植被措施在减弱坡面径流的过程中同时作用于随径流流失的养分。试验表明，模拟降雨条件下，坡面径流随降雨历时的增加呈现平稳增长过程；径流中总磷流失过程表现为波状起伏，50%植被覆盖格局的波动程度比 25%和 75%大。累积径流量与累积径流总磷流失量表现出良好的线性关系。随着覆盖面积的增加，植被格局能够削减养分流失量的程度存在差异。坡下格局，$3m^2$ 覆盖面积下径流总磷流失量是 $1m^2$ 的 30%，坡中和坡上格局都在 50%以上，其削减养分作用比坡下格局弱；特别是坡中格局，覆盖面积增加，流失量增加了约 20mg，说明在布设保持水土养分的植被格局时重点区域在坡下拦蓄、坡顶防护及合理配置覆盖面积。

9.3　草被格局对坡面水土-养分流失动力过程的作用

本试验于 2011 年 4～10 月在西安理工大学土壤侵蚀实验大厅内进行，试验用可变坡度的钢制土槽长 4.0m，宽 1.0m，深 0.5m。降雨装置采用针管式降雨器，降雨器由恒压供水箱、供水管路、控制阀和针管式降雨器等组成（范荣生等，1991）；试验用土为西安黄土，质地为轻壤土，土壤粒径<0.001mm、0.001～0.005mm、0.005～0.01mm、0.01～0.02mm、0.02～0.05mm 和>0.05mm 的百分含量依次为

5.26%、20.20%、15.05%、22.35%、29.85%和 7.29%。试验前把土样过 1cm 孔径的筛后填入试验土槽，填土过程中边填边压实，试验槽内的含水量控制在 11%左右，土壤干容重控制在 1.3 g/cm^3 左右；试验土槽的裸露坡段参考坡地农田实际施肥水平，将 300 g 氮肥（碳酸氢铵）和磷肥（磷酸二氢钾）均匀混入供试土壤中，均匀敷设于土槽 0～10cm 表层。试验土槽的草被覆盖坡段，选取生长良好的马尼拉草皮，将长、宽、厚依次为 0.5m、0.5m、0.2m 的草被方块植入试验土槽内养护 1 周后备用。

试验采用 2.0mm/min 定雨强，21°和 28° 两个坡度，0%、25%、50%和 75%四种草被覆盖度，根据草皮在整个坡面上从上到下的不同布设位置，在 25%、50%、75%覆盖度下分别设计了 4、5、2 种不同植被格局。在降雨开始产流后，以 2min 为时间段，收集全部径流称重测径流量，并烘干称重测含沙量；径流总磷采用《水质总氮的测定 钼酸铵分光光度法》（GB/T 11893—1989）测定；径流总氮采用《水质总氮的测定 碱性过硫酸钾消解-紫外分光光度法》（GB 11894—1989）测定，径流氨氮和硝氮分别采用《饮用天然矿泉水检验方法》（GB/T 8538—1995）推荐的纳氏试剂分光光度法和紫外分光光度法测定。泥沙中的全磷采用 $HClO_4$-H_2SO_4 法测定，速效磷采用 0.5mol/L 的 $NaHCO_3$ 法进行测定；泥沙中全氮采用开氏法测定，氨氮和硝氮采用瑞典造 FI515 流动注射分析仪进行测定。

9.3.1 不同植被格局条件下坡面水土流失过程

坡面养分流失伴随坡面产汇流和产沙过程发生。坡面产汇流过程受雨强和下垫面、表层覆盖等因素影响；坡面产沙过程受雨滴击溅、径流冲刷作用，与降雨径流能量、下垫面地形、土壤、坡度、坡长、覆盖等因素影响；坡面养分流失则不但与上述因素有关，而且与表层土壤的养分元素浓度及其溶于水、土壤颗粒的吸附解吸特性有关。不同草被覆盖度、草被格局、坡面坡度等对坡面水土与养分流失的作用具有明显的差异性。

21°坡面径流和泥沙流失过程如图 9.9 所示。具体为 21°坡面坡度条件下（A），裸坡、25%覆盖度坡上部覆草（B）和 25%覆盖度坡下部覆草（C）三种坡面草被覆盖格局。从图中可以看出，随着降雨历时的增加，三种覆盖格局下坡面出口的径流量随着降雨历时的增加分别由初始产流量的 7.96L/min、5.59L/min、5.48L/min 平稳增加到 12.03L/min、11.05L/min、7.29L/min，波动幅度较小，变异系数分别为 7.2%、12.2%和 4.7%；三种类型坡面的泥沙流失过程表现出明显的大幅波动态势，变异系数分别为 21.42%、33.66%和 14.13%，产沙量表现为裸坡>坡上覆草>坡下覆草。原因是降雨击溅表层土壤，坡面流侵蚀表层土壤的过程中，泥沙在不停地被扬起、下沉，在悬移质与推移质之间转换，造成泥沙流失过程的大幅波动变化。坡下部覆草对坡面径流、泥沙有着更好的调蓄作用。

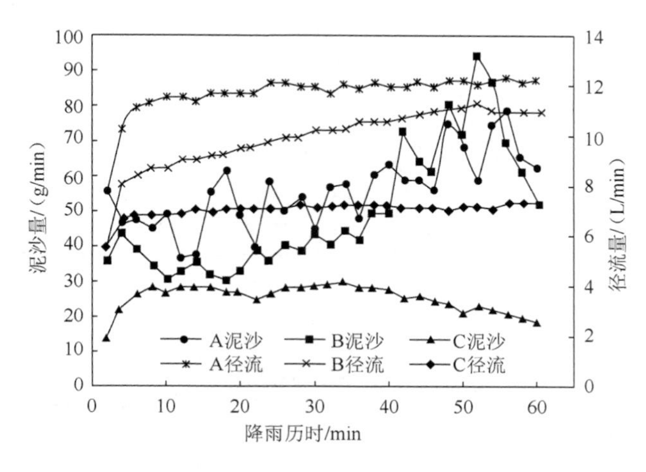

图 9.9　21°坡面径流和泥沙流失过程

28°坡面条件下，A、B、C 三种坡面水土流失过程规律与 21°坡面变化趋势一致，但 28°坡面径流和泥沙过程波动更大，分析原因可能是在降雨开始形成径流后，较缓坡面表层形成薄层水流流态连续性好，陡坡坡面在滚波流的作用下不断发生交替，造成径流过程波动；径流量和泥沙量都满足 C 坡面＜B 坡面＜A 坡面，并且初始产流量随着草被覆盖位置的上移，28°坡面逐渐增大，21°坡面则比较稳定。因此，大坡度受到径流的冲刷作用更强，坡面径流和泥沙的流失速度更快。

9.3.2　不同植被格局条件下坡面养分流失过程

图 9.10 是 21°坡面条件下，A、B、C 三种坡面草被覆盖格局下氮素随径流和泥沙的流失过程。坡面径流中总氮随径流流失的稳定流失量平均强度约为 73mg/min、52mg/min 和 47mg/min。整个试验过程中氮随径流的流失总量分别为 3926.56mg、2699.45mg 和 2085.45mg，表明有限草被覆盖对养分随径流的流失具有拦截作用，且不同植被分布格局拦截养分的作用效果差异明显。草被覆盖位于坡下位置对养分随径流流失的拦截作用大于坡上位置；一般而言，氮素随泥沙流失主要以全氮为主，占氮素随泥沙流失总量的 85%左右，硝氮和氨氮流失量较小；裸坡（A）的氮素随泥沙流失过程的波动性比氮素随径流的大；坡上部覆草（B）和坡下部覆草（C）的氮素随泥沙的全氮流失，在降雨开始时逐渐增大，随着降雨历时的增加延续呈先逐渐增大后渐趋减小的变化特征。

整个试验过程中氮素随泥沙流失的总量分别为 670.02mg、594.84mg 和 314.38mg。氮素随径流和泥沙的氮流失都以全量溶解态流失为主，氮素随泥沙流失过程的波动性比随径流流失的大。在模拟降雨条件下，坡面氮流失以径流流失为主，可能是坡面表层土壤承受的雨滴击打力与径流冲刷力大，水土界面受剧烈掺混作用使表层土壤富集的氮素易溶于径流、泥沙吸附的氮素减少所致。

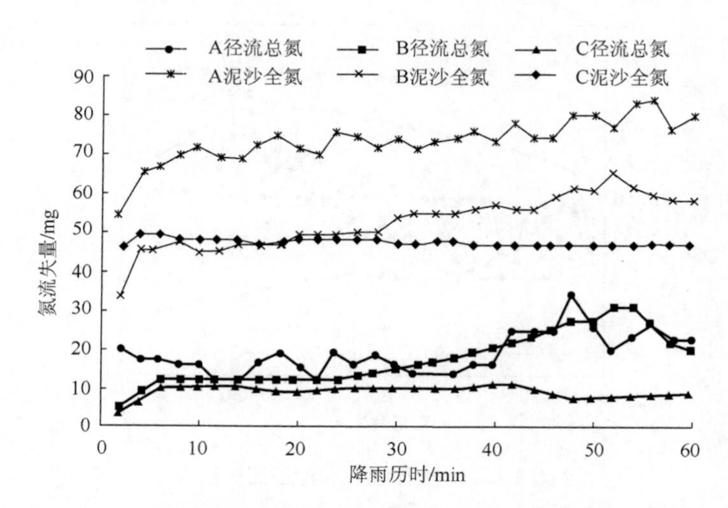

图 9.10 21°坡面三种坡面草被覆盖格局下氮素随径流和泥沙的流失过程

9.3.3 不同植被格局下坡面径流侵蚀功率变化特征

径流深H 和洪峰流量 Q'_m 是反映次降雨洪水过程特征的两个重要侵蚀动力因素，径流深代表次暴雨在坡面上产生的洪水总量的多少，而洪峰流量代表降雨的强弱，间接反映了降雨的时空分布特征和下垫面对径流汇流过程的影响。以径流深和洪峰流量模数的乘积作为次降雨侵蚀产沙的侵蚀动力指标，即

$$P = Q'_m H \tag{9-1}$$

式中，H 为次降雨平均径流深，mm；Q'_m 为洪峰流量模数，$m^3/(s \cdot km^2)$，其大小等于次降雨洪水洪峰流量与面积的比值。

根据径流侵蚀功率的计算方法和试验实测数据，点绘了 21°和 28°两种坡度下径流侵蚀功率随坡面草被覆盖度和不同植被格局（25%覆盖度）的变化情况。坡面径流侵蚀功率与植被覆盖度及格局的关系如图 9.11 所示。

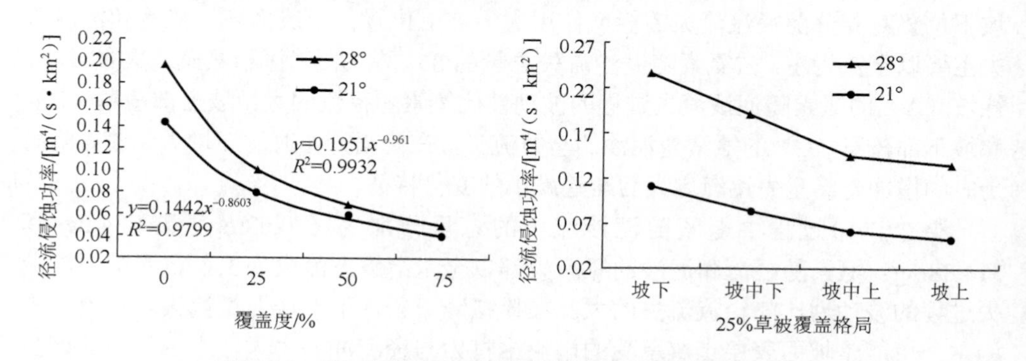

图 9.11 坡面径流侵蚀功率与植被覆盖度及格局的关系

由图 9.11 可见，随着草被覆盖度的增大，径流侵蚀功率逐渐减小。草被覆盖度从 0%增加到 25%时，径流侵蚀功率呈明显减小趋势，然后随着草被覆盖度的增加缓慢减小。对比相同覆盖度下的径流侵蚀功率，28°坡面大于 21°坡面，说明大坡度的降雨径流的作用力大于小坡度的坡面；25%覆盖度下，径流侵蚀功率由坡上草被格局向坡下草被格局递减。因此，径流侵蚀功率随植被的增加呈减小趋势，植被布设可消减径流侵蚀功率，从而降低径流剥离、输移能力，达到减少土壤侵蚀的目的。植被覆盖度与径流侵蚀功率呈显著的幂函数关系，随着植被覆盖度的增加，径流侵蚀功率缓慢降低，植被阻控径流分散、剥离输移的能力缓慢增加，表明植被覆盖度对坡面水土-养分流失量的影响并不是简单的线性关系。

9.3.4　坡面径流侵蚀功率与水土-养分流失关系

为揭示模拟降雨条件下径流侵蚀功率（P）与泥沙-养分流失规律，本章构建了不同坡度、植被覆盖度及草被格局下的坡面泥沙、养分流失量与其径流侵蚀功率之间的定量关系，结果如表 9.4 所示。

表 9.4　径流侵蚀功率与泥沙-养分流失量间的关系

x	y	拟合方程	R^2	样本数
径流侵蚀功率/[m^4/(s·km^2)]	泥沙量/g	y =1087.2ln$x$+3730.5	0.86	28
	氮流失量/mg	y =1706.9ln$x$+6262.1	0.70	
	磷流失量/mg	y =106.2ln$x$+363.0	0.72	

从表 9.4 可以看出，采用径流侵蚀功率指标能综合反映不同坡面情况对泥沙-养分流失量的大小，且泥沙流失量与径流侵蚀功率之间的对数关系好于养分流失量。随着径流侵蚀功率的加大，泥沙流失量增大幅度逐渐变缓并趋于平稳。由于径流侵蚀功率取决于坡面的下垫面条件，是坡面本身的属性所决定的，综合说明了坡面泥沙、养分在水蚀动力条件下的流失变化规律，以及动力条件随下垫面草被覆盖度改变而改变的趋势。通过分析，认为存在一个随覆盖度的增加径流侵蚀功率减小最快的区间（0%～25%），故可以采用植被布设的方式，改变坡面的草被覆盖度，改变径流侵蚀功率，避免其出现在水土-养分流失过快的区间。因此，从造成水土流失和养分流失的动力源头上分析水土保持和非点源污染治理的方法措施，为探讨水土-养分流失的有效调控措施提供科学依据。

总之，通过室内模拟降雨试验，在阐明不同坡面条件下水土-养分流失规律及径流侵蚀功率的特征的基础上，通过在坡面不同空间部位覆盖草被，分析了不同植被覆盖、植被空间配置、坡度下坡面降雨径流、产沙特征及养分流失规律，定量揭示了坡面水土-养分流失与径流侵蚀功率的关系，得出以下结论。

（1）坡面出口的径流量随着降雨历时增加波动幅度小，泥沙流失过程波动幅度大，产沙量表现为裸坡>坡上覆草>坡下覆草。氮素流失以径流流失为主，流失过程比泥沙氮素流失过程平稳；草被覆盖对养分随径流的流失具有拦截作用，坡下草被覆盖对养分随径流流失的拦截作用大于坡上位置。

（2）径流侵蚀功率随着草被覆盖度的增大呈幂函数减小，28°坡面的径流侵蚀功率大于相同条件下的21°坡面；植被覆盖度对坡面水土-养分流失量的影响并不是简单的线性关系；径流侵蚀功率随着草被覆盖度的增大呈幂函数减小；径流侵蚀功率随草被覆盖格局不同而不同，坡下聚集格局径流侵蚀功率>坡中>坡上；坡面水土-养分流失量随径流侵蚀功率的增加呈对数递增关系。

参考文献

范荣生, 李占斌, 1991. 用于降雨侵蚀的人工模拟降雨装置实验研究[J]. 水土保持学报, 5(2): 38-45.

蒋定生, 1997. 黄土高原水土流失治理模式[M]. 北京: 中国水利水电出版社.

李勉, 姚文艺, 陈江南, 等, 2007. 草被覆盖下坡面-沟坡系统坡面流阻力变化特征试验研究[J]. 水利学报, 38(1): 112-119.

李鹏, 李占斌, 郑良勇, 2006. 黄土坡面径流侵蚀产沙动力过程模拟与研究[J]. 水科学进展, 17(4): 444-449.

刘青泉, 陈力, 李家春, 2001. 坡度对坡面土壤侵蚀的影响分析[J]. 应用数学和力学, 22(5): 449-457.

鲁克新, 李占斌, 鞠花, 等, 2009. 不同空间尺度次暴雨径流侵蚀功率与降雨侵蚀力的对比研究[J]. 西北农林科技大学学报(自然科学版), 37(10): 204-208.

单保庆, 尹澄清, 于静, 等, 2001. 降雨-径流过程中土壤表层磷迁移过程的模拟研究[J]. 环境科学学报, 21(1): 7-12.

王辉, 王全九, 邵明安, 2006. 人工降雨条件下黄土坡面养分随径流迁移试验[J]. 农业工程学报, 22(6): 39-44.

王全九, 沈晋, 王文焰, 等, 1993. 降雨条件下黄土坡面溶质随地表径流迁移实验研究[J]. 水土保持学报, 7(l): 11-17.

王晓燕, 王静怡, 欧洋, 等, 2008. 坡面小区土壤-径流-泥沙中磷素流失特征分析[J]. 水土保持学报, 22(2): 1-5.

张兴昌, 邵明安, 黄占斌, 等, 2000. 不同植被对土壤侵蚀和氮素流失的影响[J]. 生态学报, 20(6): 1038-1044.

张玉斌, 郑粉莉, 武敏, 2007. 土壤侵蚀引起的农业非点源污染研究进展[J]. 水科学进展, 18(1): 123-132.

赵护兵, 刘国彬, 曹清玉, 2008. 黄土丘陵沟壑区不同植被类型的水土保持功能及养分流失效应[J]. 中国水土保持科学, 6(2): 43-48.

第三篇　流域水-沙-养分输移过程及其对水土保持措施的响应

第 10 章　流域降雨-径流过程及其响应关系

流域径流过程对降雨具有较为复杂的响应关系（Morin et al., 2006），如流域的初始土壤含水量、降雨量、降雨强度和流域尺度等都会对径流过程产生影响（Feng et al., 2008; 李建柱，2008）。已有研究表明，大于 50%的非点源污染物的输出发生在降雨-径流过程中（Zheng et al., 2002），研究降雨-径流过程是理解流域非点源污染输出过程的基础。另外，许多非点源污染模型需要输入大量参数，然而不同的地区以及土地利用均会导致模拟结果的显著差异（Zhang et al., 2011a; Zhang et al., 2011b），因此，本章重点研究流域降雨-径流的响应过程并确定 SCS-CN 模型中的水文土壤组（hydrologic soil group，HSG）参数。

本章旨在阐述鹦鹉沟小流域及各嵌套子流域的降雨径流响应关系。首先，采用 K-means 聚类法对鹦鹉沟 2011～2013 年次降雨事件进行降雨类型划分，研究流域降雨的主要类型及侵蚀性降雨的年内分布特征；其次，根据实测降雨径流资料，分析鹦鹉沟流域出口及各嵌套流域的降雨-径流响应关系；最后，基于测定的流域土壤颗粒粒径、土壤有机碳等物理化学参数，应用转换函数模型，推导 SCS 模型中的水文土壤组空间分布特征。

10.1　流域降雨特征

10.1.1　降雨特征

降雨特征是指次降雨事件的降雨量、降雨雨强和降雨雨型等降雨参数在时间上的变化规律。本章以鹦鹉沟流域 2011 年和 2012 年 4～11 月期间的实测降雨资料为基础，分析降雨量、降雨雨型和降雨侵蚀力及其时间分布规律，为后续计算流域土壤侵蚀量及非点源污染负荷提供基础数据。2011 年和 2012 年 4～11 月期间日降雨量分布如图 10.1 和图 10.2 所示。

若两次降雨的降雨间歇时间不足 6h，则将两次降雨过程视为一次降雨过程；降雨的间歇时间大于 6h 则视为两次降雨过程（Huff, 1967）。2011 年 4～11 月鹦鹉沟流域共发生了 74 次降雨事件，年降雨总量为 848mm，每年的 7～10 月是降雨频发期，其中 9～10 月的总降雨量占 4～10 月总降雨量的 41%。2012 年鹦鹉沟流域的年降雨总量为 492mm。根据国家雨量划分标准划分 2011～2012 年降雨量发生次数分布图，次降雨量小于 5mm 的降雨次数最多，为 31 次，占总次数的 33%，次降雨量为 5～10mm 的降雨次数为 27 次，次降雨量为 10～20mm 的降雨次数为 17 次，次降雨量为 20～30mm 的降雨次数为 11 次，次降雨量为 30～40mm 的降雨次数为 7 次，次降雨量大于 50mm 的降雨次数为 3 次。最大日降雨量发生在 2011 年 7 月 4 日，降雨总量为 74mm。

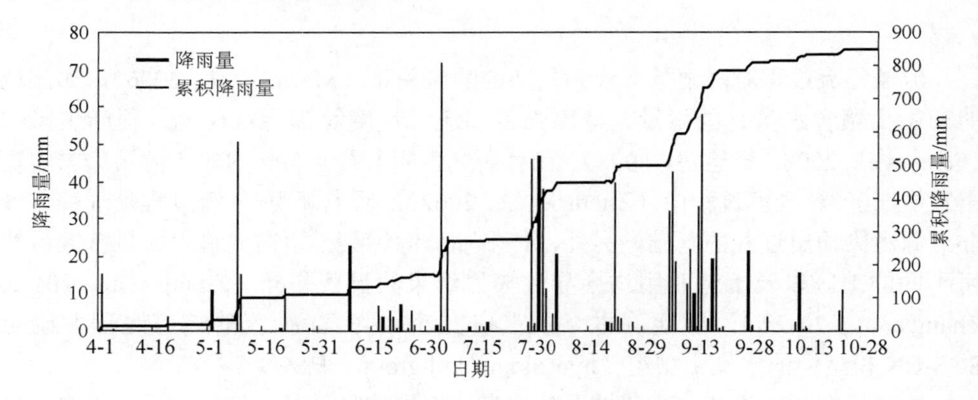

图 10.1　2011 年 4～11 月日降雨量分布

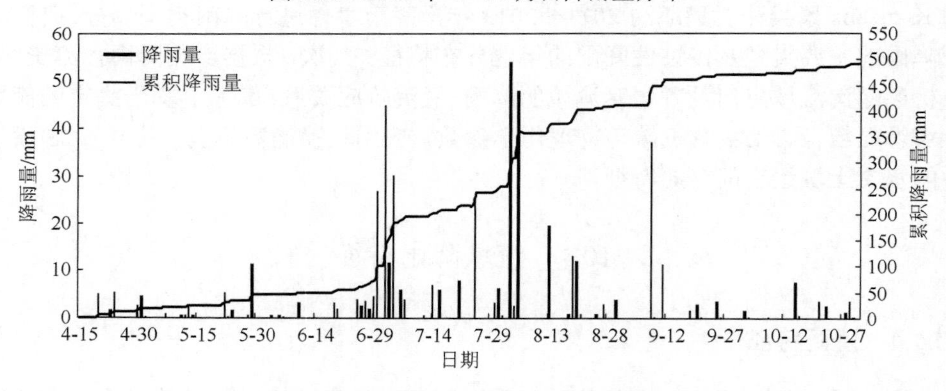

图 10.2　2012 年 4～11 月日降雨量分布

10.1.2　降雨类型划分

选择次降雨的降雨量（P）、降雨历时（D）、最大 30min 雨强（I_{30}）三个影响径流形成及侵蚀产沙最主要的指标进行雨型划分（方怒放，2012），利用 SPSS 软件的 K-means 聚类法将 154 场降雨分成三种雨型。表 10.1 为不同雨型的统计特征结果，由表 10.1 可知，154 场降雨中，雨型 I 发生频次最高，为 104 次，占总降雨次数的 67.6%；雨型 II 共发生 41 次，占总降雨次数的 26.6%，雨型 III 的发生次数最少，占总降雨次数的 5.8%。三个不同雨型的平均降雨量和降雨历时排列次序为雨型 III＞雨型 II＞雨型 I，而最大 30min 雨强的排列次序为雨型 II＞雨型 III＞雨型 I。

表 10.1　不同降雨雨型统计特征

雨型划分	指标	均值	最小值	最大值	标准差	次数
I（小降雨量短历时）	P/mm	4.2	0.2	44.2	6.7	104
	D/min	236	5	675	204.7	
	I_{30}/(mm/h)	4.0	0.4	47.6	7.3	
II（中降雨量中历时）	P/mm	13.1	1	40.6	10.7	41
	D/min	1155	700	2010	380.7	
	I_{30}/(mm/h)	6.8	0.4	66	10.6	
III（大降雨量长历时）	P/mm	28.8	5.4	50	15.6	9
	D/min	2972	2250	4435	636	
	I_{30}/(mm/h)	5.0	1.2	12.4	3.1	

10.1.3　侵蚀性降雨的时间特征

降雨会引发水土流失，但并不是所有的降雨事件都能够引起土壤侵蚀，能够导致土壤侵蚀的降雨事件称为侵蚀性降雨。因此，在计算降雨侵蚀力时只采用侵蚀性降雨进行计算。侵蚀性降雨是导致土壤侵蚀的主要驱动力，以降雨侵蚀力指标 R 进行表征，降雨侵蚀力是指由降雨引起土壤侵蚀的潜在能力，准确计算降雨侵蚀力是确定土壤侵蚀量的重要基础。在 RUSLE 中，降雨侵蚀力是降雨动能（E）和最大 30min 雨强（I_{30}）的乘积，即 EI_{30}。参与计算降雨侵蚀的 R 值为次降雨量大于 12.7mm 的降雨。

为了深入分析侵蚀性降雨统计特征，首先要确定侵蚀性降雨标准：1 次降雨的降雨量若小于 0.5in*（12.7mm）则将这次降雨从侵蚀力的计算中剔除，但若此次降雨中最大 15min 降雨量超过 0.25in（6.4mm）则仍将这次降雨计算在内。2011 年侵蚀性降雨事件分布如图 10.3 所示。可见，2011 年共发生侵蚀性降雨事件 24 次，侵蚀性降雨的总降雨量为 708.6mm，占总降雨量的 83.5%。

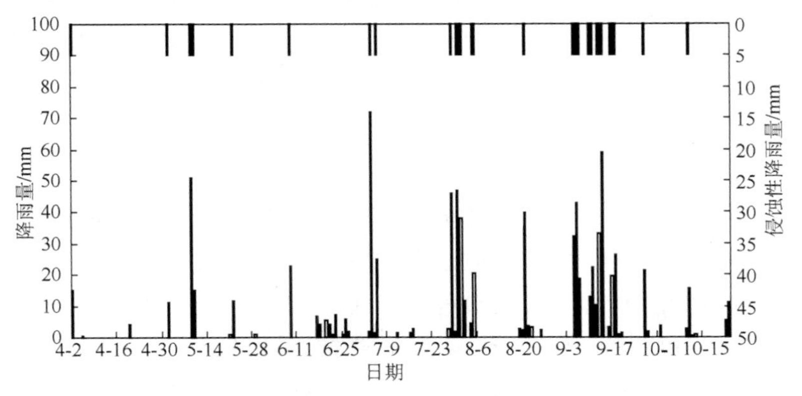

图 10.3　2011 年侵蚀性降雨事件分布

* 1 英寸（in）=2.54 厘米（cm）。

10.2　典型降雨-径流过程线分析

10.2.1　流域典型降雨-径流过程

降雨量、降雨历时、降雨强度等因素对流域产流、产沙过程有着重要影响。图 10.4 为鹦鹉沟 2012 年 7 月 4 日的降雨径流过程。该次降雨事件的降雨总量为 38.3mm，由于降雨在 440min 和 985min 存在两个峰值，所以径流共产生两个洪峰，出现时间分别为 620min 和 1460min。第一个洪峰流量为 0.13m^3/s，洪峰的滞时为 180min，由于第一次降雨导致流域的土壤含水量增加，所以在第二次同量级的降雨条件下；第二个洪峰陡涨陡落，洪峰流量为 0.30m^3/s，是第一次洪峰流量的 2.3 倍，滞后降雨峰值约 475min。经计算，本次降雨的径流系数为 0.16。

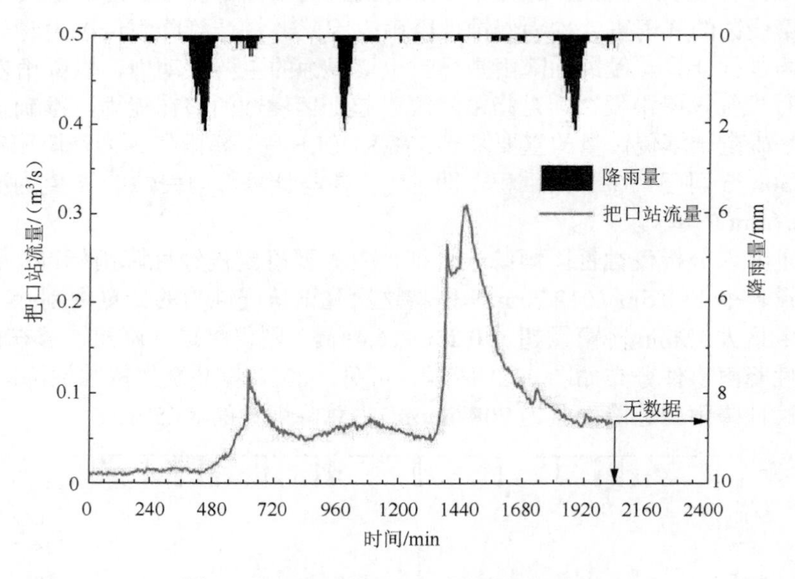

图 10.4　2012 年 7 月 4 日降雨径流过程

图 10.5 为鹦鹉沟 2012 年 9 月 7 日的降雨径流过程，该次降雨事件的降雨总量为 48.5mm。由于降雨在 530min 和 1095min 存在两个峰值，但是降雨峰值属于一大一小形状，所以其径流过程共产生一大一小两个洪峰，第一个洪峰流量为 0.25m^3/s，洪峰滞时为 200min；随着降雨逐渐减小，第二个洪峰流量减小为 0.10m^3/s，滞后降雨峰值约 115min，经计算，该次降雨事件的径流系数为 0.09。

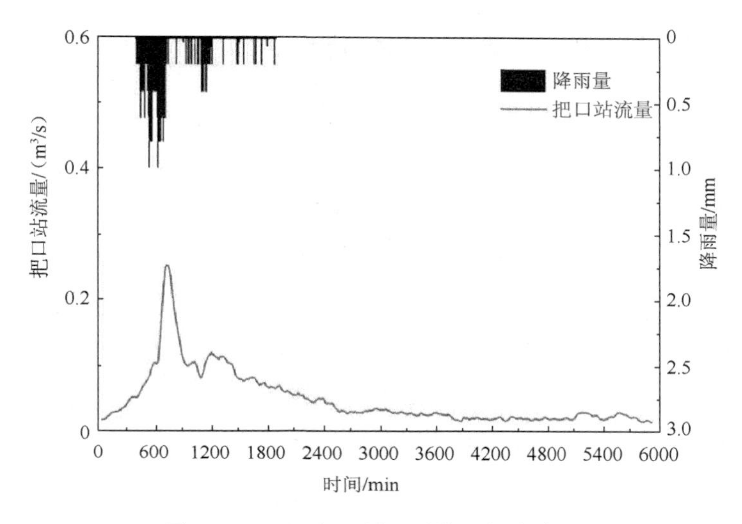

图 10.5 2012 年 9 月 7 日降雨径流过程

图 10.6 为鹦鹉沟 2012 年 9 月 11 日的降雨径流过程。该次降雨事件的降雨总量为 11.2mm，由于降雨在 20min 和 480min 存在两个峰值，所以径流共产生两个洪峰，产生时间分别为 90min 和 500min，但这两个峰值流量差别不大，第一个洪峰流量为 0.09m^3/s，洪峰滞时为 70min，第一次降雨导致土壤含水量增加，所以在第二次同量级的降雨条件下，洪峰流量为 0.08m^3/s，滞后降雨峰值约 20min。经计算，该次降雨事件的径流系数为 0.33。比前两次典型降雨事件的径流系数大，可能与该地区 9 月降雨较多，土壤前期含水量较大有关。

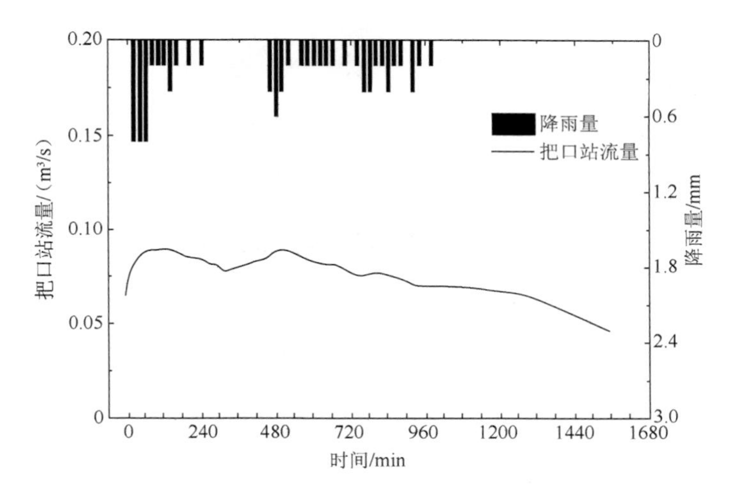

图 10.6 2012 年 9 月 11 日降雨径流过程

10.2.2 鹦鹉沟各子流域典型降雨的径流过程

图 10.7、图 10.8、图 10.9 分别为三次不同次降雨过程中鹦鹉沟流域（Y6）及其子流域（Y1～Y5）的径流过程。从图中可以看出，Y1 的径流过程线与 Y6 较为相似，但洪水峰值略早于 Y6，这是因为 Y1 处于河流上游，此外 Y1 流域面积占鹦鹉沟流域总面积的 24%，且 Y1 是一个以农地为主的小流域，较易产生径流。由此可知，Y1 的流量过程基本可以表现出 Y6 径流过程线的雏形。Y2 也是一个以农地为主的小流域，占总流域面积的 2%，由于流域的汇水面积小，产生的径流也较小；Y3 嵌套 Y2，其流域面积占总流域面积的 4%，可以看出，其径流过程线与 Y2 非常接近。Y4 流域嵌套 Y3 流域，在 Y3 至 Y4 出口，其流域面积占流域总面积的 12%，由于 Y4 出口的林地面积增加，其径流过程线的涨落变化并不十分明显；Y5 是 Y4 与 Y1 两个支流汇合后的监测点，其流域面积占总流域面积的 48%，可以看出，Y5 基本可以决定 Y6 径流过程线的形状；Y6 为鹦鹉沟流域出口的卡口站。从图中可以看出，Y1 和 Y5 对 Y6 洪水过程线的形状起决定作用。

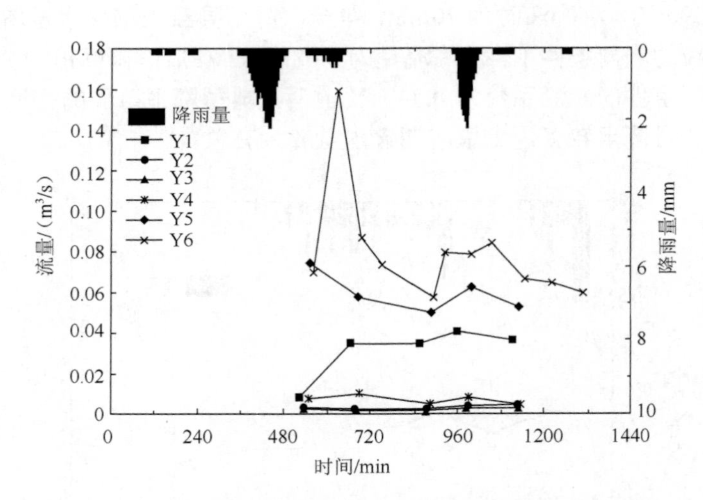

图 10.7　2012 年 7 月 4 日鹦鹉沟流域及其子流域的径流过程

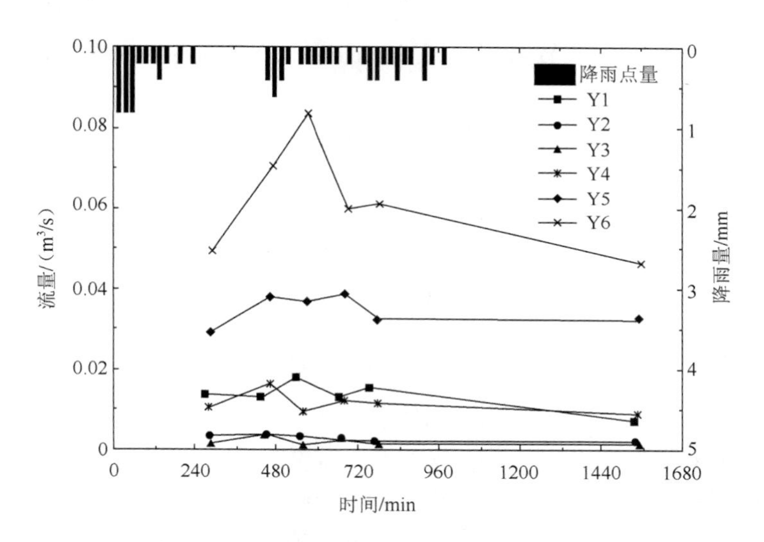

图 10.8　2012 年 9 月 11 日鹦鹉沟流域及其子流域的径流过程

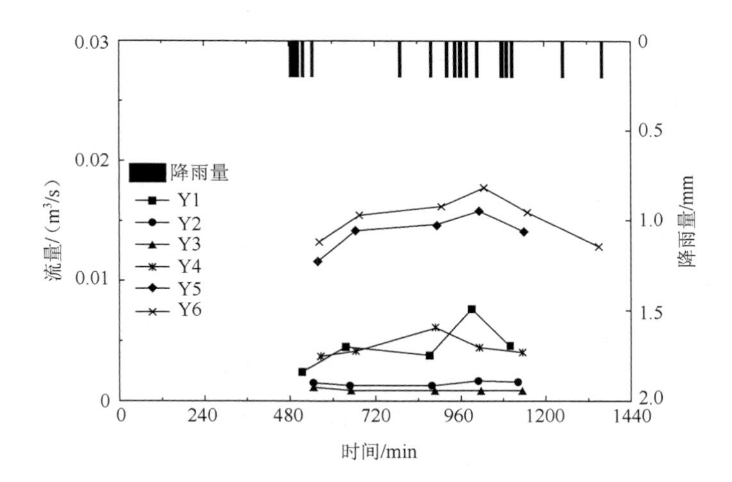

图 10.9　2012 年 9 月 25 日鹦鹉沟流域及其子流域的径流过程

10.3　SCS-CN 模型中流域水文土壤组的确定

10.3.1　SCS 模型原理

SCS-CN 模型即径流曲线数值法，是美国农业部于 1954 年研制开发用于小流域及城市水文、防洪工程计算的水文模型。由于该模型结构简单、对观测数据要求不高等优点而被广泛应用。该模型综合考虑了降雨、土地利用类型、前期土壤含水量、土壤类型、植被覆盖度、坡度条件等下垫面因素与径流的关系，能够很好地反映地表特征对径流过程的影响。

SCS 模型基于两个水文假设和一个水量平衡方程为基础建立。

第一个假设：实际滞留量（F）与最大可能滞留量（S）的比值等于实际径流量（Q）与最大可能径流量的比值，即

$$\frac{F}{S}=\frac{Q}{P-I_{\mathrm{a}}} \tag{10-1}$$

第二个假设：初损量是土壤潜在最大滞留量的一部分，表达式为

$$I_{\mathrm{a}}=\lambda S \tag{10-2}$$

式中，F 为实际滞留量，mm；S 为最大可能滞留量，mm；Q 为直接径流量，mm；I_{a} 为初损量，mm；$P-I_{\mathrm{a}}$ 为最大可能径流量，mm；λ 为初损系数，与所处地区有关，根据地表土壤水文条件进行选取，一般取值范围为 $0 \leqslant \lambda \leqslant 0.4$。

根据流域的水量平衡原理，一次降雨过程中产生直接径流量前的损失量包括植物截留、填洼、下渗等，其表达式为

$$Q=P-I_{\mathrm{a}}-F \tag{10-3}$$

因此，由式（10-1）～式（10-3）可得地表直接径流，其计算公式如下：

$$Q=\frac{(P-I_{\mathrm{a}})^2}{(P-I_{\mathrm{a}})+S} \tag{10-4}$$

当 $\lambda=0.2$ 时，$I_{\mathrm{a}}=0.2S$，式（10-4）可以表达为

$$Q=\begin{cases}\dfrac{(P-0.2S)^2}{P+0.8S}, & P>0.2S \\ 0, & P<0.2S\end{cases} \tag{10-5}$$

Mockus 等（2003）根据美国大量实测数据得出，$\lambda=0.2$。Shi 等（2009）在三峡地区的小流域的研究结果表明，λ 取 0.05 更为合适。

由于最大可能滞留量 S 变化范围较大且比较复杂，引入一个径流曲线数（curve number，CN）指标作为反映降雨前流域特征的一个综合参数，则有

$$S=\frac{25400}{\mathrm{CN}}-254 \tag{10-6}$$

由式（10-6）可知，CN 值越大，S 值越小，越容易产生径流。CN 值的大小主要由土壤类型、土地利用类型、土壤前期湿度、植被覆盖类型、坡度、管理状况和水文条件等因素决定。由于 SCS 模型中只有一个参数 CN，所以模型对 CN

值的敏感性很高（Ponce et al., 1996），CN 值的变化为±10%可导致径流量计算值出现+55%和−45%的变化（Boughton, 1989）。由此可知，CN 值的合理确定对降雨-径流量的准确预测非常重要。

10.3.2　水文土壤组的确定

CN 值的确定过程：首先，假定前期土壤湿度 AMC 处于一般条件（AMCⅡ），根据流域土地利用类型、水文土壤组等因素在美国农业部提出的 CN 表中查找不同土地利用类型的 CN 值；其次，根据不同土地利用的面积加权计算流域综合的 CN 值；最后，根据式（10-7）和式（10-8）转换成干旱条件（AMCⅠ）、湿润条件（AMCⅢ）下的 CN 值。

$$\mathrm{CN(I)} = \frac{4.2\mathrm{CN(II)}}{10 - 0.058\mathrm{CN(II)}} \tag{10-7}$$

$$\mathrm{CN(III)} = \frac{23\mathrm{CN(II)}}{10 - 0.13\mathrm{CN(II)}} \tag{10-8}$$

根据土壤的水文性质，SCS 模型将土壤划分为 A、B、C、D 四类水文土壤组，其中 A 类为具有良好透水性能的砂土或砾石土，渗透性很强，潜在径流量很低，土壤在水分完全饱和的情况下仍然具有很高的入渗速率和导水率；B 类主要是砂壤土，或者在土壤剖面的一定深度具有弱不透水层，渗透性较强，土壤在水分完全饱和的情况下仍然具有较高的入渗速率；C 类主要为壤土，或者虽为砂性土但在土壤剖面一定部位存在不透水层，中等透水性土壤；D 类主要为黏土等，弱透水性土壤。水文土壤组划分如表 10.2 所示。

表 10.2　水文土壤组划分

土壤类型	最小入渗速率/(mm/h)	土壤质地
A	＞7.28	砂土、砂质壤土、壤质沙土、粉砂壤土
B	3.81～7.28	粉砂壤土、壤土
C	1.27～3.81	砂黏壤土
D	＜1.27	黏壤土、粉砂黏壤土、粉砂黏土、砂黏土

水文土壤组可以通过土壤饱和导水率确定，获得土壤饱和导水率的方法有两种：一种方法是直接测量，用这种方法可以准确获得饱和导水率，但测量过程非常耗时和费力，且土壤的空间异质性导致饱和导水率空间变异性较大；另一种方法是间接测量，即应用土壤转换函数对相对容易获得的土壤基本物理参数的水力

性质进行预测，这种方法能够较为准确地估计土壤饱和导水率。不同深度土壤物理特性及饱和导水率统计特征如表 10.3 所示，可以推求流域的饱和导水率进而确定水文土壤组。

表 10.3　不同深度土壤物理特性及饱和导水率统计特征

项目	土壤深度/cm	均值	最小值	最大值	标准差	变异系数/%	样品数量
黏粒/%	0～10	4.73	1.24	14.30	2.54	54.16	210
	10～20	4.81	0.64	16.67	3.11	64.66	210
	20～40	5.66	1.17	40.11	4.25	75.62	210
粉粒/%	0～10	49.33	18.27	81.4	12.56	25.57	210
	10～20	48.06	11.87	85.08	14.24	29.63	210
	20～40	50.32	15.32	83.51	14.81	29.34	210
砂粒/%	0～10	45.93	8.77	80.46	14.67	31.76	210
	10～20	47.12	2.87	87.17	16.92	35.91	210
	20～40	44.01	2.64	83.49	18.06	41.15	210
有机碳/(g/kg)	0～10	11.57	2.11	94.95	11.31	97.75	210
	10～20	8.91	0.96	88.2	11.55	129.63	210
	20～40	8.46	0.21	87.14	9.80	115.84	210
容重/(g/cm^3)	0～10	1.31	0.93	1.65	0.169	12.9	15
	10～20	1.43	1.16	1.61	0.115	8.04	15
	20～40	1.53	1.31	1.75	0.149	9.74	15
饱和导水率/(mm/h)	0～10	82.12	33.6	126	28.21	34.35	15
	10～20	64.07	31.2	135.6	29.11	45.43	15
	20～40	58.51	23.4	94.47	20.52	35.07	15

10.3.3　饱和导水率的空间分布特征

在进行农田土壤水分、养分和污染物运动规律的研究以及在采用模型模拟的方法时，土壤的饱和导水率是模型中一个非常重要的水力参数，它关系到模型运算结果的可靠程度。现代的水文过程模拟、分析非常依赖土壤水土保持和转移特征的正确描述。用实测方法可以获得准确的饱和导水率，但测量过程非常耗时和费力，且由于土壤的空间异质性导致饱和导水率空间变异性较大。用可以获得的土壤物理参数来估算土壤水分特征是土壤物理学家和工程学家的一个长期目标。土壤转换函数方法能够较为准确地间接估计这一重要参数，土壤转换函数就是用容易获得的土壤基本性质（如土壤颗粒组成、土壤容重、土壤有机碳含量）与土壤的水力性质通过某种算法建立关系。

土壤转换函数在进行饱和导水率的空间预测时，第一步是掌握土壤基本性质的空间分布，对土壤颗粒组成、土壤容重和不同土地利用类型的空间分布特征进行分析；第二步是选择土壤传递函数模型，本章选用 Vereecken 传递函数模型对土壤的饱和导水率进行计算。Vereecken 模型如下：

$$\ln K_s = 20.62 - 0.96\ln C - 0.66\ln S - 0.46\ln\omega - 8.43\rho \tag{10-9}$$

式中，K_s 为饱和导水率，mm/h；C 为黏粒含量，%；S 为砂粒含量，%；ω 为有机质含量（有机碳含量换算得到），g/kg；ρ 为土壤容重。

鹦鹉沟流域不同土地利用类型下饱和导水率预测值统计特征如表 10.4 所示。可以看出，Vereecken 模型在表层 0～10cm 饱和导水率的预测值更接近实测值，误差在 25%以内。但在预测深层土壤的饱和导水率时误差较大，这可能是由于流域深层土壤中砾石含量较大，从而使得预测值比实测值偏小。

表 10.4 鹦鹉沟流域不同土地利用类型下饱和导水率预测值统计特征

土地利用类型	土层深度/cm	饱和导水率预测值 $\ln K_s$/(mm/h)				实测值 $\ln K_s$ /(mm/h)	平均误差
		最小值	最大值	平均值	标准差		
林地	0～10	2.74	6.46	4.72	0.778	4.79	0.02
	10～20	2.29	5.93	4.01	0.854	4.48	0.10
	20～30	1.06	4.84	2.80	0.854	4.30	0.35
草地	0～10	3.23	6.43	4.46	0.122	5.70	0.22
	10～20	2.29	5.71	1.34	3.380	5.18	0.35
	20～30	1.27	4.26	2.47	0.817	4.18	0.41
农地	0～10	2.92	6.09	4.14	0.197	5.44	0.24
	10～20	1.81	5.00	3.44	0.077	5.38	0.36
	20～30	0.36	4.16	1.61	2.070	4.76	0.66

利用 Kriging 插值方法对 Vereecken 模型预测的饱和导水率结果进行了空间插值，结果如图 10.10 所示。导致饱和导水率空间预测结果的不确定性因素主要有两个，即土壤转换函数自身的预测误差和插值的预测误差。由于土壤的基本性质与饱和导水率在本质上并不存在线性关系，因此，基于回归方法的土壤转换函数对饱和导水率预测的误差一般较大，尤其在基于某一地区样本建立的土壤转换函数应用到其他地区的饱和导水率预测时，这种误差更加明显。而 Kriging 插值法的不确定性则可以通过空程分析进行判断。相比之下，Kriging 插值法的误差比 Vereecken 模型自身的误差对饱和导水率不确定性的贡献大。综上所述，Vereecken 转换函数是一个预测饱和导水率非常有效的工具，检验之后能够为 SCS-CN 模型中 CN 值的选取及其他水文模型对该地区的径流模拟提供基础资料。

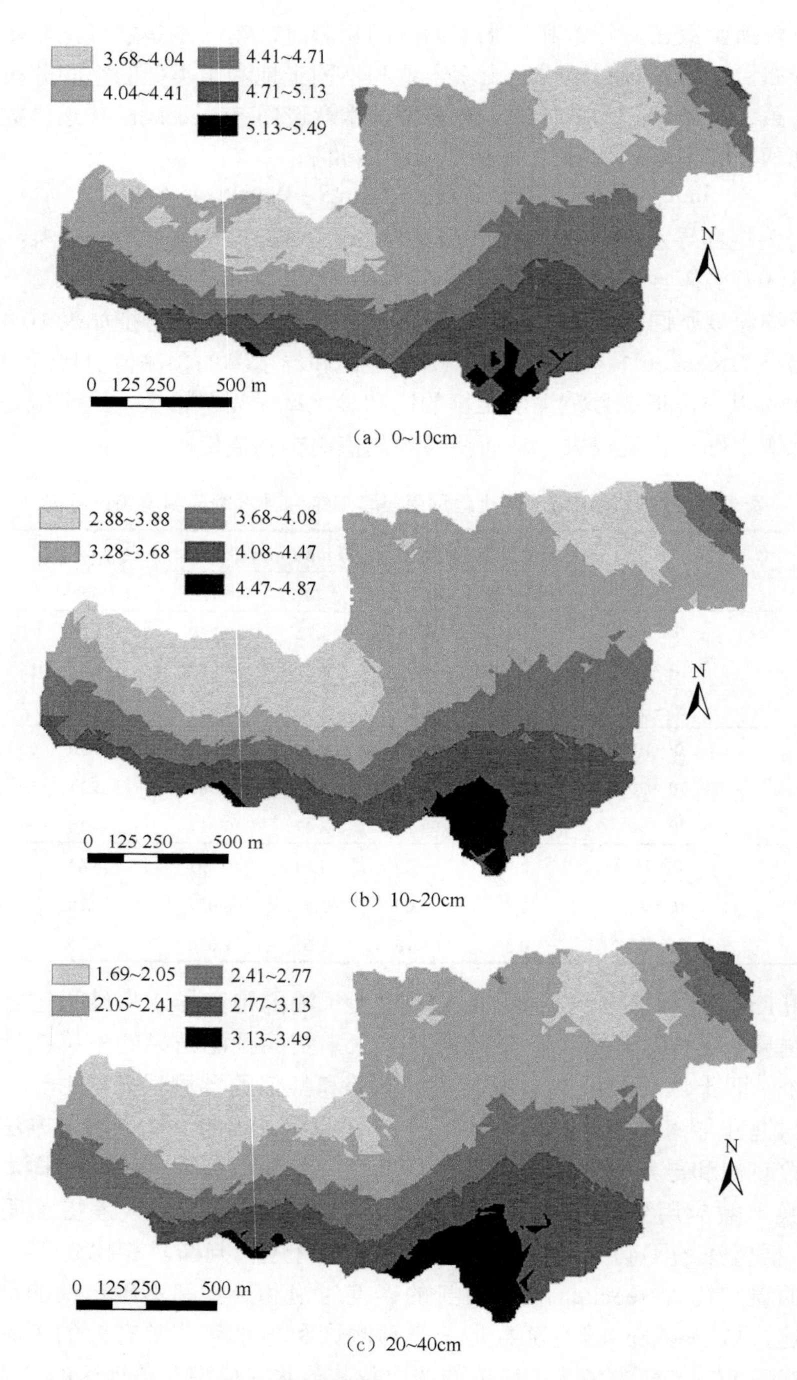

(a) 0~10cm

(b) 10~20cm

(c) 20~40cm

图 10.10　Vereecken 模型预测的饱和导水率空间分布（单位：mm/h）

参考文献

方怒放, 2012. 小流域降雨-径流-产沙关系及水土保持措施响应[D]. 武汉: 华中农业大学.

李建柱, 2008. 流域产汇流过程的理论探讨及其应用[D]. 天津: 天津大学.

BOUGHTON W C, 1989. A review of the USDA SCS curve number method[J]. Australian Journal of Soil Research, 27(3): 511-523.

BRONSTERT A, BÁRDOSSY A, BISMUTH C, et al., 2008. Multi-scale modelling of land-use change and river training effects on floods in the Rhine basin[J]. River Research & Applications, 23(10): 1102-1125.

FENG P, LI J Z, 2008. Scale effects on runoff generation in meso-scale and large-scale sub-basins in the Luanhe River Basin[J]. Hydrology & Earth System Sciences Discussions, 5(3): 1511-1531.

HUFF F A, 1967. Time distribution of rainfall in heavy storms[J]. Water Resources Research, 3(4): 1007 - 1019.

JOEL A, MESSING I, SEGUEL O, et al., 2004. Measurement of surface water runoff from plots of two different sizes[J]. Hydrological Processes, 16(7): 1467-1478.

MISHRA S K, SINGH V P, 2003. SCS-CN Method[M]//Soil Conservation Service Curve Number(SCS-CN) Methodology. Netherlands: Springer.

MORIN E, GOODRICH D C, MADDOX R A, et al., 2006. Spatial patterns in thunderstorm rainfall events and their coupling with watershed hydrological response[J]. Advances in Water Resources, 29(6): 843-860.

PONCE V M, HAWKINS R H, 1996. Runoff Curve Number: Has It Reached Maturity?[J]. Journal of Hydrologic Engineering, 1(1): 11-19.

SHI Z H, CHEN L D, FANG N F, et al., 2009. Research on the SCS-CN initial abstraction ratio using rainfall-runoff event analysis in the Three Gorges Area, China[J]. Catena, 77(1): 1-7.

ZHANG G H, LIU G B, WANG G L, et al., 2011a. Effects of vegetation cover and rainfall intensity on sediment-bound nutrient loss, size composition and volume fractal dimension of sediment particles[J]. Pedosphere, 21(5): 676 - 684.

ZHANG H, ZENG F T, FANG H Y, et al., 2011b. Impact of consecutive rainfall on non-point source pollution in the Danshui River catchment[J]. Acta Sci Circumst, 31(5): 927-934.

ZHENG Y, WANG X J, 2002. Advances and prospects for nonpoint source pollution studies[J]. Advances in Water Science, 13(1): 105-110.

第 11 章　鹦鹉沟流域土壤侵蚀量及泥沙量估算

土壤侵蚀是土地退化的根本原因，也是导致生态环境恶化的重要因素。土壤侵蚀可导致土壤和养分的流失、土层变薄、土地贫瘠、宜耕地减少，流失土壤的堆积，可使河道水库淤塞，加剧洪涝灾害的威胁，其携带的氮、磷营养物质还可造成严重的面源污染；长期的水土流失还会使裸岩荒山不断增多，引发石漠化问题（王占礼，2000；彭建，2007；李婷，2011）。小流域是水土流失发生和发展的最基本单元，是探索土壤侵蚀规律和评价流域治理效益的重要途径和内容，合理准确地预测其土壤侵蚀，对研究区域水土流失有着重要作用（庞国伟等，2012）。水质和水量是南水北调工程成败的关键，鹦鹉沟流域位于丹江中游，处于南水北调工程的水源区。随着点源污染的有效控制，水土流失及其携带的农业面源污染治理就显得尤为重要。因此，加强南水北调水源区小流域水土流失研究，可以为中线工程的供水保证、水土保持和生态环境建设提供重要依据。近年来，国内外对水土流失问题开展了大量定量研究，推动了水土保持工作数字化发展进程，基于 GIS 技术的土壤侵蚀模型是进行土壤侵蚀过程定量研究与土壤侵蚀评价的有效方法，其中，修正土壤流失方程（RUSLE）较为全面地考虑了土壤侵蚀的影响因素，已被国内外广泛应用（Angima，2003；Shi，2004；秦伟，2009），然而目前针对南水北调中线工程区域土壤侵蚀量的有关研究还相对较少，尤其对土壤养分损失量的研究更是缺乏。

本章旨在分析流域表层土壤颗粒特征，应用 RUSLE 模型计算流域的年土壤侵蚀量，并应用 MUSLE 公式计算次降雨流域泥沙量。主要内容包括：①根据流域表层土壤颗粒粒径的统计结果，分析不同土地利用类型下土壤颗粒粒径的分布特征；②依据流域降雨-径流资料、土地利用类型、坡度坡长及水保措施的分布情况确定 RUSLE 中各因子的取值，采用 RUSLE 模型计算鹦鹉沟流域的年土壤侵蚀量及年均土壤侵蚀强度，分析不同侵蚀强度的分级分区特征和 6 个子流域的年均土壤侵蚀状况；③根据典型降雨-径流中的径流量和洪峰流量，采用 MUSLE 模型分别计算次降雨 6 个流域出口的泥沙量，并与实测泥沙产量进行对比分析，说明 MUSLE 模型在鹦鹉沟流域泥沙量的计算精度及应用范围。旨在为南水北调小流域面源污染治理、清洁小流域建设及水土保持工作提供指导。

11.1　流域土壤颗粒粒径特征

11.1.1　流域土壤颗粒粒径的统计特征

土壤颗粒的分布及空间变化是土壤重要的物理特性之一，对土壤水分和溶质运移、土壤侵蚀等有重要意义（胡宏昌等，2011）。土壤颗粒是构成土壤结构的基本单元，其颗粒组成对土壤的物理、化学、生物学性质起决定性作用。因此，土壤作为降雨侵蚀作用的物质来源，研究土壤的物理属性是泥沙迁移的基础。同时，土壤粒径分布被广泛应用于推导土壤水分特征曲线及水力传导度（Saxton et al., 1986；Wösten et al., 2001；Hwang et al., 2003）。

以 100m×100m 网格采样法采集流域表层 0～10cm 土壤，土壤颗粒组成的测定采用马尔文激光粒度分析仪法，鹦鹉沟流域表层 0～10cm 土壤颗粒组成统计特征如表 11.1 所示。依据美国土壤质地分类法，流域土壤主要为砂质壤土和粉土。由表可以看出，流域表层土壤中黏粒、粉粒、砂粒分别占土壤粒径的 1.24%～14.30%、18.27%～81.40%、8.77%～80.46%。由土壤粒径的平均值可以看出，在土壤颗粒组成中，粉粒质量分数最大，其平均体积百分比为 49.54%；砂粒次之，为 45.69%；黏粒最小，为 4.76%。

表 11.1　鹦鹉沟流域表层 0～10cm 土壤颗粒组成统计特征

颗粒类别	样品数	最小值	最大值	平均值	标准差	K-S
黏粒/%	195	1.24	14.30	4.76	2.61	0.500
粉粒/%	195	18.27	81.40	49.54	12.69	0.847
砂粒/%	195	8.77	80.46	45.69	14.86	0.519

土壤黏粒与粉粒、砂粒的相关关系如图 11.1 所示，可见，黏粒与粉粒存在较高的正相关关系，而黏粒与砂粒存在较高的负相关关系。与三峡库区相比（杜高赞等，2011），研究区土壤中黏粒含量较低，结合流域的土地利用类型可知，流域坡面下部及河道两侧的土壤颗粒更为细小。说明土石山区降雨侵蚀过程中，一部分细颗粒物质被搬运、输移至流域坡面下部或坡脚区域，甚至输移至流域出口外部，另一部分细颗粒物质随土壤淋溶作用向下迁移，导致表层土壤黏粒含量降低（张秦岭等，2013）。土壤中粒径的相对百分比组成了土壤质地，据美国土壤质地分类法，鹦鹉沟流域土壤主要为砂质壤土和粉土，土壤质地如图 11.2 所示。

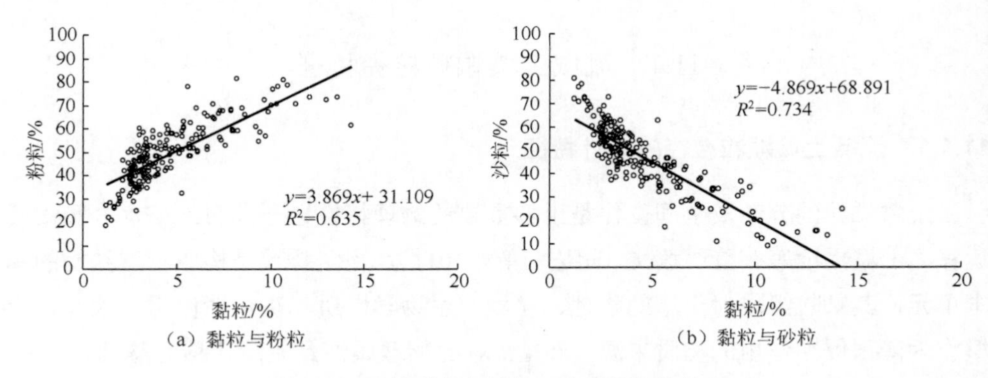

图 11.1　土壤黏粒与粉粒、砂粒的相关关系

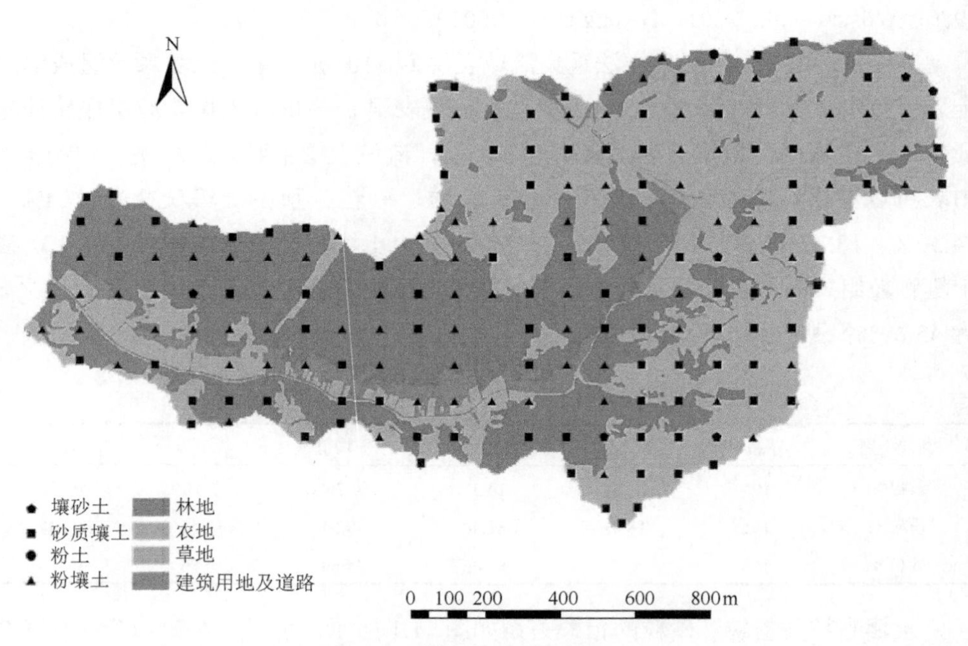

图 11.2　鹦鹉沟流域土壤质地

11.1.2　不同土地利用类型下土壤粒径组成特征

黏粒、粉粒和砂粒含量等描述的是不同粒级范围内土壤颗粒含量的平均值，而土壤全部粒径能够更加充分准确地反映土壤粒径的分布特征。不同土地利用类型下土壤粒径分布特征如图 11.3 所示，可以看出，在＜0.002mm 的粒径下，草地中的细颗粒物质略大于林地和农地。结合流域土地利用可知，草地主要分布在流域上游坡面的坡脚及沟道两侧，细颗粒物质在降雨径流侵蚀作用下从坡面上部农

地或林地迁移至下部的草地。在 0.002～0.05mm 粒径内，这种侵蚀搬运细颗粒物质的作用体现得更为明显，表现为草地＞农地＞林地，其中林地的细颗粒较少的原因，主要是鹦鹉沟流域内林地主要分布在流域上游边缘及流域下游河道两侧，坡度较陡且较为稀疏的区域，土壤侵蚀较为严重。在 0.05～0.1mm 粒径内，表现为农地＞草地＞林地，流域内农地一般位于坡面中部和下部地势平缓的区域，＜0.05mm 的颗粒随径流迁移至沟道附近的草地，而 0.05～0.1mm 的土壤颗粒则沉积在农地里；林地＞0.25mm 的土壤颗粒最多。

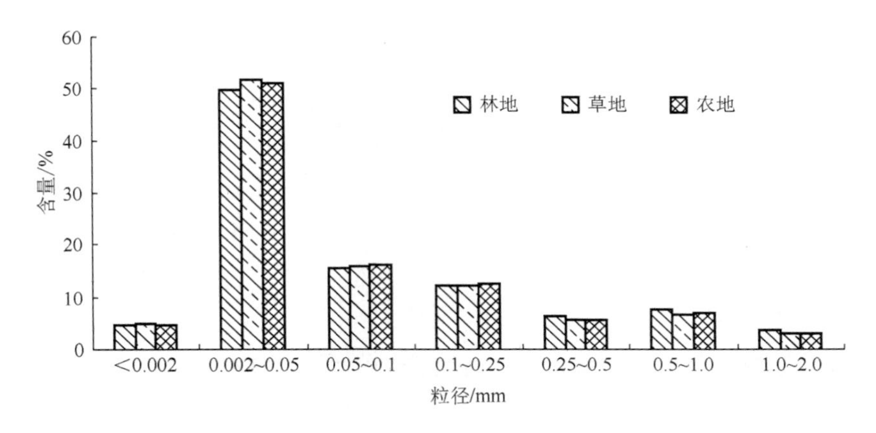

图 11.3　不同土地利用类型下土壤粒径分布特征

11.1.3　不同土地利用类型下土壤容重变化特征

土壤容重作为土壤基本物理性状之一，不仅是评价坡地土壤抗侵蚀能力的重要指标，也是影响不同土地利用类型下水力传导系数和流域碳、氮、磷等元素储量的重要参数。

表 11.2 为鹦鹉沟流域不同土地利用类型下土壤容重统计特征。从表中可知，随着土层深度的增加，林地、草地、农地的土壤容重都逐渐增大。对比不同土地利用类型相同土层的土壤容重可知，土壤容重的大小顺序依次为农地＞林地＞草地。这是由于鹦鹉沟流域为薄层土石山区，土层较薄，且在采集土壤样品过程中发现土壤中的碎石屑含量随着土层深度的增加不断增加，导致农、林、草地的土壤容重增加；而在 3 种土地利用类型中，农地土壤容重最大，可能与人类的耕作活动或牲畜踩踏有关。另外，林、草的根系大都分布在 0～40cm，根系的存在增加了土壤中的孔隙数量，导致土壤容重较小。

表 11.2 鹦鹉沟流域不同土地利用类型下土壤容重统计特征

土地利用类型	土层深度/cm	容重/(g/cm³)					样品数
		最小值	最大值	平均值	标准差	方差	
林地	0～10	1.19	1.51	1.27	0.18	0.019	5
	10～20	1.44	1.61	1.42	0.058	0.005	5
	20～30	1.35	1.70	1.53	0.138	0.019	5
草地	0～10	0.93	1.37	1.25	0.18	0.034	5
	10～20	1.16	1.51	1.34	0.142	0.020	5
	20～30	1.31	1.65	1.49	0.131	0.017	5
农地	0～10	1.11	1.65	1.34	0.197	0.039	5
	10～20	1.34	1.53	1.45	0.077	0.006	5
	20～30	1.40	1.85	1.61	0.17	0.030	5

11.2 基于 RUSLE 模型的流域土壤侵蚀特征

11.2.1 RUSLE 概述

土壤侵蚀模型是了解土壤侵蚀过程与侵蚀强度，掌握土地资源发展动态，指导人们合理利用土地资源，管理和维持人类长期生存环境的重要技术工具。在众多的土壤侵蚀预报模型中，USLE 模型在世界上使用最为广泛。USLE 模型是根据美国 10000 多个标准径流小区数据建立的经验统计模型，最初用于预测坡面土壤侵蚀量，后逐步发展到预测流域多年平均年土壤侵蚀量。随着人们对非点源污染问题的关注，由土壤侵蚀引起的河流水质污染问题的研究逐渐展开。另外，目前 USLE 及 RUSLE 主要用于次降雨事件或季节尺度的侵蚀预报（Kinnell, 2010）。

RUSLE 模型是 USLE 模型的改进版，与 USLE 模型相比，RUSLE 模型的数据来源更广，可以结合 GIS 工具进行计算分析。RUSLE 模型作为目前世界上应用最广泛的水蚀预报经验模型，其表达式为

$$A = RKSLCP \tag{11-1}$$

式中，A 为单位面积的年平均土壤流失量，$t/(hm^2 \cdot a)$；R 为降雨侵蚀力因子，$MJ \cdot mm/(hm^2 \cdot h \cdot a)$；$K$ 为土壤可蚀性因子，$t \cdot hm^2 \cdot h/(hm^2 \cdot MJ \cdot mm)$；$L$ 为坡长因子；S 为坡度因子；C 为植被覆盖与管理因子；P 为水土保持措施因子，L、S、C、P 均无量纲。

11.2.2 降雨侵蚀力因子

降雨侵蚀力因子 R 即降雨产生土壤侵蚀的潜在能力，是表示降雨侵蚀作用能

力大小的指标，反映降雨引起土壤分离和搬运的动力大小。Wischmeier 和 Smith 根据 23 年的降雨资料提出计算降雨侵蚀力的 EI_{30} 方法，即单次降雨的总动能和该次降雨最大 30min 雨强的乘积，通过大量径流小区的土壤侵蚀量的实测数据，发现 EI_{30} 与土壤侵蚀量的相关性较好。RUSLE 手册建议采用如下的计算公式（Smith et al., 1978）：

$$R=\frac{1}{n}\sum_{j=1}^{n}\left[\sum_{k=1}^{m}\left(EI_{30}\right)_k\right]_j \tag{11-2}$$

式中，R 为年平均降雨侵蚀力因子，MJ·mm/(hm^2·h·a)；n 为计算 R 值的总年数，n 取值越大，计算的 R 值越具有代表性，RUSLE 建议取值大于 22；j 为参与计算的年份；m 为第 j 年内的暴雨次数；k 为参与计算的次暴雨；E 为次降雨总动能，MJ/hm^2；I_{30} 为次降雨最大 30min 雨强，mm/h。

式（11-2）中的 E 采用式（11-3）计算：

$$E=e\Delta V \tag{11-3}$$

式中，e 为单位降雨动能，MJ/(ha·mm)；ΔV 为降雨量，mm。

根据 Foster 的分析结果，推荐使用式（11-4）计算单位降雨动能：

$$e_{\mathrm{m}}=0.29\left[1-0.72\exp(-0.082i_{\mathrm{m}})\right] \tag{11-4}$$

式中，e_{m} 为单位降雨动能，MJ/(hm^2·mm)；i_{m} 为断点雨强，mm/h。

并非所有的降雨事件都会导致土壤侵蚀发生，由于未造成土壤侵蚀的小降雨事件数量较大，在显著增加计算量的同时降低降雨侵蚀力的计算精度，因此，只选取次或日降雨量在 12mm 以上的降雨事件为侵蚀性降雨事件（李香云，2008）。在预测精度方面，次降雨的 EI_{30} 是计算降雨侵蚀力的最佳指标（伍育鹏等，2001），如果评估年降雨侵蚀力，那么可以在满足精度要求的前提下使用日尺度模型、月尺度模型、年尺度模型对次降雨数据进行简化或替代，但在简化过程中必须以当地的详细降雨资料建立次降雨侵蚀力与日、月、年尺度降雨侵蚀力模型的回归方程，确定其转化参数后才能在流域或周边地区进行推广应用。

根据商南县 1999～2010 年的逐月降雨资料计算得到年降雨侵蚀力因子 R 的平均值为 3863.8 MJ·mm/(hm^2·h·a)（徐国策等，2013）。

11.2.3　土壤可蚀性因子

土壤可蚀性即土壤对各种侵蚀力和水动力过程的平均敏感程度，综合反映土壤抵抗降雨、径流及入渗等作用对土壤流失量的影响程度。目前，计算土壤可蚀性因子 K 值的主要方法有直接测定法、诺谟图法和公式法。直接测定法最符合田间实际土壤对侵蚀力的敏感程度，但耗时费力；诺谟图法不仅需要较多的参数，有些参数（如土壤结构和土壤渗透性）很难获得；而公式法简单，结果也较准确（俱战省等，2015）。根据流域土壤颗粒组成以及有机碳含量，本章采用 EPIC 模型中的公式计算 K 值（Sharpley et al.，2010），公式如下：

$$K=\left\{0.2+0.3\exp\left[0.0256S\left(1-\frac{F}{100}\right)\right]\right\}\left(\frac{F}{N+F}\right)^{0.3}\times\left[1.0-\frac{0.25C}{C+\exp(3.72-2.95C)}\right]\left[1.0-\frac{0.7\delta}{\delta+\exp(-5.51+22.9\delta)}\right] \tag{11-5}$$

式中，S、F、N 分别为砂粒、粉粒、黏粒质量分数，%；C 为土壤有机碳质量分数，%；$\delta=1-S/100$。计算的 K 值为美制单位，$\mathrm{t\cdot acre\cdot hr/(100\cdot acre\cdot feet\cdot tonf\cdot inch)}$，将其乘以 0.13 转化为国际制单位，$\mathrm{t\cdot hm^2\cdot MJ\cdot h/(hm^2\cdot MJ\cdot mm)}$。$K$ 值在国际制单位情况下一般在 0.02～0.75。流域土壤可蚀性因子分布如图 11.4（a）所示。

11.2.4　坡长坡度因子

坡长坡度因子（LS）表示在其他条件相同的情况下，某一给定坡度和坡长的坡面上土壤流失量与标准径流小区的典型坡面上土壤流失量的比值（刘宝元等，2001），主要反映地形对土壤侵蚀的影响。通常情况下，土壤侵蚀量随坡度的增大而增加。当坡度相同时，土壤侵蚀量随着坡长的增加而变化不一，需分段计算。计算的坡度、坡长等地形指标通过流域的 DEM 提取。本章采用通用土壤流失方程经典方法分别计算坡长因子（L）和坡度因子（S）。坡长因子采用 Smith 等（1978）提出的计算方法：

$$L=(\lambda/22.13)^m \tag{11-6}$$

式中，L 为坡长因子；λ 为水平投影坡长，m；m 为可变的坡长指数，依据刘宝元提出的参考值：$\theta\leqslant1°$时，取 0.2；$1°<\theta\leqslant3°$时，取 0.3；$3°<\theta\leqslant5°$时，取 0.4；$\theta>5°$时，取 0.5。

考虑到鹦鹉沟流域内有较大坡度，因此参考刘宝元对 9%～55%的陡坡土壤侵蚀研究结果，对坡度因子 S 进行分段考虑，即缓坡采用 McCool 等 1987 年提出坡度公式（McCool et al.,1987），陡坡采用刘宝元的坡度公式，具体计算公式如下：

当 $\theta\leqslant5°$时

$$S=10.8\sin\theta+0.03 \tag{11-7}$$

当 $\theta>5°$时

$$S=\begin{cases}16.8\sin\theta-0.5, & 5°\leqslant\theta<10°\\ 21.9\sin\theta-0.96, & \theta\geqslant10°\end{cases} \tag{11-8}$$

式中，S 为坡度因子；θ 为坡度，(°)。

坡长因子和坡度因子是基于研究区 5m 分辨率 DEM 数据分别计算得到的，流域坡度坡长因子的空间分布如图 11.4（b）所示。

11.2.5　植被覆盖与管理因子

植被覆盖和管理因子 C，是指在一定条件下耕作农地的土壤流失量与同等条件下适时翻耕的连续休闲对照地的土壤流失量比率，其值在 0～1 变化，反映所有覆盖与管理因素对土壤侵蚀的综合作用。C 值的计算公式（符素华等，2001；庞国伟等，2012；傅伯杰，2014）为

$$C=\frac{\sum_{i=1}^{n}(B_i\times Q_i)}{Q_t} \tag{11-9}$$

式中，C 为年均值或一个作物生长期的平均值；B_i 为第 i 个时段的土壤流失比率；Q_i 为第 i 时段的降雨侵蚀力指数（Q）值占全年 Q 值的比例，%；n 为时段数；Q_t 为所有时段 Q 比例之和，而每一时段的土壤流失比率 B 由前期土地利用次因子（PLU）、冠层覆盖次因子（CC）、表面糙度次因子（SR）、土壤水分次因子（SM）、地面覆盖次因子（SC）五个次因子的乘积决定。对于以农地为主的小流域，各种作物的生长期及覆盖情况的 C 值差异较大，需根据作物的生长期、耕作方式及耕作阶段综合考虑，为提高水土流失的预报精度，将各作物生长期的 R 值占全年的比例作为权重进行加权计算 C 值。上述这些 C 值的计算过程较为复杂。根据蔡崇法等（2000）在三峡进行的土壤侵蚀研究，C 值的估算公式为

$$C=\begin{cases}1, & G=0\\ 0.6508-0.3431\lg G, & 0<G<78.3\%\\ 0, & G>78.3\%\end{cases} \tag{11-10}$$

式中，G 为植被覆盖度。

根据鹦鹉沟流域 2012 年分辨率为 0.61m 的 Quick bird 影像，通过实地调查与分析，利用式（11-10）对研究区不同土地利用类型的 C 值进行估算。流域不同土地利用类型的 C 值如表 11.3 所示，将 C 值赋值到土地利用图上并转化为栅格数据得到鹦鹉沟流域的土壤植被覆盖与管理因子 C 的空间分布，如图 11.4（c）所示。

表 11.3　鹦鹉沟流域不同土地利用类型的 C 值

土地利用类型	C 值	土地利用类型	C 值
坡耕地	0.310	草地	0.015
林地	0.006	荒草地	0.060
疏林地	0.017	居民用地	0.200

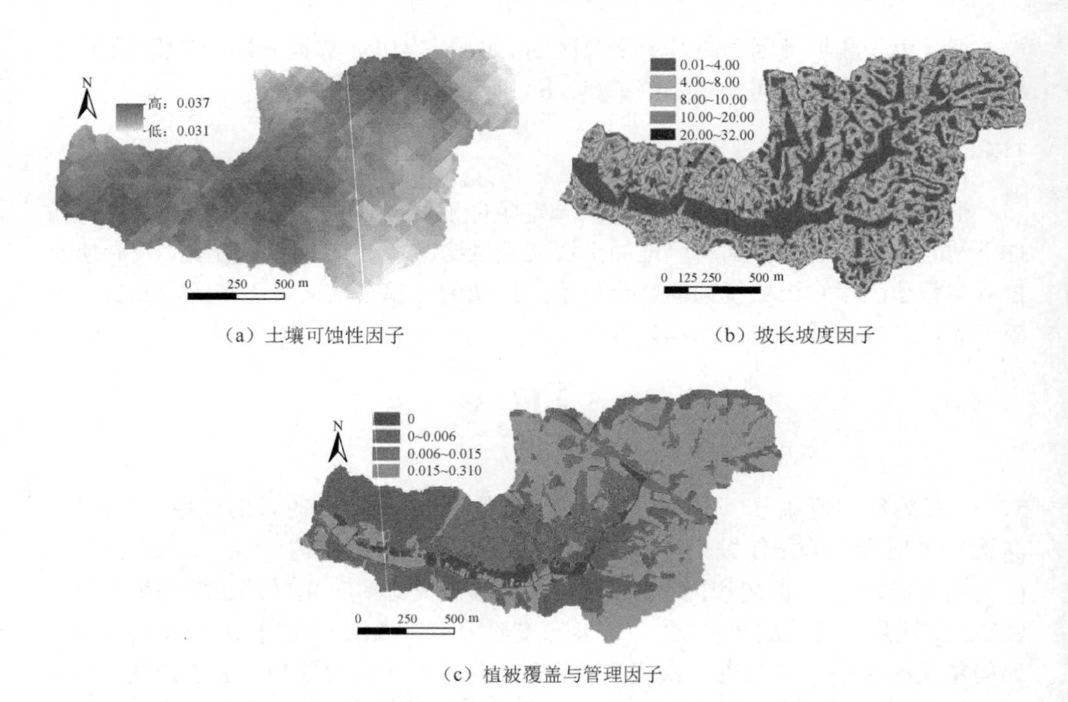

（a）土壤可蚀性因子　（b）坡长坡度因子

（c）植被覆盖与管理因子

图 11.4　RUSLE 模型中土壤可蚀性因子、坡长坡度因子、植被覆盖与管理因子的空间分布

11.2.6　水土保持措施因子

水土保持措施因子 P，是指特定措施下土地上的土壤流失量与顺坡种植的土壤流失量的比值，主要是通过改变地形和汇流方式减少径流量，降低径流速率等作用减轻土壤侵蚀。0 表示没有侵蚀发生的区域，一般为水体、裸岩、建筑用地等。1 表示未采取任何水土保持措施的土地类型，其 P 值为 1，其他情况的 P 值在 0～1，流域内有少量梯田，其 P 值为 0.15，如顺坡耕作方式等无水土保持措施的土地利用类型 P 值为 1。

11.2.7　鹦鹉沟流域年均土壤侵蚀量估算

根据式（11-1）采用栅格计算得到鹦鹉沟流域年均土壤侵蚀量为 2247.2t，年均土壤侵蚀模数为 1247.7t/km^2，年均侵蚀模数最大值达 13100t/km^2。参考水利部《土壤侵蚀分类分级标准》（SL 190—2007），对鹦鹉沟流域的土壤侵蚀强度进行分级。小于 500t/(km^2·a)为微度侵蚀，500～2500t/(km^2·a)为轻度侵蚀，2500～5000t/(km^2·a)为中度侵蚀，5000～8000t/(km^2·a)为强度侵蚀，8000～15000t/(km^2·a)为极强度侵蚀，＞15000t/(km^2·a)为剧烈侵蚀。鹦鹉沟土壤侵蚀强度分级表如表 11.4 所示。

表 11.4　鹦鹉沟土壤侵蚀强度分级表

侵蚀强度	侵蚀模数/[t/(km²·a)]	面积/km²	面积比例/%
微度	<500	0.761	42.2
轻度	500～2500	0.713	39.6
中度	2500～5000	0.276	15.3
强烈	5000～8000	0.048	2.7
极强烈	8000～15000	0.003	0.2

鹦鹉沟流域土壤侵蚀强度图如图 11.5 所示，可知，流域的土壤侵蚀空间分布格局与坡度坡长的分布特征较为相似。流域土壤侵蚀以微度侵蚀为主，占流域面积比例为 42.2%，主要分布在沟道及流域下游平缓区域；其次为轻度侵蚀，占流域面积比例为 39.6%，主要分布在流域中游和下游两岸的林草地；中度侵蚀的面积占流域总面积的 15.3%，主要分布在流域上游的坡耕地；强烈及极强烈侵蚀分别占流域总面积的 2.7%和 0.2%，主要分布在流域上游的陡坡坡耕地及河流左岸的陡坡坡地。

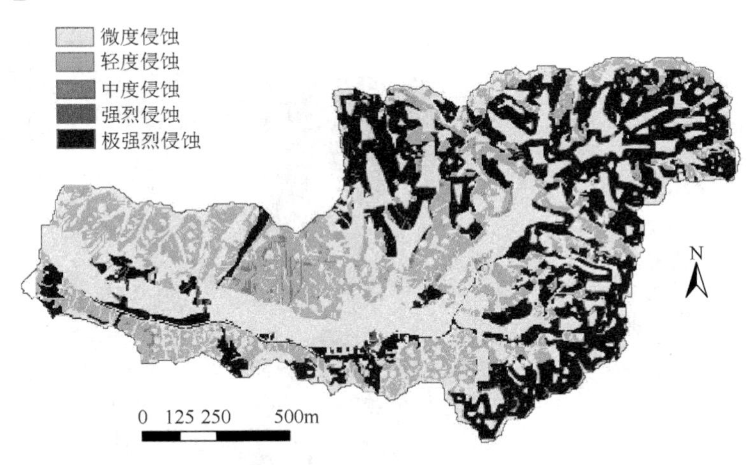

图 11.5　鹦鹉沟流域及其子流域土壤侵蚀强度图

鹦鹉沟流域及其子流域的年土壤侵蚀量成果如表 11.5 所示。鹦鹉沟流域及其子流域的土壤侵蚀模数空间分布如图 11.6 所示。由表 11.5 和图 11.6 可知，各流域中平均土壤侵蚀模数的大小顺序依次为 Y1＞Y2＞Y4＞Y5＞Y3＞Y6。以坡耕地为主且占流域总面积 25.1%的 Y1 子流域，其土壤侵蚀量占流域土壤侵蚀总量的 32.7%，同样，Y2 也是以坡耕地为主的子流域，农地占其面积的 96.3%。随着流域下游的林草措施增加，土壤侵蚀模数逐渐减小，面积占流域总面积 49.7%的 Y5 子流域土壤侵蚀模数降低为 1474.1t/(km²·a)，其土壤侵蚀量约占流域土壤侵蚀总量的 58.7%。在流域下游河流的两岸坡面均为林草措施，其中左岸坡面较陡，林地以原生林为主，由于坡面较陡，部分区域的土壤侵蚀模数介于 5000～8000t/(km^2·a)，属于强烈侵蚀；局部地区的土壤侵蚀模数处于 8000～15000t/(km^2·a)，属于剧烈侵蚀，需要进一步采取水土保持措施进行治理；而右岸坡面坡度相对平缓，以人工种植的松、柏林为主，大部分区域的土壤侵蚀模数介于 500～2500t/(km^2·a)，局部地区的土壤侵蚀模数大于 2500t/(km^2·a)。

表 11.5 鹦鹉沟流域及其子流域的年土壤侵蚀量成果

流域名称	土壤侵蚀模数/[t/(km^2·a)]	面积/km^2	面积比例/%	侵蚀量/t	各侵蚀量占总量的比例/%
Y1	1626.6	0.453	25.1	736.8	32.7
Y2	1618.0	0.035	1.9	56.6	2.5
Y3	1294.9	0.047	2.6	60.9	2.7
Y4	1565.5	0.24	13.3	375.7	16.7
Y5	1474.1	0.898	49.7	1323.7	58.7
Y6	1247.7	1.806	100	2253.4	100

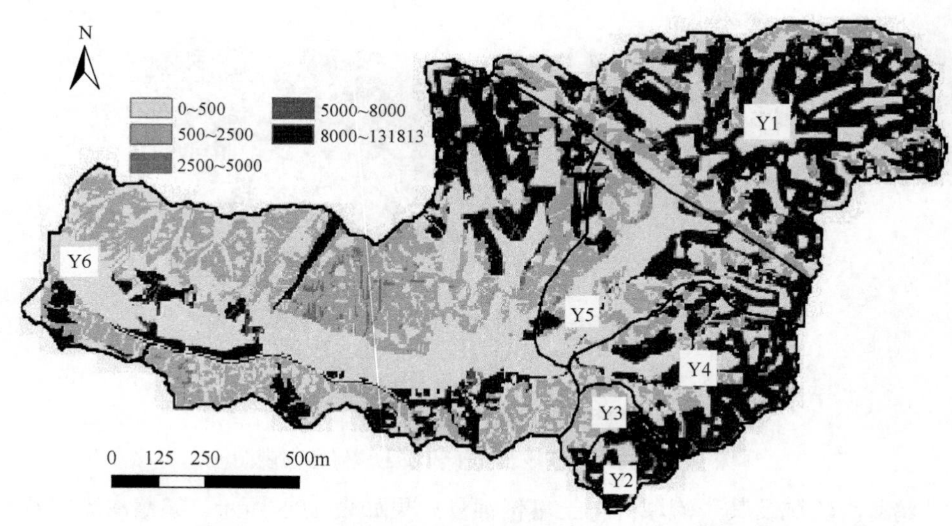

图 11.6 鹦鹉沟流域及其子流域的土壤侵蚀模数空间分布［单位：t/(km^2·a)］

11.3 基于 MUSLE 的次降雨泥沙量估算

11.3.1 次降雨的径流-泥沙过程

流域的径流-泥沙关系主要为洪峰与沙峰对应关系、径流流量与泥沙浓度过程的对应关系等。流域出口断面的泥沙浓度大小表明流域径流携沙能力的强弱，流域输沙特性主要是由流域的产沙特性和汇沙特性决定的。2012 年 7 月 4 日降雨事件流域径流泥沙过程如图 11.7 所示，通常泥沙浓度是径流承载泥沙量的表现，泥沙浓度随着径流流量的增加而增加。由图 11.7 可知，每个子流域的泥沙浓度均与径流流量同步变化，而且流域越大，这种现象更为明显。

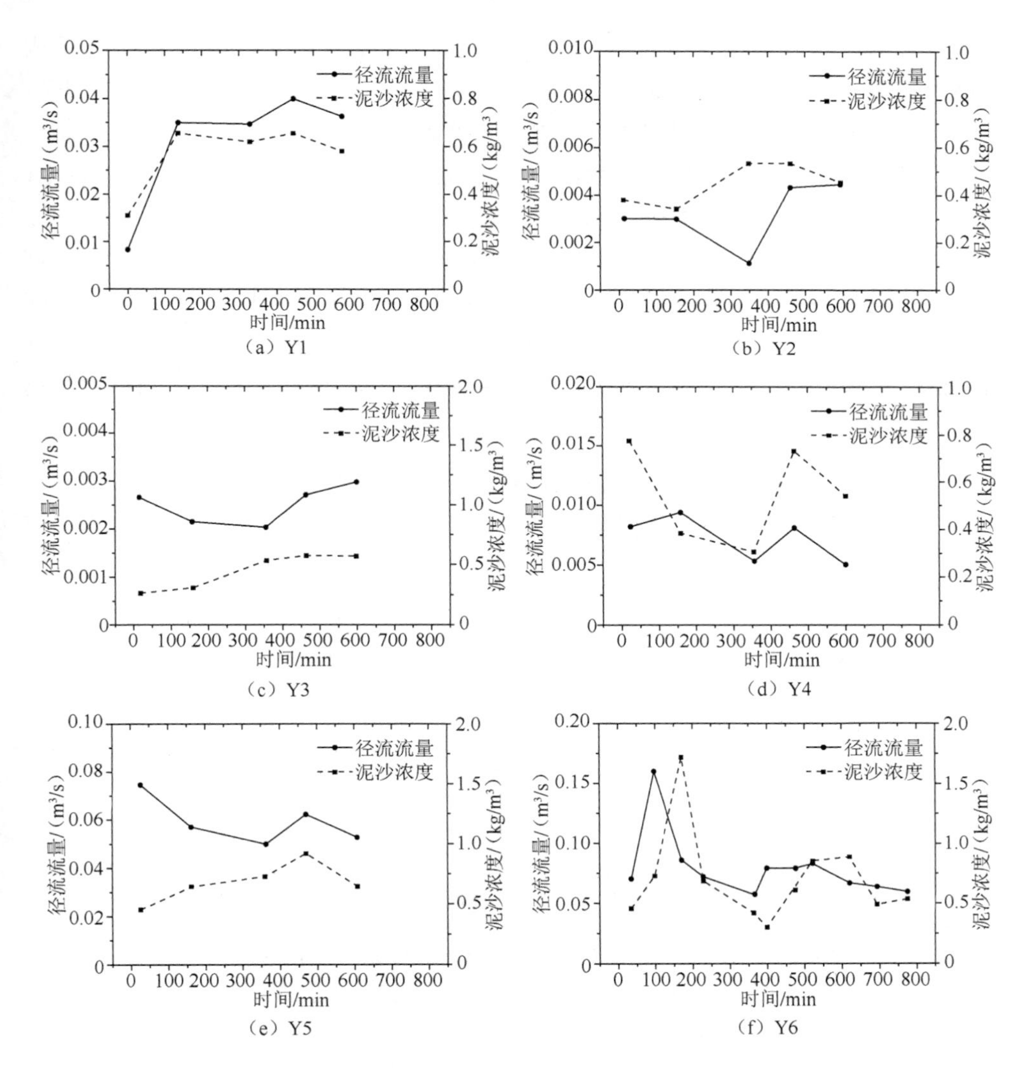

图 11.7　2012 年 7 月 4 日降雨事件流域径流泥沙过程

11.3.2　次降雨的泥沙量估算

USLE 及 RUSLE 用于次降雨侵蚀预报时，其中的降雨侵蚀力 R 因子成为影响模型模拟结果最重要的因子之一，为提高预报精度，将径流因子引入方程，主要是将 USLE 中的降雨侵蚀力因子改进为次降雨的径流量及其洪峰流量，改进后的 MUSLE 模型更简单、精度更高，且适合小流域的侵蚀产沙计算。

MUSLE 的表达式为

$$Y = 11.8 Q q_p KSLCP \tag{11-11}$$

式中，Y 为单次降雨侵蚀产沙量，t；Q 为次降雨的总径流量，m^3；q_p 为次降雨的峰值流量，m^3/s；K 为土壤可蚀性因子，$t \cdot hm^2 \cdot h/(hm^2 \cdot MJ \cdot mm)$；$L$ 为坡长因子；S 为坡度因子；C 为植被覆盖与管理因子；P 为水土保持措施因子。

鹦鹉沟流域 0704 次降雨事件流域的泥沙量如表 11.6 所示。从表中可以看出，在 Y1～Y5 子流域采用 MUSLE 模型计算的泥沙量与实测的泥沙量较为接近，尤其是在 Y4 子流域，计算的泥沙量与卡口站实测的泥沙量比值为 1.2。说明计算精度较高，但是仍需多个场次的径流-泥沙事件检验。MUSLE 计算 Y6 流域出口的泥沙量为 20.55t，是实测泥沙量的 8.1 倍，这可能是因为含沙量的测量多为悬移值，而实际情况是在流域出口的卡口站底层存在大量推移质泥沙，从而导致实测值较小。

表 11.6 鹦鹉沟流域 0704 次降雨事件流域的泥沙量

流域	总径流量/m^3	峰值流量/(m^3/s)	泥沙平均浓度/(g/L)	泥沙量/t		计算值/实测值
				实测值	计算值	
Y1	1255	0.040	0.56	0.71	1.71	2.4
Y2	106	0.004	0.45	0.05	0.01	0.2
Y3	86.3	0.003	0.45	0.04	0.01	0.3
Y4	245	0.009	0.55	0.13	0.15	1.2
Y5	2006	0.075	0.69	1.38	5.66	4.1
Y6	3595	0.161	0.7	2.53	20.55	8.1

11.3.3 流域泥沙氮素流失量估算

参考陕西师范大学地理系吴成基在地理科学关于陕南河流泥沙输移比问题的研究（吴成基等，1998），确定鹦鹉沟流域泥沙输移比为 0.37。由此可以得知，鹦鹉沟流域年均土壤流失量为 2092.9t。根据把口站泥沙氮素含量，计算得出年均泥沙氮素的流失量，结果如表 11.7 所示，进而确定了鹦鹉沟流域年均氮素流失模数，其中全氮为 $0.27t/(km^2 \cdot a)$，氨氮为 $0.01t/(km^2 \cdot a)$，硝氮为 $0.02t/(km^2 \cdot a)$。结合径流氮素年流失量，鹦鹉沟流域径流氨氮、硝氮和总氮的流失模数分别为 $0.03t/(km^2 \cdot a)$、$0.53t/(km^2 \cdot a)$和 $0.89t/(km^2 \cdot a)$，可知流域氮素主要随径流流失。为了减少泥沙量及随泥沙流失的氮素量，需在路面设立排水沟、沉沙池等配套水土保持设施；在河道两侧建立林草缓冲带，通过滞缓径流、沉降泥沙、强化过滤、增强吸附等措施，减少进入河道的泥沙，净化水质；建立沟道拦蓄设施，如蓄水谷坊、塘坝和拦沙坝等。

表 11.7　泥沙氮素流失量

泥沙养分	氮素含量平均值/(mg/kg)	泥沙氮素流失量/t	泥沙氮素流失模数/[t/(km^2·a)]
全氮	237	0.50	0.27
氨氮	6.9	0.01	0.01
硝氮	20.1	0.04	0.02

参 考 文 献

蔡崇法, 丁树文, 史志华, 等, 2000. 应用 OSLE 模型与地理信息系统 IDRISI 预测小流域土壤侵蚀量的研究[J]. 水土保持学报, 14(2): 19-23.

杜高赞, 高美荣, 2011. 三峡库区典型消落带土壤粒径分布及分形特征[J]. 南京林业大学学报(自然科学版), 35(1): 47-50.

符素华, 张卫国, 刘宝元, 等, 2001. 北京山区小流域土壤侵蚀模型[J]. 水土保持研究, 8(4): 114-120.

傅伯杰, 越文武, 张秋菊, 2014. 黄土高原景观格局变化与土壤侵蚀[M]. 北京: 科学出版社.

胡宏昌, 田富强, 胡和平, 2011. 新疆膜下滴灌土壤粒径分布及与水盐含量的关系[J]. 中国科学: 技术科学, (8): 1035-1042.

俱战省, 文安邦, 严冬春, 等, 2015. 基于 ^{137}Cs、^{210}Pb 和 CSLE 的三峡库区小流域土壤侵蚀评估[J]. 水土保持学报, 29(3): 75-80.

李香云, 2008. 缙云山林地坡面径流特征研究[D]. 北京: 北京林业大学.

刘宝元, 谢云, 张科利, 2001. 土壤侵蚀预报模型[M]: 北京: 中国科学技术出版社.

庞国伟, 谢红霞, 李锐, 等, 2012. 70 多年来纸坊沟小流域土壤侵蚀演变过程[J]. 中国水土保持科学, 10(3): 1-8.

吴成基, 甘枝茂, 1998. 陕南河流泥沙输移比问题[J]. 地理科学, 18(1): 39-44.

伍育鹏, 谢云, 章文波, 2001. 国内外降雨蚀力简易计算方法的比较[J]. 水土保持学报, 15(3): 31-34.

徐国策, 李占斌, 李鹏, 等, 2013. 丹江鹦鹉沟小流域土壤侵蚀和养分损失定量分析[J]. 农业工程学报, 29(10): 160-167.

张秦岭, 李占斌, 徐国策, 等, 2013. 丹江鹦鹉沟小流域不同土地利用类型的粒径特征及土壤颗粒分形维数[J]. 水土保持学报, 27(2): 244-249.

MCCOOL D K, BROWN L G, FOSTER G R, et al., 1987. Revised slope steepness factor for the universal soil loss equation[J]. Transtions of the ASAE, 30(5): 1387-1396.

HWANG S I, POWERS S E, 2003. Lognormal distribution model for estimating soil water retention curves for sandy soil[J]. Soil Science an Interdisciplinary Approach to Soils Research, 168(3): 156-166.

KINNELL P I A, 2010. Event soil loss, runoff and the universal soil loss equation family of models: A review[J]. Journal of Hydrology, 385(s1-4): 384-397.

MCCOOL D K, BROWN L C, FOSTER G R, et al., 1987. Revised Slope Steepness Factor for the Universal Soil Loss Equation[J]. Transactions of the ASAE-American Society of Agricultural Engineers(USA), 30(5): 1387-1396.

SAXTON K E, RAWLS W J, ROMBERGER J S, et al., 1986. Estimating generalized soil－water characteristics from texture[J]. Soil Science Society of America Journal, 50(4): 1031-1036.

SHARPLEY A N, WILLIAMS J R, 2010. EPIC-erosion/productivity impact calculator: 1. Model documentation[J]. Technical Bulletin-United States Department of Agriculture, 4(4): 206-207.

SMITH D D, WISCHMEIER W H, 1978. Predicting Rainfall Erosion Losses: A Guide to Conservation Planning with Universal Soil Loss Equation(USLE)[M]. Washington: Department of Agriculture.

WISCHMEIER W H, SMITH D D, 1978. Predicting rainfall erosion losses-a guide to conservation planning[J]. United States department of Agriculture: Agriculture Handbook, 537.

WÖSTEN J H M, PACHEPSKY Y A, RAWLS W J, 2001. Pedotransfer functions: Bridging the gap between available basic soil data and missing soil hydraulic characteristics[J]. Journal of Hydrology, 251(3): 123-150.

第 12 章　鹦鹉沟流域典型降雨的氮、磷输移机制

流域氮、磷的输出主要受降雨、径流、土地利用类型和施肥状况的多重控制（陈能汪等，2006）。在降雨量、雨强、降雨历时这三个影响氮、磷输出的因素中，降雨量与氮、磷输出的相关性最好（陈西平等，1991）。雨强大小对氮、磷的流失也具有明显影响，如日本 Tama 山区在台风雨季总氮的流失量最高可占全年的 49%（Mihara，2001）。土地利用类型是造成土壤氮、磷流失的本质因素（陈志良等，2008），而且不同土地利用的斑块类型导致的景观破碎化能较好地解释氮、磷输出的时空特征与影响（韩黎阳等，2014）。Zhou 等（2015）利用 139 个子流域的土地利用和水质数据研究土地利用与水质的相关性时发现，点源污染能够弱化土地利用和污染物输出的相关关系。

本章主要从降雨类型和土地利用类型研究其对鹦鹉沟流域氮、磷输出的影响。降雨类型方面，利用第 4 章划分的鹦鹉沟常见的 3 个降雨类型，按照降雨量、降雨历时、I_{30} 的顺序选择最能代表 3 个降雨类型的实测降雨-径流数据进行分析，阐明鹦鹉沟降雨类型对流域氮、磷流失浓度、通量及污染物输出时间等规律；在土地利用类型对流域氮、磷输出的影响方面，选择鹦鹉沟 6 个不同土地利用的子流域在 4 场典型降雨中的降雨-径流-污染物监测数据，探明鹦鹉沟流域土地利用类型对氮、磷输出的影响机制。

12.1　降雨类型对流域氮、磷输出的影响

12.1.1　数据分析

采用 EPL（event pollutant loads per unit area）、EMC（event mean concentration）、FF_{50} 三个指标对次降雨事件进行分析，可以明确降雨径流中污染物随径流过程的变化关系，全面理解不同降雨事件的污染物输移过程。

EPL 的计算公式如下（Qin et al., 2010）：

$$\mathrm{EPL}=\frac{M}{A}=\frac{\int_0^t C_t Q_t \mathrm{d}t}{A}\cong\frac{\sum C_t Q_t \mathrm{d}t}{A} \tag{12-1}$$

式中，EPL 表示单位面积的径流污染物负荷量，kg/km²；C_t 为 t 时刻的污染物浓度，mg/L；Q_t 为 t 时刻的流量，m³/s；M 表示污染物的总量，kg；A 为流域面积，km²；Δt 为采样点的间隔时间。EPL 通常用于评价流域某一污染物的负荷总量。

EMC 的计算公式如下：

$$\mathrm{EMC}=\frac{M}{V}=\frac{\int_0^t C_t Q_t \mathrm{d}t}{A\int_0^t Q_t \mathrm{d}t}\cong\frac{\sum C_t Q_t \mathrm{d}t}{\sum Q_t \mathrm{d}t} \tag{12-2}$$

式中，EMC 表示一场降雨事件中某一污染物的平均浓度，mg/L；V 为降雨事件的径流量，m³。EMC 通常用于流域的水质控制与管理。

FF_{50} 表示降雨径流开始后前 50%的径流量所携带的污染物总量。一场降雨径流事件中，初始径流量携带的污染物量占整个降雨事件污染物总量的主要比例（Gnecco et al., 2005），这一现象称为初始冲刷效应，FF_{50} 的计算公式如下：

$$L=\frac{m(t)}{M} \tag{12-3}$$

$$F=\frac{V(t)}{V} \tag{12-4}$$

式中，L 表示某一采样时刻污染物累积负荷量与污染物累积总量的比值，同样，F 表示累积径流量的比值。FF_{50} 为描述单次降雨事件中氮、磷迁移负荷与流量关系提供了定量标准。

12.1.2　降雨类型划分

选择降雨量（P）、降雨历时（D）、最大 30min 雨强（I_{30}）三个影响径流形成和侵蚀产沙最主要的指标进行降雨类型划分，在剔除大于 50mm 的暴雨数据后，利用 SPSS 软件中的 K-means 聚类法将 2011～2013 年鹦鹉沟流域的 154 场降雨分成 3 种降雨类型。鹦鹉沟流域降雨类型聚类分析结果如表 12.1 所示，由表可知，154 场降雨中，降雨类型Ⅰ的发生频率最高，为 104 次，其代表小降雨短历时降雨事件，降雨量、降雨历时和 I_{30} 分别为 4.2mm、236min、4.0mm/h；降雨类型Ⅱ属于中等雨量的强降雨事件，其发生频率为 41 次，占总降雨次数的 27%，降雨量、降雨历时和 I_{30} 分别为 13.1mm、1155min、6.8mm/h；降雨类型Ⅲ为大雨量长历时降雨事件，发生频率最小，为 9 次，占总降雨次数的 6%，其降雨量、降雨历时和 I_{30} 分别为 28.8mm、2972 min、5.0mm/h。3 个不同降雨类型的降雨量和降雨历时顺序依次均为降雨类型Ⅲ＞降雨类型Ⅱ＞降雨类型Ⅰ，而 I_{30} 的顺序为降雨类型Ⅱ＞降雨类型Ⅲ＞降雨类型Ⅰ。

表 12.1　鹦鹉沟流域降雨类型聚类分析结果

降雨类型	指标	均值	最小值	最大值	标准差	发生次数
I	P/mm	4.2	0.2	44.2	6.7	104
	D/min	236.0	5.0	675.0	204.7	
	I_{30}/(mm/h)	4.0	0.4	47.6	7.3	
II	P/mm	13.1	1.0	40.6	10.7	41
	D/min	1155.0	700.0	2010.0	380.7	
	I_{30}/(mm/h)	6.8	0.4	66.0	10.6	
III	P/mm	28.8	5.4	50.0	15.6	9
	D/min	2972.0	2250.0	4435.0	636.0	
	I_{30}/(mm/h)	5.0	1.2	12.4	3.1	

12.1.3　降雨径流过程及氮、磷浓度变化

1. 径流过程

图 12.1 为 3 场降雨的径流及氮、磷浓度变化过程。从图 12.1 中的降雨峰值和径流峰值可以看出，降雨开始后径流过程滞后于降雨过程，但径流过程与降雨过程具有迅速响应的关系，一个径流峰值对应一个降雨峰值。由于 E1、E2、E3 每场降雨事件均存在两个峰值，所以每场降雨事件的径流过程也表现出两个径流峰值，且峰值的大小为 E1＞E2＞E3。E1 事件中，降雨量为 28.8mm，第一个洪峰流量为 0.13m^3/s，洪峰滞后降雨峰值 180min，由于降雨导致土壤含水量增加，在第二次同量级的降雨量下，第二个洪峰陡涨陡落，洪峰流量为 0.30m^3/s，是第一次洪峰流量的 2.3 倍，滞后降雨峰值约 475min。E2 事件中，降雨量为 11.2mm，两个峰值流量均不明显，两次径流峰值流量分别为 0.09m^3/s 和 0.08m^3/s，洪峰的滞后时间分别为 70min 和 20min。E3 事件中，第一个径流峰值略不明显，第二个峰值流量为 0.02m^3/s。由于鹦鹉沟流域面积较小，仅为 1.87km^2，所以 E1、E2、E3 的降雨径流过程说明地表径流对降雨的响应迅速，且降雨量越大，响应特征越明显。

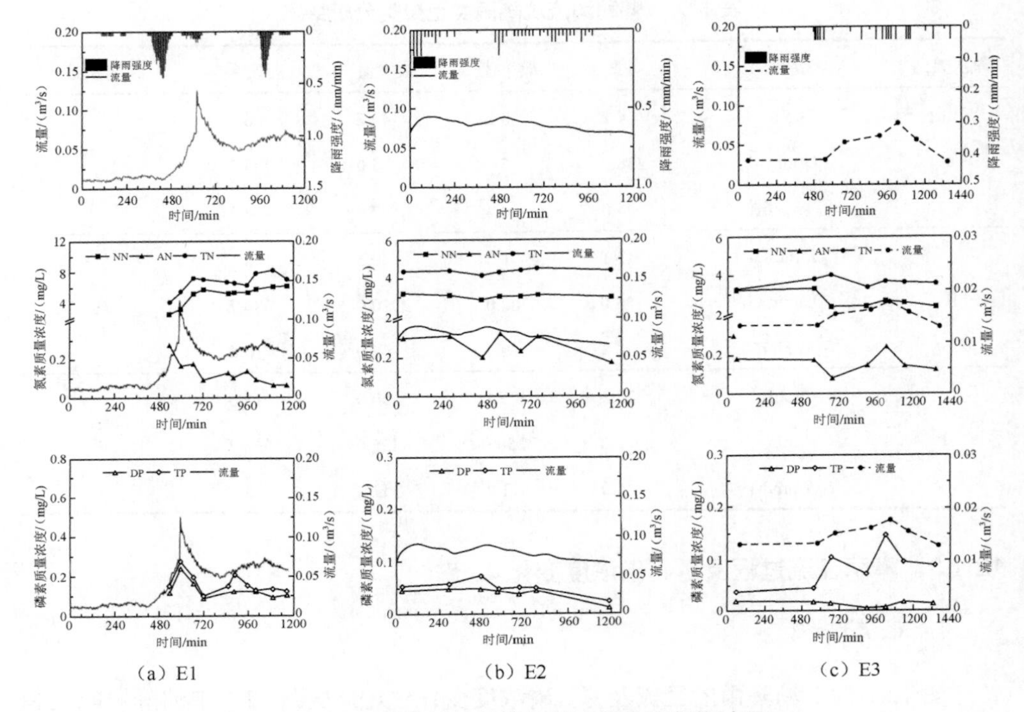

图 12.1　3 场降雨的径流及氮、磷浓度变化过程

2. 氮素浓度变化

3 场降雨过程中总氮（TN）、硝氮（NN）、氨氮（AN）的浓度均随着降雨径流过程波动变化，其中 TN 和 NN 总体上呈上升或稳定的变化趋势，而 AN 的浓度均表现为下降。E1 降雨事件中，TN、NN、AN 的 EMC 分别为 6.73mg/L、5.09mg/L、0.13mg/L。其中 TN 的浓度变化范围为 4.11～8.24mg/L，浓度峰值略滞后于径流峰值；NN 的浓度变化范围为 2.49～6.17mg/L，NN 浓度峰值与 TN 类似。由图 12.1 可知，AN 的浓度值远小于 TN 和 NN。AN 的浓度变化范围为 0.07～0.28mg/L，浓度峰值的出现早于第一个径流峰值。与 E1 不同的是，E2 降雨量小于 E1，但是 E2 的 I_{30} 大于 E1，在 E2 降雨事件中 TN、NN、AN 的浓度变化较小，变化范围分别为 4.14～4.50mg/L、2.89～3.13mg/L、0.09～0.16mg/L，EMC 分别为 4.31mg/L、3.02mg/L、0.13mg/L。E3 的降雨量仅为 4.2mm，TN、NN、AN 的浓度变化也非常小，变化范围分别为 3.30～4.01mg/L、2.40～3.35mg/L、0.04～0.12mg/L，EMC 分别为 3.62mg/L、2.54mg/L、0.08mg/L。

3. 磷素浓度变化

3 场降雨过程中的总磷（TP）、溶解态磷（DP）与径流过程具有相同的变化趋势，而 DP 的浓度变化在不同的降雨事件中不尽相同。E1 降雨事件中，TP、DP 的 EMC 分别为 0.17mg/L、0.14mg/L。其中 TP 的浓度变化范围为 0.10～0.28mg/L，浓度的峰值略早于径流峰值到达；DP 的浓度变化范围为 0.09～0.24mg/L，DP 的浓度峰值与 TP 的变化规律相似。E2 降雨事件中，TP、DP 的 EMC 分别为 0.05mg/L、0.04mg/L。其中 TP 的浓度变化范围为 0.02～0.05mg/L，浓度的峰值也表现为略早于径流峰值；DP 的浓度变化范围为 0.01～0.05mg/L，浓度变化的整体趋势为降低。E3 降雨事件中，TP、DP 的 EMC 分别为 0.09mg/L、0.02mg/L，其中 TP 的浓度变化范围为 0.06～0.12mg/L，浓度的峰值也表现为略早于径流峰值；DP 的浓度变化范围为 0.01～0.02mg/L，表现为随降雨径流过程而逐渐降低。

12.1.4 氮、磷负荷分布及输移机制

不同降雨类型的氮、磷输出量及比例如表 12.2 所示，可以看出，E1、E2、E3 降雨过程中的 TN 输出量分别为 24.2kg、10.6kg、2.8kg，其中 NN 占 TN 的比例分别为 75.6%、69.9%、70.1%，AN 占 TN 的比例分别为 1.9%、2.9%、2.1%；E1 的降雨量分别是 E2、E3 的 2.6 倍和 7.6 倍，E1 的 TN 输出量分别为 E2、E3 的 2.3 倍和 8.6 倍。E1、E2、E3 的 TP 输出量分别为 0.6kg、0.1kg、0.1kg。TP 和 DP 的输出量较少，主要是因为水中磷的含量较低。

表 12.2 不同降雨类型的氮、磷输出量及比例

降雨事件	氮素输出量					磷素输出量		
	NN/kg	占 TN 比例/%	AN/kg	占 TN 比例/%	TN/kg	AP/kg	占 TP 比例/%	TP/kg
E1	18.3	75.6	0.46	1.9	24.2	0.49	82.1	0.60
E2	7.4	69.9	0.30	2.9	10.6	0.10	76.5	0.13
E3	1.9	70.1	0.06	2.1	2.8	0.01	12.1	0.07

图 12.2 为不同降雨类型下氮、磷负荷分布。从图中可以看出，E1 事件中，TN 和 NN 成对出现，AN 和 TP 成对出现。AN 和 TP 的输出量主要集中在径流前期，而 TN 和 NN 的输出量主要集中在径流后期。E2 事件中，氮、磷输出线均位于 45°线上方，说明氮、磷的输出量主要集中在径流前期，存在初始冲刷的现象。

E3 事件中，径流前期，除 DP 外，其余形态氮、磷的元素主要集中在径流后期，说明降雨量和降雨雨强等对氮、磷的流失具有明显影响。

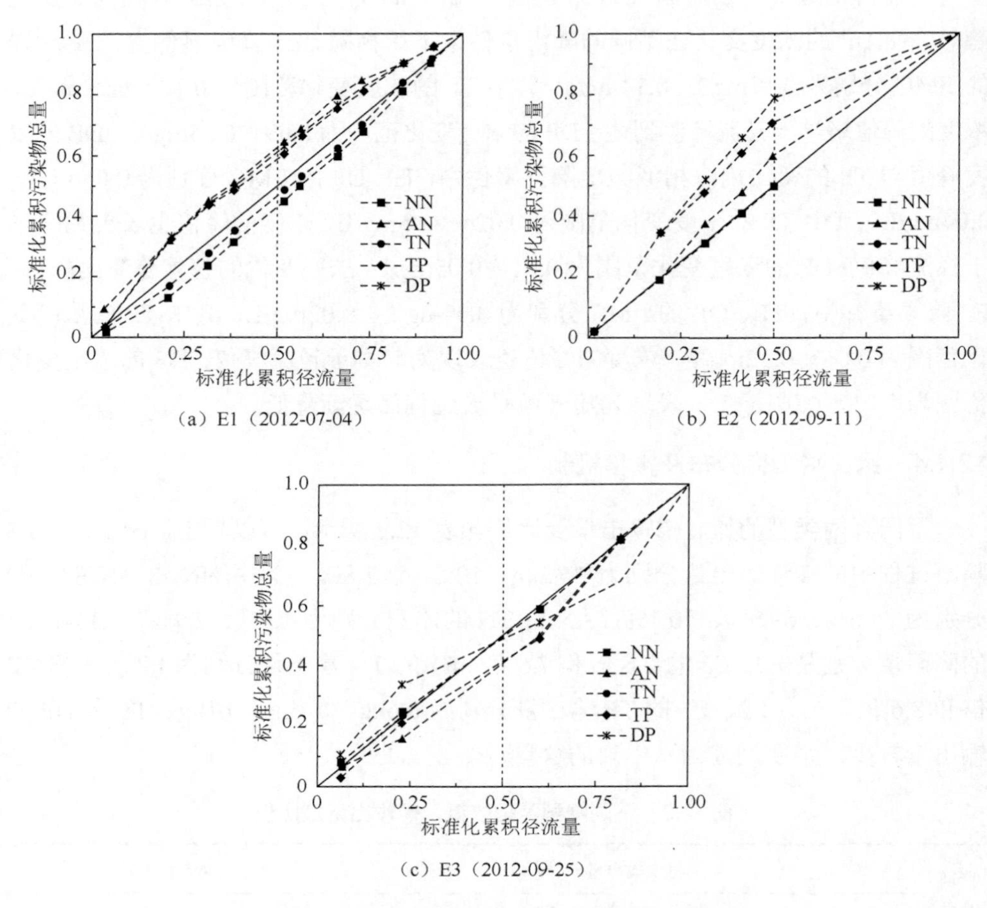

（a）E1（2012-07-04）

（b）E2（2012-09-11）

（c）E3（2012-09-25）

图 12.2　不同降雨类型下氮、磷负荷分布

12.2　鹦鹉沟土地利用类型对径流氮、磷输出的影响及尺度效应

12.2.1　鹦鹉沟不同土地利用类型子流域的氮、磷输出特征

不同土地利用类型对氮、磷输出的贡献有所不同，表明土地利用类型与氮、磷输出的关系较为密切。通过分析不同土地利用类型氮、磷的输出特征及空间分异特征，能够为科学合理地调整土地利用类型和控制非点源污染提供一定的科学依据。Vuorenmaa 等（2002）通过监测在 15 个农地、林地和复合土地利用类型小

流域 17 年的监测数据，分析了氮、磷流失浓度及流失通量的时空变化规律，林地流域的总氮、总磷平均流失量远远小于以农地为主的流域。

表 12.3 为鹦鹉沟流域及其子流域的土地利用类型统计特征。由表可知，Y1 是一个以农地为主的子流域，其农地面积比例为 69.3%；Y2 几乎是一个农地子流域，其农地所占比例高达 96.3%；同样，Y4 也是一个以农地为主的子流域，其农地面积比例为 70.6%；Y5 的农地面积比例为 62.4%，林地和草地的面积比例分别为 22.2%和 13.2%。Y5 子流域下游河道两岸的地势变陡，河道两侧的居民区开始增加，河道左岸为天然林地，河道右岸多为居民区和退耕林（草）地。

表 12.3 鹦鹉沟流域及其子流域的土地利用统计特征

流域名称	面积/km^2	土地利用比例/%			
		农地	林地	草地	居民用地
Y1	0.453	69.3	14.3	14.5	1.9
Y2	0.035	96.3	3.7	0.0	0.0
Y3	0.047	19.6	0.0	0.0	0.0
Y4	0.240	70.6	27.0	2.2	0.2
Y5	0.898	62.4	22.2	13.2	2.2
Y6	1.870	46.7	32.2	16.5	4.6

由于鹦鹉沟各子流域的土地利用面积及组成各异，尤其是农地占流域总面积的比例差别较大。为进一步分析鹦鹉沟流域及其子流域土地利用类型和降雨类型的氮、磷输出机制，将降雨事件的场次增加为 4 场，不同土地利用类型的流域数量为 6 个，分析降雨和土地利用对流域氮、磷输出的影响机制。图 12.3、图 12.4、图 12.5、图 12.6 分别为 2012 年 7 月 4 日（E1）、9 月 11 日（E2）、9 月 25 日（E3）、8 月 31 日（E4）鹦鹉沟流域及其子流域的 TN、AN、NN、TP、DP 输出过程。其中 Q_{Y6} 表示 Y6 把口站的径流过程，辅助说明各子流域降雨径流过程中氮、磷浓度的变化过程。这里就不再赘述各个子流域的氮、磷浓度变化，主要是通过计算 EPL、EMC、FF_{50} 指标说明不同土地利用类型流域氮、磷输出的强度特征和时间特征。

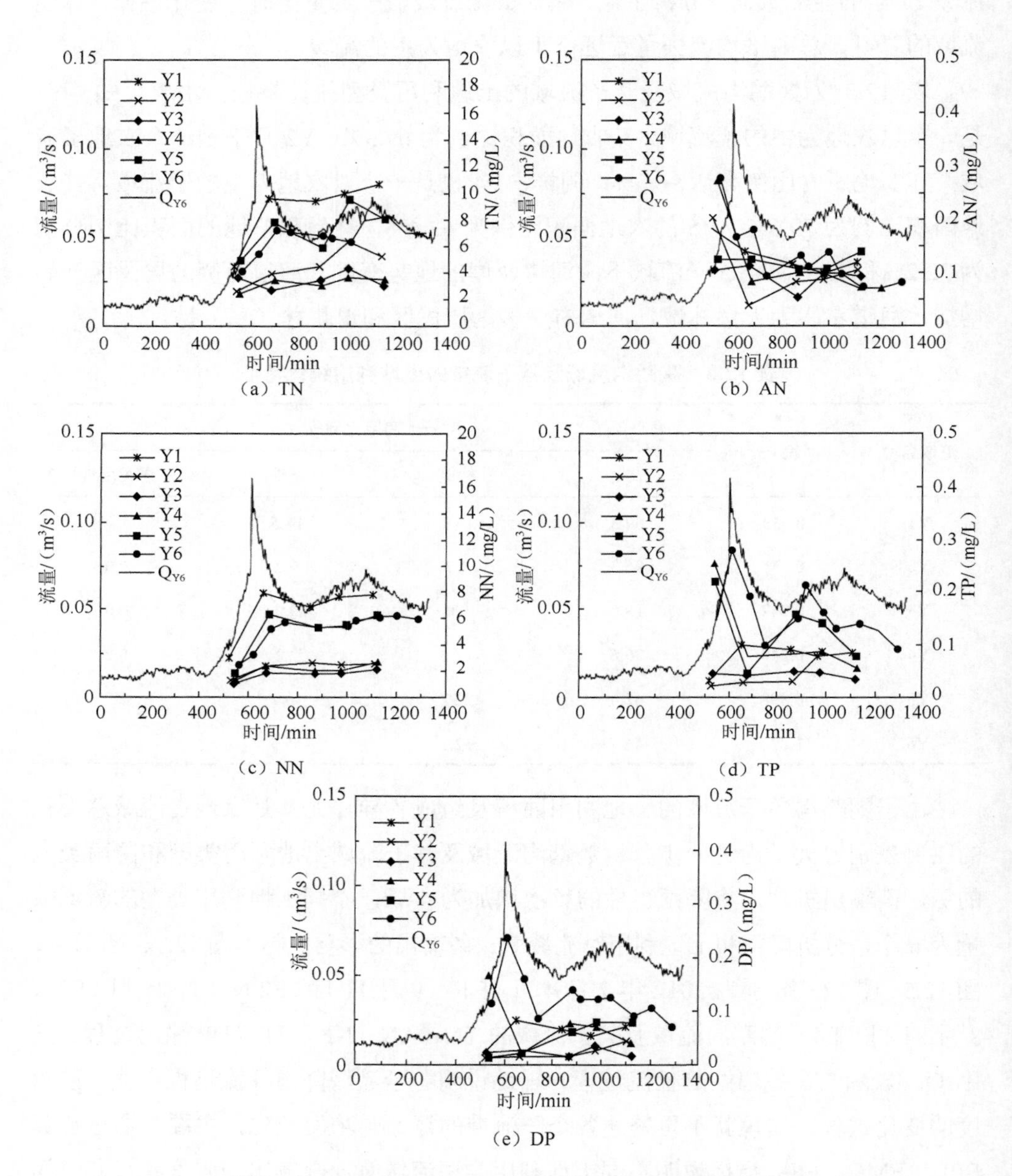

图 12.3　2012 年 7 月 4 日径流与氮、磷浓度变化过程

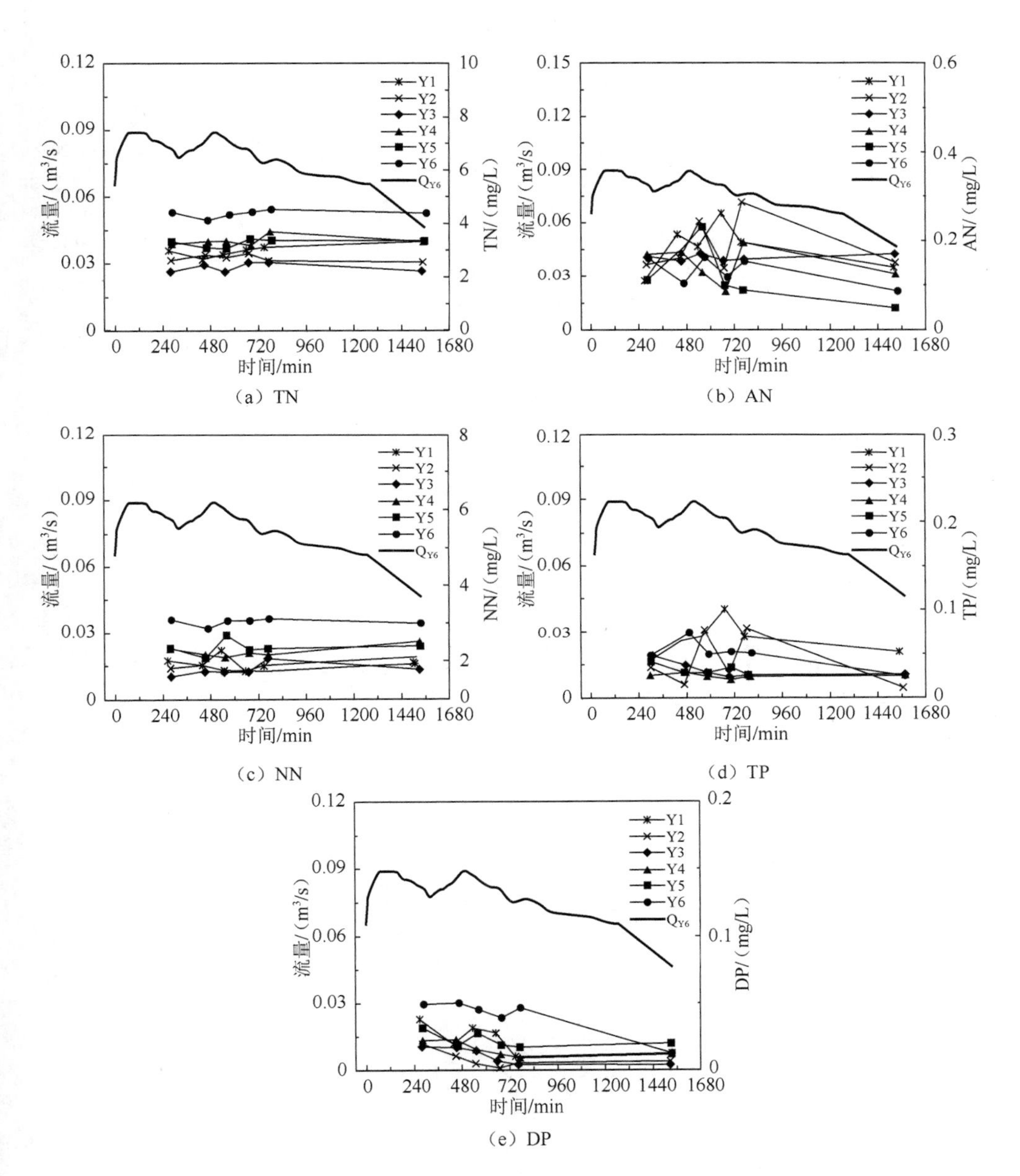

图 12.4 2012 年 9 月 11 日径流与氮、磷浓度变化过程

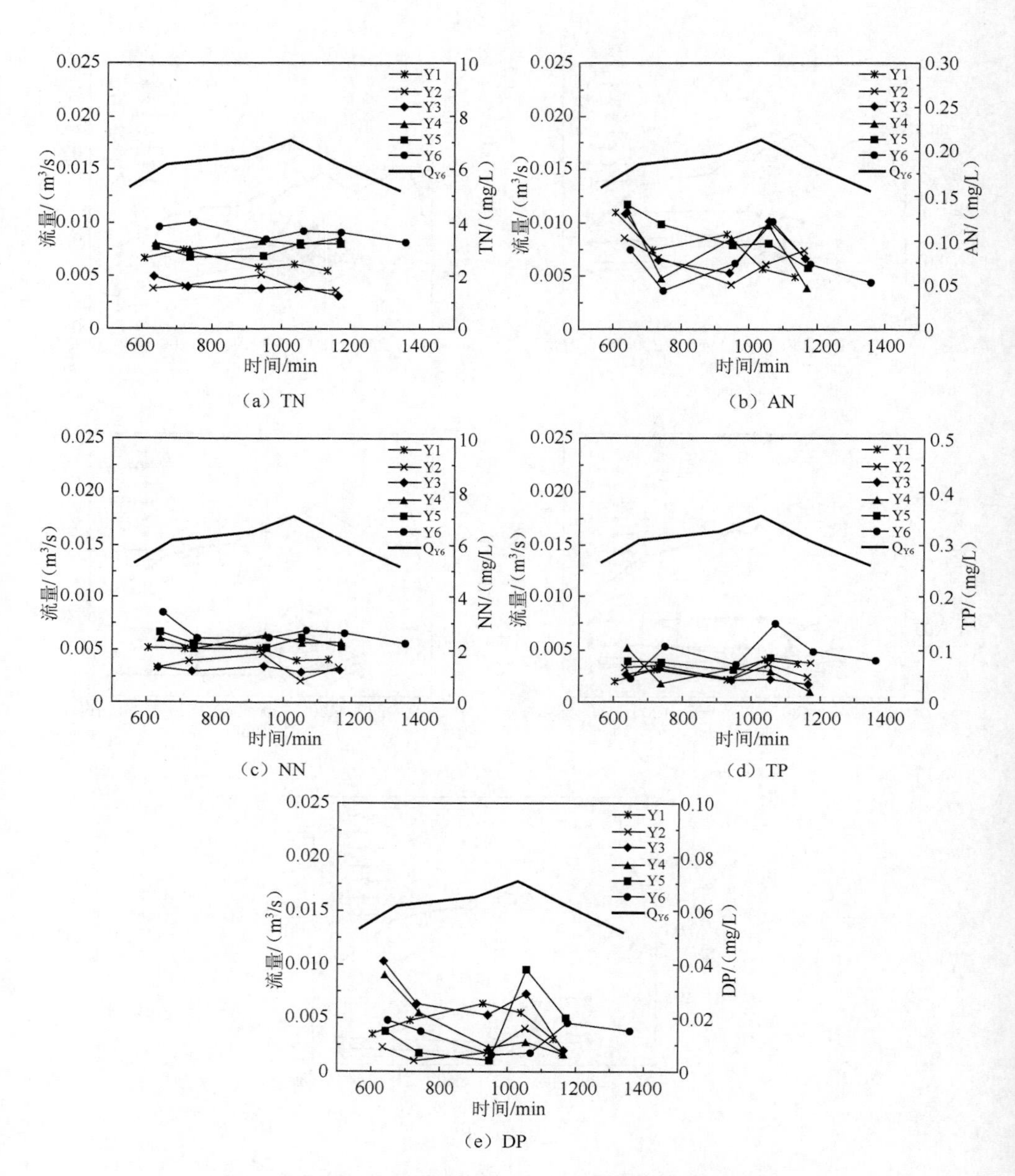

图 12.5　2012 年 9 月 25 日径流与氮、磷浓度变化过程

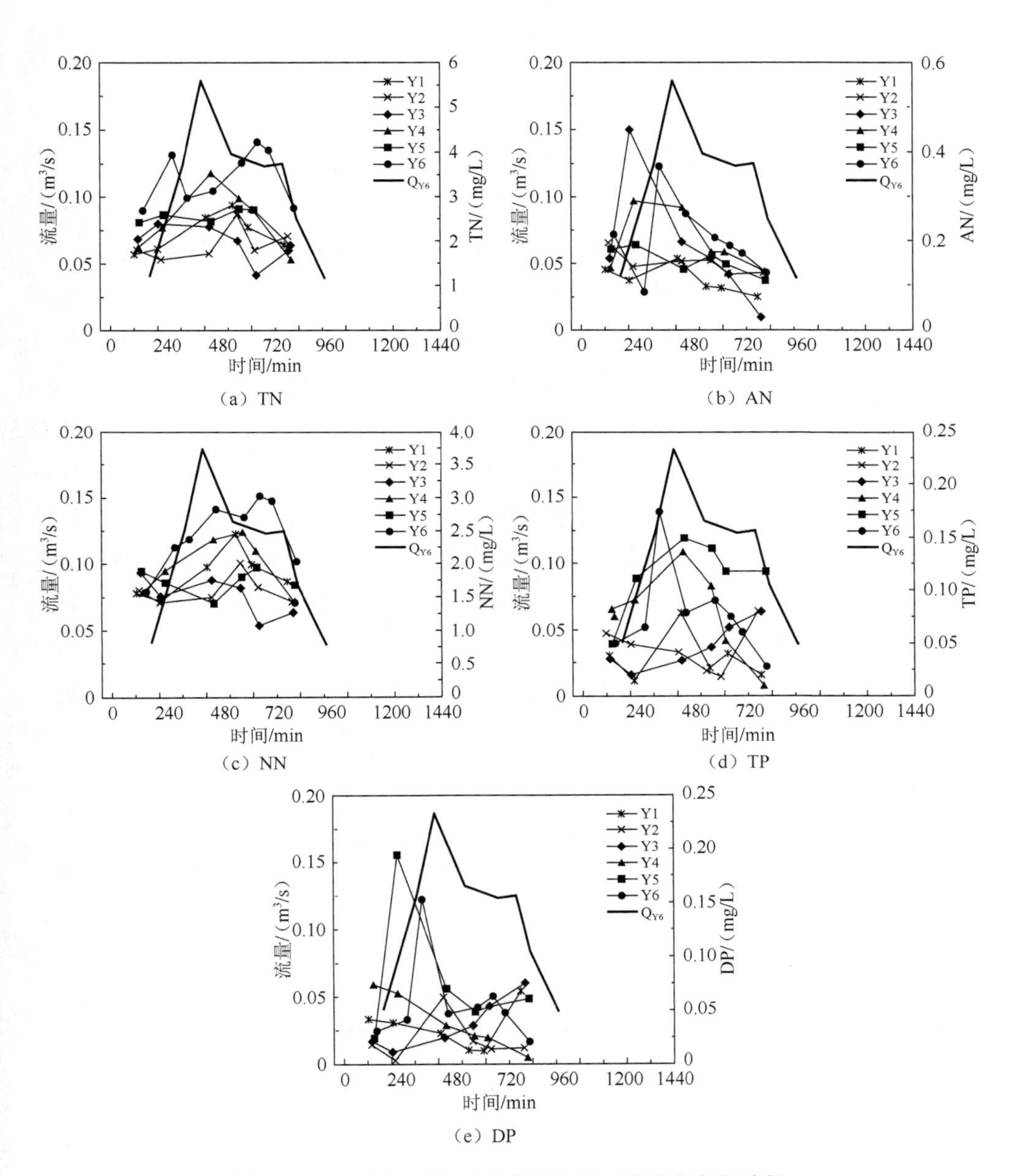

（a）TN

（b）AN

（c）NN

（d）TP

（e）DP

图 12.6 2012 年 8 月 31 日径流与氮、磷浓度变化过程

12.2.2　鹦鹉沟流域氮、磷的输移机制

1. 氮、磷的输出量

表 12.4 为不同降雨事件中鹦鹉沟流域及其子流域的氮素输出总量。可以看出，对于以农地为主（农地面积比例为 69.3%）Y1 子流域，Y1 占鹦鹉沟流域总面积的 24%，E1、E2、E3、E4 输出的 TN 量分别占总输出量的 52.4%、13.2%、17.8%、31.4%，可见当发生大的降雨事件时，如 E1 和 E4，输出了 24%的氮素量，说明 Y1 子流域的氮素贡献率较大；Y2 是一个面积仅为 0.035km^2 且以农地为主的子流域（农地面积比例高达 96.3%），占流域总面积的 1.8%，E1、E2、E3、E4 输出的 TN 量分别占总输出量的 2.3%、2.6%、3.4%、1.9%，TN 的贡献比仍大于其流域面积所占比例。通过对比 Y1 和 Y2 可知，农地为主的流域，占总流域的比例虽然较小，但氮素输出量的贡献率通常大于其所占的面积比例；对于 Y4 子流域，分别占 Y6 的面积比例是 12.8%，Y1 的 52.9%，其农地所占比例与 Y1 相比几乎相等，约为各自流域总面积的 70%，但是 Y4 子流域的林地面积比例为 27%，而 Y1 子流域的林地面积比例仅为 14.3%，Y4 在 E1、E2、E3、E4 中输出的 TN 量分别占总输出量的 3.5%、14.2%、21.7%、14.1%，说明林地消减了大量的氮素输出量。值得说明的是，Y1 的林地大多分布在坡顶，Y4 的林地则主要分布在沟道两侧及坡面。

表 12.4　不同降雨事件中鹦鹉沟流域及其子流域的氮素输出总量

降雨事件	TN/kg					
	Y1	Y2	Y3	Y4	Y5	Y6
E1	12.7	0.6	0.3	0.8	15.3	24.2
E2	1.4	0.3	0.2	1.5	4.3	10.6
E3	0.5	0.1	0.1	0.6	1.6	2.8
E4	4.4	0.3	0.5	2.0	6.9	14.0

表 12.5 为不同降雨事件中各子流域的磷素输出量。可以看出，以农地为主的 Y1 流域，占鹦鹉沟流域总面积的 24%，E1、E2、E3、E4 输出的 TP 量分别占 TP 总输出量（Y6）的 18.8%、26.3%、16.4%、15.8%，磷素的贡献比基本与其面积所占比例持平或略小，与氮素输出存在明显差异；Y2 子流域在 E1、E2、E3、E4

中输出的 TP 量分别占 TP 总输出量的比例为 0.9%、2.8%、4.2%、1.9%，与其所占的流域总面积比例的 1.8%相比，TP 的贡献比多数大于其流域面积所占比例；Y4 子流域在 E1、E2、E3、E4 中输出 TP 的量分别占 TP 总输出量的 3.5%、8.5%、21.3%、14.2%，占流域总面积的 12.8%，说明林地消减了大量磷元素。

表 12.5　不同降雨事件中鹦鹉沟流域及其子流域的磷素输出总量

降雨事件	TP/g					
	Y1	Y2	Y3	Y4	Y5	Y6
E1	112.9	5.8	3.6	21.0	231.7	598.2
E2	35.3	3.8	7.5	11.3	101.0	134.0
E3	12.1	3.2	3.8	15.7	40.1	73.6
E4	75.6	9.3	9.5	68.1	565.1	478.8

2. 氮、磷输出强度——EMC

EMC 表示一场降雨事件中某一污染物的平均浓度。图 12.7 为不同降雨事件下鹦鹉沟流域及其子流域的 EMC。可以看出，E1 和 E4 的 EMC 均表现为沿程降低。E1 事件中，以农地为主的 Y1 和 Y2 子流域，其 TN 和 NN 的 EMC 分别为 9.93mg/L 和 5.08mg/L，高于其他流域的 EMC，但其 AN、TP、DP 并不是最高，最高值出现在鹦鹉沟流域出口，其值分别为 0.13mg/L、0.17mg/L、0.14mg/L。E2 事件中，鹦鹉沟流域的 TN 和 NN 的 EMC 逐渐升高，流域出口为最大值，分别为 4.31mg/L 和 3.02mg/L，AN、TP、DP 则表现为沿程降低，Y6 子流域的 EMC 分别为 0.13mg/L、0.05mg/L、0.04mg/L。E3 事件中，鹦鹉沟流域的 TN、NN、AN、TP、DP 的 EMC 总体上变化很小，TN 和 NN 的 EMC 分别在 2.59mg/L 和 1.93mg/L 上下波动，AN、TP、DP 则在 0.08mg/L、0.02mg/L、0.08mg/L 左右。E4 事件中，TN 和 NN 的 EMC 分别在 Y4 和 Y5 子流域达到最大值 2.92mg/L、2.53mg/L，之后在 Y6 流域出口降低到 1.78mg/L 和 1.29mg/L；AN、TP、DP 的 EMC 分别在 Y4、Y5、Y4 子流域达到最高值 0.23mg/L、0.13mg/L、0.10mg/L，最后在 Y6 流域出口降低至 0.10mg/L、0.07mg/L、0.05mg/L。

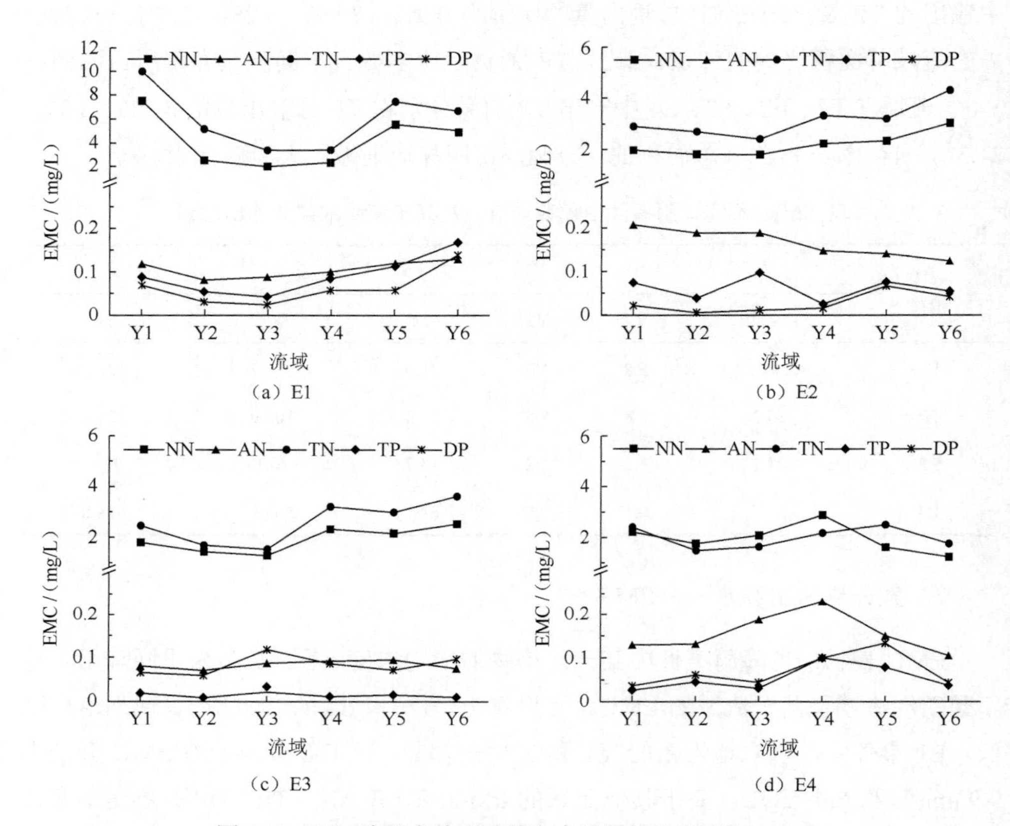

图 12.7　不同降雨事件下鹦鹉沟流域及其子流域的 EMC

3. 氮、磷的输出负荷——EPL

EPL 表示单位面积的径流污染物负荷量。通过这一指标可以反映 Y1、Y2、Y3、Y4、Y5、Y6 各（子）流域的氮、磷输出强度。图 12.8 分别为 2012 年 7 月 4 日、9 月 11 日、9 月 25 日、8 月 31 日鹦鹉沟流域及其子流域的 EPL。由图可知，E1 事件中，即以农地为主的 Y1 和 Y2 子流域，其 TN 的 EPL 分别为 28.0mg/m^2 和 16.0mg/m^2，高于其他流域的 EPL，NN 的 EPL 分别为 21.0mg/m^2 和 8.0mg/m^2；Y4 子流域各氮、磷元素的 EPL 较低，由于 Y1、Y2 子流域的 EPL 较高，而 Y3 和 Y4 子流域的 EPL 较低，鹦鹉沟流域出口即 Y6 流域的 EPL 又逐渐升高。

E2 事件中，只有 Y2 子流域的 EPL 较大，Y1、Y3、Y4、Y5、Y6 这 5 个流域 TN、NN、AN、TP、DP 的 EPL 均值分别为 4.8mg/m^2、3.4mg/m^2、0.24mg/m^2、0.09mg/m^2、0.05mg/m^2。

E3 事件中，鹦鹉沟流域的 TN、NN、AN、TP、DP 的 EPL 总体上变化很小，Y1、Y2、Y3、Y4、Y5、Y6 这 5 个流域 TN、NN、AN、TP、DP 的 EPL 均值分别为 1.8mg/m^2、1.4mg/m^2、0.06mg/m^2、0.06mg/m^2、0.01mg/m^2。

E4 事件中，鹦鹉沟流域的 TN、NN、AN、TP、DP 的 EPL 总体上表现为降低，Y1、Y2、Y3、Y4、Y5、Y6 这 5 个流域 TN、NN、AN、TP、DP 的 EPL 均值分别为 8.92mg/m^2、8.53mg/m^2、0.67mg/m^2、0.30mg/m^2、0.23mg/m^2。

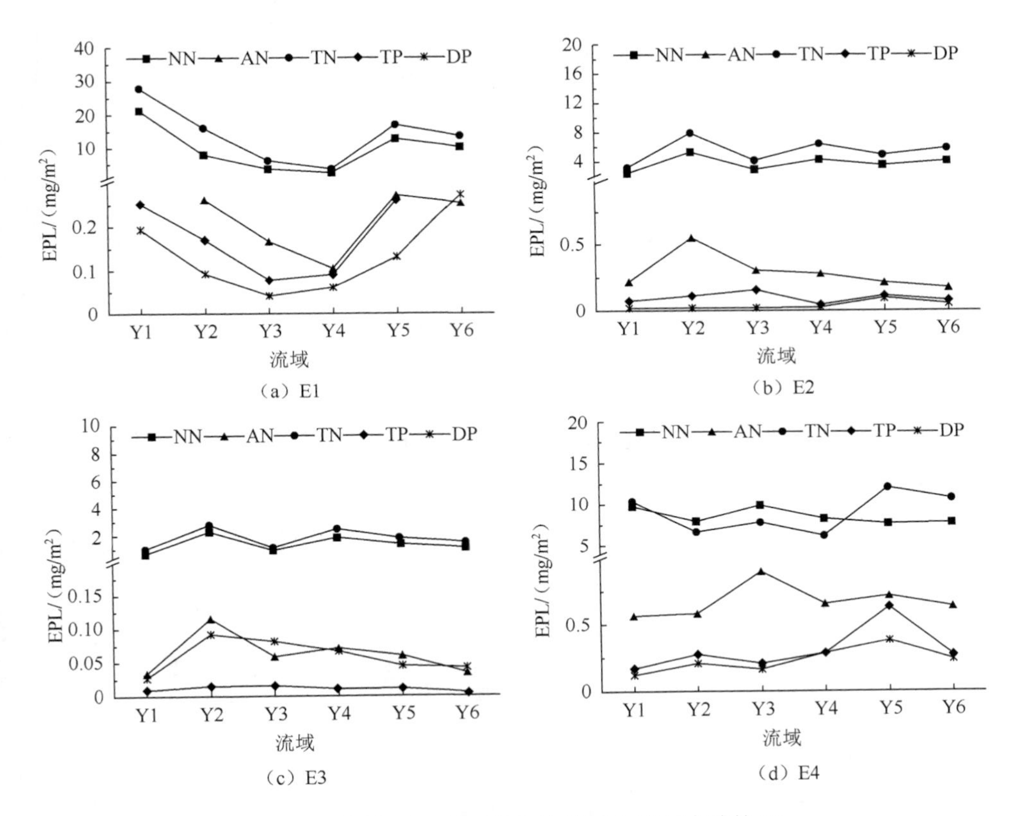

图 12.8 不同降雨事件下鹦鹉沟流域及其子流域的 EPL

4. 氮、磷的输出时间——FF_{50}

FF_{50} 表示降雨径流开始后前 50%的径流量所携带的污染物总量。图 12.9、图 12.10、图 12.11、图 12.12 分别为 2012 年 7 月 4 日、9 月 11 日、9 月 25 日、8 月 31 日鹦鹉沟流域及其子流域径流与氮、磷负荷分布。从图中可知，不同子流域在不同降雨事件中各个污染物输出的时间特征。

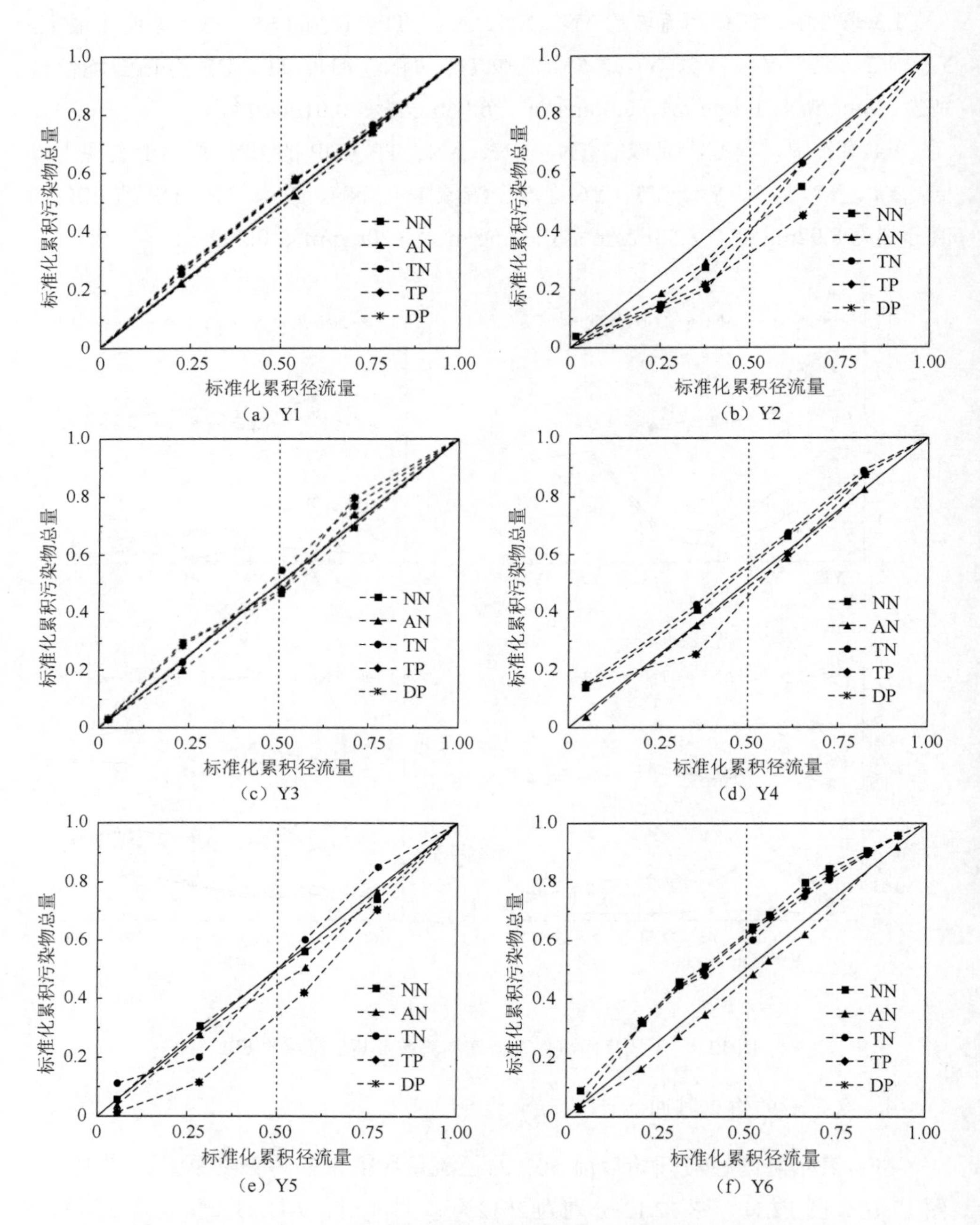

图 12.9　2012 年 7 月 4 日鹦鹉沟流域及其子流域径流与氮、磷负荷分布

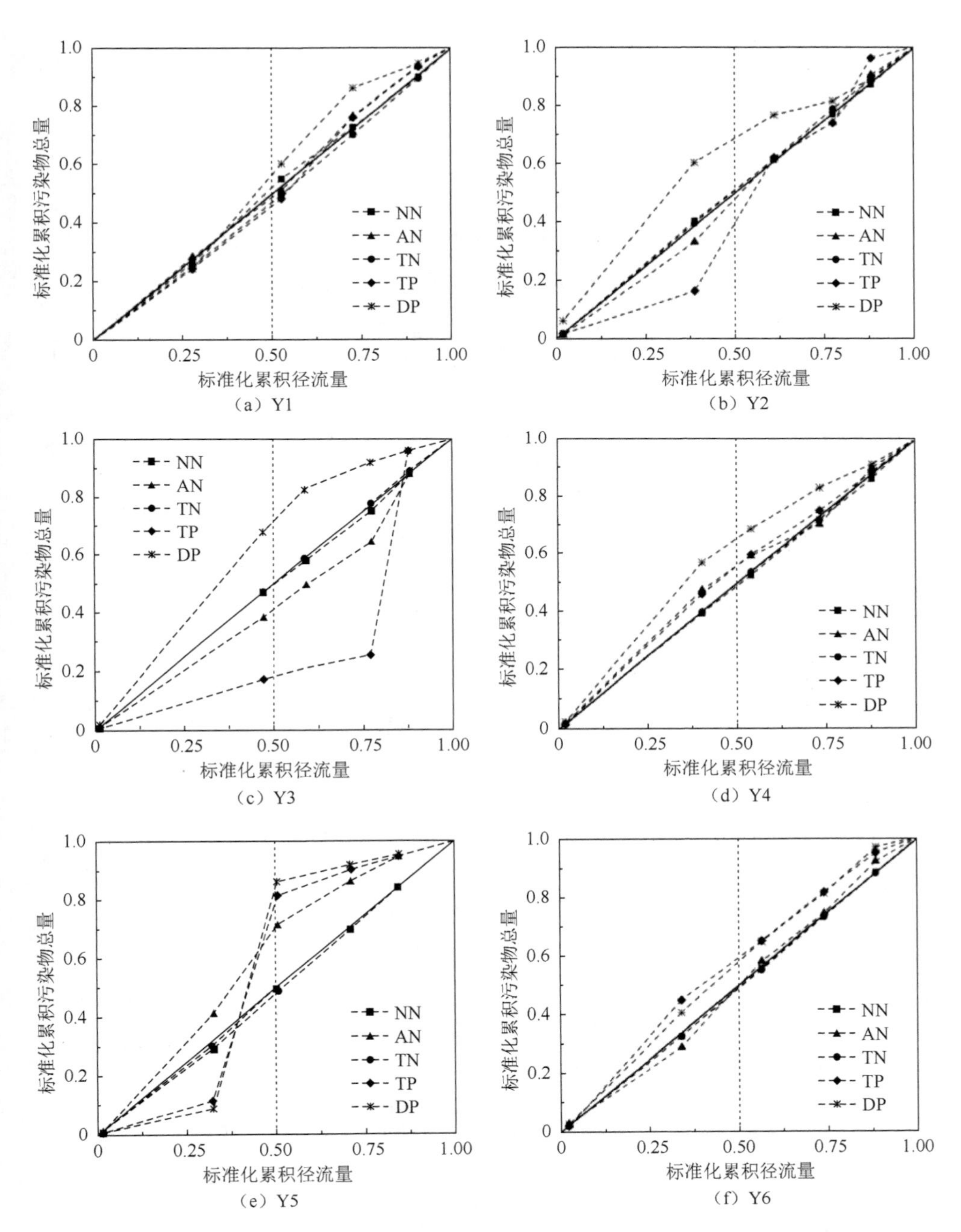

图 12.10 2012 年 9 月 11 日鹦鹉沟流域及其子流域径流与氮、磷负荷分布

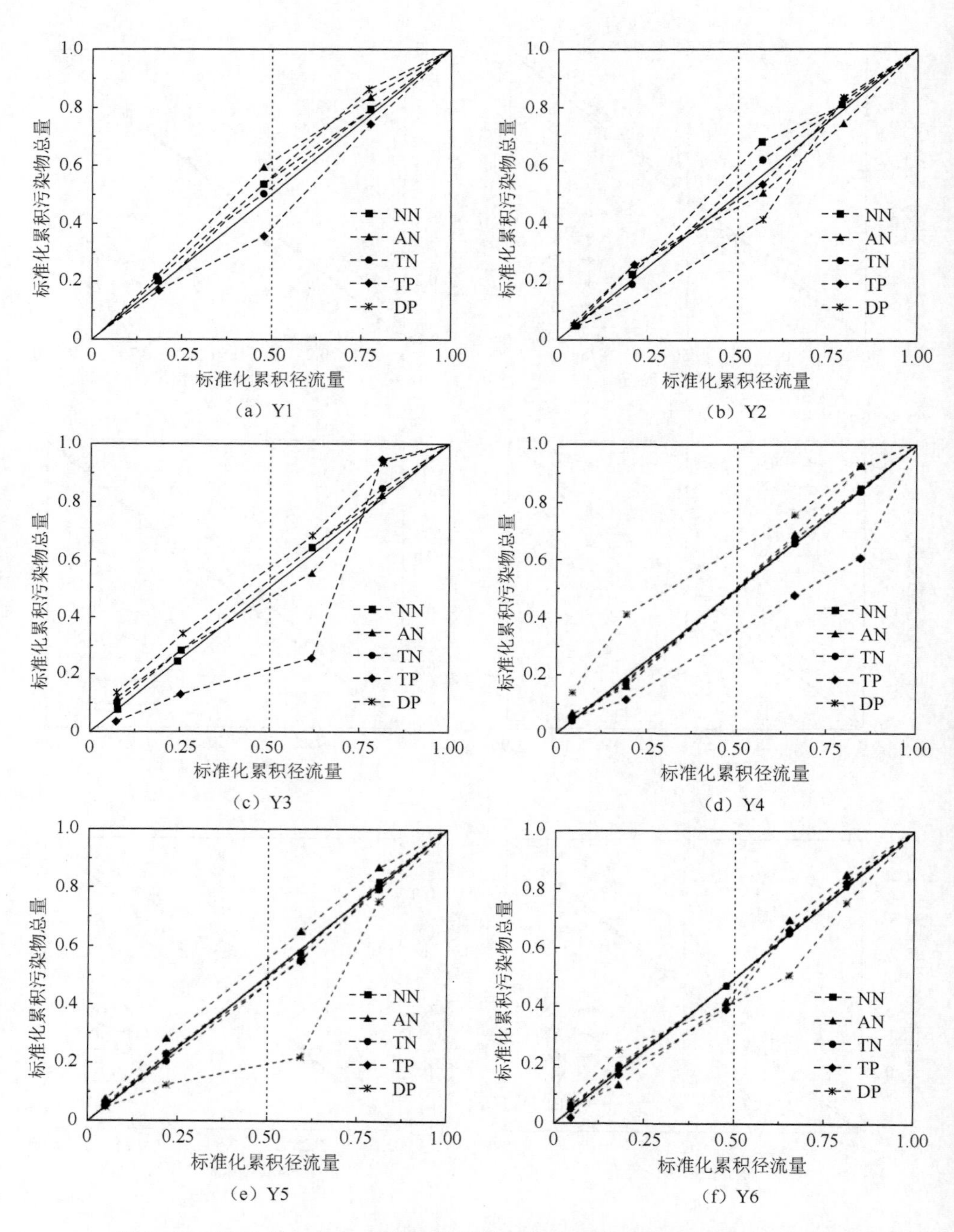

图 12.11 2012 年 9 月 25 日鹦鹉沟流域及其子流域径流与氮、磷负荷分布

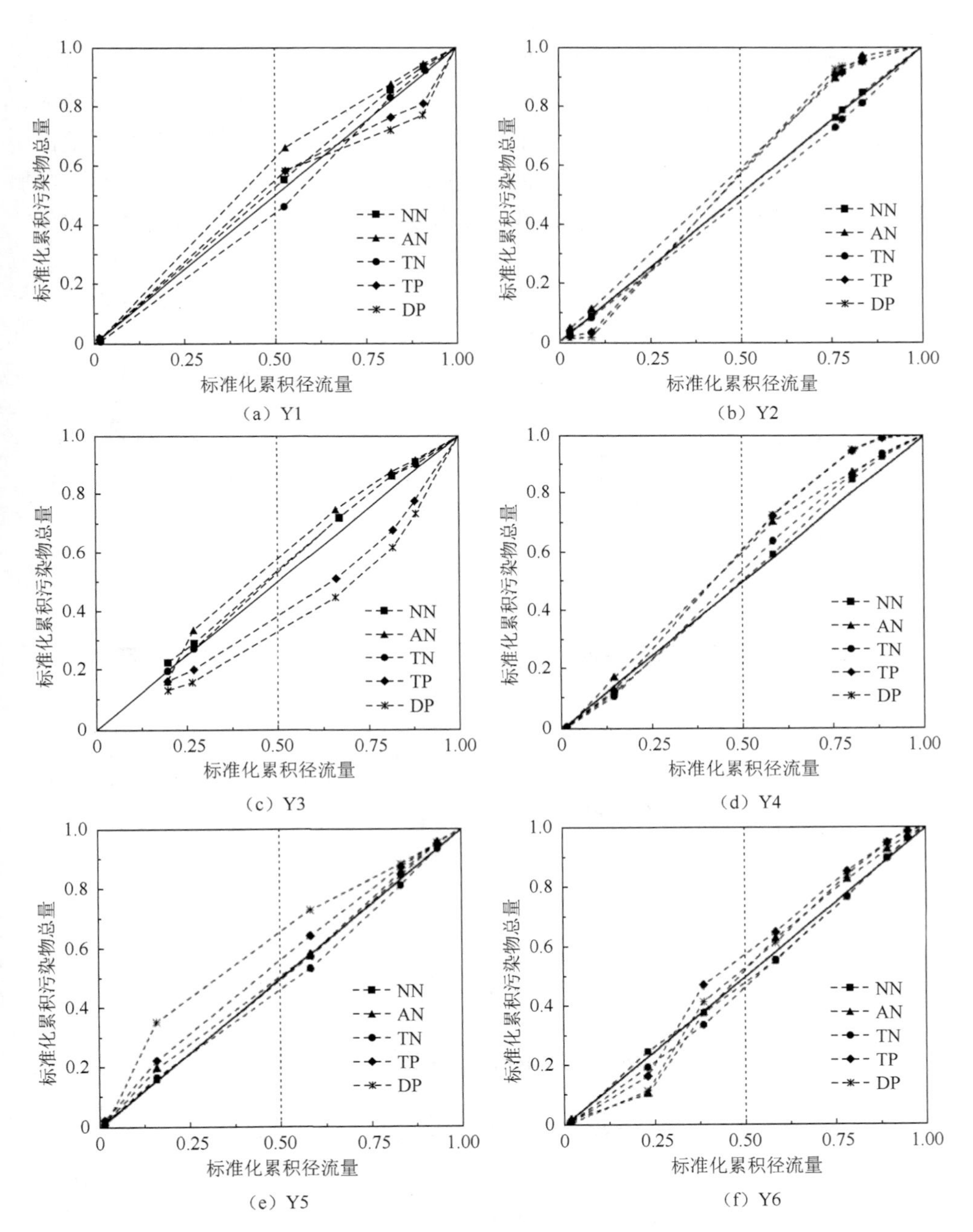

图 12.12　2012 年 8 月 31 日鹦鹉沟流域及其子流域径流与氮、磷负荷分布

为进一步分析其输出的时间特征而提取出每个污染物的 FF_{50} 值，鹦鹉沟流域及其子流域氮、磷输出的 FF_{50} 值如图 12.13 所示。从图中可以看出，E2、E3、E4

这三场降雨中，大多数流域的 FF_{50} 值均大于 0.5，说明径流初期 50%的径流携带了超过 50%的污染物。而在 E1 降雨事件中，只有鹦鹉沟流域出口（Y6）的 NN、TN、DP、TP 四种污染物的 FF_{50} 值大于 0.5，而 AN 的 FF_{50} 值小于 0.5。说明 NN、TN、DP、TP 四种污染物主要在降雨径流前期输出，AN 则主要在径流后期输出。综合以上分析，由于 AN 量较少，如果利用流域内的洼地或者修建池塘控制降雨径流前期的径流，则能够减少流域氮、磷的输出量，从而减轻下游河流水体的污染。

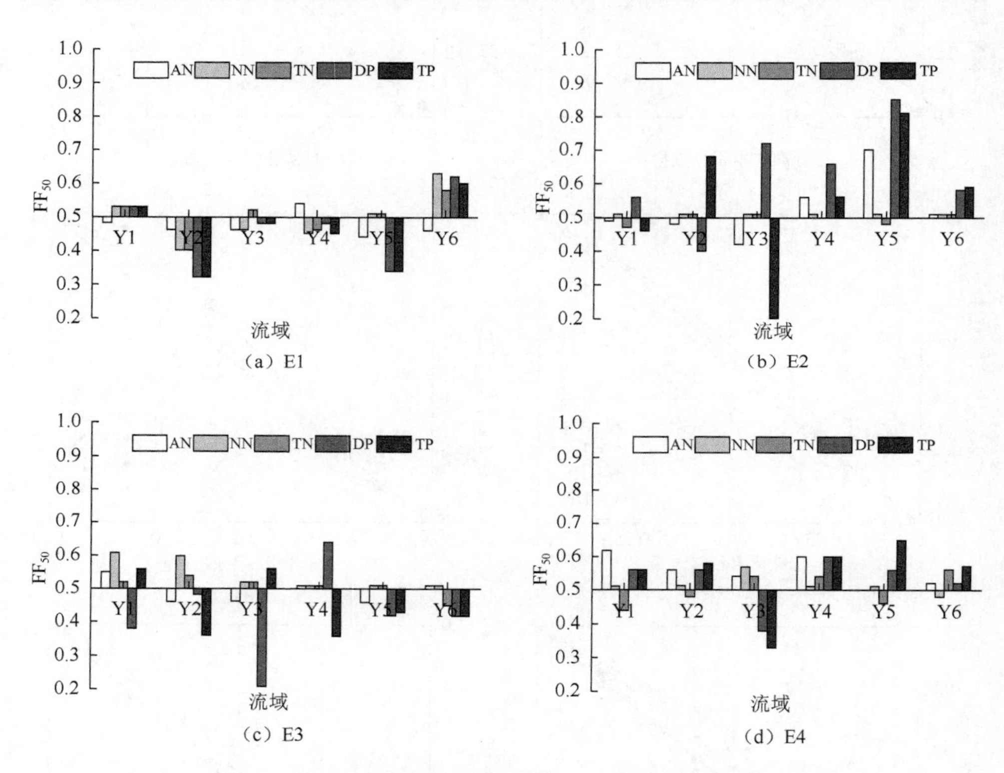

（a）E1　（b）E2　（c）E3　（d）E4

图 12.13　鹦鹉沟流域及其子流域氮、磷输出的 FF_{50} 值

12.3　流域氮素随径流的迁移过程

由于农业活动的广泛性和普遍性，农业非点源污染成为构成目前水质环境恶化的一大威胁，并因此受到了广泛的重视，农业非点源污染近年来逐渐成为国内非点源污染研究的热点（吴志峰等，2004）。氮素是农业生态系统中重要的营养元素之一，也是农田生产力的主要限制因子，但施肥过量或施用不当会引起水体富营养化、地表水环境恶化和地下水硝酸盐含量超标等非点源环境污染问题（杜伟等，2010）。农田地表径流和土壤侵蚀引起的氮素流失，是造成农业面源污染与地

表水体富营养化的主要原因。小流域是一个较为理想的非点源污染监测单元，很多学者从不同角度对小流域非点源氮素污染进行了研究，如形成机理、模型开发及应用、控制技术及措施等（金洁等，2005；涂安国等，2010；韩建刚等，2011；陈海洋等，2012）。研究小流域地表径流氮、磷流失规律，对提高化肥利用率、减轻农业非点源污染、缓解水资源危机具有重要的理论意义和实用价值。

非点源污染是水环境的重要污染源，也成为威胁饮用水的主要原因，其中以湖泊、水库的水质富营养化及流域水质恶化问题尤为突出（况福虹等，2006）。南水北调中线工程对水源区的水质要求较高，但水源区仍存在一定程度的水污染。其中，相当部分的污染物来自非点源污染，特别是农业非点源污染已经成为水体氮、磷的主要来源（李怀恩等，2010）。农业非点源污染负荷计算是研究、控制和治理流域农业非点源污染的关键。本节以丹江鹦鹉沟流域为例，在长期野外监测的基础上进行农业非点源负荷研究，重点是对土壤氮素的流失进行估算与分析，以期为南水北调农业非点源污染控制和清洁小流域建设提供科学依据。

12.3.1　监测点设计与研究方法

根据鹦鹉沟流域的沟道特征和土地利用情况，在流域内设置了监测断面，其空间位置如图 12.14 所示。断面 1 控制流域是典型的农业小流域，耕地是控制流域内的主要景观特征。把口站是鹦鹉沟流域出口控制断面，断面 1 和把口站之间是村子的主要居民点，有农村生产生活污染物排放。

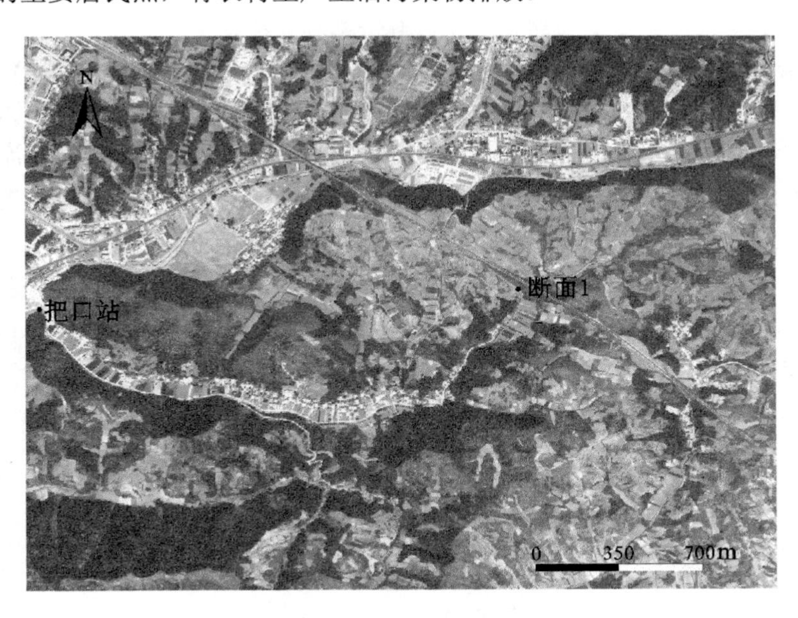

图 12.14　鹦鹉沟流域监测断面空间位置

鹦鹉沟流域共建成小区 28 个，其中砖砌小区 20 个，简易小区 8 个。2 个 10m×4m 乔木林小区，3 个 10m×2m 和 3 个 5m×2m 草地径流小区，其他为农地小区。根据当地降雨产流情况，标准径流小区修建 1m×1m×1m 或者 1.5m×1.5m×1.5m 沉砂池，简易小区采用普通大型塑料桶接收径流和泥沙。径流池顶部加盖及底部开孔，安装直径 50mm 直管和直径 50mm 闸阀，用阀门直接排放径流和泥沙，通排水沟。沉砂池和量水池砖砌厚度为 24cm，底部用混凝土铺底，并做防渗处理，混凝土铺底厚度为 15cm。在小区上部及集流设施的下部布设排水沟、排洪沟以拦截和排放径流。

在鹦鹉沟流域中部设置 HOBO 自动气象站一台，用于对大气温度、相对湿度、风向、风速、雨量、气压、太阳辐射等众多气象要素进行全天候现场监测。流域监测各断面安放 Global Water WL700+（USA）自记水位计，记录各个断面的水位变化情况。每个月监测一次基流水位、流速和水质指标。汛期降雨时，自降雨开始每隔 2h 监测各个断面的水位、流速和水质指标。针对坡面径流小区，设置不同作物、不同种植方式、不同管理方式等处理方法，在测定坡面径流小区长、宽、坡度和坡长等的基础上，监测径流小区的土壤理化性质和降雨径流水质。基流和降雨期间水位用水尺测定，流速用浮标法测定。水样用 500ml 玻璃瓶采集，样品的保存依据《中华人民共和国国家环境保护标准》（HJ 493—2009），2 天之内送回实验室测定水质。水质指标中氨氮、硝氮和总氮用全自动间断化学分析仪测定。

降雨径流的冲刷是产生非点源污染的原动力，降雨径流又是非点源污染物的载体。如果没有地表径流的产生，非点源污染物就很难进入受纳水体。因此，可以认为非点源污染主要是由汛期地表径流引起的，而枯水季节的水质污染主要是由点源污染引起的。点源污染负荷 L_{P} 相对比较稳定，可通过实测枯季流量 $Q_{\text{非汛期}}$ 乘以枯季污染物浓度 $C_{\text{非汛期}}$ 求得；汛期的总污染负荷 L，可通过实测汛期流量 $Q_{\text{汛期}}$ 乘以汛期污染物浓度 $C_{\text{汛期}}$ 求得；两者之差即为汛期产生的非点源污染负荷 L_{n}（蔡明等，2007）。

监测暴雨径流过程中的水质水量同步资料，利用监测资料计算每场暴雨洪水过程的各种非点源污染物平均浓度，然后以各次暴雨的径流量为权重，得出各次暴雨的加权平均浓度。单次暴雨径流过程的非点源污染物的平均浓度计算公式为（李怀恩，2000）：

$$\bar{C}=\frac{W_L}{W_A} \tag{12-5}$$

式中，W_L 为该次暴雨携带的负荷量，g：

$$W_L=\sum_{i=1}^{n}\left(Q_{Ti}C_i-Q_{Bi}C_{Bi}\right)\Delta t_i \tag{12-6}$$

W_A 为该次暴雨产生的径流量，m^3：

$$W_A = \sum_{i=1}^{n} \left(Q_{Ti} - Q_{Bi} \right) \Delta t_i \tag{12-7}$$

其中，Q_{Ti} 为 t_i 时刻的实测流量，m^3/s；C_i 为 t_i 时刻的实测污染物浓度，mg/L；Q_{Bi} 为 t_i 时刻的枯季流量（即非本次暴雨形成的流量），m^3/s；C_{Bi} 为 t_i 时刻的基流浓度（枯季浓度），mg/L；i=1，2，…，n，为该次暴雨径流过程中流量与水质浓度的同步监测次数；Δt_i 为 Q_{Ti} 和 C_i 的代表时间，s：

$$\Delta t_i = \frac{t_{i+1} - t_{i-1}}{2} \tag{12-8}$$

则多次（如 m 次）暴雨非点源污染物的加权平均浓度为

$$C = \frac{\sum_{j=1}^{m} (\bar{C}_j W_{Aj})}{\sum_{j=1}^{m} W_{Aj}} \tag{12-9}$$

12.3.2　农地监测小区氮素流失特征

按照我国气象部门降雨强度分级标准，24h 内的降雨量称为日降雨量，凡是日雨量在 10mm 以下称为小雨，10.0～24.9mm 称为中雨，25.0～49.9mm 称为大雨，50.0～99.9mm 称为暴雨，100.0～250.0mm 称为大暴雨，超过 250.0mm 的称为特大暴雨。2010 年 7 月 2 日到 3 日、2011 年 8 月 4 日到 5 日和 2012 年 7 月 4 日的降雨量分别为 51.8mm、25.2mm 和 44.8mm，三者分别为暴雨、中雨和大雨，涵盖了降雨强度的主要类型。

鹦鹉沟流域降雨后由于玉米和花生径流小区的氮素变化不大，总氮浓度基本在 2mg/L 左右，故主要列举了 3 次降雨下的典型氮素变化特征。鹦鹉沟流域径流小区氮素变化特征如表 12.6 所示，可以看出，无论是农地径流小区还是林草地径流小区，水质中硝氮含量均大于氨氮含量，这是由于土壤表层存在强烈的硝化作用，硝氮含量较高，且带负电，不易被土粒所吸附，导致径流小区硝氮含量较高。当径流小区坡度大于 25°时，玉米和花生径流小区的氨氮和硝氮含量均呈明显增加，这是因为坡度增加，径流流速明显增大，使径流与土壤的作用强度增大，从而影响到坡地表层土壤颗粒启动、侵蚀方式和径流的携沙能力，进而增大养分的流失量（傅涛等，2003；孔刚等，2007）。花生径流小区和玉米径流小区的氨氮和硝氮含量差异不大，但玉米地的总氮含量往往比花生地大。另外，随坡度的增大，花生径流小区硝氮含量呈增大趋势。林地和草地径流小区总氮含量也较高，在 2mg/L 左右，甚至大于一些农地径流小区的总氮含量。

表 12.6 鹦鹉沟流域径流小区氮素变化特征

日期	小区	长/m	宽/m	面积/m²	坡度/(°)	地类	氨氮/(mg/L)	硝氮/(mg/L)	总氮/(mg/L)
2010 年 7 月 3 日	3	7.9	2	15.8	24	花生	0.34	1.10	1.70
	4	7.8	2	15.6	22	花生	0.32	1.05	1.51
	12	20.4	2	40.8	12	玉米	0.24	1.70	2.30
	16	10.3	2	20.6	10	玉米	0.37	1.30	2.10
	19	21.2	5	106.0	15	草地	0.54	1.20	2.43
	20	20.7	5	103.5	15	林地	0.23	1.14	1.95
	22	10.0	4	40.0	20	林地	0.31	1.40	2.20
2011 年 8 月 5 日	6	10.8	2	21.6	18	花生	0.16	1.02	1.92
	9	5.7	2	11.4	30	花生	1.01	3.01	6.15
	12	20.4	2	40.8	12	玉米	0.11	1.26	2.34
	16	10.3	2	20.6	10	玉米	0.36	1.01	2.15
	19	21.2	5	106.0	15	草地	0.37	1.40	2.41
	20	20.7	5	103.5	15	林地	0.24	1.35	2.32
	22	10.0	4	40.0	20	林地	0.36	1.63	2.50
2012 年 7 月 4 日	9	5.7	2	11.4	30	玉米	1.35	1.70	5.19
	12	20.4	2	40.8	12	花生	0.43	0.92	2.39
	16	10.3	2	20.6	10	花生	0.41	0.84	2.06
	17	10.3	2	20.6	12	花生	0.70	0.91	2.55
	19	21.2	5	106.0	15	草地	0.31	1.27	2.19
	20	20.7	5	103.5	15	林地	0.30	1.15	2.00
	22	10.0	4	40.0	20	林地	0.31	1.30	2.16

根据《地表水环境质量标准》(GB 3838—2002)氮素项目标准限值(表 12.7),花生径流小区和玉米径流小区氨氮含量在陡坡以下均小于 0.5mg/L,属于Ⅱ类水;硝氮含量均小于标准限值 10mg/L;总氮含量均大于 1.5mg/L,水质属于Ⅴ类水或更差水平,尤其在陡坡,总氮含量远大于Ⅴ类水标准限值 2.0mg/L。林地和草地径流小区的总氮含量也多大于Ⅴ类水标准限值 2.0mg/L。说明径流小区水质中氮素主要是总氮含量超标。

表 12.7 地表水环境质量标准(GB 3838—2002)氮素项目标准限值(单位:mg/L)

项目	Ⅰ类	Ⅱ类	Ⅲ类	Ⅳ类	Ⅴ类
总氮	≤0.20	≤0.5	≤1.0	≤1.5	≤2.0
氨氮	≤0.15	≤0.5	≤1.0	≤1.5	≤2.0
硝氮	标准限值 10				

12.3.3　断面 1 氮素平均浓度计算

断面 1 的枯季径流是由流经农地的地表径流和农地壤中流汇聚而成，但与汛期降雨产生的地表径流又有区别，故本研究仍将其作为点源污染。2011 年和 2012 年鹦鹉沟流域断面 1 水质水量同步监测数据如表 12.8 所示。计算出各次暴雨的径流量和非点源污染负荷量后，由式（12-5）可得出各自的平均浓度，再以各次暴雨的径流量为权重，由式（12-9）求得各种污染物多次暴雨洪水的非点源污染加权平均浓度。此外，由定期（特别是枯季）水质监测资料可算出各种污染物的（算术）平均浓度，用来近似代表点源污染（枯季径流）的平均浓度，由此计算得到断面 1 非点源污染氨氮、硝氮和总氮的平均浓度分别为 0.16mg/L、2.65mg/L 和 4.39mg/L，点源污染氨氮、硝氮和总氮的平均浓度分别为 0.18mg/L、1.40mg/L 和 2.68mg/L。从表 12.8 可以看出断面 1 总氮含量全都超出Ⅴ类水水质标准，氨氮浓度始终小于《地表水环境质量标准》（GB 3838—2002）中规定的Ⅱ类水水质标准值 0.5mg/L，硝酸盐含量也始终小于《地表水环境质量标准》（GB 3838—2002）中规定标准值 10mg/L，说明断面 1 氮素主要是总氮污染，需要采取控制措施。

表 12.8　鹦鹉沟流域断面 1 水质水量同步监测数据

数据类型	序号	降雨时长/h	采样次数	流量/(m^3/s)	氨氮/(mg/L)	硝氮/(mg/L)	总氮/(mg/L)
次降雨径流数据	1	13	5	0.077	0.03	2.75	4.34
	2	19	6	0.084	0.08	2.86	4.47
	3	7	3	0.067	0.06	3.03	4.68
	4	8	4	0.031	0.01	3.40	5.24
	5	13	4	0.056	0.16	2.73	4.34
	6	15	5	0.060	0.20	2.43	4.25
	7	36	10	0.088	0.24	2.68	4.40
	8	27	8	0.090	0.29	2.21	4.11
	9	46	16	0.119	0.22	2.14	3.87
	10	36	11	0.081	0.18	2.72	4.41
基流数据	1	0	1	0.002	0.20	1.17	2.21
	2	0	1	0.002	0.21	0.59	2.87
	3	0	1	0.003	0.15	2.43	2.98
	4	0	1	0.002	0.17	2.29	6.89

12.3.4　把口站氮素平均浓度计算

把口站是鹦鹉沟流域的出口断面，其和断面 1 之间有大量居民点，存在生产生活污染物排放。2011 年和 2012 年鹦鹉沟流域把口站水质水量同步监测数据如

表 12.9 所示。从表中可以看出，把口站总氮含量也都超出Ⅴ类水水质标准，氨氮浓度始终小于《地表水环境质量标准》（GB 3838—2002）中规定的Ⅱ类水水质标准值 0.5mg/L，硝酸盐含量也始终小于《地表水环境质量标准》（GB 3838—2002）中规定标准值 10mg/L，说明把口站水质依然主要是总氮污染。另外，硝氮含量约占总氮含量的 60%，表明硝氮在总氮中占主要部分，有机氮含量也较大且不容忽视，这与断面 1 相同。根据式（12-5）和式（12-9）计算得到把口站非点源污染氨氮、硝氮、总氮的平均浓度分别为 0.17mg/L、4.71mg/L 和 7.55mg/L，点源污染氨氮、硝氮和总氮的平均浓度分别为 0.20mg/L、2.12mg/L 和 4.08mg/L。由此可见，从断面 1 到把口站，水中氨氮浓度变化不大，这主要是因为河水在流动过程中与 O_2 有充分的接触，NH_4^+ 与水中 O_2 结合，在亚硝化细菌与硝化细菌的作用下最终生成 NO_3^-，从而使氨氮稳定在某一范围；硝氮浓度和总氮浓度则有较大的增加，这与农村生产生活污染物排放有直接关系。

表 12.9　鹦鹉沟流域把口站水质水量同步监测数据

数据类型	序号	降雨时长/h	采样次数	流量/(m³/s)	氨氮/(mg/L)	硝氮/(mg/L)	总氮/(mg/L)
次降雨径流数据	1	13	5	0.190	0.17	5.01	8.06
	2	19	6	0.305	0.20	4.67	7.44
	3	7	3	0.304	0.17	4.84	7.70
	4	8	4	0.177	0.05	5.14	7.92
	5	13	4	0.153	0.11	5.64	8.72
	6	15	5	0.211	0.19	4.78	7.65
	7	36	10	0.301	0.25	4.40	7.17
	8	27	8	0.442	0.27	4.05	6.86
	9	46	16	0.505	0.12	4.14	6.65
	10	36	11	0.263	0.17	5.42	8.46
基流	1	0	1	0.006	0.13	2.05	2.77
	2	0	1	0.006	0.31	1.11	6.05
	3	0	1	0.007	0.09	3.20	3.42
	4	0	1	0.006	0.19	2.68	6.87

12.3.5　流域产流量分析

根据 2010～2012 年商南县鹦鹉沟流域的小区监测结果，选取 2010 年 7 月 2 日到 3 日、2011 年 8 月 4 日到 5 日和 2012 年 7 月 4 日三场典型降雨，其降雨量分别为 51.8mm、25.2mm 和 44.8mm，并依据径流小区产流量和径流小区面积分别计算农地、林地和草地的产流深度以计算流域产流量，产流深度结果如表 12.10 所示。

表 12.10　两场典型降雨下不同地类的产流深度

农地		草地		林地	
小区	产流深度/mm	小区	产流深度/mm	小区	产流深度/mm
09	7.2	19	4.6	20	3.0
	3.1		2.4		1.2
	6.8		3.9		1.5
11	6.5	23	5.7	21	2.6
	3.8		3.4		1.1
	6.3		4.2		1.4
12	5.9	24	4.5	22	1.9
	3.4		2.7		1.3
	5.2		3.8		2.1
14	5.8	25	4.8	—	—
	3.5		2.7		—
	5.3		4.1		—
15	7.8	26	4.8	—	—
	3.6		2.1		—
	5.7		3.6		—
16	6.4	—	—	—	—
	3.1		—		—
	5.9		—		—
17	5.4	—	—	—	—
	2.9		—		—
	4.3		—		—
平均值	5.1	平均值	3.8	平均值	1.8

由表 12.10 可知，三场典型降雨条件下，农地、草地、林地的平均产流深度分别为 5.1mm、3.8mm 和 1.8mm，结合三场典型降雨的降雨量计算得到农地、草地、林地的产流系数分别为 0.13、0.09 和 0.04。鹦鹉沟流域林地、草地和农地的面积分别为 0.52km^2、0.17km^2 和 1.12km^2，多年平均降雨量为 803.2mm，由此可知，流域内林地、草地、农地的年均地表产流量分别为 16706.56m^3、12288.96m^3 和 116945.92m^3。根据枯季水位计监测数据，计算得到枯季径流总量为 124416.0m^3，则鹦鹉沟流域年径流总量为 27.04 万 m^3，年径流模数为 14.94 万 m^3/(km^2·a)。

12.3.6　不同土地利用的氮素流失模数

根据鹦鹉沟流域2010～2012年的小区监测数据，对不同土地利用类型主要降雨场次的水质氮素监测指标进行分析，计算林地、草地和农地的氮素含量平均值，在此基础上，根据各自的年均产流量计算得出随径流流失的氮素流失量和流失模数，不同土地利用类型的氮素流失模数如表12.11所示。由表中可以看出，径流中农地、草地和林地的氨氮含量相差不大，但硝氮和总氮的含量有一定差异，表现为农地>草地>林地，这是因为林草地产流量较小，但其土壤全氮含量较高，致使径流总氮浓度也较高，且超出了Ⅴ类水水质标准。另外，氨氮、硝氮和总氮的年均流失模数均表现为农地>草地>林地，农地、草地和林地的总氮径流流失模数分别为0.36t/(km^2·a)、0.22t/(km^2·a)和0.09t/(km^2·a)。

表12.11　不同土地利用类型的氮素流失模数

项目		林地	草地	农地
平均浓度/(mg/L)	氨氮	0.29	0.26	0.34
	硝氮	1.61	1.85	2.41
	总氮	2.66	3.10	3.41
年流失量/t	氨氮	0.005	0.003	0.04
	硝氮	0.03	0.02	0.28
	总氮	0.04	0.04	0.40
流失模数/[t/(km^2·a)]	氨氮	0.01	0.02	0.04
	硝氮	0.05	0.13	0.25
	总氮	0.09	0.22	0.36
场次		10	16	23

12.3.7　氮素流失量对水质的影响

根据鹦鹉沟流域把口站的监测数据，对其主要水质监测指标的年内变化规律进行分析，计算得出主要水质指标的年平均值，在此基础上，根据年均径流量计算得出随径流流失的氮素流失量和流失模数，结果如表12.12所示。

表12.12　径流氮素年流失量和流失模数

氮素流失类型	非点源污染年平均浓度/(mg/L)	点源污染年平均浓度/(mg/L)	年流失量/t	流失模数/[t/(km^2·a)]
氨氮	0.17	0.20	0.05	0.03
硝氮	4.71	2.12	0.95	0.53
总氮	7.55	4.08	1.61	0.89

由表 12.11 可以看出，鹦鹉沟流域氨氮、硝氮和总氮的流失模数分别为 0.03t/(km^2·a)、0.53t/(km^2·a)和 0.89t/(km^2·a)。根据我国《地表水环境质量标准》（GB 3838—2002）的有关规定，鹦鹉沟流域非点源污染中氮素对水环境质量的影响作用分别是：氨氮增加 0.17mg/L，硝氮增加 4.71mg/L，总氮增加 7.55mg/L；其影响结果是氨氮超过 I 类水水质标准限值 13.3%，成为 II 类水；总氮超过 V 类水水质标准限值 277.5%，直接成为劣 V 类水；硝氮浓度则未超过 10mg/L 的标准限值。

参考文献

蔡明, 李怀恩, 刘晓军, 2007. 非点源污染负荷估算方法研究[J]. 人民黄河, 29(7): 36-37.

陈海洋, 滕彦国, 王金生, 等, 2012. 晋江流域非点源氮磷负荷及污染源解析[J]. 农业工程学报, 28(5): 213-219.

陈能汪, 洪华生, 张珞平, 2006. 流域尺度氮流失的环境风险评价[J]. 环境科学研究, 19(1): 10-14.

陈西平, 黄时达, 1991. 涪陵地区农田径流污染输出负荷定量化研究[J]. 环境科学, 3: 75-79.

陈志良, 程炯, 刘平, 等, 2008. 暴雨径流对流域不同土地利用土壤氮磷流失的影响[J]. 水土保持学报, 22(5): 30-33.

杜伟, 遆超普, 姜小三, 等, 2010. 长三角地区典型稻作农业小流域氮素平衡及其污染潜势[J]. 生态与农村环境学报, 26(1): 9-14.

傅涛, 倪九派, 魏朝富, 等, 2003. 不同雨强和坡度条件下紫色土养分流失规律研究[J]. 植物营养与肥料学报, 9(1): 71-74.

韩建刚, 李占斌, 2011. 紫色土丘陵区不同土地利用类型小流域氮素流失规律初探[J]. 水利学报, 42(2): 160-165.

韩黎阳, 黄志霖, 肖文发, 等, 2014. 三峡库区兰陵溪小流域土地利用及景观格局对氮磷输出的影响[J]. 环境科学, 35(3): 1091-1097.

金洁, 杨京平, 2005. 从水环境角度探析农田氮素流失及控制对策[J]. 应用生态学报, 16(3): 579-582.

孔刚, 王全九, 樊军, 2007. 坡度对黄土坡面养分流失的影响实验研究[J]. 水土保持学报, 21(3): 14-18.

况福虹, 朱波, 徐泰平, 等, 2006. 川中丘陵区小流域非点源氮素迁移的季节特征——以中国科学院盐亭紫色土农业生态试验站小流域为例[J]. 水土保持研究, 13(5): 93-98.

李怀恩, 2000. 估算非点源污染负荷的平均浓度法及其应用[J]. 环境科学学报, 20(4): 397-400.

李怀恩, 王莉, 史淑娟, 2010. 南水北调中线陕西水源区非点源总氮负荷估算[J]. 西北大学学报(自然科学版), 40(3): 540-544.

涂安国, 尹炜, 陈德强, 等, 2010. 丹江口库区典型小流域地表径流氮素动态变化[J]. 长江流域资源与环境, 19(8): 926-931.

吴志峰, 卓慕宁, 王继增, 等, 2004. 珠海正坑小流域土壤与氮、磷养分流失估算[J]. 水土保持学报, 18(1): 100-102.

GNECCO I, BERRETTA C, LANZA L G, et al., 2005. Storm water pollution in the urban environment of Genoa, Italy[J]. Atmospheric Research, 77(1-4): 60-73.

MIHARA M, 2001. Nitrogen and phosphorus losses due to soil erosion during a typhoon, Japan[J]. Journal of Agricultural Engineering Research, 78(2): 209-216.

QIN H P, KHU ST, YU X Y, 2010. Spatial variations of storm runoff pollution and their correlation with land-use in a rapidly urbanizing catchment in China[J]. Science of the Total Environment, 408(20): 4613-4623.

VUORENMAA J, REKOLAINEN S, LEPISTÖ A, et al., 2002. Losses of nitrogen and phosphorus from agricultural and forest areas in Finland during the 1980s and 1990s[J]. Environmental Monitoring & Assessment, 76(2): 213-248.

ZHOU P, HUANG J, JR P R, et al., 2015. New insight into the correlations between land use and water quality in a coastal watershed of China: Does point source pollution weaken it?[J]. Science of the Total Environment, 543: 591-600.

第 13 章　丹江流域径流水质空间变异研究

丹江流域是南水北调中线工程的重要水源地，流经陕西省的安康、商洛等地，属于陕南土石山区。该地区土层较薄，壤中流发育活跃（刘泉等，2012）；降雨集中且暴雨较多，水土流失严重，并伴随大量污染物进入水体，直接对丹江口水库库区的水质产生较大影响，威胁水源区的水质安全，因此加强丹江流域水质监测和研究，对于确保“一江清水供北京”战略目标的实现具有非常重要的意义（袁峥等，2006）。

近年，生态环境建设对水质的影响一直是人们关注的热点问题（郑丙辉等，2007；南旭军等，2014；景胜元等，2014），水在生态环境建设中具有重要的地位，水源涵养林对水质影响较大，通过“退耕还林”以减少农田施肥造成的非点源污染，降低水质的浑浊度和氨氮含量（杨荣金等，2004；李文宇等，2004）。由于城市化和大量的人类活动引起流域土地利用及土地管理措施发生变化，造成潜在的非点源污染，对流域水质产生了显著影响（赵鹏等，2012；洪超等，2014），而水土保持措施是防治非点源污染、保护水源水质、保障饮水安全的重要手段（杨爱民等，2008）。随着丹江流域生态建设活动的不断加强，亟需对丹江干流的水质特征进行监测和分析，并将其与沿程小流域联系起来，阐明水质变化的原因，进而为流域综合治理和生态建设布局提供科学依据。

因此，在对丹江流域的治理过程中，应该以水环境保护问题为重点，加快水土保持生态环境的建立，创建生态清洁小流域，为丹江水源区的水质安全问题提供科学保障。然而目前针对丹江流域径流水质问题的研究还相对较少，本章以丹江干流为主要研究对象，同时选取沿程小流域对其径流水质进行分析，得出径流养分的分布特征，从而为保护南水北调中线水源区的水质清洁、建设清水走廊提供重要的科学依据。

13.1　研究区概况

丹江发源于陕西省商洛市西北部的凤凰山南麓，在湖北省注入丹江口水库，全长 443km，是汉江的主要支流，采样点分布如图 13.1 所示。丹江流域受气候和地形的影响，降水分布极不均匀，年降水量随地形高度增加而递增，因而山地为多雨区，且暴雨较多，中上游为暴雨多发区，河谷及附近川道为少雨区，丹江上游为高山区，年蒸发量小，在 979.3～1271.2mm，下游蒸发量大，年水面蒸发量在1112.9～1557.5mm，蒸发量的年内变化与气温关系密切，冬季气温低，蒸发量小，最小月蒸发量为 27.8mm，不足年蒸发量的 3%，最大月蒸发量为 263.9mm，占年蒸发量的 20%以上。

闵家河小流域和蒿坪沟小流域位于丹江上游，是丹江口水库上游重要水源涵养区。小流域内林地面积大，森林覆盖率高，植被覆盖率为 84.1%，主要树种有松、栎、柏，灌木林种有马桑、杜鹃、荆条等。农作物的种类主要有玉米、小麦、豆类、马铃薯等。

花园口小流域和王家塬小流域位于丹江中游。小流域靠近城镇，土地覆盖类型主要以农耕地和林地为主，自然植被覆盖度为 50%左右，农作物有玉米、小麦、豆类等。

鹦鹉沟小流域和两岔河小流域位于丹江下游。小流域内土地覆盖类型以农地、林地和草地为主。主要农作物有小麦、玉米和花生等，林地以乔、灌木为主，乔木以栎树、松树为主；草地以禾本科的草为主，自然林草覆盖度在 70%以上。

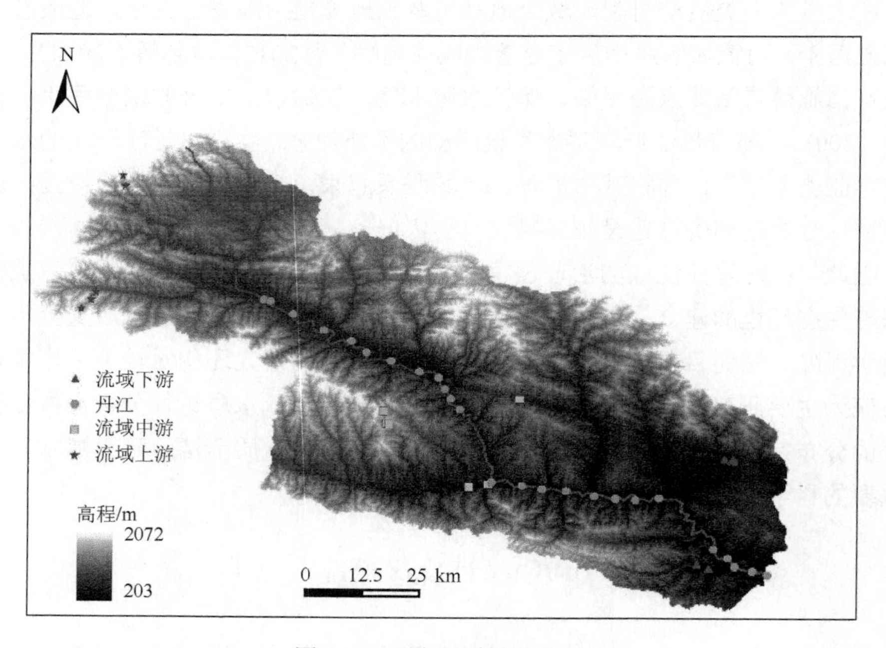

图 13.1　研究区采样点分布

13.2　样品采集与数据分析

1. 样品采集

2013 年 6～7 月，沿丹江干流自上游到下游采集径流样品，共采集水样 25 个，并在丹江上游、中游和下游的典型小流域内采集水样，采样数分别为 11 个、6 个和 8 个，采样的同时用 GPS 进行定位，记录每个采样点的位置，采样点分布如图 13.1 所示。每个样点采集水样 250 ml，保存在便携式冰箱中，带回实验室后分析水质参数。

2. 样品测定与数据分析

采样的同时使用便携式电导率仪现场测定水体的电导率，将采集的水样带回实验室利用全自动间断化学分析仪测定水中总磷、总氮、氨氮和硝氮的含量。其中，总氮采用碱性过硫酸钾消解紫外分光光度法；氨氮和硝氮采用紫外分光光度法；总磷采用钼蓝比色法。地表水环境质量标准采用 GB 3838—2002。

丹江上游土地利用/景观格局与水质响应关系分析的水质数据来源于陕西省环境监测中心在丹凤水文站的水质常规监测数据，本章对应土地利用分别选取 2000 年、2005 年、2010 年和 2013 年的水质数据。

3. 丹江干流径流养分特征

丹江干流径流养分统计特征如表 13.1 所示，可以看出，丹江干流水体中硝氮的变化范围为 3.02～9.03mg/L，均值为 6.35mg/L；氨氮的变化范围为 0.03～0.83mg/L，均值为 0.21mg/L；总氮的变化范围为 5.17～14.36mg/L，均值为 10.17mg/L；总磷的变化范围为 0.001～0.09mg/L，均值为 0.04mg/L；电导率的变化范围为 0.28～0.52ds/m，均值为 0.45ds/m，根据盐水的分类（Yadav et al., 2011）：微量含盐水（non-saline）电导率 ＜0.7ds/m，轻度含盐水（slightly saline）为 0.7～2.0ds/m，中度含盐水（moderately saline）为 2.0～10.0ds/m，高度含盐水（highly saline）为 10.0～20.5ds/m，极高度含盐水为（very highly saline）20.0～45.0ds/m，卤水（brine）>45.0ds/m。丹江干流水体为微量含盐水，含盐度很低。

硝氮的变异系数（CV）为 136%，其他指标的变异系数在 10%～100%。根据 Nielson 和 Bouma 的分类系统：弱变异 CV≤10%，中等变异 10%<CV<100%，强变异 CV≥100%（Neil et al., 1999）。丹江干流水体中硝氮为强变异，其他指标均为中等变异，表明硝氮具有较强的空间分异特征，而其他指标属于中等空间变异。在所测的水体养分指标中，丹江干流总氮均值为 10.17mg/L，远大于地表水环境

质量Ⅴ类水标准值 2.0mg/L。其他水质指标的均值和最大值均符合地表水环境质量标准Ⅱ类水限值。

表 13.1　丹江干流径流养分统计特征

统计特征	硝氮/(mg/L)	氨氮/(mg/L)	总氮/(mg/L)	总磷/(mg/L)	电导率/(ds/m)
最小值	3.02	0.03	5.17	0.001	0.28
最大值	9.03	0.83	14.36	0.09	0.52
均值	6.35	0.21	10.17	0.04	0.45
样点数	25	25	25	25	25
变异系数/%	136	59	22	52	42

13.3　丹江干流径流养分空间分布特征

丹江干流上、中、下游径流养分特征如表 13.2 所示，丹江干流径流养分沿程分布如图 13.2 所示。可以看出，丹江干流氨氮含量自上游到下游逐渐减少，其他养分总体表现为自上而下增加的趋势，表明丹江流域水体养分除氨氮外均表现为自上游到下游逐渐富集，其中总磷在中游略有下降。

丹江干流上、中、下游硝氮平均含量均未超过地表水环境质量标准Ⅱ类水限值 10mg/L，其平均含量沿丹江干流自上游到下游呈逐渐增加的趋势，下游平均含量比中游增加 8%，比上游增加 27%。丹江干流上、中、下游氨氮含量均小于地表水环境质量标准Ⅱ类水限值 0.5mg/L，符合Ⅱ类水质标准，其平均含量沿丹江干流自上游到下游逐渐减少，中游和下游平均含量差别不大。丹江干流上、中、下游总氮含量均远大于地表水环境质量Ⅴ类水标准限值，自上游到下游总氮含量呈增加趋势，下游平均含量比中游增加 5%，比上游增加 19%。丹江上、中、下游总磷平均含量均小于地表水环境质量标准Ⅱ类水限值 0.1mg/L，符合Ⅱ类水质标准。丹江干流上、中、下游电导率的平均值均小于 0.7ds/m，根据盐水分类，均为微量含盐水，含盐度很低；电导率均值自上游到下游呈递增趋势，下游均值比中游增大 14%，比上游增大 19%。

根据丹江干流径流养分的沿程分布特征，结合土地利用状况等进行分析可以发现，总氮含量超标是因为流域内农耕地仍占较大面积，氮肥施用量较多，加之流域年降雨量充沛，且暴雨较多，导致流域沿岸水土流失严重，氮素随着水土流失产生的泥沙和降雨径流进入河道对水体造成污染，同时，存在城镇生产生活用水的排放（姜爱霞，2000；梁秀娟等，2006）。因此需要加强对丹江水体总氮污染的防治工作。

表 13.2　丹江干流上、中、下游径流养分特征

流域位置	硝氮/(mg/L)	氨氮/(mg/L)	总氮/(mg/L)	总磷/(mg/L)	电导率/(ds/m)
上游	5.59	0.26	9.05	0.05	0.42
中游	6.59	0.19	10.24	0.03	0.44
下游	7.12	0.18	10.78	0.05	0.50

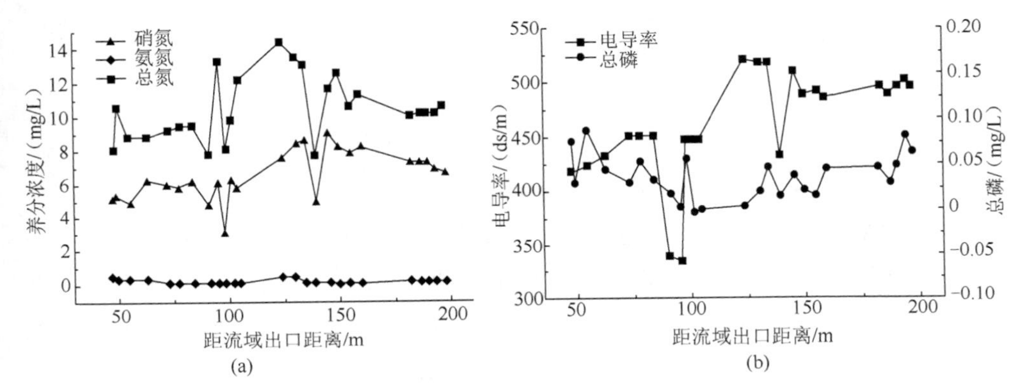

图 13.2　丹江干流径流养分沿程分布

13.4　丹江流域沿程小流域径流养分特征

丹江流域沿程小流域水体养分统计特征如表 13.3 所示，由表中可以看出，丹江上、中、下游小流域硝氮、总氮和总磷的变异系数均在 10%～100%，为中等变异，说明在丹江上、中、下游小流域硝氮、总氮和总磷的空间变异性均为中等。上游和中游小流域氨氮的变异系数均大于 100%，为强变异，下游小流域变异系数为 59%，为中等变异，表明在丹江上游和中游小流域氨氮的空间变异性极强，在下游小流域空间变异性为中等。上游和下游小流域电导率的变异系数在 10%～100%，为中等变异，但在中游小流域电导率的变异系数为 0.5%，属于弱变异，说明在上游和下游电导率的空间变异为中等，而在中游小流域电导率的空间变异性较弱。

表 13.3　丹江流域沿程小流域水体养分统计特征

流域位置	统计特征	硝氮/(mg/L)	氨氮/(mg/L)	总氮/(mg/L)	总磷/(mg/L)	电导率/(ds/m)
上游小流域	最小值	1.41	0.03	2.03	0.001	0.20
	最大值	9.17	1.00	11.58	0.08	0.50
	平均值	4.21	0.20	7.31	0.03	0.30
	变异系数/%	73	148	41	85	28

续表

流域位置	统计特征	硝氮/(mg/L)	氨氮/(mg/L)	总氮/(mg/L)	总磷/(mg/L)	电导率/(ds/m)
中游小流域	最小值	5.60	0.06	6.64	0.03	0.20
	最大值	13.00	3.16	37.68	0.07	0.80
	平均值	8.75	1.11	17.35	0.06	0.50
	变异系数/%	33	135	76	33	0.5
下游小流域	最小值	2.50	0.02	4.72	0.03	0.30
	最大值	6.19	0.14	10.84	0.08	0.50
	平均值	3.90	0.17	6.95	0.06	0.40
	变异系数/%	34	59	32	33	18

从表 13.3 中可以看出，丹江上、中、下游小流域硝氮和总磷的平均含量均小于地表水环境质量标准Ⅱ类水质限值 10mg/L 和 0.1mg/L，符合Ⅱ类水质标准；丹江上游和下游小流域氨氮的平均含量也小于地表水环境质量标准Ⅱ类水质限值 0.5mg/L，符合Ⅱ类水质标准，但在中游小流域氨氮的平均含量为 1.11mg/L，超出了地表水环境质量标准Ⅱ类水质限值；丹江上中下游小流域总氮的平均含量均已经严重超出Ⅱ类水质标准，其中上游流域比标准值超出 15 倍，中游流域比标准值超出 35 倍，下游流域比标准值超出 14 倍。沿程上、中、下游小流域电导率的平均值均小于 0.7ds/m，根据盐水分类，为微度含盐水，说明丹江沿程小流域水体中的含盐量很低。总体来说，丹江流域沿程上、中、下游小流域水体中总氮含量均已严重超标，以中游小流域水体总氮的污染最为严重；其他水质指标均符合Ⅱ类水质标准。

丹江流域沿程小流域水体中总氮含量=有机氮+无机氮，其中，有机氮是指植物、土壤和肥料中与碳结合的含氮物质的总称，如蛋白质、氨基酸、酰胺、尿素等；无机氮是指未与碳结合的含氮物质的总称，主要有氨氮、硝氮和亚硝氮等，经测定可以看出丹江沿程小流域径流中硝氮和氨氮的含量占总氮含量的 50%以上，硝氮含量没有超标，而总氮含量超标，这可能与其他有机氮和无机氮的含量有关。

13.5 丹江干流径流养分与小流域径流养分特征对比分析

丹江干流和沿程小流域水体养分的对比如图 13.3 所示，可以看出，在丹江流域上游，径流中硝氮、氨氮、总氮和总磷的平均含量均表现为丹江干流大于沿岸小流域，表明小流域水体养分在丹江干流富集；电导率的均值同样表现为丹江干流大于沿岸小流域。

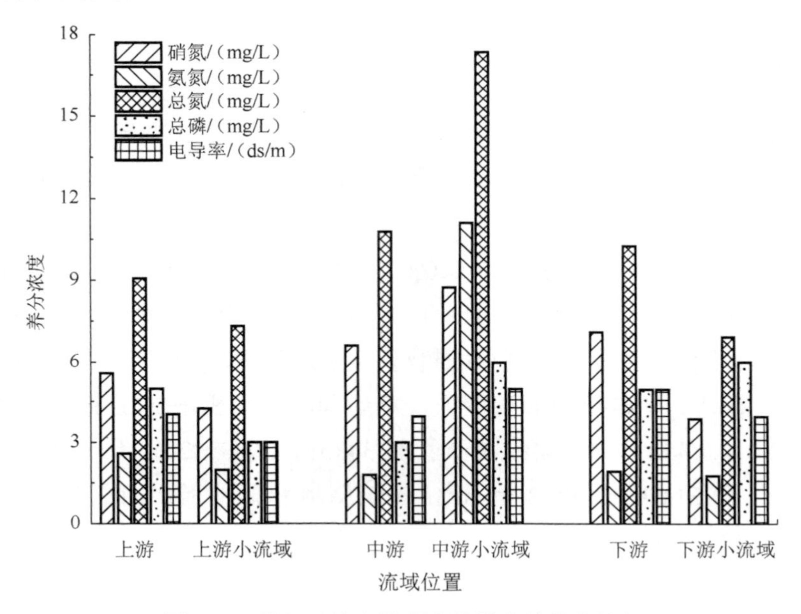

图 13.3　丹江干流和沿程小流域水体养分特征

在丹江流域中游，径流中硝氮、氨氮、总氮和总磷的平均含量均表现为丹江干流小于沿岸小流域。一方面因为小流域水体在流入干流的过程中，水体本身的自净功能较好，另一方面因为中游小流域工农业用地较多，加之人为活动剧烈，导致中游小流域水体污染，径流中电导率的均值表现为丹江干流小于沿岸小流域，表明在丹江干流径流中的平均含盐量略少于沿岸小流域。

在丹江流域下游，丹江干流径流中总磷平均含量小于小流域，而硝氮、氨氮和总氮的平均含量大于小流域，表明在丹江流域下游，径流中硝氮、氨氮和总氮主要在丹江干流水体中富集，而总磷主要在沿岸小流域水体中富集；径流中电导率的均值表现为丹江干流大于沿岸小流域，表明丹江干流径流中的平均含盐量略微大于沿岸小流域。

总体上，丹江流域径流中养分主要在中游流域富集，上游流域和小游流域养分含量较少，这是因为中游流域农业集约化程度比较高，农业施肥随水土流失产生的泥沙和降雨径流进入河道，对水质造成污染，加之中游流域靠近城镇，生活污水的排放直接污染了小流域的水质；而上游流域和下游流域自然植被覆盖度较高，有效地降低了水土流失量，减少了污染物的排放，因此水质较好。

13.6　丹江上游土地利用/景观格局与水质响应关系

13.6.1　土地利用的时间变化特征

本节选取丹江上游流域作为研究区域，流域位置示意图如图 13.4 所示。丹江上游流域土地利用类型统计如表 13.4 所示，结果表明，耕地、林地和草地是丹江上游流域 3 种主要的土地利用类型，其中草地面积所占比例最大（40.35%～41.23%），其次是林地（33.31%～34.40%）和耕地（23.15%～24.76%），建筑用地和水域所占的比例较小。2000～2013 年，耕地面积减少，林地、建筑用地面积不断增加，草地面积呈先增加后减少的趋势，水域面积基本维持不变。2000～2005 年，草地、林地、建筑用地面积增加，草地和林地面积增加较多，分别增加了 21.58km^2 和 14.55km^2。耕地面积减少了 41.34km^2。2005～2013 年，草地、耕地面积分别减少了 24.03km^2 和 2.64km^2；建筑用地和林地增加面积较大，分别为 12.39km^2 和 12.53km^2。

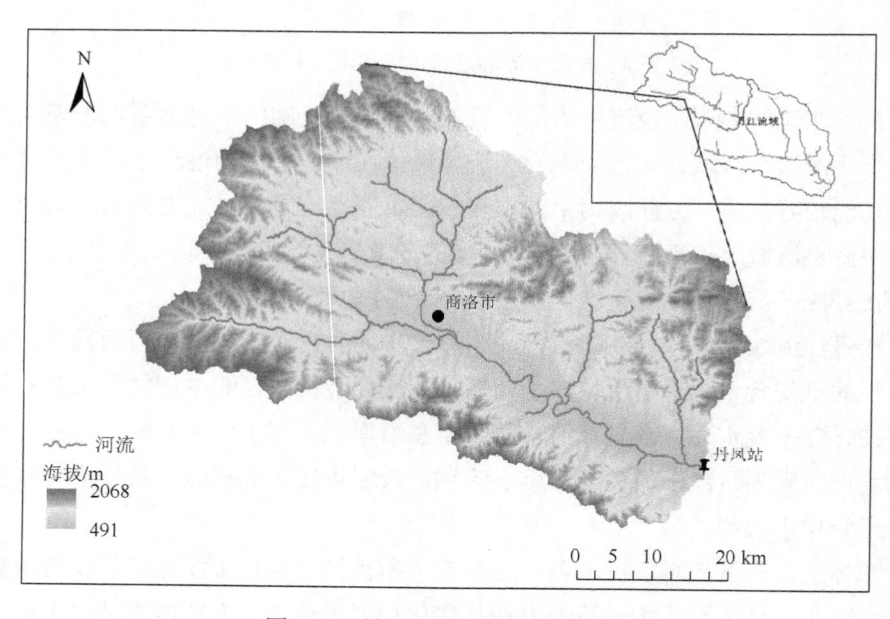

图 13.4　丹江上游流域位置示意图

表 13.4 丹江上游流域土地利用类型的面积统计

时间	耕地		林地		草地		水域		建筑用地	
	面积/km²	比例/%	面积/km²	比例/%	面积/km²	比例/%	面积/km²	比例/%	面积/km²	比例/%
2000 年	675.57	24.76	908.73	33.31	1103.34	40.44	7.51	0.28	33.27	1.22
2005 年	634.24	23.25	923.28	33.84	1124.92	41.23	7.51	0.28	38.47	1.41
2010 年	633.65	23.22	935.90	34.30	1102.55	40.41	8.20	0.30	47.83	1.75
2013 年	631.60	23.15	935.82	34.30	1100.89	40.35	8.20	0.30	50.86	1.86

13.6.2 土地利用的空间变化特征

2000～2013 年丹江上游流域土地利用类型转移矩阵如表 13.5 和表 13.6 所示。可以看出，2000～2005 年，耕地转出总面积为 41.346km²，其中 22.125km² 转为草地，14.569km² 转为林地，4.652km² 转为建筑用地；林地和草地的转化面积较小；建筑用地、水域和未利用地转化面积接近 0，表明流域生态环境人为扰动很少。在 2005～2013 年，耕地转出总面积为 22.379km²，其中 13.150km² 转为建筑用地，5.225km² 转为草地，3.379km² 转为林地；林地转出总面积为 3.963km²，其中 2.715km² 转为耕地，0.735km² 转为草地；草地转出总面积为 30.210km²，其中大部分转为耕地和林地，15.854km² 转为耕地，12.979km² 成为林地；有少部分建筑用地变成耕地和草地。3 种主要的土地利用类型转出面积大小为草地>耕地>林地。

总的来说，耕地是最不稳定的土地利用类型，2000～2005 年主要转为林地和草地，2005～2013 年主要转为建筑用地。林地的转换较低，这是因为树木生长周期长。2000～2005 年利用类型转变形式单一，表现为耕地集中转为林草地，这与国家实施退耕还林（还草）工程有关；2005～2013 年，土地利用类型转换变得多元化，且耕地大部分转为建筑用地，林地大部分转为耕地，草地转为耕地和林地，水域转换形式多样，表明人类活动增加，区域经济不断发展，改变了土地利用类型。

表 13.5 2000～2005 年丹江上游流域土地利用类型转移矩阵

类目		2005 年					
		耕地/km²	林地/km²	草地/km²	水域/km²	建筑用地/km²	未利用地/km²
2000 年	耕地	634.226	14.569	22.125	0	4.652	0
	林地	0.003	908.698	0.008	0	0.022	0
	草地	0.007	0.017	1102.787	0	0.527	0
	水域	0	0	0	7.509	0	0
	建筑用地	0	0	0	0	33.269	0
	未利用地	0	0	0	0	0	0.066

表 13.6　2005～2013 年丹江上游流域土地利用类型转移矩阵

类目		2013 年					
		耕地/km²	林地/km²	草地/km²	水域/km²	建筑用地/km²	未利用地/km²
2005 年	耕地	611.857	3.379	5.225	0.367	13.150	0.258
	林地	2.715	919.321	0.735	0.094	0.190	0.229
	草地	15.854	12.979	1094.710	0.446	0.364	0.567
	水域	0.047	0.065	0.104	7.294	0	0
	建筑用地	1.124	0.072	0.113	0	37.159	0
	未利用地	0	0	0	0	0	0.066

13.6.3　景观格局演变

景观指数能够高度浓缩景观格局信息，可反映其结构组合和空间配置方面的特征，是目前景观生态学研究中广泛使用的基本指标。蔓延度指数（CONTAG）指标描述的是景观里不同斑块类型的团聚程度或延展趋势，香农多样性指数（SHDI）指标可以反映景观中各类斑块的复杂性和变异性（即景观异质性），周长-面积分维数（PAFRAC）作为反映景观空间格局总体特征的重要指标，在一定程度上亦反映出人类活动对景观格局的影响和干扰强度。

丹江上游流域景观指数年际变化特征如表 13.7 所示。从景观级别来看，2000～2005 年，丹江上游流域景观斑块个数（NP）和斑块密度（PD）减少，CONTAG 增加，所以可以得出丹江上游流域不同景观类型的斑块经过物种迁移或其他生态过程逐渐融合，形成了较好的连接性。一般认为，耕地和建筑用地具有明显的边界，林地和草地等自然景观具有不规则的边界。斑块的形状越复杂，景观形状指数（LSI）的值就越大，所以表 13.7 中 LSI 指标的值有所减小，结合表 13.5 可以得出退耕还林（还草）工程的实施，耕地转为林地和草地后，使得林草地形成规则的边界；这也导致了 PAFRAC 呈缓慢减小的情况。LPI 有助于确定景观的优势类型等，景观分割度（DIVISION）是通过斑块之间生物物种迁徙或其他生态过程进展的顺利程度来反映的，该指标用来描述某一种斑块类型和周围相邻斑块类型的空间连接程度。2000～2013 年，LPI 减少，DIVISION 接近 1，CONTAG 处于中等水平，说明随着人类活动的强烈干扰，斑块形状逐渐变得规则化，斑块破碎度高；SHDI 增加，COHESION 接近 100，即表明斑块与相邻斑块类型的空间连接度非常高，斑块间的连通度较好。

表 13.7 丹江上游流域景观指数年际变化特征

时间	NP/个	PD /(个/hm²)	LPI /%	LSI	PAFRAC	CONTAG /%	COHESION/%	DIVISION	SHDI
2000 年	1733	0.635	9.112	60.618	1.493	59.624	99.468	0.981	1.148
2005 年	1688	0.619	8.485	59.868	1.484	59.715	99.454	0.982	1.148
2010 年	1710	0.627	7.660	59.991	1.483	59.293	99.425	0.984	1.162
2013 年	1713	0.628	7.573	60.026	1.482	59.139	99.424	0.984	1.167

丹江上游流域景观稳定性年际变化特征如表 13.8 所示。从斑块级别来看，2000～2005 年，建筑用地和耕地的斑块稳定性低，耕地的特征稳定性仅为 0.936，密度稳定性指数为 0.933；建筑用地的特征稳定性为 0.916，密度稳定性指数为 0.989。2000～2013 年，建筑用地特征稳定性仅为 0.699，密度稳定性指数为 0.927。林地和草地的特征稳定性较好，水域的景观稳定性相对居中。耕地在 2000～2005 年稳定性下降，可能和国家实施退耕还林（还草）政策有关。林地和草地表现出较高的稳定性，这和陕南湿润的气候有很大关系。建筑用地的不稳定表明，在 2005～2013 年该区域经济发展增速，城乡建设规模在不断扩大。总体来看，林地和草地的斑块稳定性最高，耕地和水域次之，建筑用的稳定性最低，区域整体景观稳定性处于较高水平。

表 13.8 丹江上游流域景观稳定性年际变化特征

景观	时间	特征稳定性	密度稳定性
林地	2000～2005 年	0.983	0.983
	2005～2013 年	0.988	0.989
	2000～2013 年	0.982	0.994
草地	2000～2005 年	0.978	0.976
	2005～2013 年	0.987	0.996
	2000～2013 年	0.989	0.980
耕地	2000～2005 年	0.936	0.933
	2005～2013 年	0.952	0.909
	2000～2013 年	0.958	0.982
水域	2000～2005 年	1.000	1.000
	2005～2013 年	0.954	1.000
	2000～2013 年	0.954	1.000
建筑用地	2000～2005 年	0.916	0.989
	2005～2013 年	0.808	0.968
	2000～2013 年	0.699	0.927

13.6.4　流域土地利用与水质响应关系

综合考虑流域水环境主要污染因子和土地利用类型，选取 pH、悬浮物（SS）、五日生化需氧量（BOD_5）、电导率（EC）、溶解氧（DO）、氨氮（NH_4^+-N）、硝氮（NO_3^--N）、高锰酸盐指数（COD_{Mn}）作为关键水质指标。参考《地表水环境质量标准》(GB 3838—2002)，采用单项指数法进行评价，BOD_5 处于Ⅰ类和Ⅱ类的比例分别为 85%和 12%，COD_{Mn} 处于Ⅰ类和Ⅱ类的比例分别为 77%和 23%，NH_4^+-N 处于Ⅰ类和Ⅱ类的比例分别为 42%和 50%，DO 处于Ⅰ类和Ⅱ类的比例分别为 85%和 15%。

为了探究流域河流水质在 2000～2013 年的变化趋势，我们将水质数据做 M-K 趋势性检验，结果如表 13.9 所示，可见 pH 呈极显著下降趋势，SS、BOD_5、NO_3^--N 下降，NH_4^+-N 上升，DO 呈显著上升趋势，EC 呈极显著上降趋势，COD_{Mn} 呈高度显著下降趋势。总的来说，2000～2013 年流域水质呈现逐渐变好的趋势。

表 13.9　丹江上游流域水质指标 M-K 趋势性检验结果

水质指标	统计量	显著水平
pH	−2.769	**
SS	−0.199	—
BOD_5	−1.442	—
DO	2.009	*
EC	2.955	**
NH_4^+-N	1.191	—
NO_3^--N	−1.367	—
COD_{Mn}	−4.378	***

***表示双尾检验变化趋势为 0.001 水平显著；**表示双尾检验变化趋势为 0.01 水平下显著；*表示双尾检验变化趋势为 0.05 水平下显著。

丹江上游流域水质与土地利用类型和景观指数的 RDA 排序图如图 13.5 所示。林地对水质有正面影响。林地面积比例与 BOD_5、COD_{Mn} 呈显著负相关，与 NO_3^--N 呈负相关，与 DO 和 EC 呈正相关。这是由于林地具有削减暴雨径流、减少水土流失、吸附污染物的作用，所以可以有效减少地表径流携带营养盐进入河流。草地对水质有净化作用。草地面积比例与 SS 呈正相关，表明植被覆盖有效地减少了固体悬浮物进入河流。耕地面积比例与 NO_3^--N 呈现极显著的正相关，与 COD_{Mn} 和 BOD_5 呈正相关，而与 DO 呈现显著负相关，与 SS 和 EC 呈负相关。2000～2013 年耕地面积是减少的，表明耕地对水质具有正效应。

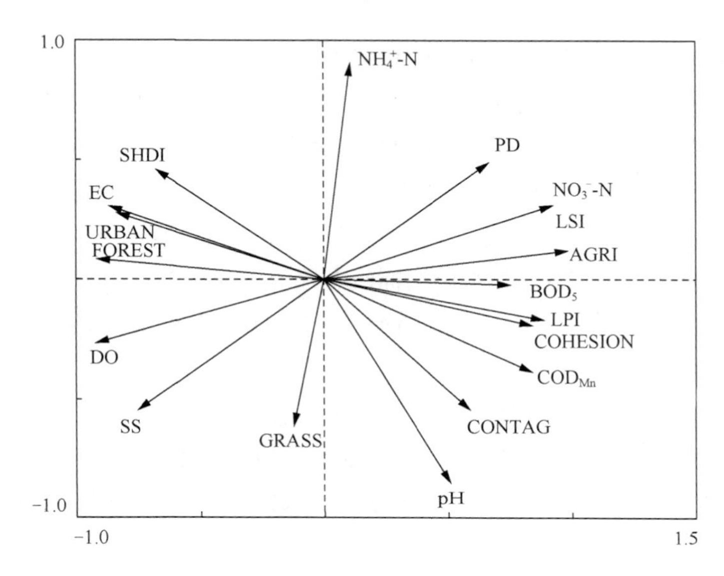

图 13.5 丹江上游流域水质与土地利用类型和景观指数的 RDA 排序图

通常认为，建设用地的不透水地面对地表径流有促进作用，地表径流携带城市地表的营养盐进入河流中，从而降低水质。但是实测数据显示，建筑用地面积比例与 COD_{Mn} 呈极显著负相关，与 BOD_5 呈显著负相关，与 pH、NO_3^--N 呈负相关，与 DO、EC 呈正相关，表明随着建筑用地面积的增加，流域水质并没有受到负面的影响，一方面因为建筑用地面积占流域面积较小（1.22%～1.86%），不足以作为影响水质的关键因子，另一方面丹江上游流域是国家南水北调重要水源涵养区，城市绿化减弱了建设用地对流域河流水质的影响。

13.6.5 景观格局与水质响应关系

景观生态学重点关注空间格局，景观空间配置在确定生态过程（如营养循环）、水文过程和能量流动方面起着至关重要的作用。景观格局的密度、大小、聚集程度及多样性是影响河流水质的重要因素。

SHDI 反映了景观类型的丰富程度，其值随着空间尺度的变化而有所波动，值高代表景观多样性比较丰富，异质性也较高。土地利用类型和景观指数与水质的相关性如表 13.10 所示，结合丹江上游流域水质与土地利用类型和景观指数的 RDA 排序图，SHDI 可以作为水质的预测因子，SHDI 与 COD_{Mn} 呈显著负相关，与 NO_3^--N、pH、BOD_5 呈负相关，表明丹江上游流域土地利用丰富，各景观类型分布均匀，从而削弱了污染物对水质的影响。LPI 与水质指标具有显著相关性，LPI 与 BOD_5、COD_{Mn} 呈显著正相关，与 NO_3^--N 呈正相关，与 DO 和 EC 呈负相关。2000～2013 年，丹江上游流域的优势类型是草地，且草地面积是减少的，表明最大斑块指数对水质有正影响。LSI、COHESION 与水质指标也具有显著的相关性，LSI 与 DO 呈极显著负相关，与 NO_3^--N 呈显著正相关，与 SS、EC 呈负相关，与 BOD_5 呈正相关，表明随着景观形状指数的减小，水质质量提升。COHESION 与 COD_{Mn}、BOD_5 呈显著正相关，与 pH、NO_3^--N 呈正相关；PD 与水质指标的关联存在不确定性，CONTAG 与水质指标没有显著的相关性，所以这两个景观指数无法作为有效的水质预测因子。CONTAG 与 BOD_5、COD_{Mn} 呈正相关，与其他水质指标都不存在显著相关性。

总之，丹江上游流域景观稳定性处于较高水平，有利于维持景观格局，对水质净化有正面的促进作用。PD、SHDI、LPI、LSI、COHESION 均与水质指标呈显著的正相关，表明这些景观指数可以作为景观尺度上的景观环境指标来预测水质的变化。

表 13.10 土地利用类型和景观指数与水质的相关性

类型	pH	SS	BOD_5	DO	EC	NH_4^+-N	NO_3^--N	COD_{Mn}
PD	−0.110	−0.989*	0.211	−0.922	−0.586	0.319	0.803	0.245
LPI	0.638	−0.345	0.972*	−0.645	−0.675	0.088	0.809	0.983*
LSI	0.201	−0.909	0.616	−0.994**	−0.745	0.299	0.983*	0.639
CONTAG	0.811	0.168	0.850	−0.202	−0.486	−0.214	0.408	0.904
COHESION	0.638	−0.265	0.983*	−0.569	−0.612	0.095	0.755	0.977*
SHDI	−0.799	−0.030	−0.900	0.335	0.567	0.157	−0.531	−0.953*
AGRI	0.403	−0.780	0.760	−0.954*	−0.815	0.188	0.991**	0.807
FOREST	−0.578	0.429	−0.969*	0.704	0.680	−0.153	−0.858	−0.966*
GRASS	0.507	0.775	0.386	0.523	0.166	−0.269	−0.303	0.362
URBAN	−0.715	0.229	−0.959*	0.559	0.666	0.010	−0.732	−0.993**

*表示 pearson 相关系数在 0.05 水平下显著；**表示 pearson 相关系数在 0.01 水平下显著。

参 考 文 献

洪超，刘茂松，徐驰，等, 2014. 河流干支流水质与土地利用的相关关系[J]. 生态学报, 34(24): 7271-7279.

姜爱霞, 2000. 水环境氮污染的机理和防治对策[J]. 中国人口•资源与环境, (10): 75-76.

景胜元，徐明德，武春芳，等, 2014. 汾河水库、上游水质分析及其污染防治措施[J]. 环境工程, 32(4): 18-21.

李文宇，余新晓，等, 2004. 密云水库水源涵养林对水质的影响[J]. 中国水土保持科学, 2(2): 80-83.

梁秀娟，肖长来，杨天行，等, 2006. 密云水库中氮分布及迁移影响因素研究[J]. 中国科学: D 辑, 35(A01): 272-280.

刘泉, 李占斌, 李鹏, 等, 2012. 汉江水源区自然降雨过程下坡地壤中流对硝态氮流失的影响[J]. 水土保持学报, 26(5): 1-5.

南旭军, 叶琳琳, 刘波, 等. 2014. 南通市通甲河水体氮磷分布特征及富营养化评价[J]. 南通大学学报(自然科学版), 13(1): 40-45.

杨爱民, 王浩, 孟莉, 2008. 水土保持对水资源量与水质的影响研究[J]. 中国水土保持科学, 6(1): 72-76.

杨荣金, 傅伯杰, 刘国华, 等, 2004. 黄土丘陵沟壑区生态环境建设中的水问题——以延河流域为例[J]. 环境科学, 25(2): 37-42.

袁峥, 韩沛, 2006. 南水北调中线丹江口库区及汇水支流水质现状与污染防治对策[J]. 水资源与水工程学报, 17(4): 50-54.

赵鹏, 夏北成, 等, 2012. 流域景观格局与河流水质的多变量相关分析[J]. 生态学报, 32(8): 2331-2341.

郑丙辉, 田自强, 张雷, 等, 2007. 太湖西岸湖滨带水生生物分布特征及水质营养状况[J]. 生态学报, 27(10): 4214-4223.

NEIL J M, PHILIP J R, 1999. Spatial prediction of soil properties using environmental correlation [J]. Geoderma, 89(1-2): 67-94.

YADAV S, IRFAN M, AHMAD A, et al., 2011. Causes of salinity and plant manifestations to salt stress: A review [J]. Journal of Environmental Biology, 32(5): 667-685.

第四篇　水土流失与非点源污染治理措施及布局优化

第 14 章　梯田土壤生态效益与布局优化

坡改梯工程是治理土石山区坡面水土流失的有效措施之一，对生态环境建设有着重要意义。陕南薄层土石山区主要以坡耕地为主，土层薄，肥力差，生产力低下，是导致该地区水土流失严重的主要原因之一。大量的水土流失使陕南地区可利用的耕地面积越来越少，土地的保土保肥能力逐渐变弱，生产力逐渐下降。因此，坡改梯工程是陕南土石山区加快水土保持生态环境建设步伐，确保国土与生态安全、推进生态文明建设的迫切需要。由于陕南土石山区土层薄、土壤环境特殊及其降雨特性，该区域的坡改梯水土保持效益与其他研究区域有所不同，不可避免地还存在着一些局部的水土流失、梯田田坎垮塌等问题，部分坡改梯工程未能达到预期的耕种与保持水土的目标而荒废，这就要求我们必须加强对坡改梯生态效益和布局优化的系统研究。对于陕南土石山区这样人多地少、农业发展水平不高的陡坡地区，有效地控制土壤养分流失及合理利用土地资源成为坡地土壤资源保护问题的核心之一，因此，陕南土石山区坡改梯生态效益问题的研究，不仅关系到全面评价梯田功能的科学问题，而且关系到土石山区基本农田建设和生态农业可持续发展能否顺利进行的关键问题。进一步研究坡改梯不同的筑坎方式对土壤特性和梯田稳定性的影响，对陕南土石山区进行坡耕地整治，选取合理方式修筑梯田具有重要意义，同时，有利于人们了解陕南土石山区坡改梯在不同筑坎方式下土壤性质的演变规律和梯田稳定性的变化机制，为陕南地区合理建设梯田、提高土地利用率、科学施肥、提高农作物产量、增加人们收入提供了重要的科学依据。

本章针对陕南土石山区的坡改梯工程，通过野外实地调查采样、室内试验分析、相关软件仿真模拟和数学统计分析等，研究分析土石山区坡改梯工程对区域土壤环境生态效应产生的影响并计算不同梯田的坡面稳定性变化以期得到梯田断面的最佳布局方案。

14.1　坡改梯前后土壤机械组成及分布特征

土壤机械组成是指不同直径的土壤颗粒以不同的比例混合在一起，表现出土壤颗粒粗细状况，也称为土壤质地。它是土壤最基本的物理特质之一，反映了土壤的砂黏程度，也直接影响着土壤水分运动和土壤养分转化等，与植物生长所需环境密切相关，同时也影响着土壤的结构类型（王改兰等，2006）。决定土壤质地的主要因素是成土母质和成土过程，人类活动，如农耕和施肥等对其也有一定影响。土壤机械组成主要分为三类：黏土、壤土和砂土，在一定程度上，土壤机械组成可以反映土壤的通透性、保水性和土壤肥力等土壤特性。在研究区选取典型坡耕地和梯田，对其土壤机械组成进行分析，为合理利用土壤、改善农田管理措施提供重要的理论基础。

14.1.1 坡耕地土壤机械组成及分布特征

研究区内坡耕地土壤颗粒机械组成如表 14.1 所示。从表中可以看出，研究区内坡耕地土壤机械组成中粉粒（0.002～0.05mm）、细砂粒（0.05～0.25mm）、中粗砂粒（0.25～1.0mm）、极粗砂粒（1.0～2.0mm）、黏粒（<0.002mm）平均百分比分别为 81.15%、8.66%、0.45%、0.13%和 0.59%。可见，粉粒占主导地位，中粗砂粒和极粗砂粒含量相对较低。不同土层深度也表现出类似的规律，说明坡耕地的土壤颗粒没有土层的差异，所产生的差异主要是人为耕作活动、地形条件及水土流失情势等造成的。

表 14.1 坡耕地土壤颗粒机械组成变化

土层厚度/cm	机械组成/%				
	1.0～2.0mm	0.25～1.0mm	0.05～0.25mm	0.002～0.05mm	<0.002mm
0～20	0.39	0.70	8.05	81.73	0.68
20～40	0	0.40	8.96	80.73	0.54
40～60	0	0.25	8.98	81.00	0.54
平均	0.13	0.45	8.66	81.15	0.59

14.1.2 梯田土壤机械组成及分布特征

研究区内梯田土壤颗粒机械组成如表 14.2 所示。从表中可以看出，研究区内梯田土壤质地中粉粒（0.002～0.05mm）、细砂粒（0.05～0.25mm）、中粗砂粒（0.25～1.0mm）、极粗砂粒（1.0～2.0mm）、黏粒（<0.002mm）平均百分比分别为 77.27%、7.42%、2.71%、1.80%和 0.68%。可见，粉粒占主导地位，黏粒和极粗砂粒含量相对较低。不同土层深度也表现出类似的规律，说明梯田的土壤颗粒同样没有土层的差异。

表 14.2　梯田土壤颗粒机械组成变化

土层厚度/cm	机械组成/%				
	1.0～2.0mm	0.25～1.0mm	0.05～0.25mm	0.002～0.05mm	<0.002mm
0～20	2.22	3.05	7.73	75.62	0.61
20～40	1.90	2.84	7.66	76.36	0.74
40～60	1.29	2.23	6.86	79.84	0.69
平均	1.80	2.71	7.42	77.27	0.68

14.2　坡改梯前后土壤团聚体组成及分布特征

土壤团聚体是指土壤颗粒在各种自然过程的单独或共同作用下而形成的土壤结构单位。土壤团聚体是良好的土壤结构体，可以作为土壤结构的物质基础和土壤养分的载体，其数量及大小分布与土壤肥力状况和生物活性密切相关。所以，土壤团聚体是决定土壤侵蚀和板结等物理过程的重要指标，是土壤肥力的重要标志之一。土壤团聚体作为土壤结构的基本单元，为土壤创造了良好的孔隙性，增加了土壤的通气透水效果，协调了水气和土温的稳定，有利于养分的积累，起到保肥作用。而不同粒径的团聚体分布对土壤养分的保持、水分运移和生物运动的影响不同，因此，土壤团聚体的大小分布状况与土壤质地的关系密切相关。

土壤团聚体的平均质量直径（MWD）和几何直径（GMD）常常作为土壤团聚体大小分布状况的指标，其值越大表示土壤的平均粒径团聚度越高，稳定性越强，土壤抗蚀能力越强。土壤分形维数（D）反映了土壤结构的几何形状，可以表征土壤组成的均匀度和土壤团聚体的稳定性，其值越大，团聚体的分散度越大，当其值接近于 2 时，说明团聚体的组成主要是大结构体。

14.2.1　坡耕地土壤团聚体分布特征

有研究表明，粒径＞0.25mm 的土壤团聚体含量与土壤抗蚀性密切相关，因此，以 $R_{0.25}$ 分析土壤团聚体的坡面变化。坡耕地土壤团聚体含量百分比如表 14.3 所示，可以看出，坡耕地不同土层深度下粒径＞0.25mm 的土壤机械稳定性团聚体含量（$R_{0.25}$）较高，均大于 98%，其中土层深度为 40～60cm 的土壤中 $R_{0.25}$ 的含量最高，达到 98.96%。从表中也可以看出，在三个不同的土层深度下，粒径＞5.0mm、2.0～5.0mm、1.0～2.0mm、0.5～1.0mm、0.25～0.5mm 的土壤团聚体含量均表现为逐渐减少。三个不同土层深度下粒径＞5.0mm 的土壤团聚体含量较高，因为研究区内降雨较多，且壤中流发育活跃，加之土层较薄，植物根系的固结作用使土壤颗粒的黏聚力加强，因此大粒径团聚体含量所占的比例较大，有助于提高土壤团聚体的稳定性和抗蚀性。

表 14.3　坡耕地土壤团聚体含量百分比　（单位：%）

土层深度/cm	粒径/mm						$R_{0.25}$
	＞5.0	2.0～5.0	1.0～2.0	0.5～1.0	0.25～0.5	＜0.25	
0～20	64.09 ±3.02	19.29±3.15	10.11±1.45	3.52±0.89	1.28±3.74	1.71±0.35	98.29±0.35
20～40	60.53±9.02	19.57±1.78	9.56±3.1	5.88±3.45	2.16±1.57	1.85±0.86	98.15±0.86
40～60	59.52±2.31	25.88±2.03	9.21±1.30	2.43±1.63	1.92±1.66	1.04±0.77	98.96±0.77

注：表中数据为均值±标准差。

坡耕地团聚体 MWD、GMD 及 D 计算结果如表 14.4 所示，可以看出，坡耕地土壤机械团聚体 MWD 和 GMD 的变化趋势一致，均表现为 0～20cm 土层的值最大，20～40cm 土层的值最小；分形维数 D 的变化与 MWD 和 GMD 的变化趋势相反，表现为 0～20cm 土层的值最小，20～40cm 土层的值最大，40～60cm 土层 D 值的变化与 0～20cm 的变化相差不大。表明在 20～40cm 土层，土壤的平均粒度团聚度较大，土壤结构较好，团聚体稳定性良好。

表 14.4　坡耕地团聚体 MWD、GMD 及 D 特征

土层深度/cm	MWD	GMD	D
0～20	5.68	4.63	1.07
20～40	5.08	3.88	1.42
40～60	5.54	4.59	1.08

14.2.2　梯田土壤团聚体分布特征

梯田土壤团聚体含量百分比如表 14.5 所示，可以看出，梯田三个不同土层深度下 $R_{0.25}$ 含量均大于 96%，0～20cm 土层深度下 $R_{0.25}$ 含量最大，为 97.2%，随着土层深度的增加，$R_{0.25}$ 含量逐渐减少，但变化不显著。说明在不同的土层深度下，梯田土壤团聚体的稳定性差异不大，这是因为在耕作期间，0～20cm 土层受到的人为扰动程度大于下层，因此团聚体的破坏程度也大于下层。

表 14.5　梯田土壤团聚体含量百分比　（单位：%）

土层深度/cm	粒径/mm						$R_{0.25}$
	＞5.0	2.0～5.0	1.0～2.0	0.5～1.0	0.25～0.5	＜0.25	
0～20	44.55±5.0	27.0±7.78	17.73±6.93	4.82±1.12	3.09±0.57	2.8±0.93	97.2±0.93
20～40	45.59±4.41	29.44±2.90	13.1±0.69	4.42±0.33	4.08±0.95	3.36±0.22	96.64±0.22
40～60	54.83±11.6	25.28±6.00	10.16±2.96	3.6±1.18	3.01±1.24	3.12±0.28	96.08±0.28

注：表中数值为均值±标准差。

梯田团聚体 MWD、GMD 及 D 计算结果如表 14.6 所示，可以看出，梯田土壤团聚体的 MWD 和 GMD 的结果变化趋势一致，均随着土层深度的增加而逐渐

增大，说明随着土层深度的增加，土壤团聚体的状况越好，其粒径团聚度越高，稳定性也越强，研究区属于土石山区，耕种层较薄，表层土壤受到人为耕作的影响，破坏了土壤团聚体结构，使其分散，而随着土层深度的增加，土壤受到人为影响越小，团聚体状况就越好。土壤机械团聚体的分形维数 D 与 MWD 和 GMD 的变化趋势并不一致，梯田的非水稳性团聚体的分形维数值从土壤表层的 10～20cm 到 20～40cm 逐渐增大，而在 40～60cm 处减小。说明土壤非水稳性团聚体在土层深度 40～60cm 处的稳定性最强，在土层深度为 10～40cm 处由于土壤耕作频繁，机械动力破坏了团聚体结构，因此分形维数较高。

表 14.6　梯田团聚体 MWD、GMD 及分形维数 D

土层深度/cm	MWD	GMD	D
0～20	4.63	3.42	1.61
20～40	4.72	3.45	1.65
40～60	5.21	3.96	1.39

14.2.3　坡耕地与梯田土壤团聚体变化

坡耕地与梯田土壤团聚体变化如图 14.1 所示。对比分析坡面坡耕地和梯田土壤机械团聚体组成，从上述分析可以看出，在相同的土层深度下，坡耕地 $R_{0.25}$ 的含量均高于梯田；从图 14.1 可以看出，团聚体 MWD 和 GMD 的结果均表现为坡耕地大于梯田；但是分形维数 D 的结果与它们的变化趋势不同，在相同的土层深度下表现为坡耕地小于梯田。

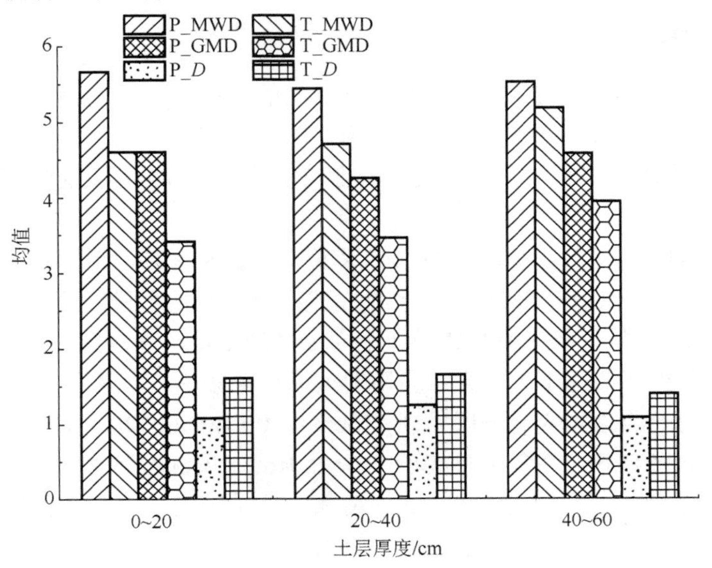

图 14.1　坡耕地与梯田土壤团聚体变化

P 指坡耕地，T 指梯田

说明在研究区内，坡耕地的土壤质地比梯田的土壤质地良好，土壤黏重程度高，团聚体稳定性好，土壤抗蚀性强。因为在研究区内，降雨较频繁，梯田的排水效果不如坡耕地，导致梯田内积水较多，容易破坏土壤结构，大团聚体被分解为小团聚体，土壤质地变细，因此梯田的分形维数较高，加之梯田修建年限太短，土层多是生土，由于频繁的田间作业扰动土壤，有机质快速矿化，减少了稳定性胶结剂的产生，不利于大团聚体的形成和稳定；而坡耕地年限较长，主要以熟土为主，动植物残体的累积直接增加土壤有机质，土壤有机质作为胶结物质有助于大团聚体的形成，同时为蚯蚓等土壤动物及微生物提供食物和能量来源，有利于土壤动植物和微生物数量和活性的增加，进而促进土壤大团聚体的形成，因此其土壤质地较好。

14.3 坡改梯前后土壤水分特征及其分布规律

土壤水是农作物生长发育的必要条件，农作物主要通过根系吸收土壤中的水分以供生长所需，所以土壤含水量与农作物生长发育状况有直接关系。与坡耕地相比，梯田的保水蓄水能力较强，但是梯田种植方式和作物种类的不同导致在不同的土层深度下土壤含水量也不同。土壤含水量在影响作物根系吸水的同时，也影响了土壤养分向根系的迁移，决定了作物的生长发育情况。因此，研究坡改梯前后土壤含水量的分布特征对土石山区梯田的坡面水系规划有重要意义。

14.3.1 坡耕地土壤水分特征

坡耕地不同土层深度下土壤含水量随时间的变化如图 14.2 所示。在 9～10 月，研究区降雨较多，由于降雨径流入渗作用，坡耕地壤中流发育剧烈，测量含水量的 TDR 管子中底部有积水，因此没有测出坡耕地 40～60cm 土层深度下土壤含水量的值。

对不同时间尺度下坡耕地不同土层深度的土壤含水量进行统计分析，分别得到 0～20cm、20～40cm 和 40～60cm 土层坡耕地土壤含水量的变异系数为 14%、7%和 13%，均为弱变异，说明坡耕地不同土层的土壤含水量随时间的变化不大。从坡耕地不同土层深度下土壤含水量随时间变化可以看出，不同土层深度下土壤含水量在时间上的总体变化表现为 0～20cm＜20～40cm＜40～60cm。表明坡耕地 0～20cm 土层深度下土壤含水量最小，40～60cm 土层深度下土壤含水量最大，且随着土层深度的增加，土壤含水量逐渐增加。这是因为土壤表层受到自然气象因素和人为活动的影响，土壤含水量变化较活跃，含量也较低；在 20～40cm 土层下，受人为活动影响较少，但降雨、蒸发及植物根系的影响较大，因此土壤含水量也有一定的变化，含量比表层土壤多；在 40～60cm 土层，人为活动的影响和自然因素的影响都较弱，土壤含水量的变化比较稳定，加之研究区内壤中流活跃，因此土壤含水量较多。

4～5 月土壤含水量变化较稳定，6～7 月除了 0～20cm 土层土壤含水量较之前有明显增加，其他土层深度下总体上下降，这是因为在 6～7 月研究区降雨较少，气温升高，蒸发强烈，土壤水分严重消耗，同时坡耕地种植的猕猴桃正在生长期，作物根系吸水和地面蒸散发作用消耗了土壤水分，所以土壤含水量明显下降。在 8～9 月，土层含水量较之前明显增多，这是因为降雨量逐渐增多，降雨入渗增加了土壤湿度，农作物也到了成熟期，根系消耗水分减少，因此土壤含水量也就明显增加，而表层土壤因为受到人为收获作物的影响，土壤受到阳关照射接触面积变大，蒸发作用消耗了土壤含水量，所以含水量变化不大。10 月，各个土层土壤水分比之前又缓慢减少，因为在这个时期，降雨减少，气温也开始下降，土壤处于缓慢减墒时期。

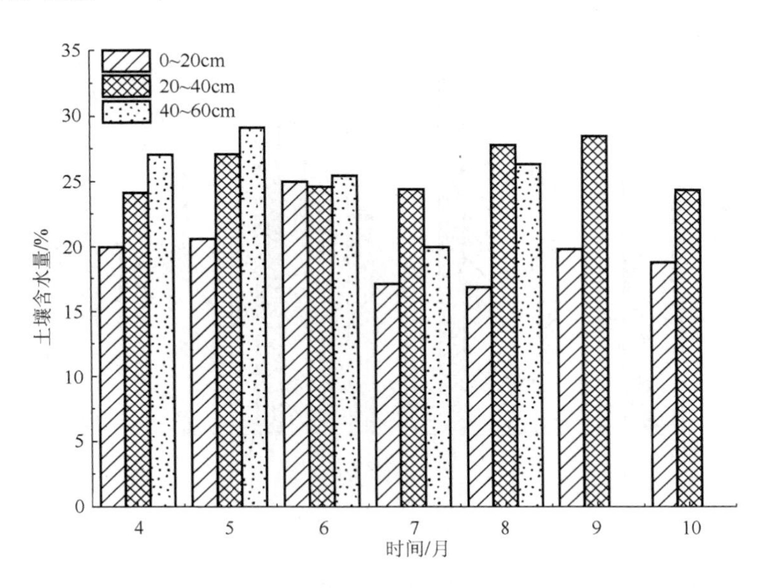

图 14.2　坡耕地不同土层深度下土壤含水量随时间的变化

14.3.2　梯田土壤水分特征

对不同时间尺度下梯田不同土层深度的土壤含水量进行统计分析，得到 0～20cm、20～40cm 和 40～60cm 土层的变异系数分别为 24%、20%和 11%，均为弱变异。说明梯田不同土层间土壤含水量在时间尺度上的变异性不大。

梯田不同土层深度下土壤含水量随时间的变化如图 14.3 所示，可以看出，不同土层深度下梯田的土壤含水量在时间尺度上的变化总体表现为 0～20cm＜20～

40cm＜40～60cm，表明梯田 0～20cm 土层深度的土壤含水量最低，40～60cm 土层深度的土壤含水量最高，且随着土层深度增加，土壤含水量逐渐增加。这是因为 0～40cm 属于耕作层，受到地形、降雨入渗、地面蒸发、土质、农作物长势和人为作用的影响，土壤含水量变化较剧烈，随着土层深度的增加，土壤质地较重，作物根系逐渐减少，土壤含水量变化相对稳定，其所占百分比也较大。

4～6 月，梯田土壤含水量的变化比较稳定；7 月，不同土层的土壤含水量比之前明显减少，这是因为 7 月降雨量较少，气温上升，蒸发作用消耗了土壤水分，而研究区为新修梯田，没有种植作物，所以不存在根系对其的影响；8～10 月，不同土层的土壤含水量变化剧烈，不稳定，这是因为气候变化，加上梯田没有种植作物，修建年限短，因此土壤含水量变化不稳定。

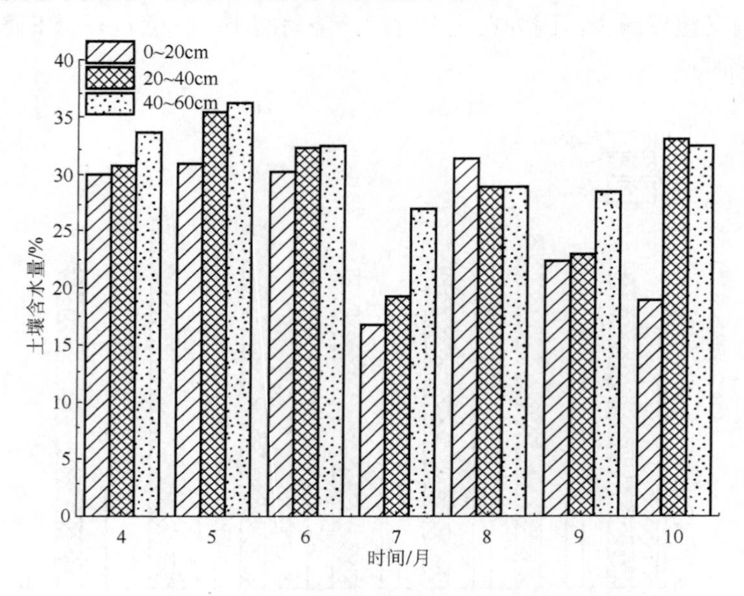

图 14.3　梯田不同土层深度下土壤含水量随时间的变化

14.3.3　坡耕地土壤水分与梯田土壤水分特征对比

不同土层深度下坡耕地和梯田土壤含水量对比如图 14.4 所示，可以看出，不同土层深度下，土壤含水量在时间上的变化总体表现为梯田＞坡耕地，0～20cm 梯田比坡耕地平均高出 36%，20～40cm 梯田比坡耕地平均高出 12%，40～60cm 梯田比坡耕地平均高出 23%。因此，梯田建设是控制土石山区坡耕地水土流失的重要措施之一，具有比较明显的蓄水、保水作用，显著增加耕地的水资源量，提高土石山区的水分利用率，成为了土石山区农田基本建设及生态环境恢复的主要工程措施。

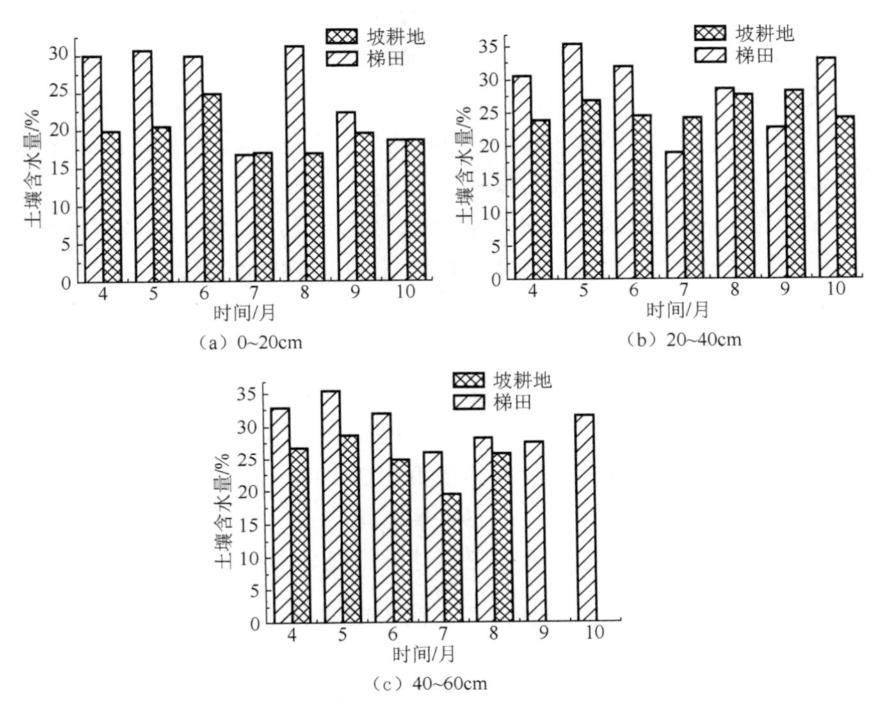

图 14.4　不同土层深度下坡耕地和梯田土壤含水量对比

14.4　坡改梯前后土壤养分特征及分布规律

14.4.1　坡耕地土壤养分分布特征

坡耕地不同土层深度土壤养分统计如表 14.7 所示，可以看出，土壤全磷、有机质、有效铁、有效锌和有效锰含量均随着土层深度的增加而逐渐减少，表层含量明显大于次层，养分指标呈现出锐减趋势，说明土壤表层作物残渣和一些凋落物的覆盖可以使有机质和其他养分在土壤表层富集。土壤全氮和速效磷随着土层深度的增加逐渐增加，而其他养分指标没有表现出明显的垂直分层变化规律。土壤有机质等养分在表层的富集现象表明，如果土壤表层植被遭到破坏，那么土壤养分也会随着水蚀和风蚀的作用而减少。从养分含量的变化范围来看，全磷、全氮、有机质的变化范围分别为 0.10～1.13g/kg、0.03～0.58g/kg 和 0.01～19.17 g/kg，速效磷、氨氮、硝氮、有效铜、有效铁、有效锌、有效锰的变化范围分别为 1.60～45.20mg/kg、0.56～3.40mg/kg、0.12～4.34mg/kg、0.19～5.99mg/kg、1.69～11.85mg/kg、0.62～3.86mg/kg 和 1.01～11.31mg/kg；土壤有机质的极值差为

19.16g/kg，变化范围最大，全磷的极值差为 1.03g/kg，变化范围最小。从养分含量的均值来看，全磷、全氮、有机质的均值分别为 0.39g/kg、0.15g/kg 和 11.34g/kg，速效磷、氨氮、硝氮、有效铜、有效铁、有效锌、有效锰的均值分别为 14.9mg/kg、1.78mg/kg、0.95mg/kg、1.23mg/kg、4.20mg/kg、2.34mg/kg 和 4.02mg/kg；坡耕地土壤有机质含量最高，硝氮含量最低。

变异系数可以反映各采样点之间的平均变异程度，体现了土壤的内在性质，可以区别不同土壤养分抵抗外界因素的敏感性。40～60cm 土层全氮的变异系数为 111%，20～40cm 土层硝氮的变异系数为 115%，三个土层深度下土壤有效铜的变异系数分别为 164%、186%、142%，均大于 100%，为强变异，说明在特定土层深度下，土壤这些养分的空间变异较大，容易受到外界的干扰，这种较大的空间分异性主要归结于农田耕作、种植制度和田间管理措施等人为因素的影响。其他土壤养分指标在不同土层深度下的变异系数均在 10%～100%，为中等变异，但中等变异中，几种主要养分的变异程度也有所差别，说明在不同土层深度下这些土壤养分受外界条件的影响比较一致，空间分异不显著，属于中等水平。

表 14.7　坡耕地不同土层深度土壤养分统计

元素	土层深度/cm	最小值	最大值	均值	变异系数/%
全磷/(g/kg)	0～20	0.25	1.13	0.46	73
	20～40	0.20	1.05	0.38	66
	40～60	0.10	1.05	0.34	82
全氮/(g/kg)	0～20	0.05	0.21	0.11	66
	20～40	0.03	0.27	0.13	59
	40～60	0.08	0.58	0.20	111
有机质/(g/kg)	0～20	12.03	19.17	15.48	26
	20～40	0.01	13.84	9.62	72
	40～60	5.97	10.41	8.93	26
速效磷/(mg/kg)	0～20	1.60	39.60	9.90	120
	20～40	5.20	29.80	14.90	55
	40～60	6.20	45.20	19.90	68
氨氮/(mg/kg)	0～20	1.14	3.40	1.99	37
	20～40	1.02	2.56	1.53	30
	40～60	0.56	2.66	1.82	31
硝氮/(mg/kg)	0～20	0.29	1.43	0.87	49
	20～40	0.14	4.34	1.16	115
	40～60	0.12	1.36	0.83	57

续表

元素	土层深度/cm	最小值	最大值	均值	变异系数/%
有效铜/(mg/kg)	0～20	0.26	5.42	1.02	164
	20～40	0.20	5.30	0.88	186
	40～60	0.19	5.99	1.78	142
有效铁/(mg/kg)	0～20	3.00	11.85	6.83	42
	20～40	2.13	4.18	3.22	21
	40～60	1.69	3.33	2.56	25
有效锌/(mg/kg)	0～20	0.91	3.78	2.39	46
	20～40	0.85	3.86	2.65	39
	40～60	0.62	3.16	1.99	51
有效锰/(mg/kg)	0～20	2.42	11.31	7.06	47
	20～40	1.76	4.59	3.16	29
	40～60	1.01	2.78	1.84	35

14.4.2　梯田土壤养分分布特征

梯田不同土层深度下土壤养分统计如表 14.8 所示。由表可以看出，土壤全磷、有机质、氨氮、有效锌和有效锰含量随着土层深度的增加逐渐减少，养分含量明显在表层富集，而其他养分指标没有表现出明显的垂直分层变化规律。从养分含量的变化范围来看，全磷、全氮、有机质的变化范围分别为 0.05～1.27g/kg、0.01～0.72g/kg 和 6.75～42.27g/kg，速效磷、氨氮、硝氮、有效铜、有效铁、有效锌、有效锰的变化范围分别为 0.20～61.8mg/kg、0.2～6.56mg/kg、0.02～3.60mg/kg、0.01～8.97mg/kg、0.39～12.91mg/kg、0.47～6.96mg/kg 和 0.35～9.78mg/kg；土壤速效磷的极值差为 61.6mg/kg，变化范围最大，全氮的极值差为 0.71 g/kg，变化范围最小。从养分含量的均值来看，全磷、全氮、有机质的均值分别为 0.49g/kg、0.17g/kg 和 19.70g/kg，速效磷、氨氮、硝氮、有效铜、有效铁、有效锌、有效锰的均值分别为 17.59mg/kg、1.50mg/kg、0.91mg/kg、1.36mg/kg、3.61mg/kg、2.34mg/kg 和 2.71mg/kg；梯田土壤有机质含量最高，硝氮含量最低。

三个土层深度下土壤有效铜的变异系数分别为 134%、154%、133%，均大于 100%，为强变异，说明在特定土层深度下，土壤有效铜的空间变异较大，容易受到外界的干扰，主要是人为活动的影响；其他土壤养分指标在不同土层深度下的变异系数均在 10%～100%，为中等变异，说明在不同土层深度下这些土壤养分受外界条件影响比较一致，空间变异不显著，属于中等水平，其中，土壤有机质空间变异性主要受到土地利用的影响，而土壤全磷、全氮的空间变异性主要受土壤母质组成的影响，因此土壤全磷、全氮的变异系数总体上小于土壤有机质的变异系数（信忠保等，2012）。

表 14.8　梯田不同土层深度下土壤养分统计

元素	土层深度/cm	最小值	最大值	均值	变异系数/%
全磷/(g/kg)	0～20	0.20	1.27	0.55	43
	20～40	0.18	0.75	0.48	31
	40～60	0.05	1.05	0.45	40
全氮/(g/kg)	0～20	0.02	0.30	0.15	46
	20～40	0.01	0.71	0.18	83
	40～60	0.02	0.72	0.17	75
有机质/(g/kg)	0～20	8.45	42.27	23.15	71
	20～40	9.52	34.41	18.65	67
	40～60	6.76	33.00	17.29	71
速效磷/(mg/kg)	0～20	0.20	57.00	17.30	94
	20～40	1.20	47.40	17.97	62
	40～60	0.40	61.80	17.50	84
氨氮/(mg/kg)	0～20	0.22	6.56	1.57	67
	20～40	0.20	5.50	1.51	63
	40～60	0.46	3.68	1.41	47
硝氮/(mg/kg)	0～20	0.06	3.24	0.88	67
	20～40	0.02	3.60	1.02	91
	40～60	0.04	3.24	0.82	75
有效铜/(mg/kg)	0～20	0.18	7.84	1.48	134
	20～40	0.01	8.97	1.11	154
	40～60	0.01	8.20	1.49	133
有效铁/(mg/kg)	0～20	0.76	12.91	4.24	81
	20～40	0.39	9.76	3.24	66
	40～60	0.81	9.90	3.36	68
有效锌/(mg/kg)	0～20	0.47	6.96	2.42	89
	20～40	0.50	6.41	2.30	90
	40～60	0.50	6.87	2.29	92
有效锰/(mg/kg)	0～20	0.35	9.78	2.97	95
	20～40	0.55	9.66	2.63	95
	40～60	0.49	8.91	2.52	96

14.4.3　坡耕地与梯田土壤养分分布特征对比

坡耕地与梯田的土壤养分对比如图 14.5 所示，可以看出，坡面梯田土壤有效铁、有效锰和氨氮的含量比坡耕地的低，其他养分含量均比坡耕地的高。说明坡改梯之后，土壤养分有所提高，尤其是有机质和速效磷，明显增多，梯田有机质平均含量比坡耕地提高了 73%，速效磷平均含量比坡耕地提高了 18%，梯田虽然改善了土壤养分的基础，但由于施工过程中人为的干扰和深翻表土，改变了土壤的理化性质，造成短期内土壤养分变化不大，由于研究区的梯田修建年限较短，土壤均为生土，养分处于恢复期，农作物生长期消耗土壤养分大，土地能够积累的养分就减少了，因此，其他养分指标基本上处于相对平稳状态，变化不大。有机质不仅可以使土壤的保肥供肥能力增加，使土壤养分的有效性提高，而且可以促进土壤团粒结构形成，改变土壤的透水性和通气性，坡改梯之后土壤有机质明显增加，有利于植物的生长和发育；植物在生长过程中根际微生物活动及有机残体腐解等活动会形成大量的有机酸、酚类物质和无机酸等，这些物质可以使难溶性磷转化为速效磷，增加土壤速效磷含量。坡改梯之后由于地形、土壤特性、耕作制度、施肥状况和管理方式等发生了变化，因此在很大程度上影响了土壤养分的含量。

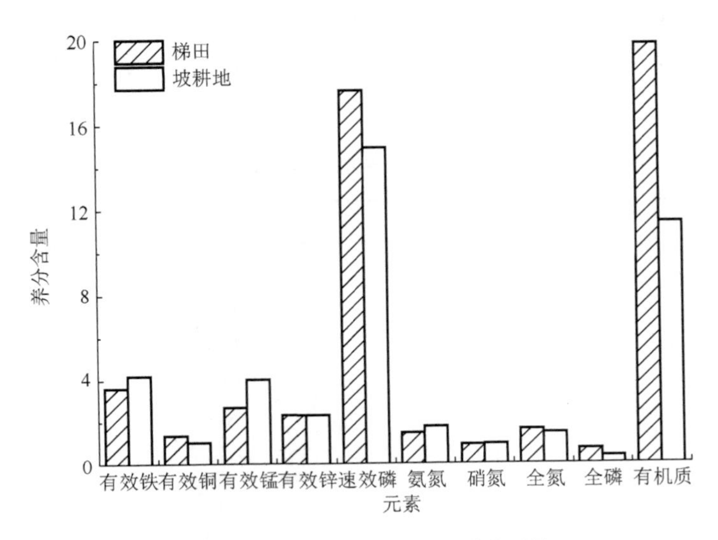

图 14.5　坡耕地与梯田土壤养分对比

有效养分单位为 mg/kg，全态养分单位为 g/kg

14.5　坡改梯土壤质量评价

土壤质量反映土壤适应生态系统发展的能力，因此，土壤质量评价可以直接或间接反映生态系统的变化，也可以反映人类干扰所产生的效应（张华等，2003）。土壤质量评价的核心就是土壤质量评价指标体系的建立，其过程也可以看成是土壤质量分等级的过程（Zhang et al., 2005）。本章在用单因子评价方法对单个土壤元素污染评价的同时，采用模糊数学综合评价方法评价土壤养分总体污染程度。

单因子评价指数计算公式如下：

$$P_i = X_i / A_i \tag{14-1}$$

式中，P_i为元素 i 的评价指数；X_i为样品中元素 i 的实测浓度；A_i为元素 i 的评价标准，一般取当地元素的背景值。

模糊数学综合评价方法可同时考虑到土壤养分污染的综合性、模糊性和渐变性，通过建立隶属度描述加以区分和量化，使其具有明确的分级界线。本章选取 10 类土壤中的养分指标作为参考因子，采用当地元素的背景值作为评价的一级标准，根据全国第二次土壤普查养分分级标准并结合当地土壤养分实际情况分别定义了二级和三级评价标准，符合一级标准说明土壤养分含量低，符合二级标准说明土壤养分含量为中等，符合三级标准说明土壤养分含量高，土壤养分分级标准如表 14.9 所示。

表 14.9　土壤养分分级标准

元素	一级标准值	二级标准	三级标准
有效铁/(mg/kg)	3.59	4.50	6.00
有效铜/(mg/kg)	0.39	3.00	5.00
有效锰/(mg/kg)	4.87	5.50	6.45
有效锌/(mg/kg)	0.46	1.50	3.00
速效磷/(mg/kg)	7.09	10.00	20.00
全氮/(g/kg)	0.58	0.75	1.00
全磷/(g/kg)	0.62	0.80	1.00
有机质/(g/kg)	19.47	20.00	40.00
氨氮/(mg/kg)	8.95	10.00	12.00
硝氮/(mg/kg)	3.00	4.12	5.23

首先建立隶属度函数，用隶属度刻画土壤质量评价的分级界线，分别以三个级别的评价标准作为隶属度函数的拐点，建立符合梯形分布函数的各级土壤质量评价的隶属度函数。各级土壤质量评价的隶属度函数如下。

元素 i 对土壤质量评价的一级隶属度函数为

$$u(x_i)=\begin{cases}1, & x_i \leqslant a_i \\ \dfrac{b_i-x_i}{b_i-a_i}, & a_i<x_i<b_i \\ 0, & x_i \geqslant b_i\end{cases} \tag{14-2}$$

元素 i 对土壤质量评价的二级隶属度函数为

$$u(x_i)=\begin{cases}0, & x_i \leqslant a_i \text{或} x_i \geqslant c_i \\ \dfrac{x_i-a_i}{b_i-a_i}, & a_i<x_i \leqslant b_i \\ \dfrac{c_i-x_i}{c_i-b_i}, & a_i<x_i<c_i\end{cases} \tag{14-3}$$

元素 i 对土壤质量评价的三级隶属度函数为

$$u(x_i)=\begin{cases}0, & x_i \leqslant b_i \\ \dfrac{x_i-b_i}{c_i-b_i}, & b_i<x_i<c_i \\ 1, & x_i \geqslant c_i\end{cases} \tag{14-4}$$

式中，$u(x_i)$为样品中元素 i 的实测浓度；a_i 为元素 i 的一级评价标准值；取当地元素的背景值；b_i 为元素 i 的二级评价标准值；c_i 为元素 i 的三级评价标准值。

建立模糊关系矩阵。取 **U｛Fe**、Cu、Mn、Zn、速效磷、全磷、全氮、氨氮、硝氮、有机质｝为土壤评价因子集合，**V**｛一级、二级、三级｝为评价等级的集合，通过隶属度函数求出各单因子指标对于评级等级的隶属度，组成模糊关系矩阵 $\boldsymbol{R}$。

$$\boldsymbol{R}=\begin{bmatrix} r_{11} & r_{12} & \cdots & r_{19} & r_{1n} \\ r_{21} & r_{22} & \cdots & r_{29} & r_{2n} \\ r_{31} & r_{32} & \cdots & r_{39} & r_{3n} \end{bmatrix} \tag{14-5}$$

然后计算各单项因子对土壤综合评价的权重，采用加权法。加权法可以反映各元素含量的大小，在一定程度上反映了元素含量对因子权重的影响。其计算公式为

$$W_i = \frac{x_i / s_i}{\sum_{i=1}^{n}(x_i / s_i)}, \quad n = 1,2,\cdots,10 \tag{14-6}$$

式中，W_i为第 i 个元素的权重；x_i为样品中元素 i 的实测浓度，$s_i = (a_i + b_i + c_i)/3$，$a_i$为元素 i 的一级评价标准值，b_i为元素 i 的二级评价标准值，c_i为元素 i 的三级评价标准值。$\boldsymbol{W}$= ｛$W_1,W_2,W_3,W_4,W_5,W_6,W_7,W_8,W_9,W_{10}$｝即为权重的模糊矩阵。

最后，分别采用单因素决定模型和加权平均模型进行综合评价。

单因素决定模型的结果由单因素中指标最大者决定，其余元素在一定范围内变化并不影响最终评价结果，可以防止因模糊矩阵中数据悬殊而造成的数据干扰。其计算公式为

$$m_j = \bigvee_{i=1}^{n}(W_i \wedge r_{ij}), \quad j = 1,2,3; n = 1,2,\cdots,10 \tag{14-7}$$

式中，m_j为最终评价结果对应的第 j 个等级的隶属度；W_i为第 i 个元素的权重；r_{ij}为模糊关系矩阵 $\boldsymbol{R}$ 中对应的值。符号$\vee$代表在各值中取最大值，符合$\wedge$代表在各值中取最小值。

加权平均模型可以避免信息丢失，评价结果是各个单因子共同影响的结果。其计算公式为

$$m_j = \min\{1, \sum_{i=1}^{n} W_i r_{ij}\}, \quad j = 1,2,3; n = 1,2,\cdots,10 \tag{14-8}$$

式中，m_j为最终评价结果对应的第 j 个等级的隶属度；W_i为第 i 个元素的权重；r_{ij}为模糊关系矩阵 $\boldsymbol{R}$ 中对应的值。

计算得到最终的评价向量 $\boldsymbol{M}$=(m_1，m_2，m_3)，集合中最大值对应的隶属度等级为最终综合评价结果。

14.5.1　坡耕地土壤质量评价

坡耕地土壤质量评价如表 14.10 所示，可以看出，有效锰、全磷、有机质、氨氮、和硝氮的单因子评价指数均小于 1，其余元素的单因子评价指数均大于 1，其中，有效锌的单因子评价指数最大，为 5.09；氨氮的单因子评价指数最小，为 0.2。表明，研究区坡耕地土壤中有效锌的含量最高，氨氮的含量最低。根据单因子评价土壤环境质量分级：P_i≤1 为极低含量，1＜P_i≤2 为较低含量，2＜P_i≤3 为中等含量，3＜P_i≤5 为较高含量，P_i＞5 为极高含量。坡耕地土壤中有效锰、全磷、有机质、氨氮和硝氮含量极低，有效铁含量低，有效铜、速效磷和全氮含量

中等，有效锌含量极高。按照式（14-5）所建立的关系模糊矩阵方法，确定土壤中元素各级隶属度函数及其权重，并分别根据单因素决定模型和加权平均模型对坡耕地土壤质量进行综合评价，确定坡耕地土壤质量最终评级等级，结果如表 14.10 所示。可以看出，利用不同的综合评价模型得到坡耕地的最终评价等级结果均为三级，说明总体来说坡耕地土壤中养分含量高，满足农作需求。

表 14.10　坡耕地土壤质量评价

元素	背景值	单因子评价指数	隶属度			权重	综合评价等级	
			一级	二级	三级		单因素决定模型	加权平均模型
有效铁/(mg/kg)	3.59	1.17	0.33	0.67	0.00	0.16	三级	三级
有效铜/(mg/kg)	0.39	2.62	0.76	0.24	0.00	0.06		
有效锰/(mg/kg)	4.87	0.83	1.00	0.00	0.00	0.12		
有效锌/(mg/kg)	0.46	5.09	0.00	0.44	0.56	0.25		
速效磷/(mg/kg)	7.09	2.10	0.00	0.51	0.49	0.21		
全氮/(g/kg)	0.58	2.53	0.00	0.00	1.00	0.33		
全磷/(g/kg)	0.62	0.63	1.00	0.00	0.00	0.08		
有机质/(g/kg)	19.47	0.58	1.00	0.00	0.00	0.07		
氨氮/(mg/kg)	8.95	0.20	1.00	0.00	0.00	0.03		
硝氮/(mg/kg)	3.00	0.32	1.00	0.00	0.00	0.04		

14.5.2　梯田土壤质量评价

梯田土壤质量评价如表 14.11 所示，可以看出，有效锰、氨氮和硝氮的单因子评价指数均小于 1，其余元素的单因子评价指数均大于 1，其中，有效锌的单因子评价指数最大，为 5.07，氨氮的单因子评价指数最小，为 0.17，表明，研究区梯田土壤中有效锌的含量最高，氨氮的含量最低。根据单因子评价土壤环境质量分级：$P_i \leqslant 1$ 为极低含量，$1 < P_i \leqslant 2$ 为较低含量，$2 < P_i \leqslant 3$ 为中等含量，$3 < P_i \leqslant 5$ 为较高含量，$P_i > 5$ 为极高含量。梯田土壤中有效锰、氨氮和硝氮含量极低，有效铁、全磷和有机质的含量较低，速效磷和全氮含量中等，有效铜含量较高，有效锌含量极高。按照式（14-5）所建立的关系模糊矩阵方法，确定梯田土壤中元素各级隶属度函数及其权重，并分别根据单因素决定模型和加权平均模型对梯田土壤质量进行综合评价，确定梯田土壤质量最终评级等级，结果如表 14.11 所示。可以看出，利用不同的土壤质量综合评价模型得到梯田的最终评价等级结果均为三级，说明总体来说梯田土壤中养分含量高，可以满足农作需求。

表 14.11 梯田土壤质量评价表

元素	背景值	单因子评价指数	隶属度			权重	综合评价等级	
			一级	二级	三级		单因素决定模型	加权平均模型
有效铁/(mg/kg)	3.59	1.01	0.98	0.02	0.00	0.13	三级	三级
有效铜/(mg/kg)	0.39	3.49	0.63	0.37	0.00	0.08		
有效锰/(mg/kg)	4.87	0.55	1.00	0.00	0.00	0.08		
有效锌/(mg/kg)	0.46	5.07	0.00	0.45	0.55	0.24		
速效磷/(mg/kg)	7.09	2.48	0.00	0.24	0.76	0.25		
全氮/(g/kg)	0.58	2.76	0.00	0.00	1.00	0.36		
全磷/(g/kg)	0.62	1.21	0.28	0.72	0.00	0.16		
有机质/(g/kg)	19.47	1.01	0.57	0.43	0.00	0.13		
氨氮/(mg/kg)	8.95	0.17	1.00	0.00	0.00	0.03		
硝氮/(mg/kg)	3.00	0.30	1.00	0.00	0.00	0.04		

14.5.3 坡耕地和梯田土壤质量评价对比

对坡耕地和梯田土壤质量进行对比分析，从单因子评价指数可以看出，坡耕地和梯田土壤中有效锰的含量均最高，氨氮的含量均最低。梯田中全磷和有机质的含量比坡耕地的高，说明研究区修建梯田可以提高土壤全磷和有机质的含量。从土壤综合评价等级可以看出，总体上坡耕地和梯田的土壤质量均属于三级，养分含量高，说明消除了单因素对土壤质量的影响，总体上梯田和坡耕地的土壤质量都是一致的。

14.6 梯田断面布局研究

梯田建设是防治坡耕地水土流失的一项重要措施，也是我国发展农业生产的一种传统方式，对坡耕地的改造开发、生态农业的建设和可持续农业生产的实现具有重要的现实意义。

梯田工程研究集中在坡改梯的设计优化上，从梯田的田坎稳定性和坡改梯后的土壤侵蚀以及坡改梯后土壤肥力的恢复年限上对梯田田面进行设计的研究还需要加强。梯田设计前，首先要对研究区的地形条件、土壤性质和土层厚度等进行理论分析。

土壤类型是影响土层厚度的主要因素之一，主要与研究区的土壤母质有关，也是决定区域土地利用类型的主要因素。研究区为薄层土石山区，土壤耕作层以黄棕壤为主，土层厚度为 0.4～1.0m，耕作层以下是土石混合层，平均厚度为 0.5m，土石混合层以下是基岩。

坡度直接影响到梯田田面宽度和田坎高度，准确计算坡面的坡度，在坡改梯田面的设计中可以计算好挖填方土方量平衡，减少施工量和动土方量，同时控制水土流失。

土层厚度直接反映土壤的发育程度，与土壤肥力有密切的关系。它既是土壤养分的来源，又是土壤矿质元素的储存库。同时也是判断土壤侵蚀程度的主要指标之一，很大程度上影响土壤的营养状况。

田坎稳定性决定了梯田的质量和使用年限，而影响梯田田坎稳定的主要因素是田坎高度、内外坡坡度角、土壤容重、土壤抗剪强度等。目前大多数断面设计中并未将稳定因素作为断面设计要素的制约因子。因此，本章以不同土层厚度和坡度为变量，结合研究区实际情况，建立不同的梯田模型，对研究区梯田进行数值模拟，分别计算梯田的田坎稳定性、土壤侵蚀模数和土壤肥力恢复年限，最后提出在不同坡度和不同土层厚度条件下梯田断面的设计规格。

14.6.1　不同规格下梯田稳定性分析

根据研究区实际土层厚度，将土层分为 0.4m、0.6m 和 1.0m，分别将田面坡度设计为 0°～3°，对梯田的整体稳定性和梯田田坎的局部稳定性计算，不同规格梯田断面稳定性分析计算结果如表 14.12 所示，从表中可以看出，梯田整体安全系数均远远大于梯田断面设计要求的最小抗滑安全系数 1.3。但是在稳定的基础上，不同田面坡度下梯田的安全系数也有变化，说明梯田在不同的布局下，其稳定性也是不同的。

表 14.12　不同规格梯田断面稳定性分析

坡度/(°)	土层厚度/m	田面坡度/(°)	安全系数		
			梯田-整体	梯田-单坎	坡耕地
5	0.4	0	40.836	29.311	40.492
		1	39.458	44.906	
		2	36.521	49.444	
		3	36.886	42.207	
	0.6	0	24.183	20.639	33.472
		1	28.211	23.277	
		2	31.172	21.923	
		3	33.529	28.291	
	1.0	0	23.544	17.554	28.883
		1	31.698	26.109	
		2	29.261	22.761	
		3	33.989	15.106	
10	0.4	0	18.819	25.928	19.241
		1	19.182	29.939	
		2	18.698	27.653	
		3	18.823	17.723	
	0.6	0	14.947	14.021	16.269
		1	15.386	12.210	
		2	15.319	12.838	
		3	15.724	12.478	
	1.0	0	11.768	11.038	13.733
		1	11.987	10.112	
		2	13.006	10.436	
		3	11.209	11.652	
15	0.4	0	12.178	13.775	12.468
		1	12.178	16.314	
		2	12.267	13.973	
		3	11.737	18.486	
	0.6	0	10.695	10.802	11.048
		1	10.833	11.743	
		2	10.705	13.658	
		3	10.593	10.060	
	1.0	0	8.835	8.345	9.120
		1	8.559	6.276	
		2	8.374	7.098	
		3	8.397	7.682	

从梯田单坎来看，其安全系数的变化与梯田整体的变化也是不同的，这与梯田田面宽度、田坎高度和田面坡度有一定的关系。同样，梯田单坎的安全系数也远远大于梯田断面设计要求的最小抗滑安全系数 1.3，说明研究区梯田不存在稳定性方面的问题。因此在进行断面布局上可以不考虑梯田稳定性。

14.6.2　不同规格下梯田侵蚀量分析

对坡改梯前后土壤侵蚀模数进行模拟计算，结果表明，梯田的土壤侵蚀模数远小于坡耕地的土壤侵蚀模数，说明坡改梯可以减少土壤侵蚀量。分别对不同坡度和不同土层厚度下梯田的土壤侵蚀模数（A）进行计算，结果如表 14.13 所示。从表中可以看出，在相同的坡度下，随着土层厚度和田面坡度的增加，土壤侵蚀模数均逐渐增加。说明在研究区修建梯田，确定了坡度、坡长和土层厚度，若要控制土壤侵蚀量，则需要改变梯田的田面坡度。不同规格梯田，土方量也不同，田面宽度、田坎高度、田坎倾角、田面坡度都是影响土方工程量的决定因素。

表 14.13　梯田土壤侵蚀模数与土方量计算结果

坡度/(°)	土层厚度/m	田面坡度/(°)	土方量/m^2	A/[t/(km^2·a)]
5	0.4	0	1.38	22.84
		1	4.65	166.32
		2	0.87	300.26
		3	0.96	502.99
	0.6	0	2.64	26.12
		1	2.17	199.42
		2	1.48	377.39
		3	0.26	552.04
	1.0	0	2.85	27.38
		1	1.73	207.78
		2	0.80	377.39
		3	0.12	552.04

续表

坡度/(°)	土层厚度/m	田面坡度/(°)	土方量/m²	A/[t/(km²·a)]
10	0.4	0	1.44	19.70
		1	0.88	147.22
		2	1.95	232.86
		3	1.03	371.33
	0.6	0	2.40	22.84
		1	2.18	169.11
		2	2.14	280.81
		3	1.64	427.56
	1.0	0	4.10	24.69
		1	4.04	183.88
		2	3.78	318.26
		3	4.05	488.81
15	0.4	0	1.98	19.70
		1	2.67	146.02
		2	2.08	223.08
		3	4.35	340.63
	0.6	0	2.70	20.97
		1	2.33	152.69
		2	2.99	243.88
		3	3.00	371.33
	1.0	0	4.55	23.40
		1	2.94	172.99
		2	5.44	286.69
		3	3.88	429.55

14.6.3 水平梯田断面布局

研究区为土石山区，土层厚度和地面坡度是梯田田面宽度的主要约束条件，一般认为土壤（陕西土壤）厚度最少达到 20cm 以上便于耕作与作物生长。基于此，根据水平梯田田面宽度设计（图 14.6）可以建立土层厚度 x、地面坡度 θ 和田面宽度 y 之间的关系式：

$$y = \frac{2(x - 0.2\cos\theta)}{\sin\theta} \tag{14-9}$$

式中，y 为田面宽度，m；x 为土层厚度，m；θ 为地面坡度，(°)。

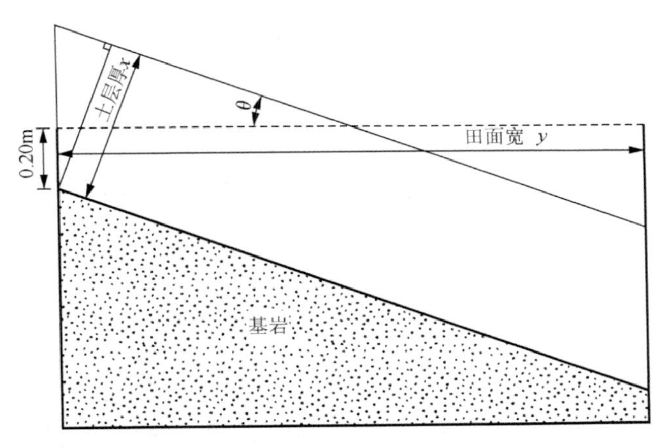

图 14.6 水平梯田田面宽度设计

虚线为水平梯田田面

根据式（14-9），选定地面坡度分别为 3°、5°、7°、9°、11°、13°、15°、17°、19°、21°、23°、25°，绘制不同坡度和不同土层厚度下的最佳水平梯田田面宽度查找图，如图 14.7 所示。从图中可以看出，若要在研究区内修建水平梯田，当已知坡面的坡度和土层厚度时，以保证作物正常生长的土层厚度为目标，在设计梯田的田面宽度时，通过查找图就可以找到适合的田面宽度。例如，当土层厚度为 0.6m，坡面坡度为 15°时，通过式（14-9）和图 14.7 可知，在坡面上修建水平梯田最合适的田面宽度为 3.14m。

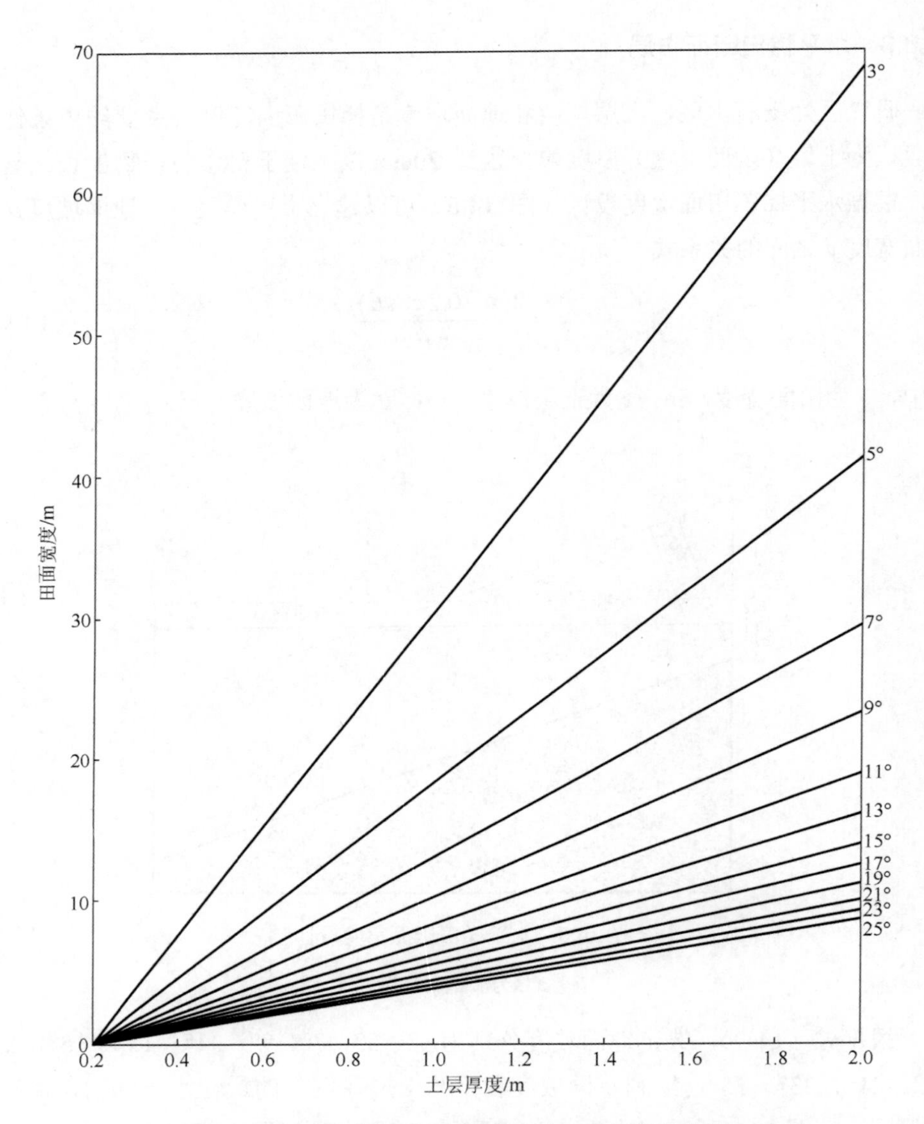

图 14.7 土层厚度、地面坡度以及田面宽度查找图

14.6.4 坡式梯田断面布局

水平梯田由于地面扰动大，排水效果差，有时候并不是土石山区最佳的梯田布设方式，而坡式梯田具有截短坡长、减缓坡度、动土量少、提高治理速度、节约工程投资等特点，能有效控制坡面水土流失，并且增产作用明显，可以更加有效地保土保肥，成为陕南土石山区修建梯田的更好选择（邓嘉农等，2011；Cui et al., 2011）。因此，结合土壤侵蚀、坡面稳定性、土壤恢复难易程度进一步研究坡式梯田的田面布局。

在坡改梯的初期，由于土层发生扰动而变得疏松，养分随着壤中流的增加淋溶和流失。随着治理时间的增加，坡改梯的土壤结构逐渐稳定，养分得以固定，养分总量高于坡耕地，显示出其保存养分的作用。坡改梯后土壤养分恢复年限和挖填方土方量有关，动土方量越小，肥力恢复年限越长（董宏伟等，2014），因此用土方量作为土壤肥力恢复年限的指标。在不同的坡度和土层厚度下，为了平衡梯田挖方和填方的土方量，需要对梯田的田面宽度和田面个数进行合理布局。

从 14.6.2 节梯田土壤侵蚀模数和土方量的计算结果可以看出，坡度为 5°时，不同土层厚度下，修建田面坡度为 3°的坡式梯田，土壤侵蚀模数大于土石山区容许土壤流失量 500 t/(km^2·a)，其余规格梯田土壤流失量均小于 500t/(km^2·a)。因此，在土壤侵蚀模数小于土石山区容许土壤流失量 500 t/(km^2·a)时，修建梯田时就选取土方量最小断面进行布局。

坡式梯田断面布局结果如表 14.14 所示。可以看出，当坡度为 5°，土层厚度为 0.4m、0.6m 和 1.0m 时，选择修建田面坡度为 2°的坡式梯田，田面水平宽度分别为 7m、15m 和 15m，田坎高度分别为 0.40m、0.87m 和 0.80m，田面个数分别为 4 个、2 个和 2 个。当坡度为 10°，土层厚度为 0.4m、0.6m 和 1.0m 时，选择修建田间坡度分别为 1°、3°和 2°的坡式梯田，田面水平宽度分别为 2.5m、6.4m 和 8.5m，田坎高度分别为 0.35m、0.86m 和 1.10m，田面个数分别为 12 个、5 个和 4 个。当坡度为 15°，土层厚度为 0.4m、0.6m 和 1.0m 时，选择修建田间坡度分别为 2°、1°和 1°的坡式梯田，田面水平宽度分别为 2.6m、3.0m 和 5.6m，田坎高度分别为 0.60m、0.64m 和 1.28m，田面个数分别为 11 个、10 个和 5 个。

表 14.14　坡式梯田断面布局

坡度/(°)	土厚/m	田面坡度/(°)	田面水平宽度/m	田坎高度/m	田面个数/个	土方量/m^2	A/[t/(km^2·a)]
5	0.4	2	7	0.40	4	0.87	300.26
	0.6	2	15	0.87	2	1.48	377.39
	1	2	15	0.80	2	0.80	377.39
10	0.4	1	2.5	0.35	12	0.88	147.22
	0.6	3	6.4	0.86	5	1.64	427.56
	1	2	8.5	1.10	4	3.78	318.26
15	0.4	2	2.6	0.60	11	2.08	223.08
	0.6	1	3	0.64	10	2.33	152.69
	1	1	5.6	1.28	5	2.94	172.99

参考文献

邓嘉农，徐航，郭甜，等, 2011. 长江流域坡耕地“坡式梯田+面水系”治理模式及综合效益探讨[J]. 中国水土保持, 10: 4-6.

董宏伟，陈国建，郭跃，等, 2014. 三峡库区不同坡改梯年限土壤肥力质量评价研究[J]. 中国水土保持, 6: 35-38.

王改兰，段建南，贾宁凤，等, 2006. 长期施肥对黄土丘陵区土壤理化性质的影响[J]. 水土保持学报, 20(4): 82-85.

信忠保，余新晓，张满良，等，2012. 黄土高原丘陵沟壑区不同土地利用的土壤养分特征[J]. 干旱区研究，29(3): 379-384.

张华，张甘霖，漆智平，等, 2003. 热带地区农场尺度土壤质量现状的系统评价[J]. 土壤学报, 40(2): 186-193.

CUI P, GE Y, LIN Y, 2011. Soil erosion and sediment control effects in the Three Gorges Reservoir Region, China[J]. Journal of Resources and Ecology, 2(4): 289-297.

ZHANG H, ZHANG G L, 2005. Landscape-scale soil quality change under different farming systems of a tropical farm in Hainan, China[J]. Soil Use and Management, 21(1): 58-64.

第 15 章　生态沟对景观格局和土壤性质的影响

景观是指从微观到宏观不同尺度上的，具有异质性或斑块性的空间单元，是由不同生态系统组成的镶嵌体。目前对景观格局或空间异质性度量的方法通常有两种：景观格局指数方法和地理统计学方法。景观格局主要是指构成景观生态系统或土地利用/覆被类型的形状、比例和空间配置（朱冰冰等，2009；钟德燕等，2012）。景观格局一般是指其空间格局，即大小和形状各异的景观要素在空间上的排列和组合，包括景观组成单元的类型、数目及空间分布与配置；它是景观异质性的具体表现，又是各种生态过程在不同尺度上作用的结果（刘德林等，2013）。景观生态类型是景观单元土壤、生物、水文、地形等因子的集合，是在区域与局部气候、水文、地形、生物、土壤等综合作用下形成的，既反映了大环境对景观的影响，又反映了局部因子对景观的制约，是景观格局研究的基础。土壤物理性质的变化可以直接影响到土壤可蚀性等一些土壤侵蚀的性质指标，同时也是研究土壤颗粒运移及养分流失规律的基础。本章基于鹦鹉沟流域土地利用类型斑块划分，阐明生态沟对流域景观格局指数的影响；针对集水区和典型坡面及坡面不同形态的生态沟进行研究，揭示集水区内土壤水平和垂直方向上的土壤颗粒变化规律，以及坡面尺度上不同坡位生态沟的土壤颗粒迁移、流失过程，以期为坡地农田综合治理及水土流失防治提供科学依据。鹦鹉沟流域有生态沟影响的土地利用如图 15.1 所示，无生态沟影响的土地利用如图 15.2 所示。

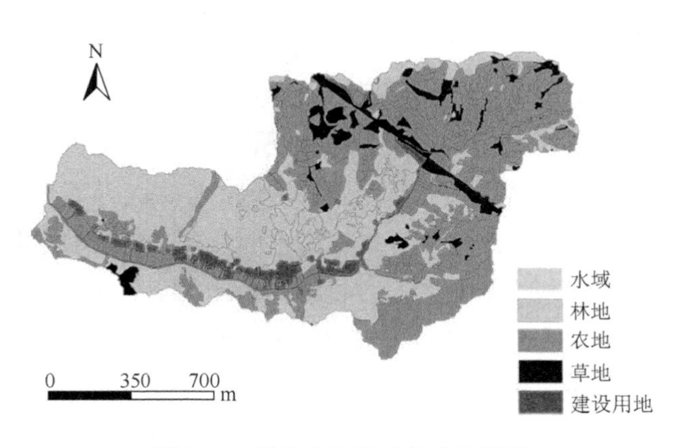

图 15.1　有生态沟影响的土地利用

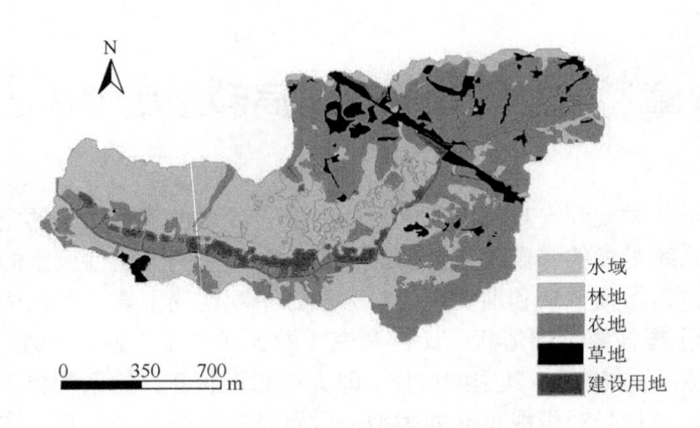

图 15.2　无生态沟影响的土地利用

15.1　生态沟对景观指数的影响

15.1.1　景观格局指数的选取

景观格局指数是高度浓缩景观格局信息的指标，是反映景观结构和空间配置特征的量化指标。从景观的“斑块、廊道、基质”的基本结构出发，可将景观格局指数分为描述景观要素的指数和描述景观总体特征的指数两个层次；而各景观格局指数之间存在着很大的相关性。对于某一景观类型的斑块特征描述还可以用景观斑块分维数、破碎度指数和斑块形状指数来表达斑块的结构特征及景观格局变化的动态过程，以揭示其变化的细部信息。本次评价从景观水平上和类型水平上，尽可能选择相互独立的景观格局指数，且能较全面地描述景观格局的各个方面。

景观类型斑块特征指数：景观类型斑块是计算景观指数的基础。景观要素是由大小、形状不一的斑块有机地结合起来而形成的格局，其不仅反映了景观要素的自身特征变化，同时也反映了景观格局的空间变化，还反映了景观要素之间的相互关系。本节选取斑块个数（NP）、斑块密度（PD）、最大斑块指数（LPI）、平均斑块形状指数（MSI）、平均斑块分维数（MPFD）这五个景观类型斑块特征指数对景观斑块的特征进行定量描述。

景观格局特征指数：景观是由大大小小的斑块组成的，斑块的空间分布称为景观格局，景观格局是许多景观过程在空间和时间作用的产物，反过来景观格局也直接影响景观过程（冀亚哲等，2013）。通过前期分析发现，研究区主要景观类型为农地、林地和草地，且水域和建设用地中不存在生态沟，进而选取农、林、草三种用地类型作为主要研究对象。运用景观格局特征指数较好地定量分析景观格局及其动态变化，本章主要采用以下 3 个景观格局特征指标进行说明：斑块密度（PD）、周长面积分维数（PAFRAC）、多样性指数（SHDI）。

15.1.2　景观特征分析

通过对比图 15.1 和图 15.2 可以看出，鹦鹉沟小流域以农地为基质，伴随生态沟的影响，研究区域景观格局发生了一定的变化，利用 ARCGIS 软件的地统计分析工具对两种不同划分定义下的景观格局进行分类统计分析，不同划分规则下的景观特征统计结果如表 15.1 所示。

表 15.1　不同划分规则下的景观特征

划分规则	景观类型	各景观类型斑块的数目/个	斑块类型面积百分比/%
无生态沟	农地	22	51.84
	林地	34	28.83
	草地	25	8.33
有生态沟	农地	81	51.93
	林地	47	29.04
	草地	41	8.03

对比分析两种划分规则下的景观类型特征可知，景观斑块数目在不同划分规则下的变化较大。在无生态沟的划分规则下表现为林地>草地>农地；在有生态沟的划分规则下表现为农地>林地>草地。对比不同规则下相同用地的斑块数目变化可知，生态沟对农地的景观类型斑块影响最大，其斑块数目变化值达到 59 个，其次是草地为 16 个，林地最少为 13 个。相同类型斑块面积百分比的变化不大，变化范围在 0.09%～0.53%，其在同一划分规则下的斑块类型面积百分比呈现出农地>林地>草地，其中农地达到 50%以上，说明研究区农地为面积优势景观类型。对比不同规则斑块类型面积百分比可知，生态沟对农地、林地的影响均为正影响，而对草地的影响为负影响，这与划分土地利用类型时人为的干扰有关。

经 ANOVA 检验可知，景观类型斑块数目在是否划分生态沟的情况下呈显著差异（$p<0.05$）。此外，不同划分规则下，未划分生态沟和划分生态沟的斑块数目变异系数分别为 23.13%和 33.74%；面积百分比的变异系数分别为 73.37%和 74.01%。可见，生态沟是造成研究区景观类型斑块数目变化的重要影响因素。

15.1.3　景观类型斑块特征指数变化分析

在生态沟的作用下景观类型斑块指数发生了不同程度的变化，无论是否有生态沟的影响，农地的各指数值一直占据主导地位。不同景观类型斑块指数如表 15.2 所示。

表 15.2　不同景观类型斑块指数

划分规则	景观类型	PD	LPI	MSI	MPFD
无生态沟	农地	9.429	40.108	2.600	1.386
	林地	22.701	27.684	1.945	1.378
	草地	6.859	3.783	2.108	1.340
有生态沟	农地	44.293	10.404	1.726	1.282
	林地	28.237	20.463	1.831	1.317
	草地	12.700	2.504	1.954	1.328

PD 也称为破碎度指数，它不仅反映了不同景观类型被分割的破碎化程度，还反映了景观类型的空间异质性程度，即农地、林地、草地三种景观类型分别在流域内的异质性，在一定程度上反映人为活动对景观的干扰程度。PD 越大，破碎化程度越高，空间异质性程度也越大。结果表明，有生态沟划分的斑块密度比无生态沟的大 2～5 倍，且在无生态沟的情况下林地的 PD 值最大为 22.701%，在有生态沟的情况下农地的 PD 值最大为 44.293%，说明生态沟是改变流域内景观破碎化程度的重要影响因素。

LPI 有助于确定景观的优势类型等，其值的大小决定着景观中优势种、内部种的丰度等生态特征。由表 15.2 发现，其最大值在无生态沟的划分规则下的农地类型取得，为 40.108，证明无生态沟划分的农地为优势景观；在有生态沟划分规则下，林地的 LPI 值最大为 20.463，而草地的 LPI 值最小，仅为 2.504，说明在有生态沟划分的情况下林地变为流域内的优势景观类型。无生态沟划分的农地 LPI 值是有生态沟农地的 4 倍左右且其变化程度最大，说明生态沟的划分破坏了不同景观类型的整体性和连贯性，其中农地表现最为明显。对比可知，生态沟是影响流域景观优势度的重要指标。

景观类型斑块形状所发生的变化可以用MSI和MPFD来进行分析。总体来说，无生态沟划分下的 MSI 和 MPFD 均大于有生态沟划分规则下的对应指数，有生态沟划分下不同土地利用类型 MSI 更接近正方形。景观类型斑块的 MSI 在无沟渠的规则下介于 1.9～2.6，呈现农地>草地>林地的变化；在有沟渠的规则下介于 1.7～1.9，且不同用地 MSI 值呈现农地<林地<草地。各景观类型斑块的 MPFD 值基本在 1.2～1.4，在两种不同化分规则下的 MPFD 数值变化呈现相反的趋势，这说明各景观类型斑块形状总体上较为单一，生态沟对流域不同用地类型的景观斑块形状改变影响较大。

从综合角度来讲，生态沟的划分不仅提高了流域内景观类型斑块的破碎度，还使得流域内景观斑块的形状更接近正方形且更加规则化，从而反映人类活动的主要方向是对农地和林地的改造，其中农地所受影响最大且最明显。

15.1.4　景观格局特征指数变化分析

在景观尺度上，PD 和 PAFRAC 可以表达景观水平上的破碎化。不同景观格局指数如表 15.3 所示，可以看出，有生态沟划分下的 PD 值是无生态沟划分的 18 倍多。而 PAFRAC 反映了如果斑块类型的形状较为复杂，那么周长面积分维数的值就越大，斑块的破碎程度也就较大。无生态沟下景观斑块形状较为复杂，与规则正方形相差甚远，因此数值较大；当加上生态沟时，斑块按沟渠走向被划分为较规则的形状，因此数值较小。SHDI 具体表现为：在无生态沟划分下其值为 0.877，在有生态沟划分下其值为 1.381，说明在无生态沟划分时，流域景观较为均质；而在生态沟的划分时，一些用地类型有所改变进而提高了景观的多样性指数。

表 15.3　不同景观格局指数

划分规则	PD	PAFRAC	SHDI
无生态沟	35.989	1.403	0.877
有生态沟	148.894	1.159	1.081

15.2　生态沟对土壤性质的影响

15.2.1　集水区内土壤颗粒机械组成

集水区不同坡向的平均颗粒分布特征如图 15.3 所示。由图可知，研究区内土壤质地粉粒含量占主导地位。集水区内不同坡向的坡面土壤粉粒（0.002～0.05mm）含量为 47.67%～55.35%，而细砂（0.05～0.25mm）、中粗砂（0.25～1.0mm）、粗砂（1.0～2.0mm）的含量分别为 13.81%～17.47%、15.17%～20.70%、5.29%～10.72%，黏粒（<0.002mm）含量为 5.50%～7.26%，黏粒和粗砂含量相对较低。按照国际制土壤质地分类标准，可命名其为粉砂质土壤，不同坡向土壤机械组成均值如表 15.4 所示。

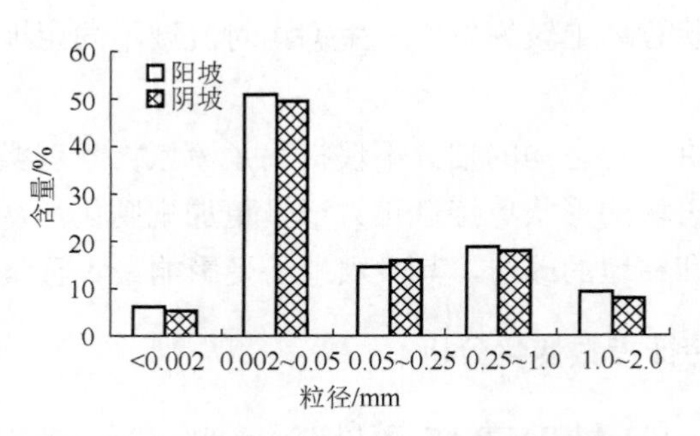

图 15.3　集水区不同坡向的平均颗粒分布特征

表 15.4　不同坡向土壤机械组成均值

坡向	土层厚度/cm	机械组成/%				
		1.0～2.0mm	0.25～1.0mm	0.05～0.25mm	0.002～0.05mm	<0.002mm
阴坡	0～10	9.21	19.58	17.47	48.23	5.50
	10～20	9.80	19.84	15.37	49.16	5.83
	20～40	5.29	15.17	14.35	51.36	6.33
阳坡	0～10	10.72	20.70	15.23	47.67	5.68
	10～20	10.25	19.73	14.57	49.39	6.06
	20～40	7.49	16.09	13.81	55.35	7.26

集水区内不同坡向土壤机械组成变化趋势大致相同，阴坡土壤机械组成中砂粒平均含量为 42.86%，粉粒平均含量为 50.80%，黏粒平均含量为 6.33%；阳坡土壤机械组成中砂粒平均含量为 42.03%，粉粒平均含量为 49.59%，黏粒平均含量为 5.89%。针对阴坡不同土层来看，其粗砂、中粗砂的含量在不同土层表现出相似的变化趋势，均为 0～10cm<10～20cm>20～40cm，呈现出“∧”的变化现象；而细砂含量在不同土层中却表现为随深度的增加而减小的变化趋势；粉粒和黏粒的变化趋势相同，均表现为随土层的加深而增大的趋势。相比之下，阳坡的粗砂、中粗砂和细砂却表现为随着土层加深而不断减少；粉粒和黏粒的变化趋势

与阳坡相同。证明不同坡向的土壤颗粒组成随土层厚度的增加，其变化趋势有所不一。

中值粒径是泥沙颗粒组成中的一个代表性粒径，小于等于该粒径的泥沙占总重量的 50%。集水区不同坡向各土层下的中值粒径分布如图 15.4 所示，可以看出，不同坡向上的土壤中值粒径含量伴随土层深度的变化有所不同。具体表现为，阳坡土壤中值粒径含量随土层深度的增加而不断减小，且 0～10cm 和 10～20cm 两个土层含量变化并不明显，仅是 20～40cm 土层的含量与前两层相比变化幅度较大，大致仅为前两层的 1/2。阴坡的变化则呈现出伴随土层深度的增加，中值粒径含量表现为先增大后减小的变化趋势，且在 10～20cm 土层的含量最大，其含量为 20～40cm 土层的两倍。整体来看，不同坡向的土壤在 20～40cm 土层的中值粒径含量最少。

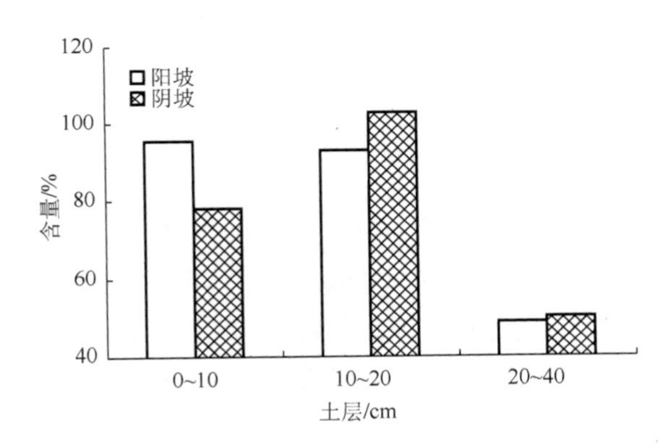

图 15.4　集水区不同坡向各土层下的中值粒径分布

综合来看，集水区不同坡面土壤粉粒含量最大，且伴随土层的加深，粉粒和黏粒的含量也不断增加，砂粒的变化在阴坡表现为波动下降，在阳坡表现为直线下降，表明阴坡土壤机械组成更加稳定，从侧面说明阴坡的人为活动不如阳坡频繁。

15.2.2　典型坡面土壤颗粒机械组成

典型坡面的土壤采样点如图 15.5 所示，其中 ZX 表示被生态沟分割的规则小斑块的中心点，样点 10～27 表示生态沟土壤采样点。

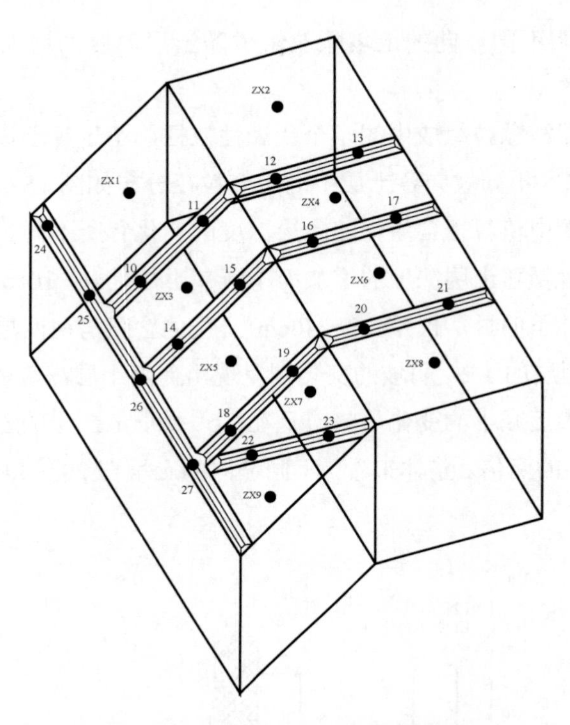

图 15.5 典型坡面土壤采样点示意图

图 15.6 是典型坡面不同土层厚度的土壤颗粒机械组成。可以看出，不同土层的中心点和横生态沟点的变化趋势较为一致，均呈现出土壤粉粒（0.002～0.05mm）含量较多，这与研究区的土壤属性和土壤类型有关。在粒径 0～0.05mm 内大致表现为中心点的含量小于横生态沟点的含量，在粒径 0.25～2.0mm 内则表现为横生态沟点的含量小于中心点的含量。对比可看出，生态沟内粉粒、黏粒等较细小颗粒的含量多，证明了生态沟对细小颗粒的拦截淤积作用，且对粒径 0.002～0.05mm 内的土壤颗粒作用效果最强。

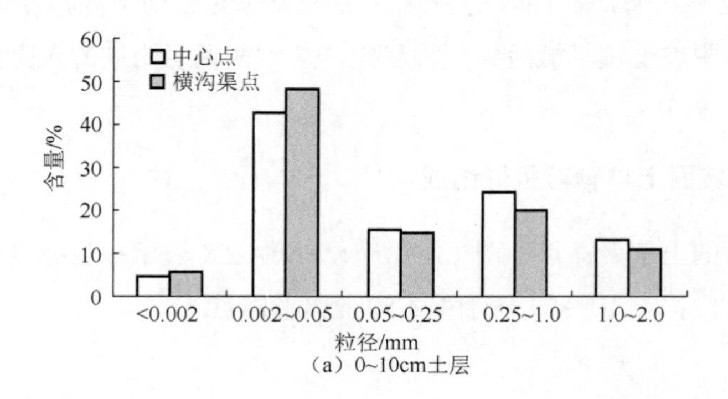

（a）0~10cm土层

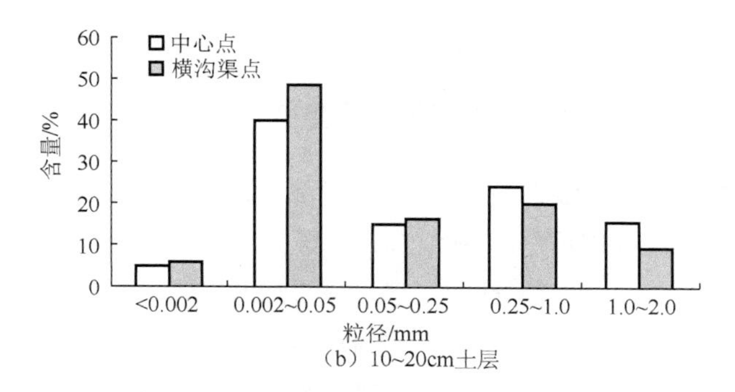

图 15.6　典型坡面不同土层厚度的土壤颗粒机械组成

表 15.5 为典型坡面土壤颗粒机械组成不同坡位变化，其中生态沟点的值是取每条生态沟两个采样点的均值。由表可见，典型坡面上不同样点类型的坡位变化，其中心点的沿程变化大致呈现出粗砂（1.0～2.0mm）、中粗砂（0.25～1.0mm）、细砂（0.05～0.25mm）含量顺坡递减，而粉粒（0.002～0.05mm）和黏粒（<0.002mm）含量顺坡递增的现状。生态沟点的粗砂、中粗砂含量表现为“波动式”减少，而细砂、粉粒和黏粒含量呈现“波动式”增加的趋势。主要是由于径流携带不同粒径的土壤颗粒，在向坡下流动的过程中被生态沟拦截，而不同生态沟的拦截强度不同。此外，生态沟土壤颗粒组成常常在坡中的位置发生波动，说明位于坡中的生态沟拦截效果更强。

表 15.5　典型坡面土壤颗粒机械组成不同坡位的变化

样点类型	坡位	机械组成/%				
		1.0～2.0mm	0.25～1.0mm	0.05～0.25mm	0.002～0.05mm	<0.002mm
中心点	坡上	16.63	31.42	16.74	32.27	2.94
	坡中	17.11	24.81	16.10	37.99	3.98
	坡下	10.20	17.77	16.32	49.64	6.06
生态沟点	坡上	15.21	20.08	13.28	45.95	5.49
	坡中	9.84	24.54	17.74	43.47	4.42
	坡下	10.40	18.48	15.75	49.65	5.71

土壤团聚体是指土壤中大小、形状不一，具有不同孔隙度和机械稳定性、水稳性的结构单位。一般把粒径＞0.25mm 的团聚体称为土壤团粒结构体，其分为水稳性和非水稳性两种，它是土壤中最好的结构体，不仅能协调水分和空气的矛盾，协调土壤有机质中养分的消耗和积累的矛盾，还能够稳定土壤温度，调

节土热状况，为作物根系伸展提供条件（陈恩凤等，1985；Six et al., 2000）。

15.2.3 集水区典型用地类型土壤团聚体含量变化

土地利用类型的不同影响了作物的生产和土壤的物理性质，特别是土壤孔隙度、土壤密度、抗剪强度、土壤容重、土壤渗水性和水力传导度等影响更大。姚贤良等（1990）就此进行了研究，认为不同土地利用类型对土壤团粒的数量和稳定性影响较大。因此，测定土壤团聚体有助于了解土壤的属性，这对土壤的农业利用有很大的意义。不同土地利用类型土壤团聚体含量变化如图 15.7 所示。

从图 15.7 中可以看出，研究区不同土地利用类型下的土壤非水稳性和水稳性团聚体在不同粒径中的含量有一定的差异性。对比图（a）和图（b）发现，研究区不同土地利用类型的土壤非水稳性团聚体含量大致呈现伴随粒级的增大而增多的趋势，在粒径 2.0～5.0mm 达到最大值，其含量均在 30%以上，且大粒径（>1.0mm）的团聚体含量较多。这是由于较小粒径的非水稳性团聚体在外力作用下胶结为较大的颗粒。对比水稳性团聚体可见，非水稳性的团聚体不够稳定，在水体中易崩裂为粒径较小的颗粒，从而增大了小粒径（<1.0mm）团聚体的含量。

针对不同土地利用类型来看，无论水稳性或非水稳性土壤团聚体，小粒径（<1.0mm）团聚体含量表现为农地>林地>草地，而大粒径（>1.0mm）团聚体含量大致呈现出农地<林地<草地。草地的覆盖度较大，植物间距较小，根系密度大，存在较多的根系和菌丝，有利于大团聚体的形成，而农地的土壤质地较为贫瘠，有机质含量较少，同时由于农事活动破坏了土壤原有的团聚体结构，使得粒径较大的团聚体由于外力的作用而分裂，因此粒径 > 5.0mm 的含量变少。

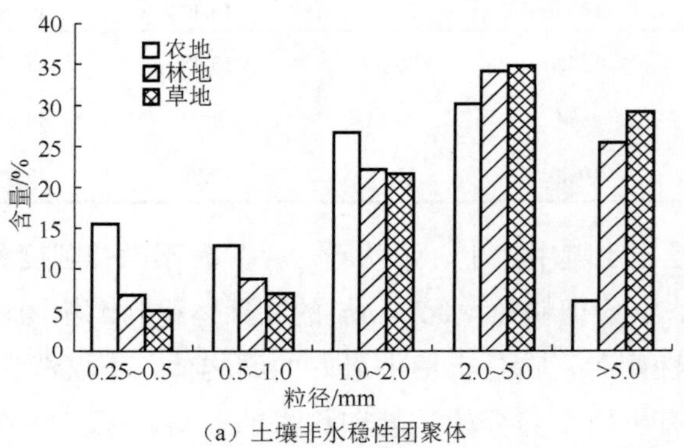

（a）土壤非水稳性团聚体

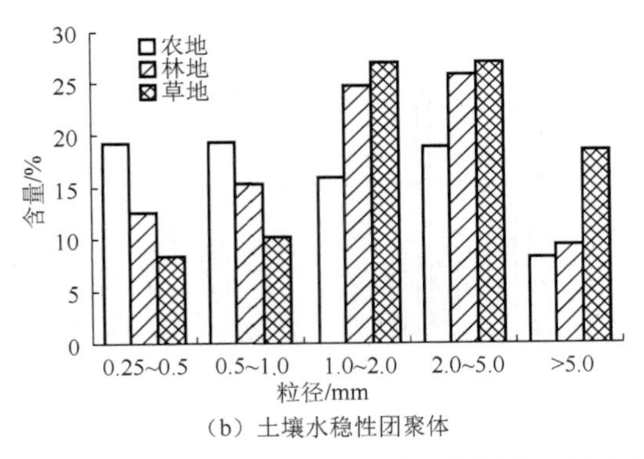

（b）土壤水稳性团聚体

图 15.7　不同土地利用类型下土壤团聚体含量变化

15.2.4　典型坡面土壤团聚体特征

图 15.8 为典型坡面两种不同类型土壤团聚体含量变化特征分析，主要对比坡面中心点和六条主要生态横沟的土壤团聚体的差异性，从团聚体的角度说明生态沟与坡面的抗侵蚀能力的强弱。

对比图 15.8（a）～（d），斑块中心点和生态截流沟的土壤非水稳性团聚体大体上呈现相似的变化趋势，即团聚体含量随粒径的增大而增大，且中心点的值整体略大于生态沟的值；两者的水稳性团聚体在各粒径的含量分配与非水稳性呈现出相反的变化趋势，即粒径>5.0mm 的含量最少，而小粒径的含量趋多。对比六个斑块中心点的两种类型土壤团聚体在相同粒径下的含量可以看出，位于坡面中部的点位（ZX3 和 ZX4）小粒径的含量较大，与坡上和坡下的 4 个点大致呈现“∧”的现象；在粒径＞1.0mm 内大体上表现为“∨”的变化趋势。而生态截流沟内的团聚体在相同粒径下的含量呈现相反的变化，即位于坡中的团聚体含量在小粒径范围内与坡上、坡下呈现“∨”变化；在大粒径范围呈现“∧”变化。经 ANOVA 检验，斑块中心点和生态截流沟中的水稳性和非水稳性团聚体均存在 $p < 0.05$ 范围的显著差异。

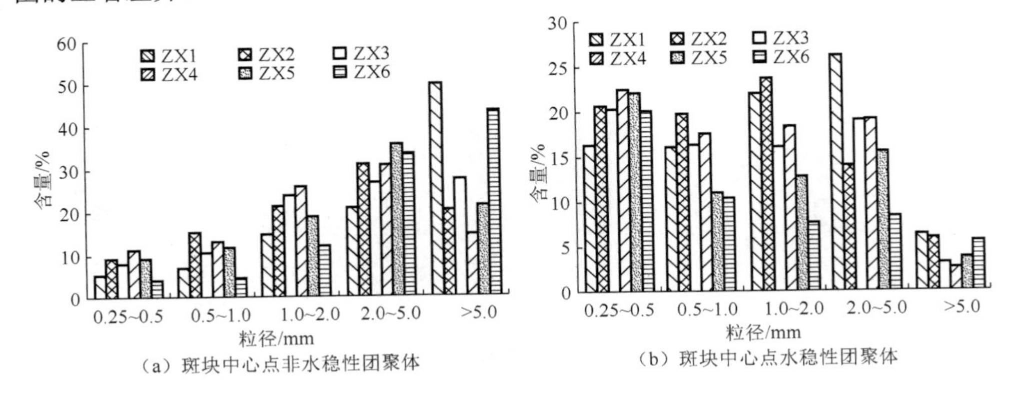

（a）斑块中心点非水稳性团聚体　（b）斑块中心点水稳性团聚体

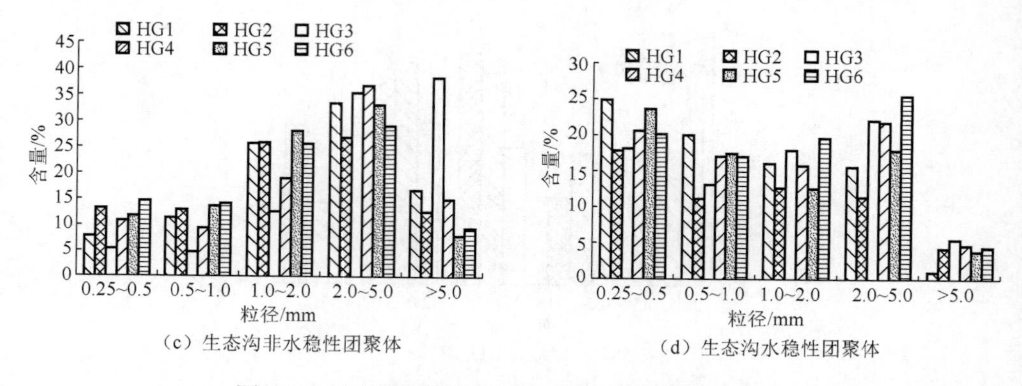

（c）生态沟非水稳性团聚体　　（d）生态沟水稳性团聚体

图 15.8　典型坡面两种不同类型土壤团聚体含量变化

ZX 代表斑块中心点土壤团聚体；HG 代表选取的 6 条生态横沟的土壤团聚体

土壤抗蚀性（或抗冲性）取决于土粒和水之间的亲和力；亲和力越大，土壤颗粒越易分散和悬浮，团聚体结构也越容易受到破坏和解体，同时导致土壤透水性能降低，因而在这种情况下，即使径流很小也会发生侵蚀（Lal，1991）。综合对比坡面中心点和生态沟点的水稳性团聚体可知，生态沟中粒级较小的水稳性团聚体含量较大，进而证明生态沟自身土壤亲和力越大，越易分散为较小颗粒，因此生态沟的抗蚀性较弱。

15.2.5　集水区土壤颗粒分形维数分布特征

分形维数表征了作为自组织系统的土壤的复杂程度（Tyler et al., 1992），土壤质地越不均匀、颗粒越小，分形维数越大；反之，则越小。

图 15.9 是集水区土壤颗粒分形维数柱状图。对比两幅图可看出，分形维数在 0～10cm、10～20cm、20～40cm 土层均表现为阳坡略大于阴坡。土壤的质地主要取决于成土母质的类型，其具有一定的稳定性，在水平方向上阳坡的分形维数大，反映出阳坡的土壤质地较为黏重，其土壤的细小颗粒含量较多，阴坡则反之。

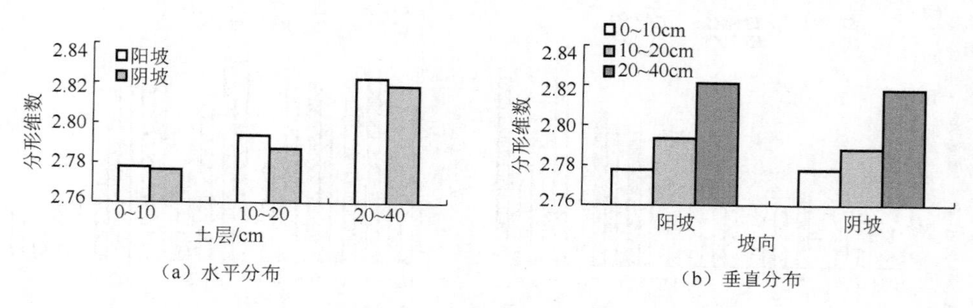

（a）水平分布　　（b）垂直分布

图 15.9　集水区土壤颗粒分形维数

土壤剖面是土壤的基本特征，其外在反映了成土过程和内在的性质，从分形维数的垂直分布特征可以很好地了解土壤剖面的特性，为防治土壤侵蚀提供科学依据。由图 15.9（b）可知，阳坡和阴坡土壤分形维数在两个坡向上伴随土层深度的加深而不断增大。因此底层土壤质地较为黏重，0～10cm 和 10～20cm 土层的土壤分形维数差值比 20～40cm 土层小，也就是说，0～10cm 和 10～20cm 土层人为的农事活动等造成这两层土壤土质较为均匀，分形维数较小。

15.2.6　典型坡面土壤颗粒分形维数分布特征

图 15.10 为典型坡面土壤颗粒分形维数柱状图。由图 15.10（a）可知，在水平方向上，生态沟的分形维数略大于中心点的分形维数，说明坡面斑块中的土壤质地较轻，生态沟的土壤质地较为黏重、细粒含量高，这与坡面土壤颗粒组成的分析结果相呼应，均证明生态沟具有拦截细小泥沙颗粒的作用。由图 15.10（b）可知，中心点和生态沟点均表现为土壤剖面 0～10cm 土层的分形维数大于 10～20cm 土层，这与整个集水区的垂直土壤分形维数变化趋势相违背，分析其原因是生态沟内表层土壤自身稳定性差，在不断沉淀淤积过程中下层土壤结合为颗粒较大的土粒，在此过程中表层又不断有坡面土壤的填充，从而呈现该现象。

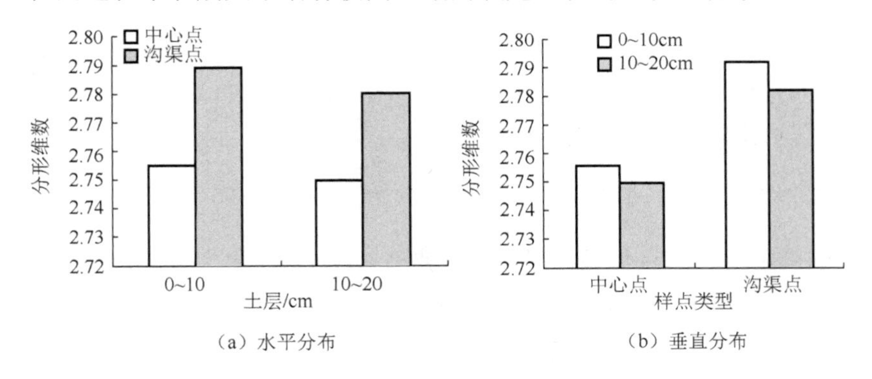

（a）水平分布　　（b）垂直分布

图 15.10　典型坡面土壤颗粒分形维数

坡面土壤分形维数不同坡位的变化如表 15.6 所示，可以看出斑块中心点和生态沟点在坡面上的沿程变化过程。在两个土层坡上至坡下的范围内，中心点的分形维数在不断增大，且 0～10cm 土层土壤的分形维数增加速率比 10～20cm 土层的快，即反映出坡面泥沙的冲刷和淤积过程在表层土壤较为明显。而生态沟点的沿程变化在不同土层表现出不同的变化形式，但均在坡中的位置发生变化，可以判定沟渠中的土壤受到外界的干扰较大。经 ANOVA 检验，坡面中心点和生态沟点在不同坡位的土壤分形维数在 $p<0.05$ 的水平上具有显著差异性，说明生态沟的坡面位置是影响土壤分形维数的重要因素。

表 15.6 坡面土壤分形维数不同坡位的变化

样点类型	坡位	分形维数	
		0～10cm	10～20cm
中心点	坡上	2.686	2.690
	坡中	2.740	2.736
	坡下	2.788	2.775
生态沟点	坡上	2.798	2.751
	坡中	2.749	2.782
	坡下	2.798	2.777

土壤侵蚀破坏了土壤质地，降低了土地的生产力，造成周边生态环境的恶化。土壤可蚀性是反映土壤在侵蚀外营力（包括雨滴打击、径流冲刷等）作用下，被分离、冲蚀和搬运难易程度的一项指标，是影响土壤流失量的内在因素，也是定量研究土壤侵蚀的重要基础（Wischmeier et al.,1969；Sharpley et al., 1990；Bo et al., 1995）。通常用 K 值来衡量土壤可蚀性，K 值越大，表明土壤抗侵蚀能力越弱；反之，K 值越小，土壤抗侵蚀能力越强。国内外关于土壤侵蚀模型和 K 值的计算方法很多，Sharpley 等在 1990 年提出的土壤侵蚀-生产力评价模型中，简化了 K 值的计算公式，仅需土壤基本的机械组成即土壤砂粒、粉粒、黏粒含量和土壤有机碳含量，即可定量了解土壤的抗侵蚀能力大小。

15.2.7 集水区土壤可蚀性分析

应用侵蚀-生产力评价模型对研究区典型坡面土壤可蚀性进行估算，求得土壤可蚀性 K 值，集水区不同坡向土壤可蚀性 K 值如表 15.7 所示。

研究区不同坡向的土壤可蚀性 K 值在 0.30～0.39 变化。门明新等（2004）将土壤可蚀性 K 值类型和变化范围划分为高易蚀性（>0.4）、易蚀性（0.3～0.4）、较易蚀性（0.25～0.3）、较难蚀性（0.2～0.25）、难蚀性（0.1～0.2）、高难蚀性（<0.1）六个等级。可以看出，研究区土壤属于易蚀土。

K 值在不同土层水平方向的分布特征表现为阳坡>阴坡。说明研究区内阳坡的抗侵蚀能力弱。土壤可蚀性是土壤较为复杂的特性之一，研究区不同坡向的坡地因其长期受到不同的人为耕作、施肥措施、种植结构的差异及光照和水文条件等的影响，造成土壤性质发生相应改变。

K 值在垂直方向上的分布特征表现为：阳坡呈现随土层深度增加而逐渐增大，即 $K_{0\sim10\text{cm}}<K_{10\sim20\text{cm}}<K_{20\sim40\text{cm}}$，表明阳坡土壤表层相对可蚀性较小。阴坡则表现出

随土层深度增加先减小后增大的趋势，但总体仍是增大的。20～40cm 处土壤由于处在土层深部，有机质含量较低，土壤结构一般较差，因此，抗侵蚀能力较弱。

表 15.7　集水区不同坡向土壤可蚀性 *K* 值

坡向	土层厚度/cm	CAL/%	SIL/%	SAN/%	有机碳/(g/kg)	SN1/%	*K*/[t·h/(MJ·mm)]
阳坡	0～10	5.682	55.942	38.376	1.212	0.616	0.334
	10～20	6.006	57.181	36.813	1.052	0.632	0.353
	20～40	5.982	59.601	34.417	0.788	0.656	0.382
阴坡	0～10	5.375	57.353	37.271	1.518	0.627	0.315
	10～20	5.732	57.366	36.902	1.646	0.631	0.308
	20～40	6.840	64.084	29.076	1.069	0.709	0.377

注：CAL、SIL、SAN 分别为黏粒、粉粒和砂粒含量，SN1=1−SAN/100。

15.2.8　典型坡面土壤可蚀性分析

图 15.11 表现了典型坡面斑块中心点和生态沟点在不同深度土层下的土壤可蚀性均值变化趋势。对比图中的中心点和生态沟点可知，两者 0～10cm 土层土壤的可蚀性均比 10～20cm 土层高，且不同土层下的生态沟土壤可蚀性 *K* 值均大于对应土层下斑块中心点的 *K* 值，进一步说明生态沟的土壤结构复杂且不均匀，结合土壤生态沟的分形维数大于中心点的结论，说明生态沟的土壤更易被侵蚀。

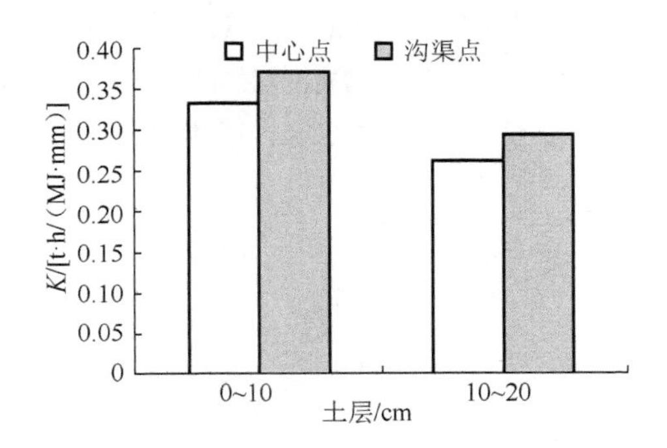

图 15.11　典型斑块与生态沟渠不同土层土壤可蚀性 *K* 值

表 15.8 为典型坡面不同坡位土壤可蚀性变化。由表可得，典型坡面土壤可蚀性 *K* 值整体变化范围为 0.25～0.4，根据门明新等（2004）的划分等级可知，0～10cm 土层的 *K* 值变化范围在 0.27～0.4，因此，该层土壤界于易蚀土和较易蚀土，10～20cm 土层的 *K* 值在 0.25～0.3，属于较易蚀土。

表 15.8　典型坡面不同坡位土壤可蚀性变化

样点类型	坡位	K/[t·h/(MJ·mm)]	
		0～10cm	10～20cm
中心点	坡上	0.270	0.250
	坡中	0.324	0.260
	坡下	0.369	0.292
生态沟点	坡上	0.368	0.273
	坡中	0.346	0.299
	坡下	0.375	0.298

在垂直方向上，坡面斑块中心点和生态沟点的 K 值均呈现出 0～10cm>10～20cm 的变化趋势，说明典型坡面的表层土更易被侵蚀。在水平方向上，位于坡面上部的斑块中心点在不同土层中的 K 值均较小，均属于较易蚀土的范围，且中心点的可蚀性随坡位的下降不断增强，证明了在重力、径流及其他外力的作用下，坡面侵蚀一般在坡下更为严重。对比来看，生态沟可蚀性从坡上至坡下也是呈现增强的状态，但不同于中心点的变化，生态沟在坡中的可蚀性发生波动，说明生态沟在坡中位置的影响较大。

15.2.9　生态沟对土壤侵蚀的影响

根据对典型坡面不同土层深度下土壤的颗粒组成、颗粒分形维数、土壤团聚体及可蚀性的分析发现，生态沟在坡面不同位置的各项指标出现波动式的变化。为探讨生态沟布设的坡位变化对坡面土壤侵蚀造成的影响，本节应用 GIS 软件提取研究区坡耕地的平均水平投影坡长为 60m，平均坡度为 20°，如图 15.12 所示。

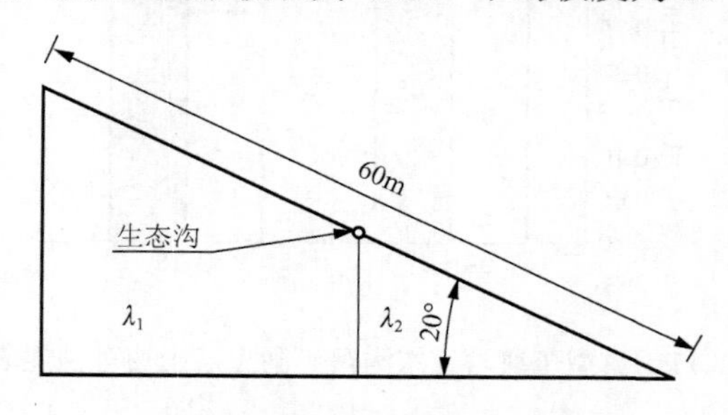

图 15.12　鹦鹉沟典型坡面示意图

λ_1 为生态沟在坡面布设位置的水平投影距离，m；λ_2 为坡长水平投影距离减去生态沟投影距离，m

生态沟是径流结束的地方，根据修正通用土壤流失方程：$A=RKLSCP$ 可知，生态沟通过截断径流、缩短坡长来对坡面土壤侵蚀产生影响。

在修正通用土壤流失方程中，L 为坡长因子，由小区资料表明，坡长为λ（m）的坡地上的平均侵蚀量按如下公式变化：

$$L=\left(\frac{\lambda}{22.1}\right)^{m} \tag{15-1}$$

式中，22.1 为 RUSLE 采用的标准小区坡长，m；λ为水平投影坡长；m 为可变的坡长指数（Foster et al., 1977），具体由式（15-2）计算（McCool et al., 1989）。

$$m=\frac{\beta}{1+\beta} \tag{15-2}$$

当土壤对细沟侵蚀和细沟间侵蚀的敏感性相同时，细沟侵蚀与细沟间侵蚀的比率 β 由式（15-3）计算：

$$\beta=\frac{\sin\theta / 0.0896}{3(\sin\theta)^{0.8}+0.56} \tag{15-3}$$

式中，θ 是坡度。给定一个 β 值，就可由式（15-2）计算出坡长指数 m。

使用以上公式，在坡度 20°时，指数 m 计算结果为 0.6757，如果没有生态沟渠，坡长为 60m，坡度为 20°的坡面坡长因子 $L_{原始}$ 为 1.9638。在坡面的不同位置布设一条生态沟，并计算整个坡面的平均坡长因子 $L_{平均}$，生态沟不同布设长度对坡面土壤侵蚀模数影响如表 15.9 所示。

表 15.9　生态沟不同布设长度对坡面土壤侵蚀模数影响

λ_1/m	λ_2/m	L_1	L_2	$L_{平均}$
0	60	0.0000	1.9638	1.9638
2	58	0.1972	1.9193	1.8619
4	56	0.3151	1.8743	1.7704
6	54	0.4144	1.8288	1.6874
8	52	0.5033	1.7828	1.6122
10	50	0.5852	1.7362	1.5443
12	48	0.6619	1.6889	1.4835
14	46	0.7346	1.6410	1.4295
16	44	0.8039	1.5925	1.3822
18	42	0.8705	1.5432	1.3414
20	40	0.9348	1.4932	1.3070
22	38	0.9969	1.4423	1.2790
24	36	1.0573	1.3906	1.2573
26	34	1.1161	1.3379	1.2418
28	32	1.1734	1.2842	1.2325

续表

λ_1/m	λ_2/m	L_1	L_2	$L_{平均}$
30	30	1.2294	1.2294	1.2294
32	28	1.2842	1.1734	1.2325
34	26	1.3379	1.1161	1.2418
36	24	1.3906	1.0573	1.2573
38	22	1.4423	0.9969	1.2790
40	20	1.4932	0.9348	1.3070
42	18	1.5432	0.8705	1.3414
44	16	1.5925	0.8039	1.3822
46	14	1.6410	0.7346	1.4295
48	12	1.6889	0.6619	1.4835
50	10	1.7362	0.5852	1.5443
52	8	1.7828	0.5033	1.6122
54	6	1.8288	0.4144	1.6874
56	4	1.8743	0.3151	1.7704
58	2	1.9193	0.1972	1.8619
60	0	1.9638	0.0000	1.9638

由修正通用土壤流失方程：$A=RKLSCP$ 可知，布设生态沟对坡面土壤侵蚀模数有一定的影响。生态沟对土壤侵蚀模数的影响如图 15.13 所示。

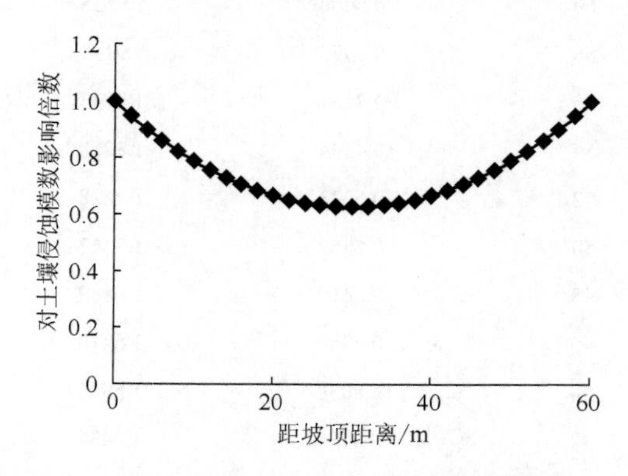

图 15.13 生态沟对土壤侵蚀模数的影响

由图 15.13 可知，当生态沟位于坡面的正中间时，坡面土壤侵蚀模数降至最低，且为未修建生态沟坡面的 0.626 倍。如果在此坡面上修建 2 条生态沟，根据上述分析，应该修建为三等分整个坡面，经过计算，坡面土壤侵蚀模数能降至为原来的 0.4760 倍；修建 3 条生态沟，降至为原来的 0.3919 倍；修建 4 条生态沟，降至为原来的 0.3371 倍；修建 5 条，降至为原来的 0.2980 倍。考虑到经济、景观及生活要求等因素，宜在坡面布设 2～3 条生态沟。

参 考 文 献

陈恩凤, 周礼恺, 邱凤琼, 1985. 土壤肥力实质的研究[J]. 土壤学报, 22(2): 113-119.

冀亚哲, 张小林, 吴江国, 等, 2013. 多空间粒度下镇江市土地利用景观格局差异[J]. 中国土地科学, 27(5): 55-62.

刘德林, 方炫, 李壁成, 2013. 黄土高原小流域尺度土地利用景观格局指数的粒度效应[J]. 水土保持通报, 33(4): 206-210.

门明新, 赵同科, 彭正萍, 等, 2004. 基于土壤粒径分布模型的河北省土壤可蚀性研究[J]. 中国农业科学, 37(11): 1647-1653.

姚贤良, 许绣云, 于德芬, 1990. 不同利用方式下红壤结构的形成[J]. 土壤学报, 27(1): 25-32.

钟德燕, 常庆瑞, 2012. 黄土丘陵沟壑区不同地貌类型土地利用景观格局[J]. 水土保持通报, 32(3): 192-197.

朱冰冰, 李占斌, 李鹏, 等, 2009. 土地退化/恢复中土壤可蚀性动态变化[J]. 农业工程学报, 25(2): 56-61.

BO Z H, LI Q Y, 1995. Prelimilary study on the methods of soil erodibility value mapping [J]. Rural Eco-Environment, 11(1): 5-9.

FOSTER G R, MEYER L D, ONSTAD C A, 1977. A runoff erosivity factor and variable slope length exponents for soil loss estimates [J]. Transactions of the ASAE, 20(4): 683-687.

LAL R, 1991. Soil and Water Conservation Academy[M]. Beijing: Science Press, 137-146.

MCCOOL D K, FOSTER G R, MUTCHLER C K, et al., 1989. Revised slope length factor for the universal soil loss equation [J]. Transactions of the ASAE, 32(5): 1571-1576.

SHARPLEY A N, WILLIAMS J R, 1990. EPIC-erosion/productivity impact calculator: 2. User manual [J]. Technical Bulletin-United States Department of Agriculture, 4(4): 206-207.

SIX J, ELLIOTT E T, FAUSTIAN K, 2000. Soil structure and soil organic matter: A normalized stability index and the effect of mineralogy [J]. Soil Science Society of America Journal, 64(3): 1042-1049.

TYLER S W, WHEATCRAFT S W, 1992. Fractal scaling of soil particle-size distribution: Analysis and limitations [J]. Soil Science, 56(2): 362-369.

WISCHMEIER WH, MANNERING J V, 1969. Relation of soil properties to its erodibility [J]. Soil Society of American Proceeding, 33(1): 131-137.

第 16 章　生态沟对径流养分迁移的调控作用

氮、磷和有机碳等营养元素对提高农作物的产量至关重要，但是当土壤中的营养物质超过农作物的需求时，就会造成农业非点源污染，进而引起湖泊和水库等水体的富营养化（贺敬滢等，2012）。丹江发源于商洛市商州区秦岭东南凤凰山，是我国南水北调中线工程的重要水源地。据调查，流域部分支流水质指标超过国家地表水环境质量Ⅱ类标准，其中全氮明显超标，这与丹江流域农业面源污染有很大关系（李凤博等，2012）。其中坡面水土流失是造成河流非点源污染的主要途径，坡耕地又是坡面水土流失的主要源头，据统计，坡度大于 8°的坡耕地面积为 33334 万 hm^2，约占全国耕地总面积的 35.11%（Nielsen et al., 1985）。而坡耕地上的生态沟在景观格局上起到了一定的调节作用，不仅影响了格局的分布，而且改变了景观格局指数的变化。同时生态沟还能很好地进行污染源的控制，即指减少潜在运移的污染物数量以及污染物在运移途径中通过滞留径流、增加流动时间减少进入水体的污染物量，并且通过拦截径流携带的泥沙等污染物对土壤的化学性质起到一定的调节作用。所以，研究生态沟渠对土壤化学性质的影响可以有效遏制坡耕地水土流失造成的河流污染。

坡面土壤在降雨径流冲刷作用下，产生了大量的径流和泥沙，这些径流和泥沙溶解携带氮、磷等养分，通过区域径流过程进入相邻收纳水体，并且在水体大量富集导致水体污染。李宪文等研究了地表径流作用下的坡面侵蚀产沙、养分随地表径流和泥沙迁移转化规律，发现土壤氮素主要随径流流失，磷主要随泥沙流失，且泥沙中的养分有明显的富集现象（Parry，1998；李宪文，2002）。有研究表明，氮、磷等元素是水体发生富营养化的主要养分因子（徐红灯等，2007）。而沟渠系统作为农业小流域非点源污染物向地表水体运移的重要通道，承担降雨径流和养分占流域输出的 60%～90%。对于农业生态系统，沟渠溪流组成的源头运输通道对污染物有相当大的截留作用（徐红灯等，2007）。但当前国内仍鲜有研究沟渠系统对农田流失的氮、磷的迁移转化以及调控规律。沟渠系统污染物的输出将直接关系到受纳水体水质，因此，了解沟渠系统中氮、磷的输出规律非常迫切；同时，沟渠系统内的植物对农田流失氮、磷具有一定的截留和吸附作用，从而可减少农业面源污染对水体的危害。因此，分析不同覆盖度及集联方式下的农田生态沟系统水体养分流失过程，可以为利用生态沟对农业非点源污染调控提供指导。

16.1　集水区土壤养分的统计特征分析

研究区内，由于流域典型集水区内土壤发育及变化的程度不一，加之生态沟的规格及布局有所差异、人为的耕作及施肥等因素的不断影响，使得典型集水区内土壤养分的总体分布有较大的差异性。

集水区土壤全氮含量如表 16.1 所示，可以看出，水平方向上，集水区阳坡和阴坡的土壤全氮的变异强度在各土层表现得不尽相同。0～10cm 土层表现为阳坡>阴坡，变异系数相差较小；10～20cm 土层表现为阳坡>阴坡，变异系数相差最大；20～40cm 土层则表现为阴坡>阳坡，变异系数差异也较大。垂直方向上，阳坡表现为“∧”变化；阴坡表现为随土壤深度的增加逐渐增大。总体来看，集水区阳坡土壤全氮的变异性大于阴坡。

表 16.1　集水区土壤全氮含量

坡向	土层厚度/cm	样品数	全氮含量/(g/kg)				变异系数/%
			最小值	最大值	均值	标准差	
阳坡	0～10	70	0.04	1.14	0.64	0.28	43.02
	10～20	57	0.03	2.60	0.55	0.38	68.47
	20～40	14	0.11	0.85	0.50	0.25	49.68
阴坡	0～10	51	0.05	1.36	0.67	0.28	41.14
	10～20	49	0.08	1.38	0.51	0.27	52.83
	20～40	35	0.11	0.89	0.37	0.23	60.68

集水区土壤全磷含量如表 16.2 所示，可以看出，土壤全磷养分的总体变异性与全氮的变化表现一致。对全磷来说，水平方向上，表层 0～10cm 表现为阳坡>阴坡，变异系数相差较大；10～20cm 土层表现为阳坡>阴坡，变异系数相差也较大；20～40cm 土层表现为阴坡>阳坡，变异系数差异最小。垂直方向上，阳坡呈现出 10～20cm 土层土壤变异性相差最大，0～10cm 与 20～40cm 土层的变异性相差甚小；阴坡则呈现出与全氮相同的变化趋势，随深度的增加，变异强度也不断增大。

表 16.2　集水区土壤全磷含量

坡向	土层厚度/cm	样品数	全磷含量/(g/kg)				变异系数/%
			最小值	最大值	均值	标准差	
阳坡	0～10	75	0.14	2.64	0.71	0.36	50.71
	10～20	62	0.06	2.63	0.67	0.36	54.39
	20～40	15	0.11	1.06	0.52	0.26	50.66

续表

坡向	土层厚度/cm	样品数	全磷含量/(g/kg)				变异系数/%
			最小值	最大值	均值	标准差	
阴坡	0～10	51	0.19	1.61	0.69	0.24	35.32
	10～20	49	0.11	1.13	0.57	0.22	39.24
	20～40	38	0.03	1.32	0.52	0.30	57.66

集水区土壤有机碳含量如表 16.3 所示，可以看出，土壤有机碳是土壤形成团粒结构的重要组成部分，总有机碳的分布对于典型集水区内乃至整个小流域的土壤碳库的影响都是非常大的。从表 16.3 还可以看出，典型集水区内的土壤总有机碳的变异性较高，变异系数除阴坡的 0～10cm 土层没有超过 100%以外，其余均大于 100%。可见，土壤有机碳只有阴坡 0～10cm 土层为中等变异，其余均为强变异。水平方向上，0～10cm 土层表现为阳坡>阴坡，变异系数相差最大，10～20cm 和 20～40cm 土层表现为阴坡>阳坡，对应土层有机碳变异系数相差不大。垂直方向上，阴坡、阳坡均表现出相同的变化特点，即随土层的加深，变异系数也在不断增大，区别仅为阳坡的变异系数变化范围没有阴坡的大，变异系数值较为稳定。

表 16.3　集水区土壤有机碳含量

坡向	土层厚度/cm	样品数	有机碳含量/(g/kg)				变异系数/%
			最小值	最大值	均值	标准差	
阳坡	0～10	74	3.28	105.40	13.05	14.14	108.33
	10～20	62	1.51	65.07	11.65	13.27	113.88
	20～40	17	2.35	99.94	15.85	23.36	147.37
阴坡	0～10	48	1.93	61.63	15.32	12.27	80.09
	10～20	45	2.35	75.67	17.00	19.77	116.29
	20～40	37	1.45	69.04	11.88	16.86	141.87

总体来看，集水区不同养分含量及变化范围有一定的差异。从表 16.1～表 16.3 可以看出，在集水区内阳坡坡面的三个土层的全氮平均含量分别为 0.64g/kg、0.55g/kg、0.50g/kg，变化范围为 0.03～2.60g/kg；全磷平均含量分别为 0.71g/kg、0.67g/kg、0.52g/kg，变化范围为 0.06～2.64g/kg；有机碳平均含量分别为 13.05g/kg、11.65g/kg、15.85g/kg，变化范围为 1.51～105.40g/kg。阴坡坡面三个土层的全氮平均含量分别为 0.67g/kg、0.51g/kg、0.37g/kg，变化范围为 0.05～1.38g/kg；全磷平均含量分别为 0.69g/kg、0.57g/kg、0.52g/kg，变化范围为 0.03～1.61g/kg；总有机碳的平均含量分别为 15.32g/kg、17.00g/kg、11.88g/kg，变化范围为 1.45g/kg～

75.67g/kg。说明研究区不同地理分布、光照、水热条件及植物种类均是影响土壤氮、磷及有机质的重要因素，集水区内土壤养分总体上呈现阳坡含量均值偏高的现象。

16.2　集水区土壤养分的空间分布特征

16.2.1　水平分布特征

对集水区内水平方向不同深度的土壤养分含量进行 ANOVA 检验，存在显著差异性（p <0.05）。集水区不同坡向土壤养分含量的水平分布如图 16.1 所示，通过对比可知，全氮养分含量在 0～10cm 土层的分布表现为阴坡略大于阳坡，在 10～20cm 及 20～40cm 土层的分布大致表现为阳坡>阴坡。全磷养分在各土层表现为阳坡>阴坡，且各层含量差异不大，其中在 20～40cm 土层阴坡和阳坡全磷含量基本相同。相比氮、磷元素，土壤有机碳在同一土层不同坡向的含量差别较大，在 0～10cm 及 10～20cm 土层均表现为阴坡>阳坡，在 20～40cm 土层则表现为阳坡>阴坡。

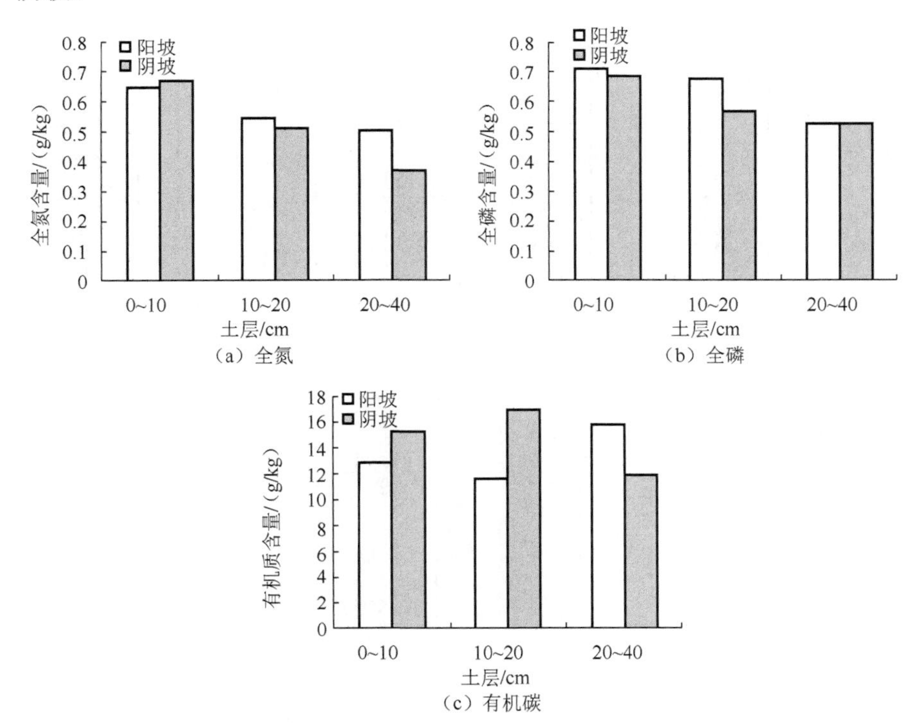

图 16.1　集水区不同坡向土壤养分含量的水平分布

流域内土壤发育状况的水平分布差异情况塑造了土壤的基本属性，而不同坡面的土壤侵蚀强度、生态水文过程及景观格局布局等自然条件的变化，以及人为动的干扰（包括种植结构的不同和施肥量的变化），都会对土壤养分在水平方向上的再分布起到重要的影响作用。总体而言，土壤氮、磷含量在不同坡向上相差不大，且阳坡含量大体上高于阴坡；有机碳由于受到植被、气候、微生物等多种因素的影响，其含量在不同坡向的差值较大。

16.2.2 垂直分布特征

对垂直方向各土层深度下典型集水区的土壤养分含量进行 ANOVA 检验，均存在显著差异性（$p<0.05$）。集水区两个坡向的土壤养分含量的垂直分布如图 16.2 所示，可以看出，全氮和全磷的养分含量变化明显，均呈现出随深度的增加不断减小的趋势，而土壤有机碳的含量并没有呈现出明显的规律性，表现为阳坡 20～40cm 土层含量高、阴坡 10～20cm 土层含量高。

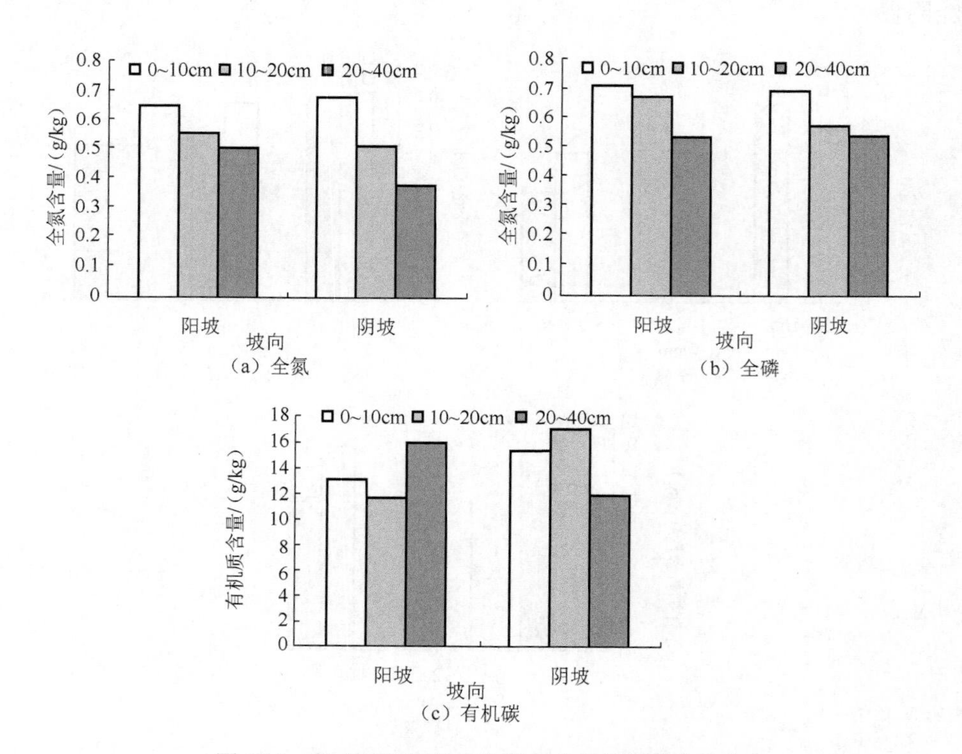

（a）全氮 （b）全磷 （c）有机碳

图 16.2 集水区不同坡向土壤养分含量的垂直分布

综合流域内土壤质地的自身原因，其成土母质以及地形因素造就了土壤养分垂直剖面的雏形，而在降雨及土壤侵蚀等一系列自然因素的作用下将会对养分的分布进行再修饰。坡耕地作为陕南较为普遍的耕地形式，在其农业种植过程中，氮素、磷素主要是靠外界供给在土壤表层肥料的多少而变化的，由于天然降雨或人工灌溉以及土壤的淋溶作用，养分溶解并下移至土层下方不同深度中，由此可见，耕作层氮、磷养分含量均高于底层并呈阶梯状下降。而土壤有机碳的来源主要是靠农业种植过程中不同植物自身的分解与合成以及枯枝落叶的堆积与下渗，主要是由不同植物类型和用地类型决定的，且人为的耕作方式，如深耕、浅耕等，都会在垂直方向上影响有机碳的分布。

16.3　典型坡面土壤养分分布特征

坡地水土流失是导致区域土壤质量退化及坡地生产力下降的重要原因（Tian, 1997; Zheng et al., 1998; Zha et al., 2003）。降雨产流过程中直接输出坡面的径流、泥沙及其所包含的养分是坡面物质迁移的一部分。由于坡面较长、产流量较小或降雨停止等，径流中携带的大量物质会在坡面不同部位沉积，这些沉积物质又成为以后坡面物质迁移的来源，因此，坡面物质通过径流输出坡面是多次搬运、沉积作用的结果（Novotny et al., 1981）。在坡面上，生态横沟在一定程度上改变了坡面的小地形，并通过截断径流、缩短坡长来影响土壤性质的变化。

16.3.1　典型坡面土壤样品采集

在集水区内选取另一典型坡面，要求该坡面无生态沟存在，且坡长、坡度与第 15 章分析的坡面相似，将其命名为 2#坡面，而具有生态沟的典型坡面命名为 1#坡面。土壤养分的采集如图 16.3 所示。

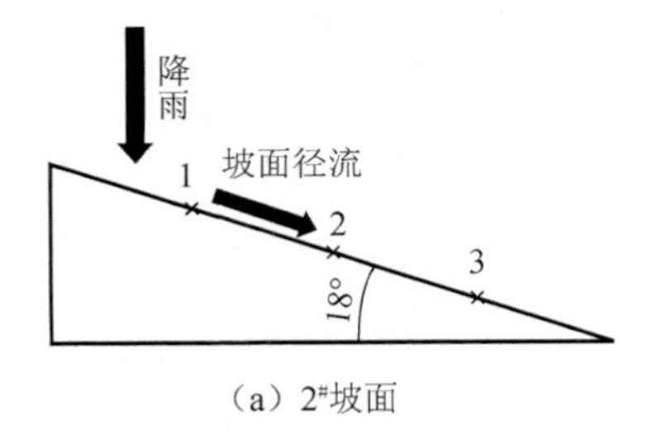

（a）2#坡面

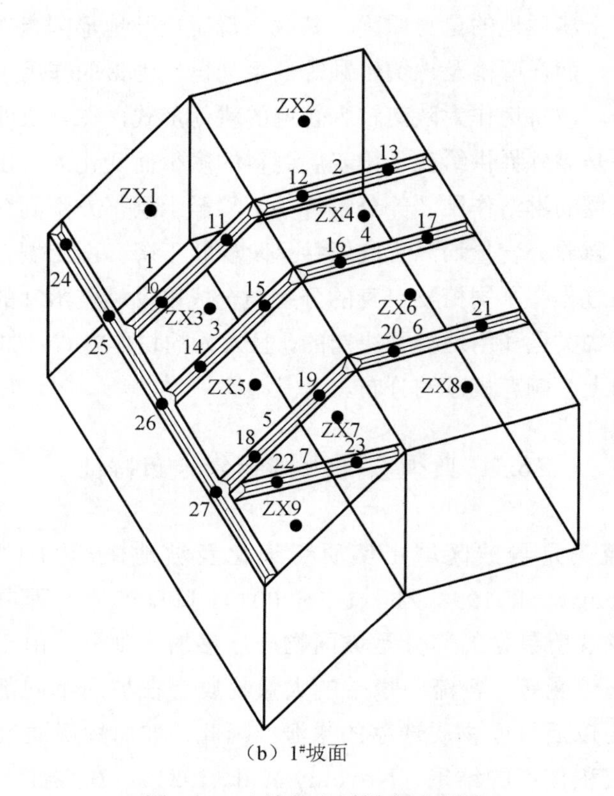

（b）1#坡面

图 16.3　土壤养分采样点示意图

（a）中 1、2、3 分别代表在 2#坡面的土壤沿程采样点；（b）中 ZX1～ZX9 代表斑块中心点样品，10～23 表示生态横沟采样点，24～27 表示生态纵沟采样点

16.3.2　中心点与生态横沟土壤养分分布特征

坡面土壤养分特征如表 16.4 所示，可以看出，不同土层的土壤在水平方向上，斑块中心点与生态沟的土壤养分具有相似的变化，即斑块中心点的氮、磷养分含量略大于生态横沟的同一指标养分含量，养分含量差值在 0.1～0.3g/kg；而有机碳含量的变化在水平方向上虽与氮、磷变化趋势一致，但含量差异较大，同一土层不同类型的土壤有机碳差值在 4～5g/kg。主要是由于人类的施肥耕作等农事活动集中于坡面的斑块上，而生态沟由于其截留作用对拦截养分的流失起到了一定的效果，因此，表现为斑块与生态沟点含量相差不大，但整体偏高。

垂直方向上的养分含量差异表现为：相同类型的采样点在不同深度的土壤氮、磷含量变化趋势相同，即表层土壤大于下层土壤的含量，这与人为的施肥、成土过程及自然条件有关；而有机碳的变化在垂直方向上与氮、磷的变化相反。综合而言，典型坡面的总体变化与集水区的大致一样，氮、磷在耕作层含量较高，而有机碳在底层含量偏高；坡面的斑块中心点各项养分指标均大于生态沟的相应指标，表明坡耕地非点源污染源主要集中存在于斑块中。

表 16.4　1#坡面土壤养分特征　（单位：g/kg）

养分指标	样点类型	0～10cm	10～20cm
全氮	中心点	0.60	0.53
	生态沟点	0.54	0.37
全磷	中心点	0.81	0.73
	生态沟点	0.67	0.60
有机碳	中心点	11.56	13.99
	生态沟点	7.07	7.37

16.3.3　中心点与生态横沟土壤养分的坡位变化

坡位对土壤养分在剖面上的分布有着重要的影响。土壤养分剖面分布的差异主要是坡面土壤性质和坡面养分在降雨侵蚀过程中的再分配造成的。研究区的土壤侵蚀主要发生在坡度较大的坡面上，长期的降雨侵蚀冲刷作用使表层土壤养分随着径流向坡下部位迁移，因此在没有任何防护措施条件下的坡中和坡下是养分流失的一个汇，土壤有机碳、全氮和全磷均表现出在坡底部富集的趋势；对比之下，具有生态沟的坡面不同坡位的养分含量变化具有波动性。具体结果如表 16.5 所示。

表 16.5　不同类型的坡面土壤养分沿坡位变化

坡面	样点类型	坡位	全氮/(g/kg)		全磷/(g/kg)		有机碳/(g/kg)	
			0～10cm	10～20cm	0～10cm	10～20cm	0～10cm	10～20cm
2#	无沟渠中心点	坡上	0.50	0.27	0.77	0.63	6.48	4.51
		坡中	0.54	0.29	0.82	0.77	6.84	4.87
		坡下	0.66	0.63	1.03	0.90	7.24	6.03
1#	有沟渠中心点	坡上	0.57	0.54	1.00	0.88	8.74	6.56
		坡中	0.75	0.59	0.84	0.79	21.09	21.63
		坡下	0.68	0.57	0.72	0.57	8.87	7.42
	生态沟	坡上	0.34	0.32	0.87	0.64	4.44	4.88
		坡中	0.65	0.37	0.62	0.43	10.35	10.85
		坡下	0.57	0.34	0.50	0.41	6.57	6.30

$2^{\#}$坡面为无生态沟的坡面中心点在不同坡位的土壤养分变化，其各养分在坡面上表现为较明显的流失过程。水平方向上，同一土层的土壤氮、磷及有机碳含量变化均表现为递增的趋势并在坡下部富集。垂直方向上，表层 0～10cm 的含量大于 10～20cm 土层。土壤全氮在坡下部上、下层土壤的富集量分别为 0.16g/kg 和 0.36g/kg，土壤全磷的富集量分别为 0.26g/kg 和 0.32g/kg，有机碳的富集量则为 0.76g/kg 和 1.52g/kg。

有生态沟存在的坡面斑块中心点在 $1^{\#}$坡面的变化与 $2^{\#}$坡面呈现出不同的趋势，其中全氮、有机碳沿坡位变化含量呈现“波动式”增加，全磷含量却呈现直线下降的变化趋势，其不同土层坡下部相对坡上部减少量分别为 0.28g/kg 和 0.31g/kg，拦截率达到 28%和 35.2%，这与 $2^{\#}$坡面的全磷含量变化形成鲜明的对比，说明生态沟的存在能很好地对土壤全磷流失进行调节，能有效拦截土壤全磷的流失，从而调节流域非点源污染中磷素的含量。$1^{\#}$坡面的斑块中心点土壤全氮含量在坡面不同土层中均在坡中取得最大值，分别为 0.75g/kg 和 0.59g/kg。全氮在两个土层中的富集量分别为 0.11g/kg 和 0.03g/kg，这说明全氮的流失在表层土壤中表现较为明显。

生态沟在 $1^{\#}$坡面不同坡位的土壤养分变化具体表现为：全氮和有机碳在 0～10cm 和 10～20cm 土层，坡中位置值均最大，分别为 0.65g/kg、0.37g/kg 和 10.35g/kg、10.15g/kg，对比坡上和坡下的含量发现，坡下的含量要大于坡上，即整体上沿程变化仍属于富集状态，但在流失过程中有一定的波动性。生态沟土壤全磷的变化同 $1^{\#}$坡面上的斑块中心点一样，均表现为不断减少的状态。生态沟不同坡位的土壤变化现象说明生态沟中的土壤颗粒主要来自坡面斑块上，因此沟内与斑块中心点的土壤养分变化趋势一致。

综合对比 $1^{\#}$和 $2^{\#}$坡面各养分含量变化可知，生态沟对土壤全磷的拦截作用最为明显，其在 $1^{\#}$、$2^{\#}$坡面呈现完全相反的变化，主要是由于土壤中磷素与径流中的泥沙关系密切，进而说明生态拦截沟对径流泥沙的拦截作用更强。全氮和有机碳在 $1^{\#}$坡面呈“波动式”增加，在 $2^{\#}$坡面呈直线增加，证明了生态沟对氮素和有机碳的调控效果没有磷明显，这是由于磷素与土壤泥沙结合更为紧密，泥沙在迁移过程中受到各种因素的影响更易沉积，而氮素与径流结合较紧，其受地形和降雨过程的影响更深，综上所述，生态沟对坡面养分的分布有着重要的调节与再分布的作用。

16.3.4 生态纵沟沟渠的沿程变化

生态沟不仅有平行于等高线的，还有与等高线相交的分布形式，其在调节土壤养分分布方面也起到一定的作用。因此，本章选取位于 2#坡面左侧并与生态横沟沟渠有交叉点的生态纵沟为研究对象，沟渠全长 40m，每 10m 布设一个采样点，共计 4 个，用 Z-1～Z-4 来表示，如图 16.3（b）中的 24～27 采样点，并分析其土壤养分的沿程变化特征。生态纵沟土壤养分含量沿程变化如图 16.4 所示。

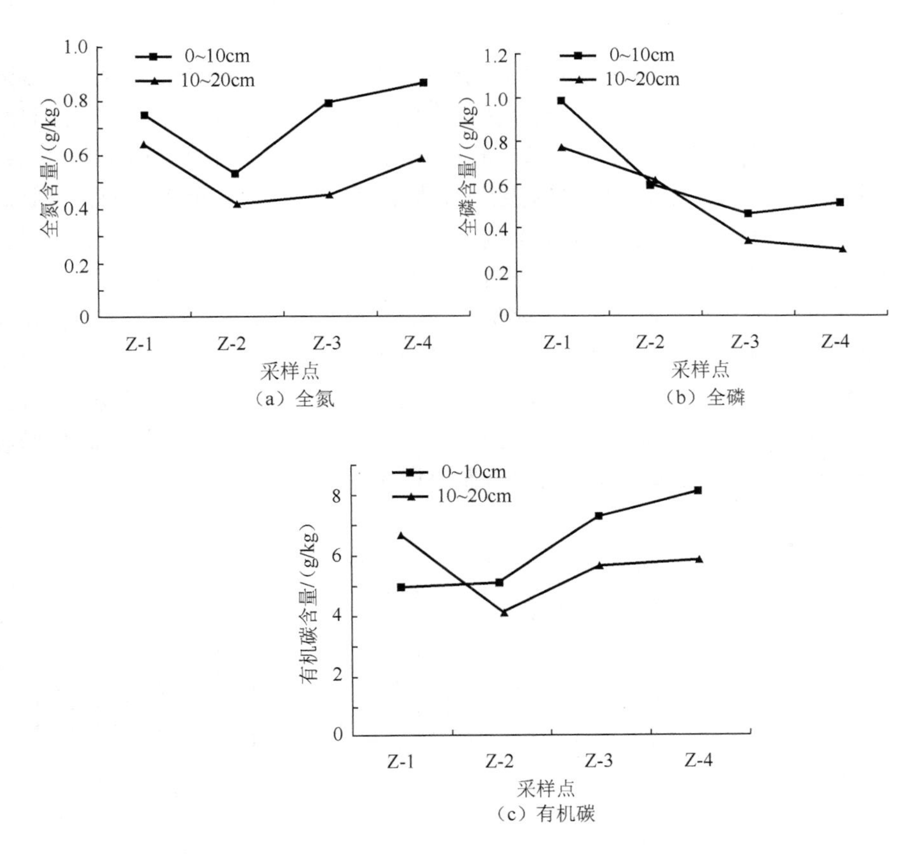

图 16.4　生态纵沟土壤养分含量沿程变化

由图 16.4 可知，生态纵沟的各养分含量在沿程变化上也呈现出一定的规律性，土壤全氮和有机碳含量在同一土层的沿程变化大致为递增的趋势，在 Z-2 采样点的有机碳、全氮变化鲜明，变化幅度较大，均为减小的变化，继而在 Z-3 和 Z-4 采样点有所回升，这是由于该两点与生态横沟相连接，其土壤养分受到较大的影响；而全磷含量在两个不同土层中均表现出递减的变化，且在 Z-3 和 Z-4 采样点的变化趋于平稳。从而说明沟渠的连通度也是影响土壤养分变化的重要因素。

16.4　沟渠进出口土壤养分差异性分析

生态沟内部的土壤养分在沟渠不同位置也有一定的变化，本节以图 16.3 的采样方法选取 2#坡面的 6 条生态横沟进行对比分析，生态横沟沟渠进出口土壤养分含量特征变化结果如图 16.5 所示。

由图 16.5 可看出，同一沟渠不同位置的土壤养分含量有一定的差异。土壤全氮含量表现为：相同沟渠的不同土层含量变化趋势相同，且不同沟渠的进出口含量除在 1 号和 3 号沟渠为进口>出口，其余均为出口>进口，且在坡面中下部表现更为明显，因此全氮在生态沟内的变化整体表现为出口含量大于进口的富集状态。从图 16.5（c）、（d）可看出，土壤全磷含量在垂直方向上的变化表现为同一生态沟不同土层的全磷变化一致；水平方向上生态沟不同位置的含量除 3 号和 6 号表现为出口>进口，整体来讲，进口含量要高于出口，这与全氮的含量变化趋势相反，从而证明生态沟确实对土壤全磷有一定的拦截作用。图（e）、（f）中土壤有机碳规律性较差，在水平和垂直方向上不同沟渠的有机碳含量呈现波动式分布。由以上分析中对比典型生态沟进出口点位的土壤养分变化可知，生态沟内部对全磷的拦截效果最好，对全氮和有机碳的调节作用相对较弱。

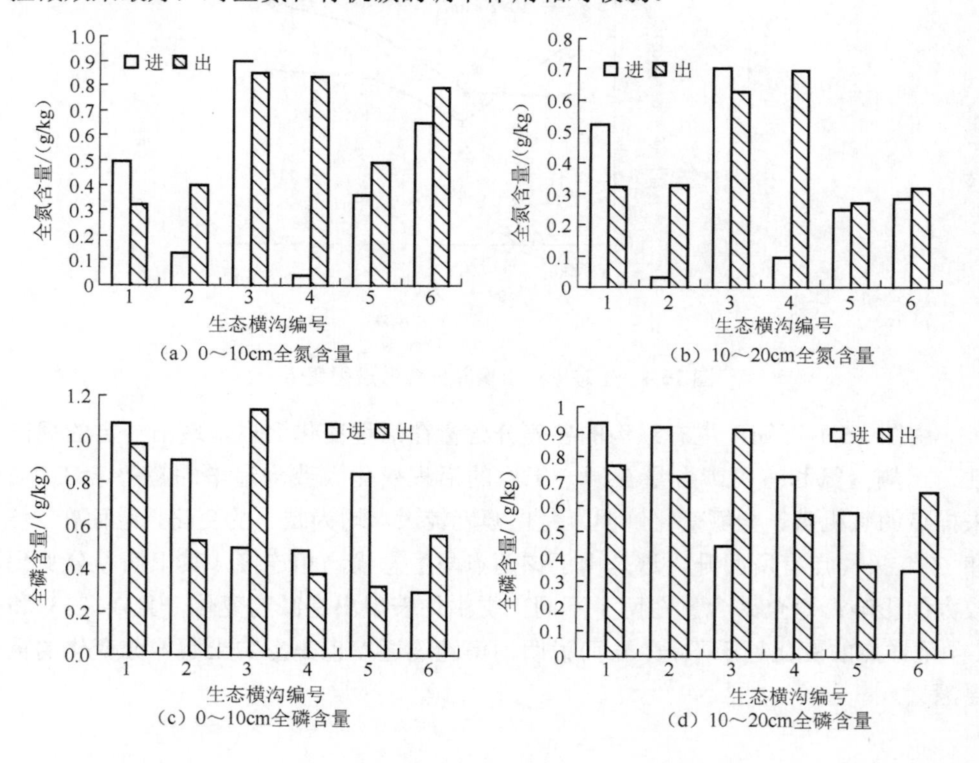

（a）0～10cm全氮含量　　（b）10～20cm全氮含量

（c）0～10cm全磷含量　　（d）10～20cm全磷含量

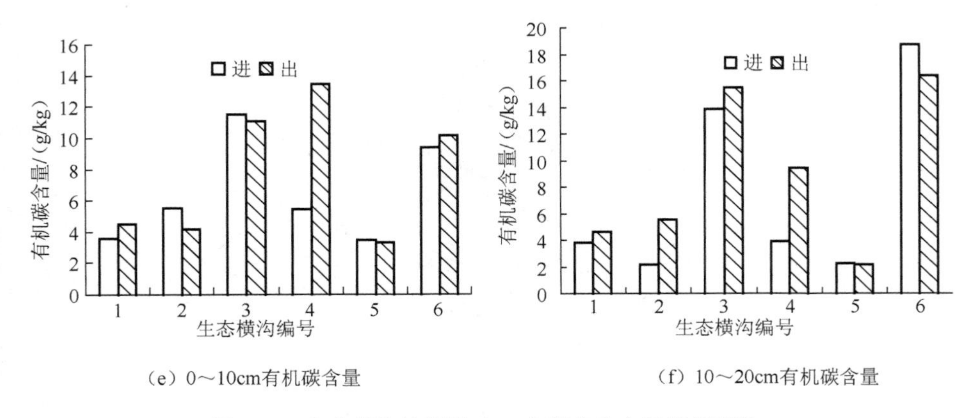

（e）0～10cm有机碳含量　（f）10～20cm有机碳含量

图 16.5　生态横沟沟渠进出口土壤养分含量特征变化

16.5　生态沟及坡面水体样品采集

主要集水区和典型坡面生态沟水质采样点示意图如图 16.6 和图 16.7 所示。其中图 16.6 中，农 1、农 2 采样点是在本次研究的集水区内布设；草 1、草 2 采样点是在另外选取以草地为主的集水区内布设，用以对比生态沟在不同用地类型下对水质的生态调控作用。图 16.7 为坡面的一部分，并在位于坡中和坡下两条生态沟中等距离布设 3 个水样采集点，结合与其相连接的生态纵沟说明不同类型的生态沟沟渠内部对水质的影响。

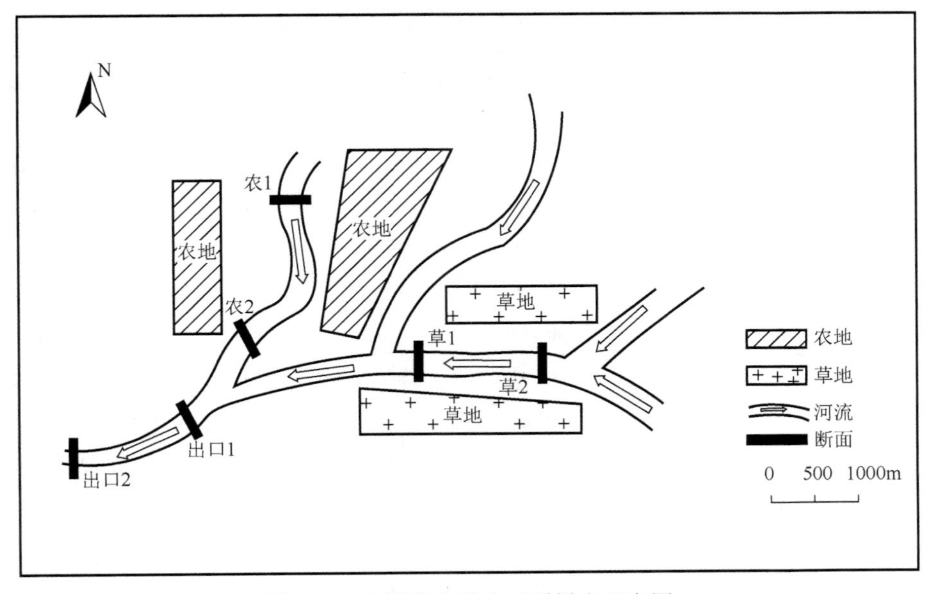

图 16.6　主要集水区水质采样点示意图

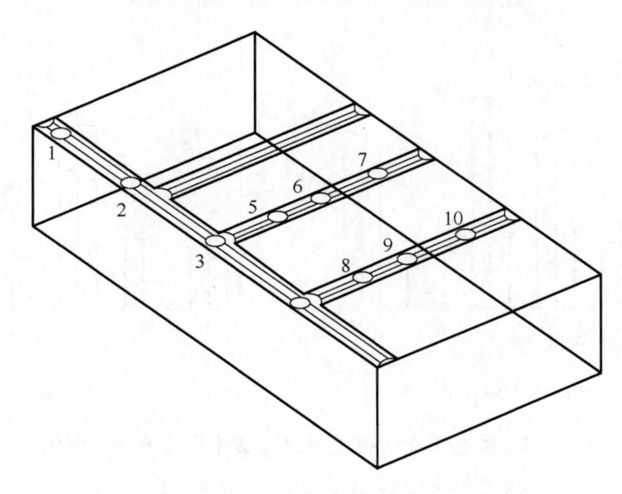

图 16.7　典型坡面生态沟水质采样点示意图

16.6　不同土地利用类型集水区生态沟径流养分统计分析

集水区各断面径流养分含量如表 16.6 所示。对集水区内从上游至下游 6 个断面径流中氮、磷、有机碳含量基本情况的统计资料，其中每种用地类型断面计算一个均值表示该土地利用类型的水质标准。从表中可以看出，不同断面径流中的氮、磷、有机碳浓度存在明显的差异。

表 16.6　集水区各断面径流养分含量

测试项目	断面	样品数/个	最小值/(mg/L)	最大值/(mg/L)	均值/(mg/L)	标准差	变异系数/%
氨氮	草地	8	0.055	2.120	0.385	0.718	186.71
	农地	8	0.058	0.765	0.278	0.254	91.33
	出口	5	0.058	0.568	0.217	0.218	100.79
硝氮	草地	8	1.342	3.339	2.403	0.651	27.09
	农地	8	1.286	3.180	2.324	0.643	27.67
	出口	5	0.983	3.943	2.495	1.389	55.67
磷酸盐	草地	8	0.020	0.063	0.041	0.013	31.48
	农地	8	0.020	0.060	0.041	0.013	30.80
	出口	5	0.004	0.034	0.018	0.011	63.60
总磷	草地	10	0.006	0.064	0.042	0.023	55.24
	农地	10	0.005	0.063	0.044	0.021	47.41
	出口	7	0.001	0.063	0.038	0.026	67.45

续表

测试项目	断面	样品数/个	最小值/(mg/L)	最大值/(mg/L)	均值/(mg/L)	标准差	变异系数/%
总氮	草地	10	1.421	5.886	3.650	1.472	40.33
	农地	10	1.756	5.198	3.577	1.227	34.32
	出口	7	1.800	5.469	3.888	1.180	30.35
有机碳	草地	10	0.493	1.104	0.738	0.233	31.58
	农地	10	0.578	1.093	0.851	0.205	24.06
	出口	7	0.610	1.122	0.922	0.206	22.30

由表 16.6 可看出，不同断面的氮、磷、有机碳平均含量存在差异。不同土地利用类型断面径流中氨氮表现为草地>农地>出口；而硝氮和全氮的变化状态一致，均表现为出口>草地>农地，氮素在不同断面的变化由于氨氮与硝氮之间相互转化，硝氮与总氮的关系更为紧密；磷酸盐则表现为出口浓度值最大，草地和农地断面浓度值相同；总磷含量总体上表现为农地>草地>出口，从磷素的平均含量可以看出，径流中无论是游离态还是全态的磷素，含量都很少，且浓度变化范围为±0.02mg/L，这是受到泥沙颗粒的吸附作用所致；有机碳含量的变化则表现为出口>农地>草地，且三个出口的含量值相差不超过 0.1mg/L。总体来看，不同断面水体养分虽有较大差异，但经过集水区生态沟的过滤等作用，在出口断面的磷酸盐和氨氮等指标有所降低。

不同断面水体中氮、磷、有机碳含量的变异系数差别很大。径流中氨氮的变异性最高，在草地和出口为强变异，在农地为中等变异，这是由于径流中的氨氮不稳定易发生转化，其含量在不同断面的变化起伏较大，规律性较差。硝氮的变异性相比氨氮要弱得多，三个断面均属于中等变异，其草地和农地断面的变异系数基本相同，在 27%左右，仅在出口断面的变异系数增大，达到 55%左右，这说明农地和草地的硝氮流失有相似之处，出口的聚集作用使得硝氮含量变化受到较大的影响，从而提升了出口的变异性。磷酸盐和总磷的变异性变化表现较为一致，均为出口>草地>农地，且均属于中等变异，但变异系数值相差较大，这说明磷素在径流中流失的规律性不强。总氮和有机碳的相关性较大，两者的变异性出现相同的变化规律，均为草地>农地>出口。总体来看，典型集水区内水体除氨氮的浓度变异性达到强变异外，其余指标均为中等变异，说明不同土地利用类型土壤是典型集水区水质变化的重要影响因素。

16.7 不同土地利用类型次降雨径流养分含量变化特征

图 16.8 为 2013 年 7 月 18 日降雨事件中不同土地利用类型生态沟径流养分流失过程，采样方式如图 16.6 所示，其中图例中指标 1、2、3 表示降雨初期、中期、降雨结束的三个采样时段。从养分的分析结果来看，不同土地利用类型的集水区生态沟中径流养分浓度含量有一定的差异。总体来看，硬化沟的各养分浓度均高于集水区生态沟内的浓度。

降雨初期，雨量较小，不同沟渠中刚开始产生径流，此时生态沟中的硝氮和有机碳含量在草地、农地、出口处的变化趋势呈现上升的状态，这是由于降雨初期淋溶出土壤的养分浓度较大，汇集到出口处的浓度值自然上升；而总氮在生态沟的 6 个断面在降雨初期时的变化则呈现出草地>出口>农地；总磷在集水区中不同断面的规律性较弱，这是由于磷素与土壤泥沙颗粒结合更为紧密，初期的降雨淋溶作用较弱，因而不同土地利用类型的土壤伴随径流进入水体中的磷素不稳定，致使水中含量变化起伏较大，但从总体看来，其在出口断面的浓度呈现下降的趋势。

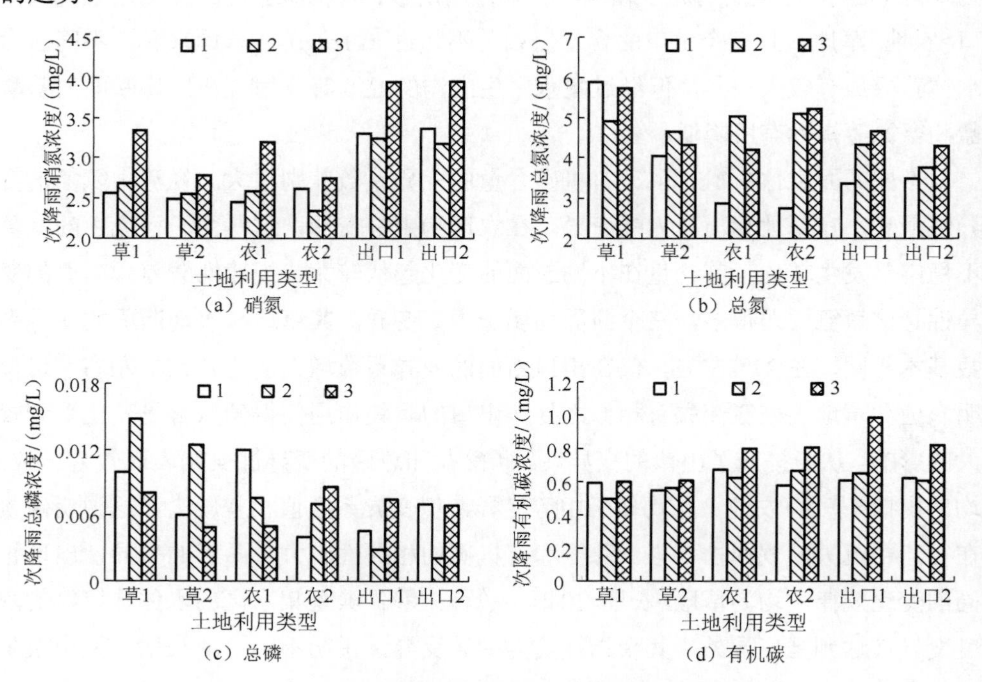

图 16.8 不同土地利用类型生态沟径流养分流失过程

降雨中期，降雨量增大，并且经过一定时间的淋溶和冲刷作用，生态沟的 6 个断面的养分含量普遍增高，除硝氮在出口断面的含量增高外，其余三种养分在出口断面的含量均呈现出降低的趋势，其主导原因是降雨量的增加虽加快了土壤中养分的流失，但雨量增强的稀释效率强于淋溶效率，同时，生态沟的拦截作用也起到了一定的效果。降雨结束后，虽然降雨停止，但是径流依然产生，随着沟渠中水量减少，径流中各项养分指标含量比降雨期间有所增大，但在出口处的浓度降低，说明生态沟起到了一定的过滤作用。

综合对比次降雨下生态沟的养分变化可知，其在出口断面监测到的径流养分，除硝氮浓度增加外，其余均为减小的状态，说明生态沟具有一定的拦截和消减作用，沟渠自身的净化能力较强。

16.8　覆盖度对集水区径流养分的影响

本节中所指覆盖度分别为：低覆盖度<25%；高覆盖度>80%。按照图 16.6 的方式采样，在 2013 年 5 月和 8 月进行采样。图 16.9 为不同覆盖度下集水区径流养分流失过程。

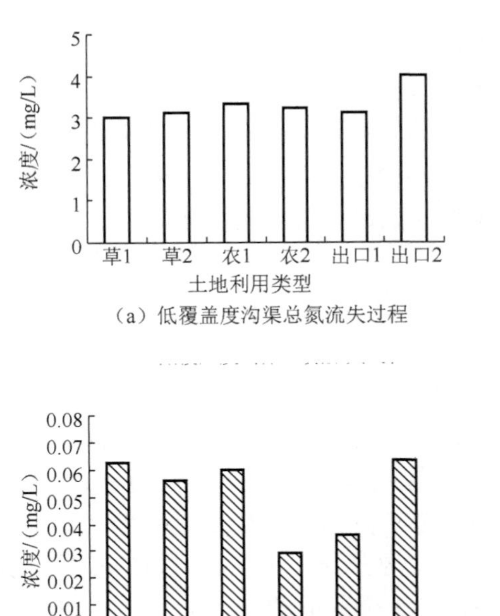

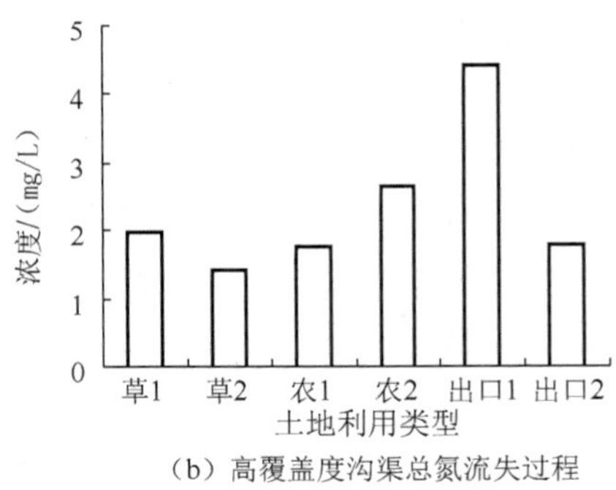

（a）低覆盖度沟渠总氮流失过程

（b）高覆盖度沟渠总氮流失过程

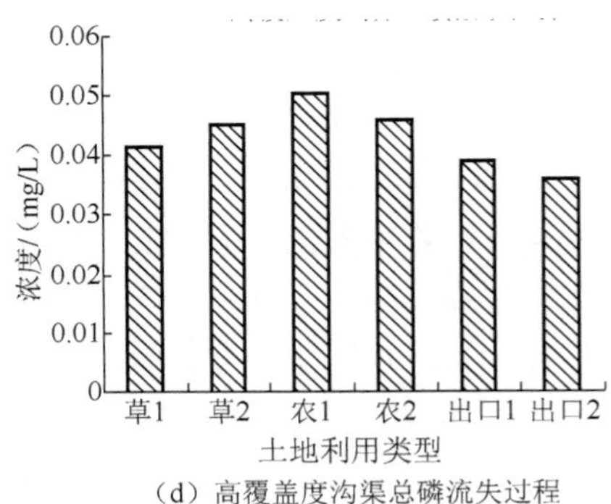

（c）低覆盖度沟渠总磷流失过程

（d）高覆盖度沟渠总磷流失过程

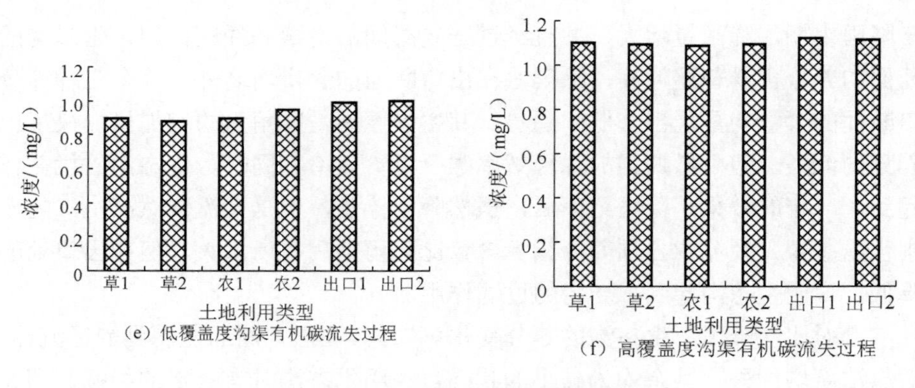

（e）低覆盖度沟渠有机碳流失过程

（f）高覆盖度沟渠有机碳流失过程

图 16.9 不同覆盖度下集水区径流养分流失过程

由图 16.9 可看出，采样期的沟渠覆盖度是影响生态沟净化水质效果的重要原因。对比不同覆盖度下同一生态沟渠径流中氮、磷有机碳的含量可知，总氮和总磷所受影响较大，而水溶性有机碳含量变化较为平缓，说明生态沟渠对有机碳的治理效果并不明显。对比不同覆盖度下的氮、磷浓度在不同断面的变化可知，5 月生态沟渠的农地和草地 4 个断面径流总氮浓度要比 8 月高，这明显体现了植物对生态沟渠水质的影响，而在出口的 2 个断面上出现不规律的变化，可能是由于出口是径流较为集中的地点，其养分变化受到很多不定因素的影响。在出口 2 的总氮变化更进一步说明植被能对径流的养分浓度变化产生一定的调节作用。相比之下，低覆盖度下的全磷变化规律没有高覆盖度下的好，在高覆盖度的沟渠中总磷在出口表现为递减状态，这是由于沟渠中的植物通过其根系和茎叶能更好地拦截沟渠中径流携带的泥沙并将其转化为植物能够吸收的养分，进而起到了过滤的作用。总的来说，高覆盖度沟渠的净化作用要比低覆盖度沟渠效果更佳。

16.9 坡面生态沟径流养分的变化

图 16.10 为 2013 年 8 月 2 日降雨事件中典型坡面上生态沟径流养分含量变化，具体采样方式如图 16.7 所示。图中 H1、H2 和 Z 分别代表坡面上两条横沟和一条纵沟，并以 H1 和 H2 并联后串联入 Z 的方式连接起来。每条横沟分别布设 3 个断面，纵沟布设 4 个断面，且 H1、H2 分别在 Z-3 和 Z-4 处连接进入纵沟系统。

研究结果表明，不同布设方式的坡面生态沟养分变化存在一定的差异。坡面生态沟 H1 位于 H2 的坡面上部，因此 H1 在 3 个断面的水体的氮、磷浓度要普遍高于 H2，但在同一沟渠内部不同断面的氮、磷浓度有略微的变化，这说明生态沟具有一定的潜层渗流作用。水体中的总磷在不同布设方式的生态沟中大体呈现波动状的下降趋势，在横沟中的规律大致是沿断面方向呈 v 字形变化，在纵沟的沿程变化中，递减现象更为明显。对比每条横沟的进口与出口处的水体总磷浓度值可知，H1 的总磷拦截率为 0.94%，H2 的总磷拦截率为 5.34%，是 H1 的 5 倍左右。

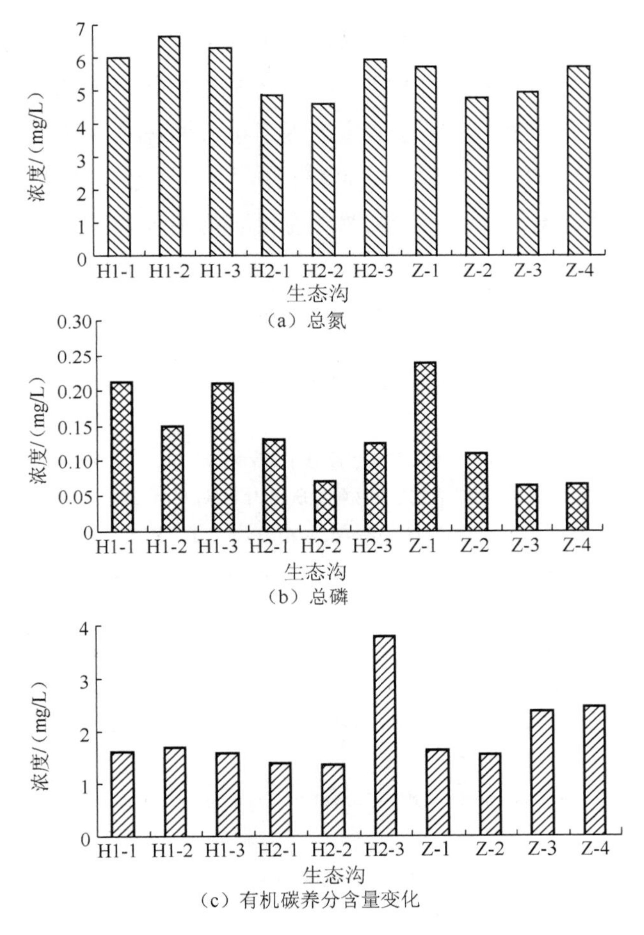

图 16.10　典型坡面上生态沟径流养分含量变化

对比总磷来看，生态横沟 H1、H2 对总氮的净化效果并不是很理想，其在各沟渠内的变化程度并不大，但没起到净化的作用，横沟 H1 的出口浓度比进口浓度高出 0.323mg/L，H2 的出口浓度比进口浓度高出 1.092mg/L，且在纵沟的沿程变化呈现出从上至下的聚集状态，这与总磷呈相反的变化趋势，主要原因是横沟 H1、H2 分别在 Z-3 和 Z-4 处汇入纵沟，导致在该两点处的总氮浓度升高。总氮与水流结合更紧密，在不同坡度的坡面上径流流速有所不同，虽然沟渠中的植物能增加径流的滞留时间，但水流流速受坡度的影响更大，致使田间生态沟对总氮的治理效果没有总磷明显。不同断面有机碳的变化与总氮的变化极为相似，仅在 H2-3 处出现浓度异常偏高的现象，分析其原因可能与该处生长的植物关系密切。

综合以上分析可知，降雨产生的坡面径流被分配到不同的生态沟中，其径流的流动路径增长从而增加了流动时间，并且沟中的植物形成的过滤带，不但增加了地表水流的水力粗糙度，还降低了水流速度以及水流作用于土壤的剪切力，进而降低了污染物的输移能力，最终达到净化作用。对比不同布设方式下的生态沟，其均对总磷的治理效果最好，而对总氮和有机碳的治理效果欠佳。

参考文献

贺敬滢，张桐艳，李光录，2012. 丹江流域土壤全氮空间变异特征及其影响因素[J]. 中国水土保持科学，10(3): 81-86.

李凤博，蓝月相，徐春春，等, 2012. 梯田土壤有机碳密度分布及影响因素[J]. 水土保持学报, 2(1): 179-183.

李宪文, 2002. 四川紫色土区土壤养分径流和泥沙流失特征研究[J]. 资源科学, 24(6): 22-29.

徐红灯，席北斗，王京刚，等, 2007. 水生植物对农田排水沟渠中氮、磷的截留效应[J]. 环境科学研究, 20(2): 84-88.

NIELSEN D R, BOUMA J, 1985. Soil spatial variability[C]//Proceedings of an ISSS-SSSA Workshop. Wageningen, Netherlands, 2-30.

NOVOTNY V, CHESTARS G, 1981. Handbook of Nonpoint Pollution: Sources and Management [M]. New York: Van Nostrand Reinhold Company.

PARRY R, 1998. Agricultural phosphorus and water quality: A U. S. environmental protection agency perspective[J]. Journal of Environmental Quality, 27: 258-261.

TIAN J L, 1997. A primary report for a study on deposition of erosion sediments on slope [J]. Research of Soil and Water Conservation, 4: 57-63.

ZHA X C, TANG K L, 2003. Change about soil erosion and soil properties in reclaimed forestland of Loess Hilly region [J]. Acta Geographica Sinica, 58(3): 464-469.

ZHENG D, SHEN Y C, 1998. Studies on process, restoration and management of the degrading slope lands a case study of purple soil slope lands in the three gorges areas [J]. Acta Geographica Sinica, 53: 116-122.